MAX BORN · PHYSIK IM WANDEL MEINER ZEIT

MAX BORN

Physik im Wandel meiner Zeit

Mit 15 Abbildungen

FRIEDR. VIEWEG & SOHN · BRAUNSCHWEIG

AKADEMIE-VERLAG · BERLIN 1957

Akademie-Verlag GmbH, Berlin W 8, Mohrenstr. 39
Lizenz-Nr. 202. 100/591/57

Satz und Druck: Druckerei Friedr. Vieweg & Sohn, Braunschweig
Bestell- und Verlagsnummer: Akademie-Verlag GmbH: 5283
Printed in Germany

VORWORT

Der Gedanke, die in diesem Buche enthaltenen Aufsätze zu sammeln, kam mir, als ich in der Muße des Ruhestandes gelegentlich in meinen eigenen Schriften blätterte. Dabei fiel mir auf, wie sehr sich meine Einstellung zu den Grundfragen der physikalischen Wissenschaft gewandelt hat. Besonders kraß tritt das beim Vergleich zweier meiner Bücher hervor, die sich beide an einen größeren Leserkreis wenden, nämlich „Die Relativitätstheorie Einsteins" vom Jahre 1921 und „The Restless Universe", amerikanische Neuauflage von 1951. Gemeinsam ist ihnen die relativistische Auffassung von Raum und Zeit; aber bezüglich aller anderen Grundvorstellungen stehen sie in scharfem Gegensatz.

Im Jahre 1921 glaubte ich — und diese Überzeugung wurde von der Mehrzahl meiner wissenschaftlichen Zeitgenossen geteilt — daß die Physik zu einer objektiven Erkenntnis der von deterministischen Gesetzen beherrschten Welt führe. Die naturwissenschaftliche Forschungsmethode schien mir überlegen allen andern vom Subjekt abhängigen Betrachtungsweisen, Philosophie, Dichtung und Religion; und ich meinte sogar, daß die Sprache der Wissenschaft durch ihre Klarheit und Eindeutigkeit einen Schritt auf dem Wege zum besseren Verständnis der Menschen untereinander bedeute.

Im Jahre 1951 war von diesen Überzeugungen wenig übrig. Die Grenzlinie zwischen Subjekt und Objekt erschien nicht mehr deutlich, sondern verschwommen, deterministische Gesetze hatten statistischen Platz gemacht, und wenn auch die Physiker aller Länder auf ihrem Gebiete einander gut verstanden, so hatten sie doch nicht zum gegenseitigen Verstehen der Völker beigetragen, sondern sich an der Erfindung und dem Gebrauch der grauenhaftesten Zerstörungswaffen beteiligt.

Mein einstiger Glaube an die Überlegenheit der naturwissenschaftlichen Denkweise über andere Wege zum Verstehen und Handeln scheint mir jetzt eine Selbsttäuschung, die auf der jugendlichen Begeisterung über die Klarheit der physikalischen Lehren im Vergleich mit der Verschwommenheit metaphysischer Spekulationen beruhte.

Gleichwohl halte ich an einem fest, nämlich daß der rasche Wechsel in den Grundsätzen der exakten Wissenschaft, den wir erlebt haben, und ihr Versagen gegenüber den moralischen Problemen der Menschheit kein Beweis sind für die Nutzlosigkeit der Naturforschung im Streben nach Wahrheit und einem besseren Leben.

Der Umschwung in den Prinzipien war nicht ein Akt der Willkür, sondern wurde der Forschung durch die Beobachtungen aufgezwungen. Das letzte Kriterium naturwissenschaftlicher Wahrheit ist unzweifelhaft die Übereinstimmung zwischen Theorie und Experiment. Nur wenn alle Versuche versagt haben, die Beobachtungen im Rahmen der traditionellen Gedanken zu deuten, entschließt man sich zur Bildung neuer Begriffe, erst tastend und vorsichtig, dann bei experimenteller Bestätigung mit wachsendem Vertrauen. In solcher Weise geschah die Verwandlung der klassischen Philosophie der Natur in die moderne Auffassung, die in *Bohrs* Komplementaritätsprinzip gipfelt.

Um diesen Wandlungsprozeß zu beleuchten, habe ich eine Reihe meiner gemeinverständlichen Aufsätzeund Vorträge hier zusammengestellt. Sie sind in den 30 Jahren entstanden, die zwischen der Veröffentlichung der beiden obengenannten populären Bücher liegen und erscheinen hier eingerahmt zwischen dem Vorwort des ersten und dem Nachwort des zweiten. Einige der Aufsätze haben nur eine lockere Verbindung mit dem eigentlichen Thema, wie z. B. ein Vortrag über die Minimumprinzipe der Physik, meherere Darstellungen von *Einsteins* Leistungen und ein bescheidener Versuch in Selbstbiographie. Die übrigen Aufsätze handeln alle von dem philosophischen Hintergrund der Physik und seinen revolutionären Wandlungen während meiner wissenschaftlichen Laufbahn. Manche Wiederholungen waren nicht zu vermeiden, ohne die innere Struktur der einzelnen Aufsätze zu zerstören; doch denke ich, daß durch jede neue Behandlung ein Problem von einer andern Seite beleuchtet wird — natürlich immer von meinem persönlichen Standpunkte aus. Die Anordnung der Aufsätze ist chronologisch.

Ich hoffe, daß diese Sammlung dem Leser einen gewissen Einblick in die jüngst verflossene große und abenteurerliche Periode der physikalischen Forschung vermitteln möge.

Die meisten Aufsätze sind zuerst in englischen Zeitschriften erschienen, einige später in deutschen — nur zum Teil von mir selbst übertragen; andere habe ich für dieses Buch übersetzt, wieder andere Frau *Marie Rausch von Traubenberg*, der ich dafür zu großem Dank verpflichtet bin. Beim Lesen der Korrekturen haben mir Professor Dr. *Wilhelm Westphal* und Frl. *Johanna Hertzog* geholfen, wofür ich ihnen herzlich danke. Dem Verlag danke ich für Eingehen auf alle meine Wünsche und ausgezeichneten Druck.

Im Sommer 1957.

Max Born

INHALTSVERZEICHNIS

INHALT

1 Einleitung aus »Die Relativitätstheorie Einsteins« (1921)

Die Welt ist dem sinnenden Geiste nicht schlechthin gegeben; er muß sich ihr Bild aus unzähligen Empfindungen, Erlebnissen, Mitteilungen, Erinnerungen, Erfahrungen gestalten. Darum gibt es wohl kaum zwei denkende Menschen, deren Weltbild in allen Punkten übereinstimmt.

Wenn eine Vorstellung in ihren wichtigsten Zügen Gemeingut größerer Menschenmassen wird, so entstehen die geistigen Bewegungen, die Religionen, philosophische Schulen, wissenschaftliche Systeme heißen; ein unentwirrbares Chaos von Meinungen, Glaubenssätzen, Überzeugungen. Es scheint schier unmöglich, einen Leitfaden zu finden, durch den diese weitverzweigten, sich trennenden und wiedervereinigenden Lehren in eine übersehbare Reihe gebracht werden könnten.

Wohin gehört die *Einstein*sche Relativitätstheorie, deren Darstellung dieses kleine Werk gewidmet ist? Ist sie nur ein spezieller Teil der Physik oder Astronomie, an sich vielleicht interessant, aber ohne größere Bedeutung für die Entwicklung des menschlichen Geistes? Oder ist sie wenigstens das Symbol einer besonderen Geistesrichtung, die für unsere Zeit charakteristisch ist? Oder bedeutet sie gar selbst eine „Weltanschauung"? Wir werden diese Fragen zuverlässig erst beantworten können, wenn wir den Inhalt der *Einstein*schen Lehren kennengelernt haben. Hier aber möge ein Gesichtspunkt gegeben werden, der, wenn auch in roher Weise, die Gesamtheit aller Weltanschauungen klassifiziert und der *Einstein*schen Theorie eine bestimmte Stellung innerhalb einer einheitlichen Auffassung des Weltganzen zuweist.

Die Welt besteht aus dem Ich und dem Andern, der Innenwelt und der Außenwelt. Die Beziehungen dieser beiden Pole sind der Gegenstand jeder Religion, jeder Philosophie. Verschieden aber ist die Rolle, die jede Lehre dem Ich in der Welt zuweist. Die Wichtigkeit des Ich im Weltbilde deucht mir ein Maßstab, an dem man Glaubenslehren, philosophische Systeme, künstlerische und wissenschaftliche Weltauffassungen aufreihen kann, wie Perlen auf einer Schnur. So verlockend es scheint, diesen Gedanken zu verfolgen durch die Geschichte des Geistes, so dürfen wir uns doch nicht zu weit von unserm Thema entfernen und wollen ihn nur anwenden auf das Teilgebiet menschlicher Geistestätigkeit, in das die *Einstein*sche Theorie gehört, auf die Naturwissenschaft.

Das naturwissenschaftliche Denken steht an dem Ende jener Reihe, dort, wo das Ich, das Subjekt, nur noch eine unbedeutende Rolle spielt, und jeder Fortschritt in den Begriffsbildungen der Physik, Astronomie, Chemie bedeutet eine Annäherung an das Ziel der Ausschaltung des Ich. Dabei handelt es sich natürlich nicht um den Akt des Erkennens, der an das Subjekt gebunden ist, sondern um das fertige Bild der Natur, dessen Untergrund die Vorstellung ist, daß die natürliche Welt unabhängig und unbeeinflußt vom Erkenntnisvorgange da ist.

Die Pforten, durch die die Natur auf uns eindringt, sind die Sinne. Ihre Eigenschaften bestimmen den Umfang dessen, was der Empfindung, der Anschauung zugänglich ist. Je weiter wir in der Geschichte der Naturwissenschaften zurückgehen, um so mehr finden wir das natürliche Weltbild bestimmt durch die Sinnesqualitäten. Die ältere Physik wird eingeteilt in Mechanik, Akustik, Optik, Wärmelehre; man sieht die Beziehungen zu den Sinnesorganen, den Bewegungs-, Gehör-, Licht- und Wärmeempfindungen. Hier sind die Eigenschaften des Subjekts noch entscheidend für die Begriffsbildungen. Die Entwicklung der exakten Wissenschaften führt auf deutlichem Pfade von diesem Zustande fort zu einem Ziele, das, noch lange nicht erreicht, doch klar vor Augen liegt: Ein Bild der Natur zu schaffen, das, an keine Grenzen möglicher Wahrnehmung oder Anschauung gebunden, ein reines Begriffsgebäude darstellt, ersonnen zu dem Zwecke, die Summe aller Erfahrungen einheitlich und widerspruchslos darzustellen.

Heute ist die mechanische Kraft ein Abstraktum, das nur noch den Namen gemein hat mit dem subjektiven Kraftgefühl; mechanische Masse ist nicht mehr ein Attribut der greifbaren Körper, sondern kommt auch leeren, nur von Ätherstrahlung erfüllten Räumen zu. Das Reich der hörbaren Töne ist eine kleine Provinz geworden in der Welt der unhörbaren Schwingungen, physikalisch von diesen durch nichts unterschieden als durch die zufällige Eigenschaft des menschlichen Ohres, gerade nur auf ein bestimmtes Intervall von Schwingungszahlen zu reagieren. Die heutige Optik ist ein spezielles Kapitel aus der Lehre von der Elektrizität und dem Magnetismus und behandelt die elektromagnetischen Schwingungen aller Wellenlängen, von den kürzesten γ-Strahlen der radioaktiven Substanzen (einhundertmilliontel Millimeter Wellenlänge) über die Röntgenstrahlen, das Ultraviolett, das sichtbare Licht, das Ultrarot bis zu den längsten *Hertz*schen Wellen (viele Kilometer Wellenlänge). In der Flut unsichtbaren Lichtes, das das geistige Auge des Physikers umwogt, ist das körperliche Auge fast blind; so klein ist der Bereich von Schwingungen, den es zur Empfindung bringt. Auch die Wärmelehre ist nur ein besonderer Teil der Mechanik und der Elektrodynamik; ihre Grundbegriffe der absoluten Temperatur, der Energie und der Entropie gehören zu den subtilsten logischen Gebilden der exakten Wissenschaft und tragen nur noch im Namen eine Erinnerung an das Wärme- oder Kälteerlebnis des Subjekts.

Unhörbare Töne, unsichtbares Licht, unfühlbare Wärme: das ist die Welt der Physik, kalt und tot für den, der die lebendige Natur empfinden, ihre Zusammenhänge als Harmonie begreifen, ihre Größe anbetend bewundern will. *Goethe* hat diese starre Welt verabscheut; seine grimmige Polemik gegen *Newton*, in dem er die Verkörperung einer feindlichen Naturauffassung sah, beweist, daß es sich hier um mehr handelt, als um den sachlichen Streit zweier Forscher über Einzelfragen der Farbenlehre. *Goethe* ist der Repräsentant einer Weltauffassung, die in der oben entworfenen Skala nach der Bedeutung des Ich ziemlich am entgegengesetzten Ende steht wie das Weltbild der exakten Naturwissenschaften. Das Wesen der Dichtung ist die Inspiration, die Intuition, das seherische Erfassen der Sinnenwelt in symbolischen Formen; die Quelle der poetischen Kraft aber ist das Erlebnis, sei es die hell und klar bewußte Empfindung eines Sinnenreizes, sei es die kräftig vorgestellte Idee eines Zusammenhanges. Das logisch Formale, Begriffliche spielt in dem Weltbilde eines solcher Art begabten oder gar begnadeten Geistes keine Rolle; die Welt als Summe von Abstraktionen, die nur mittelbar mit dem Erlebnis zusammenhängen, ist ihm fremd. Nur was dem Ich unmittelbar gegeben ist, was als Erlebnis gefühlt oder wenigstens als mögliches Erlebnis vorgestellt werden kann, ist ihm wirklich und wichtig. So erscheinen dem späten Leser, der die Entwicklung der exakten Methoden während des folgenden Jahrhunderts überblickt und an den Früchten ihre Kraft und ihren Sinn ermißt, *Goethes* naturhistorische Arbeiten als Dokumente eines seherischen Blickes, als Ausdruck einer wunderbaren Einfühlung in die natürlichen Zusammenhänge, seine physikalischen Behauptungen aber als Mißverständnisse und als fruchtlose Auflehnung gegen eine stärkere Macht, deren Sieg schon entschieden war.

Worin besteht nun diese Macht, was sind ihr Schwert und Schild?

Es ist zugleich eine Anmaßung und ein Verzicht. Die exakten Wissenschaften maßen sich an, objektive Aussagen zu gewinnen, sie verzichten aber auf ihre absolute Geltung. Durch diese Formel soll folgender Gegensatz hervorgehoben werden.

Alle unmittelbaren Erlebnisse führen zu Aussagen, denen man eine gewisse absolute Gültigkeit zusprechen muß. Wenn ich eine rote Blume sehe, wenn ich Lust oder Schmerz empfinde, so sind das Gegebenheiten, an denen zu zweifeln sinnlos ist. Sie gelten unbestreitbar, aber sie gelten nur für mich: sie sind absolut, aber sie sind subjektiv. Alles Streben menschlicher Erkenntnis zielt darauf hin, aus dem engen Kreis des Ich, dem noch engeren des Ich im Augenblicke, herauszukommen zu einer Gemeinschaft mit andern geistigen Wesen. Zunächst mit dem Ich, wie es zu einer andern Zeit ist, dann mit andern Menschen oder Göttern. Alle Religionen, Philosophien, Wissenschaften sind Verfahren, erdacht zu dem Zwecke, das Ich zu weiten zu dem Wir. Aber die Wege dazu sind verschieden, wir stehen wieder vor dem Chaos der streitenden Lehrmeinungen. Doch wir schrecken nicht mehr davor zurück, sondern ordnen sie nach der Bedeutung, die dem Subjekt in dem erstrebten Verständigungsverfahren zugestanden wird; damit kommen wir auf unser Prinzip zurück, denn das fertige Verständigungsverfahren ist das Weltbild. Hier treten wieder die Gegenpole hervor:

Die einen wollen nicht verzichten, wollen das Absolute nicht opfern, bleiben darum am Ich haften und schaffen ein Weltbild, das durch kein systematisches Verfahren, sondern durch die unbegreifliche Wirkung religiöser, künstlerischer, poetischer Ausdrucksmittel in fremden Seelen geweckt werden kann. Hier herrscht der Glaube, die fromme Inbrunst, die Liebe brüderlicher Gemeinschaft, oft aber auch Fanatismus, Unduldsamkeit, Geisteszwang.

Die andern opfern das Absolute. Sie entdecken — oft schaudernd — die Unübertragbarkeit des seelischen Erlebnisses, sie kämpfen nicht mehr um das Unerreichbare und resignieren. Aber sie wollen wenigstens im Umkreise des Erreichbaren eine Verständigung schaffen. Darum suchen sie nach dem Gemeinsamen des Ich und des andern, fremden Ich, und das beste, was da gefunden wurde, sind nicht die Erlebnisse der Seele selbst, nicht Empfindungen, Vorstellungen, Gefühle, sondern abstrakte Begriffe einfachster Art, Zahlen, logische Formen, kurz die Ausdrucksmittel der exakten Naturwissenschaften. Hier handelt es sich nicht mehr um Absolutes. Die Höhe eines Domes wird nicht mehr weihevoll empfunden, sondern in Metern und Zentimetern ausgemessen. Der Ablauf eines Lebens wird nicht als rinnende Zeit gefühlt, sondern nach Jahren und Tagen gezählt. Relative Maße treten an die Stelle der absoluten Eindrücke. Und es entsteht eine enge, einseitige, scharfkantige Welt, alles Sinnenreizes, aller Farben und Töne bar. Aber eines hat sie vor anderen Weltbildern voraus: ihre Übermittelbarkeit von Geist zu Geist kann nicht bezweifelt werden. Man kann sich eben darüber einigen, ob Eisen spezifisch schwerer ist als Holz, ob Wasser leichter gefriert als Quecksilber, ob der Sirius ein Planet oder ein Fixstern ist. Mögen Streitigkeiten vorkommen, mag es manchmal aussehen, als wenn eine neue Lehre alle alten „Tatsachen" über den Haufen würfe, so fühlt doch der, der die Mühe des Eindringens ins Innere dieser Welt nicht gescheut hat, das Wachsen der sicher bekannten Gebiete, und während er dies fühlt, schwindet das Weh der Einsamkeit der Seele, bildet sich die Brücke zu verwandten Geistern.

So haben wir versucht, das Wesen der naturwissenschaftlichen Forschung auszudrücken, und können nun die *Einstein*sche Relativitätstheorie in ihren Bereich eingliedern.

Sie ist zunächst ein reines Erzeugnis jenes Strebens nach der Loslösung vom Ich, von der Empfindung und Anschauung. Wir sprachen von den unhörbaren Tönen, dem unsichtbaren Lichte der Physik; wir finden Ähnliches in den Nachbarwissenschaften, in der Chemie, wo die Existenz von (radioaktiven) Substanzen behauptet wird, von denen noch niemand die kleinste Spur mit irgendwelchen Sinnen direkt wahrgenommen hat, oder in der Astronomie, auf die wir unten noch näher einzugehen haben. Diese „Erweiterungen der Welt", wie man sagen könnte, betreffen im wesentlichen Sinnesqualitäten; aber alles spielt sich in dem Raume und der Zeit ab, die die Mechanik durch ihren Gründer *Newton* geschenkt bekommen hat. *Einsteins* Entdeckung besteht nun darin, daß dieser Raum und diese Zeit noch ganz und gar am Ich kleben und daß das Weltbild der Naturwissenschaft schöner und großartiger wird, wenn man auch diese Grundbegriffe einer Relativierung unterwirft. Ist vorher der Raum eng mit der subjektiven, absoluten Empfindung der Ausdehnung, die Zeit mit der des Lebensablaufs verknüpft, so werden sie nun zu reinen Begriffsschemen, der unmittelbaren Anschauung als Ganze gerade so entzogen, wie der gesamte Wellenlängenbereich der heutigen Optik bis auf einen winzigen Ausschnitt der Lichtempfindung unzugänglich ist; aber ebenso wie hier gliedern sich Raum und Zeit der Anschauung in die physikalischen Begriffssysteme widerspruchslos ein. Damit ist eine Objektivierung erreicht, deren Macht sich durch prophetisches Vorhersagen von Naturerscheinungen in wunderbarer Weise bewährt hat.

Die Leistung der *Einstein*schen Theorie ist also die Relativierung und Objektivierung der Begriffe von Raum und Zeit. Sie krönt heute das Gebäude des naturwissenschaftlichen Weltbildes.

2 Quantenmechanik und Statistik*)

Die Entdeckung ganzzahliger Gesetze für die Linienspektren ist eine der Wurzeln, aus denen die Quantenmechanik erwachsen ist. *Carl Runge* war einer der ersten, der die Tragweite der von *Balmer* im Wasserstoffspektrum gefundenen Regelmäßigkeit erkannte und nach ähnlichen Serien bei anderen Elementen zu suchen begann. Der große Erfolg, der ihm dabei beschieden war, rückt ihn in die Reihe der Forscher, die die experimentellen Grundlagen der Quantentheorie geschaffen haben. Auch die neue Quantenmechanik ist ein Sproß dieser Entwicklung; ist doch eine ihrer Hauptstützen das Kombinationsprinzip der Spektrallinien. Danach scheint es gerechtfertigt, in diesem *Runge*-Heft einige Betrachtungen über Quantenmechanik anzustellen. Es soll keineswegs ein Bericht über den Stand der Quantenmechanik gegeben werden; ein solcher ist erst kürzlich in dieser Zeitschrift von dem Begründer der neuen Theorie veröffentlicht worden, ein Aufsatz, dessen einziger Mangel darin besteht, daß in der Aufzählung der beteiligten Forscher der Name *Heisenberg* nicht vorkommt. Vielmehr soll ein Versuch erläutert werden, den Sinn des neuen Formalismus zu verstehen.

Vorläufig liegt ja in der Hauptsache ein überraschend leistungsfähiger und wandlungsfähiger Formalismus vor, und zwar, was betont werden muß, nur einer; denn die verschiedenen Algorithmen, die Matrizentheorie, die nicht-kommutative Analysis *Diracs,* die partiellen Differentialgleichungen *Schrödingers* sind mathematisch äquivalent. Geleistet wird die Berechnung der stationären Zustände der Atome und der durch sie bestimmten Strahlungen (unter Vernachlässigung der Rückwirkung der Strahlung auf die Atome, der Dämpfung); es hat den Anschein, als ob hier nichts mehr zu wünschen übrig bleibt, da jedes neue Beispiel, das durchgerechnet wird, Übereinstimmung mit der Erfahrung liefert.

Aber die Frage nach den möglichen Zuständen der Materie erschöpft doch keineswegs den Bereich der physikalischen Probleme. Zum mindesten ebenso wichtig, vielleicht noch wichtiger, ist die Frage nach dem Ablauf von Vorgängen, die bei Störungen des Gleichgewichtes eintreten. Die klassische Physik konzentrierte sich überhaupt auf diese letztere Frage, da sie dem

*) Die Naturwissenschaften 15 (1927) S. 238; Carl-Runge-Heft

Strukturproblem gegenüber ziemlich machtlos war. Umgekehrt ist die Quantenmechanik dem Ablaufproblem bisher fast ganz ausgewichen, weil es sich nicht ohne weiteres dem Formalismus einpassen ließ. Hier soll nun über einige Ansätze berichtet werden, die sich auf das Ablaufproblem in der Quantenmechanik beziehen.

In der klassischen Dynamik gilt unumschränkt der Satz, daß die Kenntnis des Zustandes (nämlich der Lagen und Geschwindigkeiten aller Materieteilchen) in einem Augenblick den Ablauf eines abgeschlossenen Systems für alle Zukunft determiniert; das ist die Fassung, die das Kausalgesetz in der Physik annimmt.

Mathematisch drückt sich das dadurch aus, daß die physikalischen Größen Differentialgleichungen von bestimmtem Typus genügen. Aber neben dieser kausalen Gesetzlichkeit hat stets die statistische Betrachtungsweise eine Rolle gespielt. Allerdings pflegte man das Auftreten von Wahrscheinlichkeiten damit zu rechtfertigen, daß der Anfangszustand niemals wirklich exakt bekannt sei; solange dies nicht erreicht sei, werde eben, gewissermaßen provisorisch, von der Statistik Gebrauch gemacht.

Die elementare Wahrscheinlichkeitsrechnung geht aus von der Annahme, man habe Grund, gewisse Fälle als gleich wahrscheinlich anzusehen, und leitet daraus die Wahrscheinlichkeit verwickelter Kombinationen ab; oder allgemeiner: aus einer angenommenen Verteilung (z. B. der gleichmäßigen: „gleich wahrscheinliche Fälle") wird eine andere, von ihr abhängige Verteilung abgeleitet. Der Fall, daß sich die abgeleitete Verteilung als ganz oder teilweise unabhängig von der angenommenen Ausgangsverteilung erweist, ist natürlich besonders wichtig.

Dem entspricht nun auch das Vorgehen der Physik: Sie muß eine Annahme über eine Ausgangsverteilung, wenn möglich über gleich wahrscheinliche Fälle, machen und sie muß sich bemühen zu zeigen, daß es schließlich auf die Wahl der Ausgangsverteilung für die beobachtbaren Erscheinungen gar nicht ankommt. Beides sehen wir in der statistischen Mechanik vor uns: Es wird eine Einteilung des Phasenraumes in gleich wahrscheinliche Zellen vorgenommen, wobei nur einige allgemeine mechanische Sätze (Energieprinzip, *Liouville*scher Satz) als Leitstern dienen; daneben aber gehen die Bemühungen, diese Statistik der „Raumgesamtheit" in eine Statistik der „Zeitgesamtheit" zu verwandeln mit dem Zwecke, von der Willkür der Zelleneinteilung loszukommen. Aber die Ergodenhypothese, die hierzu dient und besagt, daß jedes System im Laufe der Zeit ganz von selbst alle Zellen gleich oft passiert, ist eben eine Hypothese und wird es wohl bleiben. Es scheint daher, daß die Berechtigung der Wahl gleich wahrscheinlicher Fälle durch die Zelleneinteilung des Phasenraumes nur a posteriori aus ihrem Erfolg bei der Deutung der Naturvorgänge abgeleitet werden kann.

So ähnlich ist es überall, wo in der Physik von Wahrscheinlichkeits-betrachtungen Gebrauch gemacht wird. Betrachten wir als Beispiel die atomaren Stoßvorgänge, etwa den Stoß eines Elektrons gegen ein Atom. Ist die kinetische Energie kleiner als die erste Anregungsenergie des Atoms, so erfolgt der Stoß „elastisch", d. h. ohne Energieverlust. Dann kann man fragen, in welche Richtung das Elektron durch den Stoß geworfen wird. Die klassische Theorie betrachtet jeden solchen einzelnen Stoßvorgang als kausal determiniert; wenn man die genauen Lagen und Geschwindigkeiten aller Elektronen des Atoms und des stoßenden Elektrons in einem Augenblick kennen würde, könnte man die Ablenkung des letzteren genau vorausberechnen. Nun fehlt uns leider diese Kenntnis der Mikro-Konfiguration; daher muß man sich wieder mit Mittelwerten begnügen. Hierzu muß man, was gewöhnlich nicht betont wird, notwendigerweise eine Annahme über gleich wahrscheinliche Konfigurationen machen; dies geschieht in möglichst „natürlicher" Weise, indem man Bestimmungsstücke der relativen Lage der ursprünglichen Elektronenbahn gegen das Atomzentrum und gewisse Winkelvariable oder Bewegungsphasen einführt und gleiche Intervalle für diese als gleich wahrscheinlich ansetzt. Aber das ist eben eine Annahme, die nur durch den Erfolg gerechtfertigt werden kann.

Das Eigentümliche dieses Vorgehens ist nun, daß die Einführung der Mikrokoordinaten nur geschieht, um die Determiniertheit des Einzelprozesses wenigstens im Prinzip zu retten. Denn praktisch muß man sie ja aufgeben: der Experimentator zählt nur die in eine bestimmte Richtung abgelenkten Teilchen, ohne sich um die Einzelheiten der Bahn zu kümmern; das wesentliche Stück der Bahn, auf dem die Wechselwirkung mit dem Atom stattfindet, ist ja auch der Beobachtung verborgen. Aus solchen Zählungen aber kann man nun Rückschlüsse auf den Mechanismus des Zusammenstoßes machen. Ein berühmtes Beispiel hierfür sind die Beobachtungen *Rutherfords* über die Streuung der α-Strahlen, wo allerdings Phasen der Atombewegung als Mikrokoordinaten nicht in Betracht kommen, sondern nur der Abstand des Atomkerns von der ursprünglichen Bahn des α-Teilchens. *Rutherford* konnte durch die Statistik der Streuung die Gültigkeit des *Coulomb*schen Gesetzes für die Wechselwirkung zwischen dem α-Teilchen und dem getroffenen Atomkern nachweisen. Aus der dabei benutzten Formel für die Anzahl der Teilchen in einer bestimmten Ablenkungsrichtung ist die Mikrokoordinate (der Bahnabstand) eliminiert.

Wir haben hier also den Fall vor uns, daß ein Kraftgesetz durch Zählung, durch Statistik ermittelt wird, nicht durch Beobachtung einer Beschleunigung nach dem *Newton*schen Bewegungsgesetz.

Die Methode ist im Grunde nichts anderes, als wenn beim Würfelspiel der Verdacht aufkommt, ein Würfel sei „falsch", weil eine Zahl dauernd merklich häufiger als in $^1/_6$ der Fälle erscheint: Man schließt aus der Statistik auf ein Drehmoment.

Ein anderes Beispiel ist die „Barometerformel". Gewiß läßt sich diese rein mechanisch begründen, indem man die Luft als Kontinuum auffaßt und das Gleichgewicht zwischen hydrodynamischem Druck und Schwere ansetzt; aber tatsächlich ist doch der Druck nur statistisch definiert, als mittlere Impulsübertragung durch die Stöße der Moleküle, und es ist daher nicht nur ebenso berechtigt, sondern tiefer begründet, die Barometerformel als Zählung der Moleküle im Schwerefeld anzusehen, aus der das Gesetz dieses Feldes abgeleitet werden kann.

Diese Betrachtungen sollen zu dem Gedanken hinführen, daß man an Stelle der *Newton*schen Kraftdefinition auch eine statistische setzen könnte. Wie in der klassischen Mechanik das Fehlen einer Kraft durch die Trägheitsbewegung einer Partikel gekennzeichnet wird, so hier durch die Gleichförmigkeit einer Verteilung einer Menge von Partikeln über gewisse Bestimmungsstücke (wobei die Wahl dieser Koordinaten in beiden Fällen zu ähnlichen Problemen führt). Wie dort die Größe einer Kraft durch die Beschleunigung einer Partikel gemessen wird, so hier durch die Ungleichförmigkeit einer Menge von Teilchen.

In der klassischen Theorie besteht selbstverständlich die Aufgabe, die beiden Kraftdefinitionen aufeinander zurückzuführen, und dahin zielt alles Bemühen zur rationellen Begründung der statistischen Mechanik; wir haben uns aber klarzumachen versucht, daß dies nicht restlos gelungen ist, weil schließlich die Wahl der „gleichwahrscheinlichen Fälle" nicht umgangen werden kann.

So vorbereitet richten wir nun unsern Blick auf die Quantenmechanik. Auffällig ist, daß hier schon rein historisch der Begriff von a-priori-Wahrscheinlichkeiten eine Rolle gespielt hat, die sich nicht auf gleichwahrscheinliche Fälle zurückführen ließen, wie z. B. die „Sprungwahrscheinlichkeiten" bei den Emissionsprozessen. Aber es könnte ja sein, daß dies nur an der Mangelhaftigkeit der Theorie liegt.

Wichtiger ist der Umstand, daß eine exakte Festlegung von Partikeln in Raum und Zeit offenbar im Rahmen des Formalismus der Quantenmechanik nicht möglich ist. Man könnte allerdings hiergegen einwenden, daß nach *Schrödinger* die Partikel gar keine scharf definierten Örter haben können, weil sie nichts sind als Wellengruppen oder Wellenpakete mit verschwimmenden Umrissen; aber diese Vorstellung der Wellenpakete möchte ich hier beiseite lassen, weil sie nicht durchgeführt und wohl auch gar nicht durchführbar ist. Denn die *Schrödinger*schen Wellen laufen ja gar nicht im gewöhnlichen Raume, sondern im „Konfigurationsraume", der so viele Dimensionen hat, wie die Anzahl der Freiheitsgrade des betrachteten

Systems beträgt (3 N Dimensionen für N Partikel). Die quantentheoretische Beschreibung der Systeme enthält bestimmte Aussagen über die Energie, den Impuls, den Drehimpuls der Systeme; aber die Frage „wo ist ein bestimmtes Partikel zu einer gegebenen Zeit?", die beantwortet sie nicht oder höchstens in Grenzfällen, wo die Quantenmechanik in die klassische Mechanik übergeht. Damit ist aber die neue Theorie in bester Übereinstimmung mit dem Vorgehen der Experimentatoren, denen ja auch die Mikrokoordinaten unzugänglich sind und die daher nur Fälle zählen, Statistik treiben. Dies legt den Gedanken nahe, daß die Quantenmechanik ebenfalls nur Antwort gibt auf richtig gestellte statistische Fragen, aber im allgemeinen die Frage nach dem Ablauf eines Einzelprozesses unbeantwortet läßt. Sie wäre dann also eine eigenartige Verschmelzung von Mechanik und Statistik.

Danach hätte man mit den Differentialgleichungen der Wellenmechanik etwa folgendes Bild zu verknüpfen: Der nach diesen Gleichungen sich ausbreitende Wellenvorgang stellt keineswegs direkt die Bewegung der Materie dar, sondern bestimmt nur die möglichen Bewegungen oder besser „Zustände" der Materie. Die Materie selbst kann nach wie vor unter dem Bilde beweglicher (punktförmiger) Teilchen (Elektronen, Protonen) vorgestellt werden; nur sind diese Korpuskeln in vielen Fällen gar nicht als Individuen zu identifizieren, z. B. dann, wenn sie zu einem Atomverband zusammentreten. Ein solcher Atomverband besitzt eine diskrete Folge von „Zuständen", es gibt aber auch kontinuierlich zusammenhängende Zustandsreihen, die das eigentümliche Merkmal haben, daß bei einem Zustande dieser Klasse immer eine Wirkung längs einer Bahn vom Atom mit endlicher Geschwindigkeit forteilt, genau so, als ob ein Teilchen abgeschleudert wäre. Diese Tatsache ist es, die die Vorstellung von Korpuskeln rechtfertigt, ja herausfordert, obwohl dies in manchen Fällen, wie gesagt, nicht wörtlich genommen werden darf. Zwischen den Korpuskeln bestehen elektromagnetische Kräfte (von deren endlicher Ausbreitungsgeschwindigkeit für den Augenblick abgesehen werden möge); sie werden, soweit wir wissen, durch die in der klassischen Elektrodynamik geltenden Gesetze als Funktionen der Koordinaten der Partikel beschrieben (z. B. *Coulomb*sche Anziehung). Aber diese Kräfte sind nicht, wie in der klassischen Theorie, den Beschleunigungen der Partikel proportional, haben überhaupt keinen direkten Zusammenhang mit der Bewegung der Teilchen. Vielmehr schiebt sich das Wellenfeld dazwischen: Die Kräfte bestimmen die Schwingungen einer gewissen Zustandsgröße ψ, die von den Lagen aller Partikel simultan abhängt (also einer Funktion im „Konfigurationsraum"), und zwar in der Weise, daß ψ einer Differentialgleichung zu genügen hat, deren Koeffizienten von den Kräften abhängen.

Die Kenntnis der Funktion ψ nun erlaubt, den Ablauf eines physikalischen Vorganges zu berechnen, soweit er überhaupt durch die quantenmechanischen Gesetze festgelegt ist: nämlich nicht im Sinne kausaler Determiniertheit, sondern im Sinne der Wahrscheinlichkeit. Jeder Vorgang besteht aus Elementarprozessen, die man als Übergänge oder Sprünge zu beschreiben pflegt; dabei scheint es so zu liegen, daß der Prozeß selbst sich jeder anschaulichen, raum-zeitlichen Darstellung entzieht und nur sein Endergebnis festgestellt werden kann. Dieses besteht eben darin, daß das System am Ende in einem anderen Quantenzustande angetroffen wird als zu Anfang. Die Bestimmung dieser Übergänge durch die Funktion ψ geschieht nun in folgender Weise: Jedem Zustande des Atoms entspricht ein ganz bestimmter Schwingungszustand, d. h. eine bestimmte charakteristische Lösung oder „Eigenfunktion" der Wellengleichung; z. B. dem Normalzustande der Funktion ψ_1, dem folgenden Zustande ψ_2 usw. Der Einfachheit halber nehmen wir an, das System sei im Normalzustande ψ_1. Tritt nun ein Elementarprozeß auf, so hat sich diese Lösung nach Ablauf der Ursachen des Prozesses in eine andere von der Form

$$\psi = c_1 \psi_1 + c_2 \psi_2 + c_3 \psi_3 + \ldots$$

verwandelt, die eine Überlagerung einer Anzahl von „Eigenfunktionen" mit ganz bestimmten Partialamplituden $c_1, c_2 \ldots$ darstellt. Dann geben die Quadrate dieser Amplituden, also die Größen

$$c_1^2, \; c_2^2, \; c_3^2$$

die Wahrscheinlichkeiten dafür an, daß sich das System am Ende im 1., 2., 3., ... Zustande befindet; also ist z. B. c_1^2 die Wahrscheinlichkeit dafür, daß es in den zweiten Zustand springt usw.[1]). Diese Wahrscheinlichkeiten sind also durch den Mechanismus determiniert. Was aber das betrachtete System tatsächlich im einzelnen Falle tut, ist nicht determiniert, wenigstens nicht im Rahmen der heute bekannten Gesetze. Dieses Faktum ist aber gar nichts neues; denn wie wir oben z. B. an den Stoßgesetzen erläutert haben, liefert faktisch auch die klassische Theorie nur Wahrscheinlichkeiten bei Atomprozessen. Nur führt die klassische Theorie erst Mikrokoordinaten ein, die den Prozeß determinieren, um sie dann wegen Unkenntnis ihrer Werte durch Mittelbildung wieder zu eliminieren; während die neue Theorie ohne diese Mikrokoordinaten auskommt und dabei zu entsprechenden Resultaten gelangt. Dabei ist es natürlich niemandem verwehrt, an die

---

[1]) Es ist vielleicht nicht überflüssig, den Unterschied der hier vorgeschlagenen Auffassung gegenüber der bekannten statistischen Lichttheorie von *Bohr, Kramers* und *Slater* hervorzuheben. Dort werden die Erhaltungssätze für Energie und Impuls fallen gelassen; sie sollen nur im Mittel gelten. Hier dagegen sind die Erhaltungssätze durch den quantenmechanischen Formalismus ganz von selbst gewahrt; die Statistik bezieht sich nur auf Größen, wie die Ablenkungsrichtungen beim Stoß, deren Analoga in der *Bohrschen* Theorie nicht „quantisierbar" sind (Winkelvariable).

Existenz der Mikrokoordinaten zu glauben; doch werden diese erst dann physikalisch von Bedeutung sein, wenn man Methoden zu ihrer experimentellen Bestimmung ersonnen haben wird. Auf die daran sich knüpfenden philosophischen Fragen einzugehen, ist hier nicht der Ort; es soll nur der Standpunkt geschildert werden, auf den man durch Zusammenfassung der physikalischen Erfahrungen gedrängt wird. Man entzieht der Kraft ihre klassische Aufgabe, direkt Bewegungen zu bestimmen und erteilt ihr die neue Aufgabe, Wahrscheinlichkeiten von Zuständen zu bestimmen. Während man aber früher versucht hat, diese beiden Dinge in Einklang zu bringen, die eine Kraftdefinition aus der anderen abzuleiten, so hat dies jetzt streng genommen keinen Sinn mehr; die Frage ist nur, warum die klassische Kraftdefinition in einem weiten Erfahrungsbereich überhaupt brauchbar gewesen ist. Die Antwort darauf lautet, wie immer in solchen Fällen: „weil die klassische Theorie ein Grenzfall der neuen Theorie ist". Und zwar handelt es sich in der Hauptsache um den sog. „adiabatischen" Grenzfall, d. h. den, wo die äußere Einwirkung (oder auch die Wechselwirkung zwischen Teilen des Systems) äußerst langsam erfolgt. Es ergibt sich, daß dann mit großer Annäherung

$$c_1^2 = 1, \quad c_2^2 = 0, \quad c_3^2 = 0, \ldots$$

herauskommt, d. h. es besteht keine Wahrscheinlichkeit für einen Sprung, sondern das System befindet sich nach dem Aufhören des Prozesses wieder im Ausgangszustande. Eine solche langsame Einwirkung ist also „reversibel", wie in der klassischen Theorie. Man kann dies auch auf den Fall verallgemeinern, wo das System am Ende unter anderen Bedingungen steht, wie am Anfang; dann ist der Zustand „adiabatisch" verändert, ohne daß ein Sprung stattgefunden hat. Das ist der Grenzfall, mit dem die klassische Mechanik allein zu tun hatte.

Die Frage, ob sich diese Anschauungen überall bewähren, ist natürlich noch offen. Die Stoßvorgänge konnten mit ihrer Hilfe quantenmechanisch formuliert werden, und das Ergebnis ist qualitativ in voller Übereinstimmung mit dem Experiment. Damit ist eine präzise Deutung gerade jener Beobachtungen gewonnen, die als der unmittelbarste Beweis der quantenhaften Struktur der Energie angesehen werden: die unstetigen Energiestufen (Anregungsspannungen), die zuerst von *Franck* und *Hertz* gefunden wurden. Das plötzliche Einsetzen der angeregten Zustände bei wachsender Geschwindigkeit der stoßenden Elektronen ist eine direkte Folge der Theorie. Sie gibt überdies Formeln für die Verteilung der Elektronen über die verschiedenen Ablenkungswinkel; und diese Formeln weichen in charakteristischer Weise von den Ergebnissen ab, die man nach der klassischen Theorie erwarten würde. Dieser Umstand wurde schon vor der Entwicklung der allgemeinen Theorie von *Elsasser* bemerkt [1]. Er ging von der *de Broglie*schen Idee aus, daß die Bewegung der Partikeln von Wellen begleitet wird, deren Frequenz und Wellenlänge durch die Energie und den Impuls der Teilchen bestimmt ist. *Elsasser* berechnete die Wellenlänge für langsame Elektronen und fand sie von der Größenordnung 10^{-8} cm, was gerade in den Bereich atomarer Dimensionen fällt. Hieraus schloß er, daß der Stoß eines Elektrons gegen ein Atom zu einer Beugung der *de Broglie*-Wellen Anlaß geben sollte, ganz analog zu der bekannten Erscheinung der Streuung von Licht an kleinen Teilchen. Die wechselnden Intensitäten der Wellen in verschiedenen Richtungen würden dann wechselnden Anzahlen der in diese Richtungen abgelenkten Elektronen entsprechen. Andeutungen eines solchen Effekts zeigen Experimente von *Davisson* und *Kunsman* [2] über die Reflexion von Elektronen an Metalloberflächen. Eine vollständige Bestätigung dieser kühnen Hypothese wurde von *Dymond* [3] erbracht durch Messungen der Elektronenverteilung nach dem Stoß gegen Heliumatome.

Leider erlaubt der augenblickliche Stand der Quantenmechanik nur eine qualitative Beschreibung dieser Erscheinung; für eine vollständige Ableitung wäre die vollständige Lösung des Problems der Heliumstruktur erforderlich. Daher ist es besonders wichtig, die Theorie auf die oben erwähnten Experimente von *Rutherford* und seinen Mitarbeitern über die Zerstreuung von α-Strahlen anzuwenden; denn in diesem Falle haben wir es mit einem einfachen und vollständig bekannten Mechanismus zu tun, der gegenseitigen Ablenkung zweier geladener Teilchen.

Die klassische Formel, die *Rutherford* aus einer Betrachtung der hyperbolischen Bahnen der Teilchen ableitete, ist in weitem Umfange experimentell bestätigt worden; aber neuerdings haben *Bieler* [4], *Rutherford* und *Chadwick* [5] Abweichungen von diesem Gesetz bei den Zusammenstößen von α-Teilchen mit leichten Atomen gefunden, und *Blackett*, der diese Erscheinung jetzt eingehend studiert, hat den Gedanken ausgesprochen, ob nicht auch diese Abweichungen durch Beugung von *de Broglie*-Wellen erklärt werden könnten. Im Augenblick ist nur die Vorfrage beantwortet worden, ob die klassische Formel von *Rutherford* als Grenzfall aus der Quantenmechanik abgeleitet werden könne. *G. Wentzel* [6] hat gezeigt, daß das tatsächlich der Fall ist. Der Verfasser dieser Mitteilung [7] hat ferner die Berechnung des Stoßes eines geladenen Teilchens gegen ein Wasserstoffatom durchgeführt und Formeln erhalten, welche zugleich die Stöße von Teilchen beliebiger Energie (von langsamen Elektronen bis zu schnellen α-Teilchen) darstellen. Bisher ist nur die erste Näherung entwickelt worden, die die feineren Beugungseffekte noch nicht zur Darstellung bringt; man erhält einen Ausdruck, der so verschiedene Dinge wie die *Rutherford*schen Streugesetze für α-Strahlen und den Querschnitt von Wasserstoffatomen für stoßende Elektronen in dem von *Lenard* studierten Geschwindigkeitsbereiche zusammenfaßt. Dieselbe Methode führt zu einer Berechnung der Anregungswahrscheinlichkeit von H-Atomen durch Elektronenstoß; doch sind diese Rechnungen noch nicht vollständig durchgeführt.

Aber auch wenn die hier erläuterten Vorstellungen sich weiter bewähren, so besagt das nicht, daß sie irgendwie endgültig sind. Schon jetzt kann man sagen, daß sie noch viel zu sehr an die üblichen Begriffe von Raum und Zeit anknüpfen. Der Formalismus der Quantenmechanik ist jedenfalls viel biegsamer und läßt noch viel allgemeinere Deutungen zu. So kann man z. B. die Koordinaten und Impulse der Teilchen durch sog. „kanonische Transformationen" durcheinander schütteln und dadurch für dieselben Vorgänge zu ganz anderen Formelsystemen mit anderen Wellenfunktionen ψ kommen. Der Grundgedanke aber, daß es sich um „Wahrscheinlichkeitswellen" handelt, wird wohl in verschiedener Gestalt bestehen bleiben.

Literatur

[1] *W. Elsasser:* Naturwissenschaften 13 (1925) S. 711.
[2] *Davisson* und *Kunsman:* Phys. Rev. 22 (1923) S. 243.
[3] *E. G. Dymond:* Nature 118 (1926) S. 336.
[4] *E. S. Bieler:* Proc. of the Roy. Soc. of London, Ser. B. 105 (1924) S. 434.
[5] *E. Rutherford* und *J. Chadwick:* Phil. Mag. 50 (1925) S. 889.
[6] *G. Wentzel:* Zeitschr. f. Physik. 40 (1926) S. 590.
[7] *M. Born:* Gött. Nachr., 1926, S. 146.

3 Über die Bedeutung der Stoßvorgänge für das Verständnis der Quantenmechanik *)

Die Quantenmechanik in ihrer ursprünglichen, von *Heisenberg* begründeten Matrizenform war ausschließlich zur Behandlung abgeschlossener, periodischer Systeme geeignet. Sie beschrieb mögliche Zustände und Übergänge, sie erlaubte die Energieniveaus zu berechnen sowie die Schwingungen der „virtuellen Resonatoren", die den Quantensprüngen zugeordnet sind; aber sie konnte nicht vorhersagen, wie sich ein System unter bestimmten äußeren Bedingungen verhalten würde. Bald aber zeigte es sich, daß auf Grund der Matrizenmechanik wenigstens statistische Aussagen über das Verhalten eines Systems möglich sind, wenn dieses locker mit einem anderen System gekoppelt ist. Dann ist seine Energie nicht konstant, ihre Matrix hat nicht nur Diagonalelemente; aber ihr Mittelwert ist eine Diagonalmatrix und das Element, das die mittlere Energie im n-ten Zustande unter der Wirkung der Störung bedeutet, läßt sich auffassen als das Resultat von Quantensprüngen zwischen dem n-ten Zustande und allen andern Zuständen des ungestörten Systems, wobei jedem Sprunge eine aus der Koppelung berechenbare Übergangswahrscheinlichkeit zukommt. Dagegen läßt sich nichts über den Zeitpunkt eines Quantensprunges aussagen. Die Weiterentwicklung der Quantenmechanik hat ihren statistischen Charakter immer deutlicher zum Vorschein gebracht, besonders als es gelang, aperiodische Vorgänge der Behandlung zu unterwerfen. Von den hierzu erdachten Erweiterungen des Matrizenkalküls kommt die *Dirac*sche q-Zahl-Theorie nicht so sehr in Betracht wie die Operatorenrechnung, die von mir gemeinsam mit *N. Wiener* eingeführt und an einfachen Fällen erprobt, später von *Eckart, Jordan, v. Neumann* ausgebaut wurde. Die Wellenmechanik von *de Broglie* und *Schrödinger* läßt sich in formaler Hinsicht als spezieller Fall der Operatorentheorie ansehen, wenn sie auch aus unabhängigen Wurzeln erwachsen ist und wichtige physikalische Gesichtspunkte in den Vordergrund rückt: die Doppelnatur der Materie, die genau wie das Licht in mancher Hinsicht aus Wellen, in anderer aus Korpuskeln zu bestehen scheint. Die allgemeinste Fassung der Operatorentheorie ist diese: Eine physikalische Größe läßt sich im allgemeinen nicht durch Angabe des Wertes einer Koordinate exakt festlegen, sondern man kann nur ein Häufigkeitsgesetz für ihre Verteilung über den ganzen Variabilitätsbereich

*) Congresso Internationale dei Fisici, Como, Settembre 1927 (V); Bologna.

der Koordinate angeben. Ein solches Häufigkeitsgesetz ist im allgemeinen nur durch unendlich viele Zahlenangaben bestimmbar, entweder durch den Verlauf einer stetigen Funktion oder durch eine Folge diskreter Zahlen; doch sind diese beiden Darstellungsweisen nicht prinzipiell verschieden, da man ja z. B. eine stetige Funktion durch Angabe der diskreten Reihe ihrer *Fourier*koeffizienten festlegen kann. Man repräsentiert daher das Verteilungsgesetz ganz abstrakt durch einen Punkt in einem Raume von unendlich vielen Dimensionen. In diesem Raume kann man eine euklidische Maßbestimmung[1]) einführen; man spricht dann vom *Hilbert*schen Raume. Doch gibt es nicht nur rechtwinklige Achsenkreuze mit diskret liegenden Achsen, sondern auch solche mit kontinuierlich verteilten Achsen. Je nachdem man den Punkt auf Achsen der einen oder der andern Art projiziert, erhält man die beiden Darstellungen des Verteilungsgesetzes durch Zahlenfolgen oder Funktionen.

Jeder physikalischen Größe entspricht ein linearer Operator, d. h. eine affine Abbildung des *Hilbert*schen Raumes auf sich, oder, wenn man so sagen will, eine homogene Deformation dieses Raumes. Genau wie in der Elastizitätstheorie gibt es immer ein Hauptachsensystem, dadurch ausgezeichnet, daß die Punkte der Achsen bei der Deformation nur auf den Achsen selbst verschoben werden. Die Größe dieser Verschiebung, d. h. die Werte der Hauptachsen des betrachteten Operators Q, ist der Wertebereich, den die physikalische Größe annehmen kann; er kann kontinuierlich oder diskret sein. Die Lage der Achsen gegen ein anderes Achsensystem wird durch eine orthogonale Matrix φ gegeben. Diesem andern Achsensystem kann ein Operator q zugeordnet werden, dessen Hauptachsen bekannt sind. Dann sind die Elemente der Matrix φ Funktionen von q' und Q', wo q' und Q' irgend zwei Werte (Hauptachsen) der beiden Operatoren q und Q sind[2]). Diese Größe $\varphi(q', Q')$ hat nun nach *Dirac* und *Jordan* eine einfache physikalische Bedeutung: $|\varphi(q', Q')|^2$ stellt die Wahrscheinlichkeit (bzw. Dichte der Wahrscheinlichkeit) dafür dar, daß bei vorgegebenem Q' die Variable q' einen gegebenen Wert annimmt (bzw. in ein gegebenes Intervall $\Delta q'$ fällt). Man nennt φ Wahrscheinlichkeitsamplitude. Die *Schrödinger*sche Wellenfunktion ist ein spezieller Fall, und zwar die Amplitude, die zu den Operatoren q und $H\left(q, \frac{h}{2\pi i}\frac{\partial}{\partial q}\right)$ gehört, wo $H(q, p)$ die *Hamilton*sche Funktion ist; bezeichnet man die Hauptachsen des letzteren, wie üblich, mit W, so ist $|\varphi(q', W)|^2$ die Dichte der Wahrscheinlichkeit dafür, daß bei gegebener Energie die Koordinate q' in ein gegebenes Intervall $\Delta q'$ fällt.

---

[1]) Nur ist das Entfernungsmaß nicht eine quadratische, sondern eine *Hermite*sche Form; und dasselbe gilt für alle matrixartigen Größen.

[2]) q' und Q' können mehrdimensionale Bereiche durchlaufen.

Wir wollen nicht auf die weitere Ausgestaltung dieses Formalismus eingehen, sondern die Frage stellen, welche empirischen Belege man für diese Auffassung hat. Da sind es vor allem die atomaren Stoßvorgänge, die fast zwangsläufig dazu führen, das Quadrat des Betrages der *Schrödinger*schen Wellenfunktion $|\varphi(q', W)|^2$ als Teilchenzahl zu deuten. Hat man z. B. den von *Rutherford* zuerst untersuchten Fall, wo ein Strahl von α-Teilchen gegen schwere Atomkerne stößt, so entspricht dem eine ebene φ-Welle, die an dem Kern (vermöge der *Coulomb*schen Wechselwirkung zwischen den Ladungen) gebeugt und in eine Kugelwelle verwandelt wird. *Wentzel* und *Oppenheimer* haben gezeigt, daß man tatsächlich die *Rutherford*sche Formel für die Anzahl der gestreuten Teilchen bekommt, wenn man die Intensität der *Schrödinger*-Welle als Maß der Wahrscheinlichkeit annimmt. Man kann auch für kompliziertere Atome die Wahrscheinlichkeiten von Anregung und Ionisation berechnen und erhält die bekannten qualitativen Gesetze, die von *Franck* und *Hertz* zuerst experimentell erforscht worden sind und eine der sichersten Stützen der ganzen Quantentheorie bilden. *Elsasser* hat ferner die Bremsung von α-Teilchen nach dieser Methode untersucht und zeigen können, daß die bekannte klassische Theorie von *Bohr* in gewissem Umfange zu recht besteht.

Eine besonders wichtige Anwendung dieser wellenmechanischen Stoßtheorie hat neuerdings *Dirac* gemacht, indem er die optische Dispersionsformel mit Strahlungsdämpfung ableitete. Er betrachtet den Streuungsvorgang des Lichts an Atomen als Stoß von Lichtquanten gegen die Atome. Dabei genügt es, dem Atom zwei stationäre Zustände zuzuordnen: einen oberen, bei dem das Lichtquantum gebunden, einen unteren, bei dem es frei ist; in letzterem Zustand steht dem Lichtquant noch ein Kontinuum von Energiewerten zur Verfügung. Dieses einfache Modell genügt zur Ableitung der Dispersionsformel, wobei die Dämpfungskonstante (Linienbreite) durch die Koppelung von Atom und Lichtquant ausgedrückt wird. Auch die *Wien*schen Versuche über das Abklingen des Leuchtens von Kanalstrahlen lassen sich so deuten, wobei dieselbe Dämpfungskonstante auftritt. Eine genauere Untersuchung, wie diese von den Eigenschaften des Atoms und der betrachteten Spektrallinie abhängt, steht noch aus.

Alle diese Ergebnisse bestätigen mit großer Eindringlichkeit die statistische Grundauffassung der Quantenmechanik. Die in der klassischen Physik immer anerkannte prinzipielle Determiniertheit der Naturvorgänge muß aufgegeben werden. Der innere Grund hierfür liegt in dem Dualismus von Wellen und Korpuskeln, den man so formulieren kann: Zur Beschreibung der Naturvorgänge sind kontinuierliche und diskontinuierliche Elemente notwendig. Das Auftreten der letzteren (Korpuskeln, Quantensprünge) ist nur statistisch bedingt; die Wahrscheinlichkeit des Auftretens aber breitet sich kontinuierlich nach Art von Wellen aus, die Gesetzen von ähnlicher Form gehorchen, wie die Kausalgesetze der klassischen Physik.

4 Über den Sinn der physikalischen Theorien *)

Wer die Entwicklung der exakten Naturwissenschaften von außen betrachtet, dem müssen sich zwei widersprechende Eindrücke aufdrängen: Einmal bietet das Ganze der Naturforschung ein Bild stetigen, gesunden Wachstums, deutlichen Fortschreitens und Aufbauens, sichtbar ebenso in der inneren Vertiefung, wie in der äußeren Anwendung auf die technische Beherrschung der Natur. Dann aber wieder beobachtet man in nicht zu seltener Folge das Auftreten von Erschütterungen der physikalischen Grundvorstellungen, wahre Revolutionen der Begriffswelt, durch die alle frühere Erkenntnis abgetan und eine neue Epoche der Forschung eröffnet zu werden scheint. Der schroffe Wechsel der Theorien steht in merkwürdigem Gegensatz zum kontinuierlichen Fließen und Wachsen des Bereiches der gesicherten Ergebnisse. Um ein paar Beispiele von theoretischen Umwälzungen herauszugreifen: man denke an den ältesten, ehrwürdigsten Zweig der physikalischen Forschung, die Astronomie, und an die Vorstellungen von der Sternenwelt, die wir über Jahrtausende verfolgen können. Zuerst ruht die Erde, eine flache Scheibe im Zentrum der Welt, und um sie bewegen sich die Gestirne in geordnetem Tanz. Dann kommt, etwa gleichzeitig mit der Erkenntnis von der Kugelgestalt und Größe der Erde, das Kopernikanische Weltsystem, das die Sonne in den Mittelpunkt setzt und der Erde eine dienende Rolle unter vielen andern Trabanten des Zentralgestirns anweist. Den Beginn der Neuzeit in der Naturforschung markiert *Newtons* Theorie der Schwerkraft, die das Planetensystem zusammenhält, und diese Lehre gilt unbestritten etwa zweihundert Jahre. In unsern Tagen aber wird sie durch *Einsteins* relativistische Gravitationstheorie über den Haufen geworfen, die weder vom heliozentrischen Planetensystem noch von der in die Ferne wirkenden Schwerkraft begrifflich etwas übrig läßt.

Ganz ähnlich ist es in der Optik mit ihrem Wechsel in der Vorstellung vom Wesen des Lichts, das entweder nach *Newton* als Strom von kleinen Teilchen oder nach *Huygens* als Wellenzug im Lichtäther vorgestellt wird. Am Beginn des 19. Jahrhunderts geschah der schroffe Umschlag von der

---

*) Rede, gehalten in der öffentlichen Sitzung der Gesellschaft der Wissenschaften Göttingen, 10. November 1928. Gött. Nachrichten, Geschäftl. Mitt. 1928/29, S. 1.

Korpuskulartheorie zur Wellentheorie, und mit unserem eigenen Jahrhundert setzte wiederum eine neue Wendung ein, von der ich noch zu sprechen haben werde. In der Lehre von der Elektrizität und dem Magnetismus liegt in der Mitte des vorigen Jahrhunderts eine revolutionäre Periode, in der die Vorstellung von Fernwirkungen dem Gedanken der kontinuierlichen Kraftübertragung durch den Äther weichen mußte. Das tiefe Problem der Struktur der Materie selbst, das die Chemie als gewaltiger Zweig des physikalischen Baums in besondere Obhut genommen hat, zeigte noch bis vor wenigen Jahrzehnten den uralten Gegensatz von Atomistik und Kontinuumsvorstellung, der heute zugunsten der ersten entschieden scheint; doch sind gerade diese Fragen mit einer der radikalsten Begriffsrevolutionen verbunden, die sich unter dem Namen der Quantentheorie heute vor unsern Augen vollzieht.

Im Kleinen geschieht das Wachsen, Gelten und Fallen von Theorien tagtäglich, und was heute wertvoll ist, ist morgen schon Plunder, kaum eines historischen Rückblicks wert. Da liegt nun die Frage nahe: Welchen Wert haben dann überhaupt die Theorien? Sind sie nicht vielleicht bloß ein Nebenprodukt der Forschung, eine Art metaphysischer Schmuck, als schillernder Mantel über die allein bedeutungsvollen „Tatsachen" gehängt, bestenfalls Stütze und Hilfe bei der Arbeit, Reizmittel für die Phantasie beim Ersinnen neuer Versuchsbedingungen?

Daß diese Frage überhaupt gestellt werden kann, zeigt, daß der Sinn der physikalischen Theorien keineswegs auf der Hand liegt, und darum habe ich diesen Gegenstand als Thema des heutigen Vortrages gewählt. Sind doch jetzt, da wieder einmal eine schwere Krisis der physikalischen Grundbegriffe gerade überwunden ist, selbst manche Physiker nicht vollkommen klar darüber, was man von der neuesten Wendung der Theorie eigentlich zu halten hat.

Diese für unsere Zeit charakteristischen Theorien, die Relativitätstheorie und die Quantentheorie, eignen sich auch am besten für unsern Zweck, weil wir selbst viele ihrer Aussagen gefühlsmäßig als merkwürdig, paradox oder gar als sinnlos empfinden. Bei den älteren Theorien muß es den Zeitgenossen ähnlich ergangen sein; aber wir können uns diesen Geisteszustand nur durch historische Vertiefung künstlich konstruieren. Da ich wenig historische Studien getrieben habe, will ich mich mit einem kurzen Rückblick auf die älteren Krisenzeiten begnügen.

Jede theoretische Vorstellung geht vom Augenschein und seiner nächstliegenden Deutung aus. Der Anblick der festen, unerschütterlichen Erde, die uns trägt, und des bewegten Himmels führt natürlicherweise zum geozentrischen Weltsystem. Die Eigenschaft des Lichts, scharfbegrenzte Schatten zu werfen, ist am einfachsten durch die Korpuskular-Hypothese zu verstehen, die wir in poetischer Form schon bei *Titus Lucretius Carus* finden. Von der Mechanik, die später das Vorbild aller physikalischen Theorien wurde, kannte die Antike eigentlich nur die Statik, die Lehre vom Gleichgewicht. Der Grund ist natürlich der, daß die an Hebeln und anderen Maschinenteilen angreifenden Kräfte auch durch die Kraft des menschlichen (oder tierischen) Körpers ersetzt werden können und damit zu dem Bereich des unmittelbar sinnlich Erfahrbaren gehören.

Was bedeutet es nun, wenn diese primitiven Vorstellungen, das geozentrische Weltsystem, die Korpuskularhypothese beim Licht, die statische Kraft der Mechanik, durch neue ersetzt werden? Das Entscheidende ist wohl das Bedürfnis des Menschen, an eine reale, von ihm unabhängige, beharrliche Außenwelt zu glauben, und seine Fähigkeit, zugunsten dieses Glaubens seinen Wahrnehmungen zu mißtrauen. Ein Gegenstand sieht in großer Entfernung kleiner aus als in der Nähe, aber der Mensch sieht immer den „Gegenstand", stellt ihn stets als gleich groß vor und vertraut mit absoluter Sicherheit, daß er hingehen und sich durch Anfassen oder Abtasten davon überzeugen könne. Die Gegenstände, mit denen der primitive Mensch zu tun hat, Steine, Bäume, Häuser, Tiere, Menschen, haben die Eigenschaft, dieser Prüfung standzuhalten. Das ist der Ursprung der Geometrie, die in ihren Anfängen durchaus eine Lehre von den gegenseitigen Lage- und Größenverhältnissen starrer Körper war. In diesem Sinne ist Geometrie der älteste Zweig der Physik; an ihr wurde zuerst erkannt, daß die Dinge der Außenwelt in ihren räumlichen Eigenschaften strengen Gesetzen folgen. Später hat dann die Freude an der Schönheit dieser Gesetze bewirkt, daß die empirische Wurzel der geometrischen Wissenschaft wenig beachtet oder gar geleugnet und das Studium ihres logischen Gerüsts als Teil der Mathematik Selbstzweck wurde. Aber der Geodät und der Astronom haben die Lehren der Geometrie stets als Aussagen über die realen Dinge der Welt angesehen und nie gezweifelt, daß auch solche Körper, die uns wegen ihrer Entfernung nicht direkt zugänglich sind, denselben Gesetzen folgen. Die Anwendung der geometrischen Regeln auf die Sterne zeigte, daß sie sehr weit entfernt und sehr groß sein müssen, daß ihre Bewegung am Nachthimmel nur die Projektion der wahren räumlichen Bahnen sei, und schließlich führte die Analyse dieser Bahnen bei verfeinerter Beobachtungskunst mit Notwendigkeit zum Kopernikanischen System. Sein Sieg ist der Beweis dafür, daß der Glaube an bewährte Gesetze stärker ist, als der unmittelbare Sinneseindruck. Dabei hat natürlich die neue Theorie zu erklären, warum gerade dieser Sinneseindruck zustande kommt, auf dem die bisher geltende, nun als falsch erkannte Lehre beruhte. Im Falle des *Kopernikus* genügt hierfür der Hinweis auf die Größe der Erdkugel im Verhältnis zum Menschen. Dieses astronomische Beispiel ist typisch für alle folgenden Fälle. In der Sternenwelt haben wir das erstemal eine Wirklichkeit, die nur einem Sinne, dem Auge, als oft unscheinbarer Eindruck zugänglich, dem Leben und Kämpfen der Menschen weit entrückt und doch zweifellos ebenso real ist, wie der Stuhl, auf dem ich sitze oder das Blatt Papier, aus dem ich lese. Diese objektive Realität der Dinge, die ich meine, beruht immer und überall auf demselben Prinzip: dem Sichfügen unter die allgemeine geometrisch-physikalische Gesetzlichkeit. Auch den Stuhl halte ich nur deswegen für wirklich, weil er diejenigen konstanten Eigenschaften zeigt, die festen Körpern seiner Art zukommen; die hierzu nötige Geometrie und Mechanik ist jedem Menschen als unbewußte Erfahrung geläufig. Anders sind auch die Gründe nicht, die man dafür hat, das Lichtpünktchen, das wir Mars nennen, für eine riesige Kugel ähnlich der Erde zu halten; nur muß man hier genauer beobachten und Geometrie und Mechanik bewußt anwenden. Der Realitätsglaube des naiven, unwissenschaftlichen Menschen ist im Grunde derselbe wie der des Naturforschers. Die Philosophen konzedieren uns diesen Standpunkt als praktisch unentbehrlich unter dem Namen empirischer Realismus; er hat als hausbackener Geselle gegenüber den verschiedenen idealistischen Richtungen einen schweren Stand. Wir wollen uns hier aber nicht mit dem Streit philosophischer Schulen auseinandersetzen, sondern nur möglichst klar sagen, welcher Art die Wirklichkeit ist, die den Gegenstand der Naturforschung bildet. Es ist nicht die Wirklichkeit der Sinneswahrnehmungen, der Empfindungen, Gefühle, Ideen, kurz die subjektive und darum absolute Realität des Erlebens. Sondern es ist die Wirklichkeit der Dinge, der Objekte, die den Wahrnehmungen als Substrat unterlegt werden. Als Kriterium dieser Realität erkennen wir niemals einen Sinneseindruck, ein vereinzeltes Erlebnis an, sondern nur das Einfügen in die allgemeine Gesetzmäßigkeit, die wir in den Erscheinungen entdecken.

Was hier am Beispiel der Astronomie dargelegt ist, wiederholt sich nun immer wieder in der Entwicklung der Physik. Wir haben im Grund bereits den Sinn aller Theorien erfaßt und wollen nun belegen, daß alle Revolutionen in der Physik, die vorgekommen sind, Stufen sind auf dem Wege zur Konstruktion einer objektiven Welt, die den Makrokosmos der Gestirne, den Mikrokosmos der Atome mit dem Kosmos der alltäglichen Dinge zu einer widerspruchslosen Einheit verbindet.

Betrachten wir zuerst die Mechanik. Ihre naive Periode konnte, wie wir schon bemerkt haben, über die Gleichgewichtslehre nicht herauskommen. Die wissenschaftliche Bewegungslehre oder Dynamik ist schon ein Kunstprodukt der Forschung. Die Gesetze, die *Galilei* und *Newton* aus ihren Beobachtungen ableiteten, lassen sich nicht ohne Begriffe aussprechen, die dem Naturzustande des Denkens fern liegen. Allerdings sind Worte wie Masse oder Kraft seit jeher in Gebrauch; Masse bedeutete irgendwie die Menge eines Stoffes, Kraft die Größe einer Anstrengung. Aber in der Mechanik bekommen diese Worte einen ganz präzisen Sinn; es sind Kunstworte, vielleicht die ersten, die geprägt wurden, deren Klang zwar mit Worten der gewöhnlichen Sprache übereinstimmt, deren Bedeutung aber nur aus einer besonders aufgestellten Definition hervorgeht. Auf diese gar nicht einfache Definition will ich hier nicht eingehen, sondern nur erwähnen, daß darin ein Begriff vorkommt, der in der vorwissenschaftlichen Zeit keine Rolle gespielt hat und überhaupt nur mit mathematischen Hilfsmitteln (Differentialquotienten) genau erklärt werden kann, nämlich der Begriff der Beschleunigung. Wenn nun Masse mit Hilfe dieses Begriffes (als „Widerstand gegen Beschleunigung") definiert wird, so erkennt man deutlich bereits die Grundlagen der Mechanik als Kunstprodukt des Geistes. Die Erfahrung an irdischen Körpern, die in der Zeit zwischen *Galilei* und *Newton* zur Stütze der neuen Theorie herangezogen werden konnte, war ziemlich eng begrenzt. Und doch war die innere Logik der *Galilei*schen Mechanik so stark, daß *Newton* den großen Schritt tun konnte, sie auf die Bewegungen der Gestirne anzuwenden. Der ungeheure Erfolg dieses Schrittes beruht wesentlich auf der Idee, daß die Kraft, welche die Himmelskörper aufeinander ausüben, im Grunde nichts anderes ist als die Schwerkraft, die wir von unserer Erde her kennen. Aber dieser Gedanke führte zur Aufgabe einer bis dahin allgemein anerkannten Vorstellung, daß nämlich Kräfte von einem Körper nur auf seine unmittelbare Nachbarschaft ausgeübt werden. Die Statik kannte nur solche Nahkräfte. Die irdische Schwerkraft bei *Galilei* erscheint zunächst als mathematischer Hilfsbegriff zur Formulierung der Fallgesetze. Auch *Newton* selbst hat die Fernwirkung von Stern zu Stern, die er zur Erklärung der Planetenbewegung brauchte, wohl immer als Provisorium angesehen, die später durch eine Nahwirkung zu ersetzen sei. Bei *Newtons* Nachfolgern jedoch war der Eindruck der praktischen Erfolge seiner Gravitationstheorie so überwältigend, daß man die Fernwirkung der Schwere nicht nur als gegeben hinnahm, sondern sie als Vorbild für die Wirkungsweise anderer Kräfte, der elektrischen und magnetischen, gebrauchte. Über diese Fernwirkung durch den leeren Raum sind in früheren Zeiten wilde Kämpfe ausgefochten worden. Die einen nannten sie monströs, dem Sinne des natürlichen Kraftbegriffes widersprechend; andere feierten sie als wunderbares Werkzeug zur Enträtselung der Geheimnisse der Sternenwelt. Wer hat da recht? Wir werden sagen: die *Newton*sche Schwerkraft ist ein Kunstbegriff, der mit der anschaulichen Vorstellung, dem Gefühl von Kraft, nicht viel mehr als den Namen gemein hat. Seine Berechtigung beruht allein auf seiner Einordnung in das System der objektiven Naturbeschreibung; solange er da seine Pflicht erfüllt, mag er gelten; sobald aber neue Erfahrungen ihn widerlegen, hat er neuen Begriffsbildungen Platz zu machen, wobei von diesen zu verlangen ist, daß sie im Gebiete der älteren Erfahrungen mit der Fernwirkungstheorie übereinstimmen. Dieser Umschlag hat erst in unserer Zeit stattgefunden, und zwar nach einer langen Entwicklung, die mit dem Ausbau der Lehre von der Elektrizität und dem Magnetismus eng zusammenhängt.

Wie schon gesagt, wurden die elektrischen und magnetischen Kräfte zur Zeit ihrer ersten systematischen Erforschung, vor etwa 150 Jahren, nach dem Vorbilde der Schwerkraft als Fernwirkungen gedeutet. Das *Coulomb*sche Gesetz der Anziehung elektrischer Ladungen, das *Biot-Savart*sche Gesetz der Wirkung eines Stromes auf einen Magnetpol sind in der Form und Auffassung dem *Newton*schen nachgebildet. Aber beim mathematischen Ausbau der Theorie geschah etwas Merkwürdiges: man fand in der sogenannten Potentialtheorie Umformungen dieser Gesetze, die ihnen die Gestalt von Nahwirkungen, von Kräften benachbarter Raumstellen auf einander, gaben. Doch wurde diese merkwürdige Äquivalenz so heterogener Vorstellungen wenig beachtet. Es mußten neue Entdeckungen gemacht werden, um die Frage „Fern- oder Nahwirkung?" zur physikalischen Entscheidung zu bringen. Der Finder dieser neuen Tatsachen war *Faraday* und ihr Deuter *Maxwell*. Die *Maxwell*schen Gleichungen sind eine Nahwirkungstheorie der elektromagnetischen Erscheinungen, bedeuten also begrifflich die Rückkehr zu einer dem natürlichen Denken näher stehenden Vorstellungsweise. Doch glaube ich, daß das ganz unwesentlich ist. Wie liegt es denn? Schaltet man die *Faraday-Maxwell*schen Entdeckungen, die Magnetinduktion und den dielektrischen Verschiebungsstrom aus, so enthalten *Maxwells* Gleichungen nichts anderes als die bereits vorher vorhandene Potentialtheorie, jene mathematische Umformung der Fernwirkungs- in Nahwirkungsgesetze. Die in der Mitte des vorigen Jahrhunderts vor sich gehende Umwandlung der physikalischen Theorien ist also, von dieser Warte gesehen, eigentlich keine Revolution, die Bestehendes zerschlägt, sondern eine Eroberung neuen Gebiets, die eine Umorganisierung des alten Landes nach sich zieht.

Mit dieser Eroberung tritt nun aber ein neuer Begriff in den Vordergrund, der des Weltäthers. Denn jede Nahwirkung braucht einen Träger, ein Substrat, zwischen dessen Teilen die Kräfte wirken, und da die elektrischen und magnetischen Kräfte auch durch den leeren Raum übertragen werden, wo keine gewöhnlichen Körper vorhanden sind, blieb nichts anderes übrig, als einen künstlichen Körper anzunehmen. Das aber war umso leichter, als auf einem anderen Gebiete, der Optik, ein solcher Äther bereits erfunden war und die neue Elektrizitätstheorie sogleich imstande war, diesen Lichtäther mit dem elektromagnetischen zu identifizieren.

Wir kommen nun dazu, einen Blick auf die Lehre vom Licht zu werfen. Hier war, wie wir schon erwähnt haben, die Streitfrage zwischen Korpuskular- und Wellentheorie am Anfang des 19. Jahrhunderts zugunsten der letzteren entschieden worden. So einschneidend diese Entscheidung auch war, sie bedeutete im selben Sinne wie oben mehr eine Eroberung von Neuland mit darauf folgender Verwaltungsänderung, als eine wahre Revolution. Denn solange man Interferenz- und Beugungserscheinungen nicht kannte, waren die Vorstellungen von Korpuskeln oder sehr kurzen Wellen tatsächlich ganz gleichwertig, der Streit also unentscheidbar. Daß das ganze 18. Jahrhundert an der Korpuskulartheorie festhielt, hatte eigentlich unsachliche Motive. Zuerst war es die Autorität *Newtons*, der in Ermangelung bündiger Gegenbeweise die Korpuskulartheorie als die einfachere Vorstellung bevorzugt hatte. Dann aber fehlte der mathematische Beweis, daß sich auch mit kurzen Wellen das Zustandekommen von scheinbar scharfen Schattengrenzen verstehen läßt, ein Beweis, der erst von *Fresnel* erbracht wurde, als er die tatsächliche Unschärfe der Schattengrenze, die Beugungserscheinungen, erklären wollte. Sobald diese entdeckt waren, konnte kein Zweifel mehr sein, daß die Wellenvorstellung die richtige ist. Ich möchte betonen, daß das auch heute noch gilt, obwohl, wie wir nachher sehen werden, die Korpuskulartheorie eine Auferstehung gefeiert hat. Wie wir Wasserwellen beobachten und in ihrer Ausbreitung verfolgen können, ganz genau so können wir die Lichtwellen mit unsern Apparaten erfassen. Es wäre gänzlich unsinnig, hier andere Worte und Anschauungen zu verwenden, als dort. Eben diese Gewißheit der Existenz der Lichtwellen führt zu der Problematik der neuesten optischen Entdeckungen, auf die wir nachher zu sprechen kommen.

Zuvor haben wir einige Worte über das Ätherproblem zu sagen. Wellen brauchen einen Träger, und so wurde angenommen, daß der Weltraum vom Lichtäther erfüllt sei. Die erste Periode der Äthertheorie hat wieder den Charakter der naiven Übertragung gewohnter Anschauungen. Man kannte als Träger von Wellen elastische Körper, und so nahm man eben an, der Äther habe dieselben Eigenschaften wie eine gewöhnliche, elastische Substanz. Und zwar durfte er nicht einem Gase oder einer Flüssigkeit ähneln, da sich in diesen nur longitudinale Wellen fortpflanzen können, während die Erfahrungen an polarisiertem Licht die Transversalität der Lichtwellen eindeutig bewiesen. Man hatte also überall in der Welt einen festen elastischen Äther anzunehmen, durch den sich die Lichtwellen fortpflanzen. Was das für Schwierigkeiten gibt, wenn man verstehen will, wie die Planeten und andere Himmelskörper sich ohne merkbare Bremsung durch diesen Stoff hindurchbewegen, das liegt vor Augen. Auch gelang es nicht, die Vorgänge bei der Reflexion und Brechung an Oberflächen, der Lichtfortpflanzung in Kristallen und dergleichen einwandfrei zu klären. So war es eine Erlösung, als die *Maxwell*sche Theorie durch *Hertz* experimentell bestätigt wurde; nun war es möglich, den elektromagnetischen Äther mit dem Lichtäther gleichzusetzen. Die formalen Schwierigkeiten verschwanden da ohne weiteres; denn der elektromagnetische Äther ist kein mechanischer Körper mit den aus der groben Erfahrung bekannten Eigenschaften, sondern ein Gebilde besonderer Art mit eigenen Gesetzen, eben den *Maxwell*schen Gleichungen, ein typischer Kunstbegriff.

Die an *Maxwell* anknüpfende Periode der Physik war so erfüllt von Erfolgen dieser Theorie, daß vielfach der Glaube herrschte, man hätte alle wesentlichen Gesetze der anorganischen Welt gefunden. Denn es gelang, auch die Mechanik dem „elektromagnetischen Weltbilde", wie man sagte, einzuordnen; der durch die Masse bestimmte Widerstand gegen Beschleunigung wurde auf elektromagnetische Induktionswirkungen zurückgeführt. Und doch waren Grenzen des Reichs vorhanden und den Weiterblickenden sichtbar, hinter denen Neuland lag, das mit den vorhandenen Mitteln nicht bezwungen werden konnte. Wir kommen damit in die neueste Periode. Ihr Kennzeichen ist, daß die physikalische Kritik Begriffe erfaßt, die gar nicht mehr ausschließlich ihrem Gebiete angehören, sondern von der Philosophie als Eigentum beansprucht werden. Aber wir wollen hier immer die physikalischen Gesichtspunkte in den Vordergrund stellen.

Wie immer, kam auch beim elektromagnetischen Weltäther die begriffliche Schwierigkeit durch eine Verfeinerung der Beobachtungskunst; ich meine das berühmte Experiment von *Michelson*. Bis dahin konnte man sich den Äther als eine überall im Weltraume ruhende Substanz mit besonderen Eigenschaften vorstellen, und es gelang dem erst jüngst verstorbenen *Lorentz* zu zeigen, daß alle damals bekannten elektromagnetischen Vorgänge an ruhenden und bewegten Körpern auf diese Weise erklärt werden konnten. Die wesentliche Schwierigkeit war dabei die Erklärung der Tatsache, daß auf der Erde, die mit beträchtlicher Geschwindigkeit durch das Äthermeer dahinfährt, kein Ätherwind zu spüren ist. *Lorentz* konnte zeigen, daß alle von diesem Ätherwind erzeugten optischen und elektromagnetischen Effekte äußerst klein sein müssen, nämlich proportional dem Quadrate des Verhältnisses von Erdgeschwindigkeit zu Lichtgeschwindigkeit, eine Zahl von der Größenordnung: Eins dividiert durch Hundertmillionen. So kleine Größen waren unter der Beobachtungsschwelle — bis zum *Michelson*schen Experiment. Dieses mußte also die Verwehung der Lichtwellen durch den Ätherwind offenbaren. Aber es ist bekannt, daß es ebenso wie alle späteren Wiederholungen keine Spur des Effektes zeigte. Das war nun wirklich schwer zu erklären, und man wurde zu recht künstlichen Annahmen gezwungen, wie die von *Lorentz* aufgestellte Hypothese, daß alle Körper sich in der Richtung ihrer Bewegung verkürzen. Die Lösung des Rätsels fand *Einstein* in seiner „speziellen" Relativitätstheorie, und der springende Punkt dabei war eine Kritik des Zeitbegriffes.

Was ist die Zeit? Für den Physiker ist sie nicht das Gefühl des Ablaufs, nicht das Symbol des Werdens und Vergehens, sondern eine meßbare Eigenschaft der Vorgänge wie viele andere. In der naiven Periode der Wissenschaft ist für die Bildung des Zeitbegriffs natürlich wieder die unmittelbare Anschauung oder Empfindung des Zeitablaufs maßgebend, und die Eindeutigkeit der Zuordnung des Zeitablaufs zu den Erlebnisinhalten führte naturgemäß zu der Ansicht, daß die Zeit hier und überall in der Welt dieselbe sei. Erst *Einstein* hat die Frage gestellt, ob denn diese Aussage einen empirisch prüfbaren Inhalt habe. Er zeigte, daß die Gleichzeitigkeit von Ereignissen an verschiedenen Orten nur feststellbar ist, wenn man eine Annahme über die Geschwindigkeit des Signals macht, das man dabei benutzt, und in Verbindung mit dem negativen Ausfall des Ätherwind-Experimentes führte ihn das zu einer neuen Definition der Gleichzeitigkeit, die eine Relativierung des Zeitbegriffs bedeutete. Zwei Ereignisse an verschiedenen Orten sind nicht an sich gleichzeitig; sondern können es für einen Beobachter sein, für einen anderen nicht, wenn er sich relativ zum ersten bewegt. Auch der physikalische Begriff vom Raume wurde in diese Begriffsumwälzung hineingerissen, besonders als *Einstein* einige Jahre später den Zusammenhang der Gravitation mit der neuen Vorstellung von Raum und Zeit aufdeckte. Auf diese „allgemeine" Relativitätstheorie kann ich in dem engen Rahmen dieses Vortrages nicht eingehen; nur soviel sei gesagt, daß sie in der Lehre von der Schwerkraft den Übergang von der Fern- zur Nahwirkungstheorie und insofern eine Annäherung an anschauliche Vorstellungen bedeutet. Aber auf der anderen Seite verlangt sie eine gewaltige Abstraktion: Raum und Zeit verlieren alle die einfachen Eigenschaften, die bis dahin die Geometrie und Bewegungslehre zu so bequemen Instrumenten der Physik machten. Die gewöhnliche Geometrie *Euklids* und die dazu passende Zeit werden nun zu Annäherungen an die Wirklichkeit degradiert; aber es wird zugleich verständlich gemacht, warum die Menschheit bis dahin mit dieser Annäherung so gut ausgekommen ist. Auch heute kommt man praktisch fast immer damit aus; ja, es ist betrüblich, daß die zur Prüfung der *Einstein*schen Theorie geeigneten Abweichungen äußerst selten und schwer beobachtbar sind. Aber sie genügen zusammen mit der inneren Geschlossenheit und Folgerichtigkeit der Theorie, ihr bei den Physikern, von wenigen Außenseitern abgesehen, Anerkennung zu verschaffen.

Wie steht es nun mit der Frage des Weltäthers in der Relativitätstheorie? *Einstein* hat zuerst vorgeschlagen, diesen Begriff ganz zu vermeiden. Denn man möchte doch unter dem Äther eine Substanz verstehen, die mit den gewöhnlichen Substanzen wenigstens die allerprimitivsten Eigenschaften gemein hat. Zu diesen gehört, daß man einzelne Teilchen erkennen und wiederfinden kann. Aber in der Relativitätstheorie ist es sinnlos zu sagen: hier an dieser Stelle des Äthers war ich schon einmal. Der Äther wäre eine Substanz, deren Teile weder einen Ort, noch eine Geschwindigkeit haben. Und trotzdem hat *Einstein* später vorgezogen, das Wort Äther weiter zu benutzen, allerdings als reinen Kunstbegriff, der mit der gewöhnlichen Vorstellung einer Substanz fast nichts mehr gemein hat. Es ist nämlich schon einfach grammatisch nötig, wenn man von Schwingungen und Wellen im Raume spricht, ein Subjekt zu haben, zu dem das Verbum „schwingen" gehört. Man sagt also: der Äther schwingt, und zwar nach den Feldgleichungen der *Einstein*schen Theorie — und das ist alles, was man von ihm sagen kann.

Die Relativitätstheorie hat auch den Begriff der mechanischen Masse wesentlich verändert und mit dem Begriff der Energie verschmolzen. Gerade diese Folgerungen sind für die Physik von größter Bedeutung geworden bei den Untersuchungen über die Struktur von Materie und Strahlung; aber sie haben nicht soviel Aufsehen erregt wie die Kritik der überkommenen Begriffe von Raum und Zeit, weil diese zum Bestande der Philosophie gezählt werden. Tatsächlich liegt es wohl so — und das wird von allen einsichtigen Philosophen zugegeben —, daß die Philosophie in älteren Zeiten, als die Einzelwissenschaften sich noch nicht von ihr gelöst hatten, die naturwissenschaftlichen Vorstellungen einfach übernommen und festgehalten hat. Da nun diese Vorstellungen, wie immer in der naiven Periode, der Anschauung durchaus entsprachen, entstand bei manchen Schulen das Vorurteil, daß sie unveränderlicher Besitz des Geistes, Erkenntnisse a priori, seien. Natürlich ist das richtig für den Anschauungsraum, aber nicht für den objektiven Raum der Physik, dessen Eigenschaften durchaus dem Fortschritte der Erfahrung und ihrer systematischen Ordnung angepaßt werden müssen.

Soviel Neues die Relativitätstheorie auch gebracht hat, so ist sie doch mehr der Abschluß einer Entwicklung — der Lehre vom kontinuierlichen Weltäther — als der Beginn einer neuen Periode. Eine solche setzt genau mit unserm Jahrhundert ein durch die Quantentheorie von *Planck*. Ihre eigentliche und tiefste Wurzel ist die Atomistik, also eine uralte Lehre, die bis auf die griechischen Philosophen zurückgeht und die sich bis 1900 ziemlich stetig und ruhig, wenn auch immer reicher und fruchtbarer entwickelt hat. Zuerst hat die Chemie den Atombegriff nutzbar gemacht; allmählich eroberte er auch die Physik, half bei der Erklärung der Eigenschaften der Gase und Lösungen und drang von da in die Elektrizitätstheorie ein. Die Wanderung der Elektrizität durch elektrolytische Lösungen führte zur Hypothese von Elektrizitätsatomen, Elektronen genannt, und diese bewährte sich so glänzend bei den Entladungserscheinungen in Gasen, bei den Kathoden- und *Becquerel*strahlen, daß die Realität der Elektronen bald dieselbe Gewißheit hatte wie die der materiellen Atome. Und nun, nachdem im Elektron eine Art Uratom entdeckt war, konzentrierte sich die Forschung auf das Problem, die gewöhnlichen Atome in ihre elektrischen Bestandteile zu zerlegen. Der Gedanke war, daß alle Atome aufgebaut seien aus den elektrisch negativen Elektronen und aus elektrisch positiven Bestandteilen, deren Natur noch dunkel war. Nun besteht aber die Schwierigkeit, daß nach einfachen mathematischen Sätzen geladene Körper unter der bekannten Wirkung der elektrischen Kräfte niemals in stabilen Gleichgewichtslagen ruhen können. Also war man gezwungen, fremde, unbekannte Kräfte hypothetisch anzunehmen, und das ist natürlich wenig befriedigend. Da kam die große Entdeckung *Rutherfords.* Er beschoß Atome mit den von radioaktiven Körpern ausgeschleuderten Atomsplittern, den sogenannten α-Strahlen, die infolge ihrer ungeheuren Geschwindigkeit bis ins Innerste der getroffenen Atome eindringen, und schloß aus den Ablenkungen, die sie dabei erfahren, mit voller Sicherheit, daß sie sich so bewegen, als ob im Mittelpunkte des Atoms eine schwere, äußerst kleine, positiv geladene Masse, der „Kern", läge, die mit den gewöhnlichen elektrischen Kräften auf das α-Teilchen wirkt. Damit wird es im höchsten Grade unwahrscheinlich, daß der Zusammenhalt des Atoms auf unbekannten, nicht elektrischen Kräften beruhe. Aber wie soll dann Gleichgewicht der Elektronen um den Kern möglich sein? Der einzige Ausweg schien die Annahme, daß die Elektronen nicht ruhen, sondern sich um den Kern in Bahnen bewegen wie die Planeten um die Sonne. Viel war damit allerdings nicht gewonnen; denn solch ein dynamisches System ist äußerst instabil. Man stelle sich vor, wie unser Planetensystem durcheinandergewirbelt würde, wenn es das Unglück hätte, an einem fremden großen Stern nahe vorbeizustreifen! Und die Atome eines Gases überstehen 100 Millionen Zusammenstöße in der Sekunde ohne die leiseste Änderung ihrer Eigenschaften!

Diese erstaunliche Stabilität der Atome war vom Standpunkte der Theorie am Ende des 19. Jahrhunderts, heute meist kurz die „klassische Theorie" genannt, ein vollständiges Rätsel. Ein ebenso böses Rätsel aber bot das riesige Tatsachenmaterial, daß die Spektroskopiker inzwischen gesammelt hatten. Da hatte man nun direkte Botschaft aus dem Innern der Atome in Form von ausgesandten Lichtschwingungen, und diese Botschaft klang garnicht nach Kauderwelsch, sondern wie eine wohlgefügte Sprache — nur verstehen konnte man sie nicht! Bei den Gasen besonders war ein einfaches Gefüge des Spektrums zu erkennen: Es besteht aus einzelnen farbigen Linien, die jeweils einer einzigen, rein periodischen Schwingung entsprechen, und diese Linien zeigten einfache Gesetzmäßigkeiten. Sie ordnen sich in sogenannte Serien in der Weise, daß man aus der Nummer der Linie nach einer ganz einfachen Formel mit größter Genauigkeit ihre Lage im Spektrum berechnen kann. Diese wurde zuerst von *Balmer* am Wasserstoff und später von andern Forschern, besonders *Runge* und *Rydberg,* an vielen Substanzen gefunden. Die reizvolle Arbeit des Photographierens und Ausmessens von Spektren hat eine große Anzahl von Physikern angezogen, und so wurde mit den Jahren ein ungeheures Beobachtungsmaterial angehäuft, aus dem viele wichtige Schlüsse in Einzelfragen der Physik, Chemie und Astronomie gezogen werden konnten, dessen eigentlicher Sinn aber verborgen blieb. Es war wie bei dem untergegangenen

Volk der Maya, von dessen Schrift man zahlreiche Proben in den Ruinenstädten Yukatans gefunden hat; nur kann man sie leider nicht lesen.

In der Physik gelang es schließlich, den Schlüssel der Geheimschrift zu finden, und zwar auf einem merkwürdigen Umwege. Es war nämlich um die Wende des Jahrhunderts gerade sehr modern, die Strahlung glühender, fester Körper zu untersuchen. Abgesehen von der technischen Wichtigkeit des Problems für die Fabrikation von Glühlampen und dergleichen erhoffte man von seiner Lösung auch tiefe theoretische Aufschlüsse. Denn *Kirchhoff* hatte auf Grund unanfechtbarer thermodynamischer Schlüsse bewiesen, daß Strahlung, die aus dem Innern eines glühenden Ofens durch ein kleines Loch austritt, ein Spektrum universeller Art geben müsse, das von der Natur der im Ofen und seinen Wänden befindlichen Substanzen ganz unabhängig sei; und die Erfahrung hatte diesen Schluß bestätigt. Man erwartete daher von der Ausmessung der „Hohlraumstrahlung" Aufschlüsse über ganz allgemeine Eigenschaften des Strahlungsvorgangs, und diese Erwartung wurde nicht getäuscht. Nachträglich scheint es doch verwunderlich, daß man auf diesem Wege eines der tiefsten Gesetze finden konnte. Denn — um an das Bild der fremden Sprache anzuknüpfen: man lauschte nicht den artikulierten Worten einzelner, sondern ließ eine Menge durcheinanderschreien, und aus diesem Getöse hörte man das Schlüsselwort heraus, durch das alle anderen verständlich wurden. Der glühende Ofen ist ja auch solch zusammengesetztes Gebilde, das unzählige schwingende Atome enthält, die uns ihr Wellengewirr zusenden. Der charakteristische Zug des Spektrums dieses Gewirres ist nun empirisch der, daß er einen bestimmten Farbton hat, je nach der Temperatur rot-, gelb- oder weißglühend aussieht; das bedeutet, ein von der Temperatur abhängiger Schwingungsbereich ist am stärksten vertreten, während die Intensität nach beiden Seiten, nach schnellen und langsamen Schwingungen, allmählich gegen Null abfällt. Die klassische Theorie dagegen verlangte, daß die Intensität nach der Seite der schnellen Schwingungen dauernd ansteigen müsse. Da hatte man wieder einen unlösbaren Widerspruch gegen die damals anerkannten Gesetze.

Nachdem unzählige Versuche, diesen Widerspruch auf fehlerhafte Schlußweisen innerhalb der klassischen Theorie zurückzuführen, negativ ausgefallen waren, wagte *Planck* im Jahre 1900, eine positive Behauptung aufzustellen, die auf folgendes herausläuft: Die Energie der schwingenden Teilchen im Ofen ändert sich nicht kontinuierlich durch die Ausstrahlung, sondern diskontinuierlich, in Sprüngen, und das bei jedem Sprunge umgesetzte Energiequantum steht zu der Schwingungszahl des emittierten oder absorbierten Lichts in einem festen, universellen Verhältnis. Diese Zahl, die heute *Planck*sche Konstante heißt, ließ sich aus den damals vorhandenen Experimenten über die Wärmestrahlung recht genau berechnen und ist seitdem unzählige Male nach den verschiedensten Methoden neu bestimmt worden, ohne daß der ursprüngliche Wert sich wesentlich verändert hat.

In der Tat, es war eine neue fundamentale Naturkonstante gefunden worden, vergleichbar der Lichtgeschwindigkeit oder der Ladung des Elektrons. Daran zweifelte niemand, aber die Anerkennung der Hypothese von den Energiequanten fiel doch den meisten sehr schwer. Nur *Einstein* erkannte bald, daß sie andere Seltsamkeiten bei der Umsetzung von mechanischer Energie in Strahlung verständlich macht. Von der wichtigsten dieser Erscheinungen muß ich einige Worte sagen: dem sogenannten lichtelektrischen Effekt. Wenn Licht einer bestimmten Schwingungszahl im Hochvakuum auf eine Metallplatte fällt, beobachtet man, daß Elektronen aus dieser herausgerissen werden. Das Merkwürdige des Vorgangs besteht nun darin, daß nur die Zahl, aber nicht die Geschwindigkeit der herausfliegenden Elektronen von der Lichtstärke abhängt. Will man das anschaulich begreifen, so hilft die Wellenvorstellung gar nichts; denn wenn man die Metallplatte von der Lichtquelle entfernt, wird die auffallende Welle immer schwächer, verdünnter, und es ist unbegreiflich, wie sie immer dieselbe Energie an ein Elektron übertragen kann. *Einstein* bemerkte, daß dies Verhalten sofort verständlich wird, wenn das Licht eben nicht aus Wellen besteht, sondern ein Regen von Teilchen ist; die Geschoßgarbe aus einem Maschinengewehr verdünnt sich zwar auch mit der Entfernung, aber jedes einzelne Geschoß bewahrt seine Durchschlagskraft. Indem *Einstein* diesen Gedanken mit *Plancks* Quantenannahme kombinierte, sagte er voraus, daß die Energie des Lichtteilchens, also auch die des herausgeschlagenen Elektrons gleich der mit *Plancks* Konstanten multiplizierten Schwingungszahl sein müsse. Die Erfahrung hat dies Resultat vollständig bestätigt. Und so haben wir eine Wiederauferstehung der alten Korpuskulartheorie des Lichts in neuer Form.

Der hieraus entstehende Konflikt wird uns nachher noch beschäftigen. Zuvor seien einige Worte über die weitere Entwicklung der Quantentheorie gesagt. Es ist bekannt, daß *Niels Bohr* den Gedanken faßte, *Plancks* Hypothese zur Deutung der Eigenschaften von Atomen zu benutzen; er nahm an, daß diese — ganz anders als ein klassisches Planetensystem — nur in einer Reihe diskreter Zustände existieren können und daß beim Übergang von einem Zustande zum andern Licht emittiert oder absorbiert wird, dessen Schwingungszahl zur Energieänderung des Atoms in dem von *Planck* angegebenen Verhältnis steht. Hierdurch werden nun sofort alle die oben angeführten Widersprüche der Erfahrung gegen die klassische Theorie auf dieselbe Wurzel zurückgeführt, auf die Annahme der diskreten Energiequanten. Die Stabilität der Atome erklärt sich durch die Existenz eines „untersten" Quantenzustandes, in dem das Atom auch bei Störungen verharrt, solange diese nicht den Betrag des kleinsten, im Atom möglichen Energiesprungs erreichen. Die Existenz dieser tiefsten Energieschwelle wurde experimentell von *Franck* und *Hertz* durch Bombardieren der Atome (des Quecksilberdampfs) mit Elektronen von gemessener Geschwindigkeit bewiesen. Dabei wurde zugleich auch die *Bohr*sche Hypothese über die Lichtemission bestätigt; denn sobald die Energie der bombardierenden Elektronen die erste Energieschwelle übertraf, wurde einfarbiges Licht ausgesandt von einer Schwingungszahl, die sich aus der Energie nach der *Planck*schen Relation berechnen ließ. Damit wurde das ganze, große Beobachtungsmaterial der Spektroskopiker auf einen Schlag aus einer Anhäufung von Zahlen und unverstandenen Regeln die wertvollste Urkunde über die möglichen Zustände der Atome und ihre Energieunterschiede. Aber noch mehr: auch die bis dahin ganz rätselhaften Bedingungen für die Anregbarkeit der verschiedenen Spektren ließen sich vollständig verstehen.

Trotz dieses ungeheuren Erfolges der *Bohr*schen Betrachtungsweise war der Weg von seiner einfachen Grundvorstellung der stationären Zustände bis zu einer vollständigen, logisch einwandfreien Mechanik des Atoms recht weit und mühselig. Auch hier gibt es wieder die primitive Periode, in der die Gesetze der gewöhnlichen Mechanik soweit wie möglich für die Elektronenbahnen im Atom herangezogen werden, und es ist merkwürdig, daß dies bis zu einem gewissen Grade möglich war trotz des unüberbrückbaren Widerspruchs zwischen dem kontinuierlichen Charakter der klassischen Größen und den diskontinuierlichen Vorgängen (Sprüngen) der Quantentheorie. Aber schließlich gelang die notwendige Abänderung der Mechanik in der Weise, daß den Diskontinuitäten Rechnung getragen wird. Die neue Quantenmechanik wurde in formal verschiedenen Gestalten ausgebildet, teilweise nach einem Grundgedanken von *Heisenberg* hier in Göttingen, teils in der Form der sogenannten Wellenmechanik von *de Broglie* und *Schrödinger*. Diese Formalismen erwiesen sich schließlich als im Grunde identisch; sie bilden zusammen ein logisch geschlossenes System, das dem der klassischen Mechanik an innerer Vollkommenheit und äußerer Anwendbarkeit nicht nachsteht. Aber zunächst waren es eben nur Formalismen, und es kam darauf an, ihren Sinn nachträglich herauszufinden. Übrigens ist es in der physikalischen Forschung sehr häufig, daß es leichter ist, aus einem reichen Beobachtungsmaterial einen formalen Zusammenhang herauszulesen, als seine Bedeutung wirklich zu verstehen. Der Grund hierfür liegt tief im Wesen der physikalischen Erkenntnis: die Welt der physikalischen Objekte liegt eben außerhalb des Bereichs der Sinne und der Anschauung, die nur an sie grenzen; und es ist schwer, von den Grenzen her das Innere eines weiten Gebietes zu erhellen. Hier bei der Quantentheorie lagen nun ganz besondere Schwierigkeiten vor, von denen ich auf die wichtigste etwas eingehen möchte: die Wiederbelebung der Korpuskulartheorie des Lichts. Die Vorstellung von den einzeln dahinfliegenden Lichtquanten wurde durch eine Reihe weiterer Experimente gestützt, besonders durch den Versuch von *Compton*. Dieser zeigte, daß beim Zusammenstoß eines solchen Lichtquants mit einem Elektron (realisiert als Streuung von Röntgenstrahlen an Stoffen mit vielen lockeren Elektronen, wie Paraffin) die gewöhnlichen Stoßgesetze der Mechanik gelten, als handelte es sich um Billardkugeln. Dabei gibt das primäre Lichtquant etwas Energie an das getroffene Elektron ab; daher hat das abprallende Lichtquant kleinere Energie und — nach der *Planck*schen Relation — kleinere Schwingungszahl als das primäre. Der daraus entstehende Verlust an Schwingungszahl der gestreuten Röntgenstrahlen ist experimentell nachgewiesen worden, ebenso die Existenz der Rückstoßelektronen.

Es ist also kein Zweifel, daß die Behauptung, Licht bestehe aus Partikeln, durchaus berechtigt ist. Aber die andere Behauptung, Licht bestehe aus Wellen, ist ganz genau so berechtigt. Als wir die Beweise der Wellennatur des Lichts besprachen, haben wir gesehen, daß in jeder Interferenzerscheinung die Lichtwellen genau so deutlich und anschaulich vor uns liegen, wie Wasserwellen oder Schallwellen. Aber das gleichzeitige Bestehen von Korpuskeln und Wellen scheint der Anschauung vollkommen unvereinbar. Trotzdem hat die Theorie die Aufgabe zu lösen, beide Vorstellungen unter einen Hut zu bringen, allerdings nicht im Bereiche der Anschauung, sondern im Bereiche der objektiven, physikalischen Zusammenhänge, bei denen das Kriterium der Existenz neben der logischen Widerspruchslosigkeit nur die Übereinstimmung der theoretischen Vorhersagen mit der Erfahrung gilt. Die Lösung dieser Aufgabe ist gelungen durch eine Kritik der Grundbegriffe, ganz ähnlich wie in der Relativitätstheorie.

Die Grundlage der ganzen Quantentheorie ist die *Planck*sche Beziehung zwischen Energie und Schwingungszahl, die einander proportional sein sollen. Aber in diesem „Quantenpostulat" liegt eigentlich ein Unsinn. Denn der Begriff Energie bezieht sich offensichtlich auf eine Partikel (Lichtquant oder Elektron), also auf ein Ding von winziger Ausdehnung; der Begriff Schwingungszahl aber gehört zu einer Welle, die notwendig ein großes Gebiet des Raumes, ja streng genommen den ganzen Raum füllen muß. Denn schneidet man aus einem rein periodischen Wellenzug ein Stück heraus, so ist es eben nicht mehr periodisch. Das Gleichsetzen von Energie einer Partikel und Schwingungszahl einer Welle ist also an sich gänzlich unvernünftig. Aber es kann vernünftig gemacht werden, sobald man auf ein Prinzip verzichtet, das in der älteren Physik immer gegolten hat: auf den Determinismus. Früher hätte man erwartet, daß der lichtelektrische Vorgang, bei dem von einer Lichtwelle ein Elektron aus einer Metallplatte herausgeschlagen wird, in allen Einzelheiten bestimmt sei, daß die Frage Sinn hat: wann und an welcher Stelle wird ein Elektron herausgeworfen? Oder, was dasselbe besagt: welches Lichtquant, an welcher Stelle und zu welcher Zeit, tritt beim Aufprallen auf die Platte in Wirksamkeit?

Entschließen wir uns einmal, auf diese Frage zu verzichten, was uns umso leichter wird, als kein Experimentator auf die Idee kommen würde, sie im Einzelfalle zu stellen oder gar zu beantworten. Es ist ja offenbar eine rein fiktive Fragestellung; der Experimentator begnügt sich durchaus damit, festzustellen: wieviele Teilchen treten auf und mit welcher Energie?

Fragen wir also nicht, wo ist ein Teilchen genau, sondern begnügen wir uns zu wissen, daß es in einem bestimmten größeren Raumteil ist: dann verschwindet der Widerspruch zwischen Wellen- und Korpuskulartheorie. Man sieht dies am leichtesten, wenn man der Welle die Funktion zuschreibt, die Wahrscheinlichkeit für das Auftreten eines Teilchens zu bestimmen, wobei die Energie des Teilchens mit den in der Welle vorhandenen Schwingungszahlen durch die *Planck*sche Relation verknüpft ist. Ist der betrachtete Raumteil groß, der Wellenzug also nahezu ungestört und rein periodisch, so entspricht ihm eine scharfe Schwingungszahl, eine scharf definierte Teilchenenergie; aber die Stelle, wo in dem Raumteil die Partikeln erscheinen, bleibt ganz unbestimmt. Will man den Ort der Partikeln genauer festlegen, muß man den Raumteil, in dem der Vorgang beobachtet wird, verkleinern; dadurch schneidet man aber ein Stück der Welle heraus und zerstört ihren rein periodischen Charakter. Eine solche unperiodische Erregung aber läßt sich aus einer mehr oder weniger großen Zahl rein periodischer Schwingungen zusammensetzen; jeder der verschiedenen Schwingungszahlen dieses Gemisches entspricht dann eine andere Energie der beobachteten Teilchen. Genaue Ortsbestimmung verdirbt also die Bestimmtheit der Energie und umgekehrt.

Dieses Gesetz der beschränkten Meßbarkeit hat sich nun überall bestätigt. Zu jeder extensiven Größe (wie Bestimmungsstücke von Ort und Zeit) gehört eine intensive Größe (wie Geschwindigkeit und Energie), in der Weise, daß, je genauer die eine bestimmt wird, umso weniger genau die andere bestimmbar ist; und zwar ergibt sich, daß das Produkt der Genauigkeitsintervalle zweier solcher zusammengehöriger Größen gerade die *Planck*sche Konstante ist. Das ist der eigentliche Sinn dieser bis dahin so geheimnisvollen Naturkonstante: sie ist die absolute Genauigkeitsgrenze aller Messungen. Ihre außerordentliche Kleinheit allein ist schuld daran, daß ihre Existenz so spät entdeckt worden ist.

Von diesem Standpunkte aus wird es nun möglich, den quantenmechanischen Formalismus in jedem Einzelfalle so zu interpretieren, daß die Verbindung mit den anschaulichen Begriffen des Experimentators hergestellt wird, ohne daß je Widersprüche entstehen können.

Natürlich geht das nicht ohne Opfer gewohnter Vorstellungen. Wenn man z. B. von einem Teilchen spricht, ist man gewohnt, sich seine ganze Bahn konkret vorzustellen. Man mag das auch weiter tun, aber man muß vorsichtig sein, wenn man Schlüsse daraus zieht. Denn will man experimentell eine solche angenommene Bahn nachprüfen, so wird im allgemeinen die Prüfung selbst die Bahn verändern, so vorsichtig man sie auch ausführt — wegen der Existenz der absoluten Genauigkeitsgrenze. Prinzipiell wichtiger ist das Opfer des Determinismus, die Ersetzung der streng kausalen Beschreibung durch eine statistische.

Wahrscheinlichkeit und Statistik haben auch vorher schon in der Physik bei Massenerscheinungen eine Rolle gespielt (z. B. in der kinetischen Gastheorie). Aber man betrachtete gewöhnlich diese Methoden als Aushilfsmittel in Fällen, wo unsere Kenntnis der Einzelheiten nicht ausreicht. Wenn man nur die Lage und Geschwindigkeit aller Teilchen eines abgeschlossenen Systems in einem Augenblick wüßte, so müßte der weitere Ablauf vollständig determiniert sein und durch bloße Rechnung vorhergesagt werden können. Das entspricht auch in gewisser Hinsicht der Erfahrung an groben Körpern. Denken Sie an die Sage von Wilhelm Tell. Wenn Tell vor dem Apfelschuß ein Stoßgebet zum Himmel gesandt hat, so hat er sicher um eine ruhige Hand und einen klaren Blick gebeten, im Vertrauen, daß der Bolzen dann schon von selber seinen Weg in den Apfel finden würde. Genau so nahm der Physiker an, daß seine Elektronen- und α-Strahl-Geschosse sicher ein gewünschtes Atom treffen würden, wenn er nur genau genug zielen könnte, und er zweifelte nicht, daß letzteres nur eine praktische Frage und mit fortschreitender Experimentierkunst immer besser lösbar sei. Jetzt dagegen wird behauptet, daß das Zielen selbst eine Grenze der Genauigkeit habe. Hätte Geßler dem Tell befohlen, ein Wasserstoffatom mit Hilfe eines α-Teilchens von seines Knaben Haupt zu schießen, und hätte er ihm statt der Armbrust die besten Laboratoriumsinstrumente der Welt gegeben: Tells Kunst hätte ihm nichts genützt, Treffer oder Nichttreffer wäre Zufall geblieben.

Die Unmöglichkeit, alle Daten eines Zustandes exakt zu messen, verhindert die Vorherbestimmung des weiteren Ablaufs. Dadurch verliert das Kausalitätsprinzip in seiner üblichen Fassung jeden Sinn. Denn wenn es prinzipiell unmöglich ist, alle Bedingungen (Ursachen) eines Vorgangs zu kennen, ist es leeres Gerede, zu sagen, jedes Ereignis habe eine Ursache. Natürlich erhebt sich gegen diese Meinung Widerspruch von solchen, die im Determinismus einen wesentlichen Zug der Naturforschung sehen. Aber es gibt auch andere, die umgekehrt der Meinung sind, daß die Quantenmechanik in der Frage des Determinismus nichts Neues behauptet. Auch in der klassischen Mechanik sei der Determinismus nur vorgetäuscht und praktisch bedeutungslos [1]; denn in der Wirklichkeit gelte — der Mechanik zum Trotz — überall das Prinzip, das die Wurzel aller Statistik ist: kleine Ursachen, große Wirkungen. Betrachtet man z. B. die Atome eines Gases als kleine Kugeln, so ist bei normalem Drucke die mittlere freie Weglänge zwischen zwei Zusammenstößen das Vieltausendfache des Atomdurchmessers; eine winzige Abweichung der Richtung des Abprallens bei einem Zusammenstoß wird also bei folgendem Stoß einen Volltreffer in einen Fehlschuß verwandeln, eine kräftige Ablenkung in ungestörtes Vorbeifliegen. Zweifellos ist das richtig, trifft aber doch wohl nicht den Kern der Sache. Denken wir noch einmal an den Tell: Was kann es für ein besseres Beispiel für den Satz von der kleinen Ursache und der großen Wirkung geben als den Apfelschuß, wo die Zielgenauigkeit entscheidet zwischen Leben und Tod? Und doch liegt der Fabel offenbar die Vorstellung des idealen Schützen zugrunde, der den Zielfehler immer noch kleiner machen kann, als es das winzigste Ziel erfordert — vorausgesetzt natürlich, daß nicht ein unvorhersehbarer Einfluß, etwa ein Windstoß, das Geschoß ablenkt. Genau so kann man in der klassischen Mechanik einen Idealfall denken: ein vollständig gegen äußere Einflüsse isoliertes System und einen exakt bestimmten Anfangszustand, und es liegt kein Grund vor, eine beliebige Annäherung an dieses Ziel zwar für schwierig, aber nicht für unmöglich zu halten. Die Quantenmechanik aber behauptet die Unmöglichkeit. Dem Praktiker mag dieser Unterschied belanglos erscheinen; für die logische Struktur der Theorie aber ist die Aufdeckung der Existenz einer absoluten Genauigkeitsgrenze von großer Bedeutung.

Selbst wenn wir von allen philosophischen Ausblicken absehen, so wäre im engsten Rahmen der Physik ohne diese statistische Auffassung der Widerspruch zwischen Korpuskular- und Welleneigenschaften der Strahlung unlösbar. Und gerade hier hat die Theorie einen großen Triumph gefeiert: sie hat aus formalen Gründen vorhergesehen, daß auch materielle Strahlen, bewegte Atome oder Elektronen, unter geeigneten Umständen Wellencharakter zeigen müssen, und die Experimentatoren haben inzwischen diese Voraussage durch wundervolle Interferenzexperimente an Kathodenstrahlen bestätigt.

Scheint also die neue Theorie in der Erfahrung wohl fundiert, so kann man doch die Frage aufstellen, ob sie nicht in Zukunft durch Ausbau oder Verfeinerung wieder deterministisch gemacht werden kann. Hierzu ist zu sagen: Es läßt sich exakt mathematisch zeigen, daß der anerkannte Formalismus der Quantenmechanik keine solche Ergänzung erlaubt. Will man also an der Hoffnung festhalten, daß der Determinismus einmal wiederkehren wird, so muß man die jetzt bestehende Theorie für inhaltlich falsch halten; bestimmte Aussagen dieser Theorie müßten experimentell widerlegbar sein. Der Determinist sollte also nicht protestieren, sondern experimentieren, um die Anhänger der statistischen Theorie zu bekehren.

Natürlich begrüßen umgekehrt manche Leute die Abkehr der Physik vom Determinismus mit Freude. Ich erinnere mich, daß in der Zeit, als die ersten Arbeiten über die statistische Deutung der Quantenmechanik erschienen waren, ein Mann zu mir kam, der mir okkultistische Broschüren brachte und mich reif hielt für die Bekehrung zum Spiritismus. Aber es gibt auch ernsthafte Beobachter der wissenschaftlichen Entwicklung, die in der gegenwärtigen Wendung der Physik den Zusammenbruch einer Weltanschauung zu sehen glauben und den Beginn einer neuen, tieferen Vorstellung vom Wesen der „Wirklichkeit" verkünden. Die Physik gibt ja jetzt selbst zu, daß es „Lücken in der Determinationsreihe" gibt. Welches Recht hat sie dann, ihre Konstruktionen für „Wirklichkeiten" auszugeben? Mit dem Determinismus sei das „statische Weltbild", der in sich fertige, von ehernen Gesetzen durchwaltete Kosmos zusammengebrochen. Ein neues dynamisches Weltbild werde möglich, sein Gleichnis sei [2] „nicht die vermeintliche Harmonie des Sternenhimmels und seiner ewigen Gesetze, sondern die Menschheitsgeschichte, die ruhelose, in der sich nichts gleich bleibt — es sei denn der Sinn, die Mühe und das Schicksal". Ich weiß nicht, wie diese Worte gemeint sind. Soll der Physiker nach dem Mißerfolg seiner deterministischen Theorien die alten Methoden aufgeben und durch Versenken in „Sinn, Mühe und Schicksal" weiterzukommen suchen? Oder sollen jene Worte nur den Wert des physikalischen Weltbildes herabsetzen im Vergleich zu anderen Weltanschauungen, die mit dem Grübeln über „Sinn, Mühe und Schicksal" zu tieferer Erkenntnis der Wirklichkeit kommen?

Gegenüber solchen Betrachtungen ist es wichtig, klar herauszustellen, daß die neue Quantenmechanik nicht mehr und nicht weniger revolutionär ist als irgendeine andere neu entstehende Theorie. Wieder ist es eigentlich eine Eroberung von Neuland; dabei zeigt sich dann, wie bei früheren Gelegenheiten, daß die alten Prinzipien nicht mehr ganz passen und zum Teil durch neue ersetzt werden müssen. Aber wieder bleiben die alten Vorstellungen als Grenzfall erhalten, und zwar gehören alle Erscheinungen unter diesen Grenzfall, bei denen die *Planck*sche Konstante wegen ihrer Kleinheit gegenüber gleichartigen Größen vernachlässigt werden kann. Das Geschehen in der Welt der groben Körper genügt daher mit großer Genauigkeit den alten, deterministischen Gesetzen; Abweichungen gibt es nur in der Atomistik. Wenn die Quantenmechanik eine Besonderheit hat, so ist es diese, daß sie nicht zwischen zwei vorher gleich möglichen Vorstellungsweisen (Korpuskeln — Wellen) die Entscheidung trifft, sondern nach dem scheinbaren Sieg der einen die andere in ihre Rechte wiedereinsetzt und beide zu einer höheren Einheit vereinigt. Das dazu nötige Opfer ist die Idee des Determinismus; aber dies bedeutet nicht den Verzicht auf strenge Naturgesetze. Nur der Umstand, daß der Determinismus zum üblichen Bestande der philosophischen Begriffe gehört, hat bewirkt, daß die neue Theorie als besonders umwälzend empfunden wird.

Damit hoffe ich gezeigt zu haben, daß die ganze Entwicklung der physikalischen Theorien bis zur neuesten Form von einem einheitlichen Streben beherrscht wird, und auch der Sinn dieses Strebens ist wohl aus den einzelnen

Beispielen klar geworden. Ich will versuchen, ihn noch einmal in etwas allgemeinerer Form auszudrücken: Die Erlebniswelt des Menschen ist unendlich reich und mannigfaltig, aber verworren und an das erlebende Subjekt gebunden. Dieses hat das Streben, die Eindrücke zu ordnen und sich mit andern darüber zu verständigen. Die Sprache, die Kunst mit ihren mannigfachen Ausdrucksmitteln sind solche Wege der Übertragung von Seele zu Seele, vollkommen in ihrer Art, wenn es sich um Gegenstände der Gefühlswelt handelt, aber wenig geeignet zur Vermittlung genauer Vorstellungen über die Außenwelt. Hier beginnt die Aufgabe der Wissenschaft. Sie greift aus der Fülle der Erlebnisse ein paar einfache Formen heraus und konstruiert aus ihnen durch Denken eine objektive Dingwelt. In der Physik besteht das ganze „Erleben" aus der Tätigkeit des Aufbauens von Apparaten und aus dem Ablesen von Zeigerinstrumenten. Aber die damit gewonnenen Angaben genügen, den Kosmos denkend nachzuschöpfen. Zuerst entstehen Bilder, die von Anschauungen stark beeinflußt sind; allmählich werden die Vorstellungen immer abstrakter, alte Begriffe werden fortgeworfen und durch neue ersetzt. Aber soweit sich auch die konstruierte Welt der Dinge von der Anschauung entfernt, so hängt sie doch an ihren Grenzen mit den Wahrnehmungen der Sinne unlöslich zusammen, und es gibt keine Aussagen der abstraktesten Theorie, die nicht in letzter Linie eine Beziehung zwischen Beobachtungen ausdrückt. Daher kommt es, daß jede neue Beobachtung das ganze Gebäude erschüttert, so daß es scheint, als ob die Theorien wachsen und vergehen. Das aber ist es gerade, was den Forscher lockt und reizt: auch das Gebilde seines Geistes wäre nur ein trüber Gast, hätte es nicht dieses Stirb und Werde.

Literatur

[1] *R. v. Mises:* Wahrscheinlichkeit, Statistik und Wahrheit. J. Springer, 1928. Siehe hierzu auch den Aufsatz „Ist die klassische Mechanik tatsächlich deterministisch?", S. 160 dieses Buches.

[2] *K. Riezler:* Die Krise der „Wirklichkeit". Die Naturwissenschaften 16 (1928) S. 105.

5 Philosophische Betrachtungen zur modernen Physik*)

Das mir als Nachfolger von Professor *Darwin* übertragene Lehramt ist mit dem Namen eines großen Gelehrten der vorigen Generation eng verknüpft, nämlich mit *Peter Guthrie Tait*. Sein Name war mir schon zu Anfang meiner Studienzeit in Göttingen wohl vertraut geworden, als *Felix Klein* dort das Haupt einer Gruppe hervorragender Mathematiker war, unter denen sich auch *Hilbert* und *Minkowski* befanden. Ich erinnere mich, daß *Klein* in dem ständigen Bestreben, Physik und Mathematik miteinander zu verknüpfen, keine Gelegenheit vorübergehen ließ, um uns Studenten auf die Wichtigkeit hinzuweisen, den „Treatise on Natural Philosophy" von *Thomson* und *Tait* eifrig zu lesen, so daß diese Abhandlung eine Art heiliges Buch für uns wurde.

Seitdem hat sich die theoretische Physik in völlig anderer Richtung entwickelt, und „*Thomson* und *Tait*" ist der jüngeren Generation wahrscheinlich kaum mehr bekannt. Doch ist dies das Geschick aller naturwissenschaftlichen Werke. Sie können nicht ewige Gültigkeit besitzen wie die Werke großer Künstler, und wenn sie zu ihrer Zeit der Erkenntnis gedient haben, so haben sie das Ihrige geleistet. Auf mich aber übt dieses Buch schon auf Grund seines Titels einen Reiz aus, denn hier erscheint das Fach, das in anderen Ländern trocken „Physik" genannt wird, unter dem klingenden Namen „Naturphilosophie", der auch von den beiden Lehrstühlen der Physik an der hiesigen Universität geführt wird. Auf Grund dieses Titels erhält unsere Wissenschaft eine eigene Würde, denn er erinnert den Physiker inmitten seiner eintönigen, langwierigen Messungen und Berechnungen daran, daß seine Arbeit zugleich auch einer höheren Aufgabe dient: die Grundlage aufzubauen für eine Philosophie der Naturerkenntnis. Ich habe immer versucht, meine eigene Arbeit als einen bescheidenen Beitrag zu dieser Aufgabe aufzufassen, und so kommt es, daß ich bei der Übernahme der Tait-Professur für Naturphilosophie mich hier geistig beheimatet fühle, auch wenn ich fern von meinem ursprünglichen Vaterland lebe.

---

*) Antrittsvorlesung bei der Übernahme der Tait-Professur für Naturphilosophie an der Universität Edinburgh. Veröffentlicht in Proc. Roy. Soc. Edinburgh, Bd. LVII, Teil I, S. 1—18, 1936/37.

Die Rechtfertigung dafür, diesen besonderen Zweig der Naturwissenschaft als philosophische Lehre aufzufassen, liegt nicht so sehr in der Weite des Gebietes, das umspannt wird — sieht doch die Physik das gesamte Weltall vom Atom bis zu den himmlischen Sphären als Objekt für ihre Untersuchungen an — als vielmehr in der Tatsache, daß bei Betrachtung dieses Gegenstandes in seiner Gesamtheit der Physiker sich bei jedem Schritt logischen und erkenntnistheoretischen Schwierigkeiten gegenübersieht. Und obgleich die Physik trotz allem doch nur ein beschränktes Wissensgebiet behandelt, indem sie die Frage nach den Erscheinungen des Lebens und Bewußtseins ganz außer Acht läßt, so ist die Lösung dieser Probleme doch ein tiefes Bedürfnis unseres Erkenntnisdranges.

Will man die historische Entwicklung beschreiben, so kann man von dem willkommenen Zufall ausgehen, daß die Jahrhundertwende gleichzeitig auch die Scheide zwischen der sogenannten klassischen Periode der Physik und der modernen Physik bedeutet. Die 1905 veröffentlichte Relativitätstheorie *Einsteins* kann sowohl als Krönung der klassischen Auffassung wie als Anbruch der neuen Ideen angesehen werden. Aber schon während der letzten zehn Jahre vor diesem Zeitpunkt hatten Untersuchungen über Strahlung und Atome, wie sie mit den Namen von *Röntgen, J. J. Thomson, Becquerel,* der *Curies, Rutherford* und vieler anderer verknüpft sind, eine große Anzahl neuer Tatsachen angesammelt, die sich mit den klassischen Vorstellungen nicht vereinbaren ließen. Der neue Begriff des Wirkungsquantums, der viel zu ihrer Aufklärung beigetragen hat, wurde von *Planck* im Jahre 1900 aufgestellt. Die ersten wichtigen Folgerungen aus dieser neuartigen Vorstellung wurden von *Einstein* 1905, im Jahre der Veröffentlichung der Relativitätstheorie, gezogen, indem er die Grundlagen für eine Quantentheorie des Lichts schuf, und dann von *Niels Bohr* 1913 durch die Verknüpfung der Quantenvorstellung mit der Struktur der Atome.

Jeder Abschnitt naturwissenschaftlicher Erkenntnis steht mit den philosophischen Systemen der gleichen Zeit in enger Wechselbeziehung: Die Naturwissenschaft liefert Beobachtungstatsachen und die Philosophie Denkweisen. Die Philosophie des 19. Jahrhunderts, auf der die klassischen Vorstellungen fußten, beruhte wesentlich auf den philosophischen Ideen *David Humes.* Aus seiner Philosophie entwickelten sich die beiden Gedankensysteme, die die Naturwissenschaft während des Ausganges der klassischen Periode beherrschten: die kritische Philosophie und der Empirismus.

Der Unterschied zwischen diesen beiden Systemen betrifft die Idee des *a priori.* Der Gedanke, daß eine Naturwissenschaft auf logischem Wege auf eine geringe Anzahl von Postulaten oder Axiomen zurückgeführt werden kann, stammt von den großen Mathematikern der Griechen, die als Erste versuchten, Axiome der Geometrie aufzustellen und aus diesen ein vollständiges System von Lehrsätzen abzuleiten. Seitdem hat die Frage nach den

Gründen zur Aufstellung gerade dieser Axiome und keiner anderen dauernd das Interesse von Mathematikern und Philosophen erregt, ja, man könnte das Werk von *Kant* als eine Art gigantischer Verallgemeinerung dieser Frage ansehen. Er versuchte, Postulate zu formulieren, die er Kategorien *a priori* nannte, auf denen jede Erfahrung beruhe, und untersuchte die Wurzeln ihrer Gültigkeit. Das Resultat dieser Untersuchungen war die Aufstellung von zwei Arten von Prinzipien *a priori*, analytische, die alles logische Denken einschließlich der Arithmetik beherrschen, und synthetische, die die Gesetze von Raum und Zeit, von Substanz, Kausalität und überhaupt aller allgemeinen Begriffe dieser Art umfassen. *Kant* glaubte, daß die Wurzel für die Gültigkeit der Prinzipien der ersten Art in der reinen Vernunft selber liege, während die zweite Art sich von einer besonderen Fähigkeit unseres Gehirns, nämlich von der „reinen Anschauung" als unterschieden von der reinen Vernunft, herleite. So wurde die Mathematik als eine Wissenschaft definiert, die auf Prinzipien *a priori*, also auf Eigenschaften unseres Gehirns beruhe und somit ein für allemal feststehe. Die gleiche Annahme wurde auch für die von *Newton* aufgestellten großen allgemeinen Sätze der Physik gemacht.

Ich zweifle jedoch, ob *Kant* diesen Standpunkt beibehalten hätte, wenn er etwas länger gelebt hätte. Die Aufstellung der nichteuklidischen Geometrie durch *Lobatschewsky* und *Bolyai* erschütterte die *a priori*-Auffassung. *Gauß* hat offen seine Ansicht ausgesprochen, daß den geometrischen Axiomen keine Sonderstellung gegenüber physikalischen Gesetzen zukomme und daß beide auf Erfahrung beruhten, indem die mathematischen Sätze Gesetze für die Bewegung starrer Körper und die Bedingungen für Messungen im Raume ausdrückten. Nach und nach bekehrten sich die meisten Physiker zu diesem empiristischen Standpunkt, der die Existenz von Prinzipien *a priori* als Gesetze der reinen Vernunft und der reinen Anschauung leugnet und vielmehr behauptet, daß die Gültigkeit jeder naturwissenschaftlichen Aussage (einschließlich der Geometrie, sofern sie auf die Natur angewendet wird) auf Erfahrung beruhe. Es ist notwendig, sich hier sehr vorsichtig auszudrücken; denn es kann natürlich nicht gemeint sein, daß jeder Fundamentalsatz, wie z. B. die Axiome der Euklidischen Geometrie, direkt auf Erfahrung beruhen. Nur die Gesamtheit eines in sich logisch kohärenten Erkenntnisgebietes ist Objekt einer empirischen Überprüfung, und wir können die experimentelle Bestätigung einer hinreichenden Anzahl von Aussagen als Beweis für die Gültigkeit des ganzen Systems ansehen, einschließlich der Axiome, die den kürzesten logischen Ausdruck desselben darstellen.

Ich glaube nicht, daß der Empirismus in dieser Form irgendwie anfechtbar ist. Er hat den Vorteil, von der Starrheit frei zu sein, die jedem System einer Philosophie *a priori* anhaftet, und er gibt den Weg zu einer völlig uneingeschränkten Forschung frei. In der Tat hat die moderne Physik von dieser Freiheit in vollem Maße Gebrauch gemacht. Sie hat nicht nur die *a priori*-Gültigkeit der Euklidischen Geometrie angezweifelt, wie dies die großen Mathematiker des vorigen Jahrhunderts taten, sondern hat diese auch wirklich durch neue Formen der Geometrie ersetzt, ja, sie hat sogar die Geometrie mit physikalischen Erscheinungen (Gravitation) verkoppelt und hat dann in ähnlicher Weise fast alle Kategorien *a priori*, die der Zeit, der Substanz und der Kausalität, revolutioniert.

Gewiß war die Loslösung von der Idee des *a priori* für die Entwicklung der Physik von großer Bedeutung, doch fand diese bereits während des letzten Jahrhunderts statt und bildet nicht den entscheidenden Unterschied zwischen klassischer und moderner Physik. Dieser liegt vielmehr in der Gesamthaltung gegenüber dem Begriff einer objektiven Welt. Die klassische Physik nahm als selbstverständlich hin, daß es eine solche objektive Welt gibt, die nicht nur unabhängig vom Beobachter existiert, sondern auch von diesem beobachtet werden kann, ohne hierdurch gestört zu werden. Natürlich bedeutet jede Messung eine gewisse Störung der beobachteten Erscheinung, doch wurde angenommen, daß man diese Störung durch geschicktes Experimentieren auf ein zu vernachlässigendes Minimum reduzieren könne. Die moderne Physik aber hat gezeigt, daß gerade diese Annahme falsch ist. Das philosophische Problem aber, dem wir uns hierdurch gegenüber sehen, ist die Schwierigkeit, von dem Zustande einer objektiven Welt zu sprechen, wenn dieser Zustand von dem abhängig ist, was der Beobachter tut. Dies führt zu einer kritischen Untersuchung dessen, was wir unter dem Ausdruck „objektive Welt" verstehen.

Das Bewußtsein der Tatsache, daß Beobachtungen vom Standpunkt des Beobachters abhängig sind, ist keine neue Erleuchtung. Die Bahn der Erde um die Sonne hat genaue Ellipsenform nur für einen Beobachter, der sich im Massenmittelpunkt dieser beiden Himmelskörper befindet. Die Relativitätstheorie aber zeigte zum erstenmal an einem Beispiel, daß die Einbeziehung des Beobachters in die Beschreibung der beobachteten Tatsachen nicht ganz so einfach ist und führt damit zu einer völlig neuen Einstellung, gerade um die Idee einer objektiven Welt aufrechterhalten zu können. *Einstein* stand hierbei, wie er selber anerkennt, stark unter dem Einfluß der Ideen *Ernst Machs*, des Wiener Physikers und Philosophen, von dessen Schriften eine neue philosophische Bewegung ihren Ursprung nahm, zu der heutzutage viele hingezogen werden, nämlich der logische Positivismus. Spuren desselben lassen sich auch in den grundlegenden Veröffentlichungen *Heisenbergs* über Quantentheorie nachweisen. Doch stieß der Positivismus auch auf starken Widerstand, z. B. von seiten *Plancks*. Auf jeden Fall aber ist der Positivismus eine treibende Kraft der naturwissenschaftlichen Forschung. Es ist auch das einzige philosophische System unserer Zeit, das gerade auf

Grund seiner eigenen Regeln mit dem Fortschritt der Wissenschaft Schritt halten muß. So sehen wir uns gezwungen, zu ihm Stellung zu nehmen.

Es ist ein wesentlicher Zug des Positivismus, daß er eine scharfe Trennung zwischen sinnvollen und sinnlosen Fragestellungen zieht und entsprechend zwischen Begriffen, denen ein wirklicher Sinn zukommt und solchen, bei denen dies nicht der Fall ist. Nun ist es ganz trivial, daß nicht jede grammatikalisch korrekte Frage sinnvoll ist. Man denke an die bekannte Scherzfrage: Wenn Länge, Tonnage und Pferdekraft eines Dampfers bekannt sind, wie alt ist der Kapitän? — Oder die Bemerkung eines Zuhörers bei einem populären Vortrag über Astronomie: „Ich habe verstanden, wie man die Entfernung eines Sternes mißt und all das, aber ich kann nicht begreifen, woher man weiß, daß der Stern Sirius heißt." So sind primitive Völker überzeugt, daß die Kenntnis des „richtigen" Namens eines Dinges wirkliche Erkenntnis sei, die eine mystische Macht über dasselbe verleihe. Auch gibt es viele Beispiele, daß solcher Wortfetischismus noch in unserer modernen Welt durchaus vorhanden ist. Doch lassen Sie uns jetzt ein Beispiel der Physik betrachten, bei der diese Sachlage nicht ganz so augenfällig ist. Jeder glaubt, daß er weiß, was man unter dem Ausdruck „gleichzeitige Ereignisse" zu verstehen hat, und er setzt als selbstverständlich voraus, daß dies die gleiche Bedeutung auch für jeden anderen habe. Diese Voraussetzung ist auch durchaus in Ordnung für Nachbarn auf unserem kleinen Planeten, und wenn man annimmt, daß sich auf einem anderen Stern Wesen der gleichen Art wie wir befänden, so schien zunächst der Zeitbegriff auch für diese nichts Problematisches in sich zu schließen. Die Schwierigkeit tauchte erst auf, als man sich fragte, wie ein Beobachter auf der Erde und ein anderer Beobachter z. B. auf dem Mars ihre Beobachtungen über gleichzeitige Ereignisse miteinander vergleichen könnten. Es war nunmehr notwendig, die Tatsache in Betracht zu ziehen, daß die Verständigung nur mit Hilfe von Signalen stattfinden kann. Das schnellste uns zur Verfügung stehende Signal ist ein Lichtzeichen. Sobald wir uns aber des Lichtes bedienen oder auch nur darüber nachdenken, können wir uns nicht mehr auf unseren Verstand und unsere Vorstellungskraft allein verlassen, sondern müssen Experimente zu Hilfe ziehen. Diese haben uns nicht nur gezeigt, daß das Licht eine bestimmte endliche Geschwindigkeit besitzt; sondern der berühmte *Michelson*versuch hat auch die äußerst wichtige Tatsache bewiesen, daß das Licht auf der Erde sich mit der gleichen Geschwindigkeit in jeder Richtung fortpflanzt, unabhängig von der Bewegung der Erde um die Sonne. Man drückt diesen Tatbestand für gewöhnlich so aus, daß die Existenz eines sogenannten Ätherwindes damit widerlegt ist, den man in Analogie zu dem in einem sich bewegenden Wagen gefühlten Wind erwarten sollte.

Die Betrachtung dieser Tatsachen führte *Einstein* mit bewundernswerter Logik zu der Erkenntnis, daß die Frage nach der Gleichzeitigkeit zweier an verschiedenen Orten stattfindenden Ereignisse fast so sinnlos sei, wie die Scherzfrage nach dem Alter des Kapitäns. Ebenso jedoch wie die Altersfrage durch Hinzufügung einiger weiterer Daten, wie z. B. über die Lebensversicherung des Kapitäns, einen Sinn bekäme, so wird die Frage nach der Gleichzeitigkeit sinnvoll, wenn wir Aussagen über die Bewegung des Beobachters hinzufügen. Auf diese Weise aber verliert der Begriff der Zeit seinen absoluten Charakter; auch der Begriff des Raumes wird in diese Umwälzung mit hineingezogen, denn es wird sinnlos, über den „Raum in einem bestimmten Moment" zu sprechen. Wenn wir annehmen, daß sich zwei Beobachter, die sich in relativer Bewegung zueinander befinden, gerade aneinander vorbeibewegen, dann wird jeder von ihnen seinen eigenen „Raum in einem bestimmten Moment" haben, aber die in diesem Raum enthaltenen Ereignisse werden für die beiden Beobachter nicht die gleichen sein.

Wie steht es nun mit der Idee einer vom Beobachter unabhängigen Welt? Bleibt man bei der Vorstellung einer räumlichen Gesamtheit von Dingen in einem gegebenen Augenblick haften, dann muß man die Idee einer objektiven Welt aufgeben. Doch kann man an dieser Idee festhalten, wenn wir die Welt als eine Gesamtheit von Ereignissen auffassen, wobei jedem nicht nur ein gegebener Raumpunkt, sondern auch eine gegebene Zeit zugeordnet ist. *Minkowski* hat gezeigt, daß es möglich ist, eine Beschreibung des Zusammenhanges aller Ereignisse zu geben, die unabhängig vom Beobachter ist, d. h. mathematisch gesprochen invariant, indem man jedes Ereignis als Punkt in einem vierdimensionalen Kontinuum mit quasi-Euklidischer Geometrie ansieht. Die Aufteilung dieser vierdimensionalen Welt in Raum und Zeit hängt jedoch vom Beobachter ab.

Als ich 1920 ein populäres Buch über die Relativitätstheorie schrieb, stand ich so unter dem Eindruck dieser bewundernswerten Konzeption, daß ich diese Methode, mit deren Hilfe man den Begriff einer objektiven Welt aufrechterhalten kann, als die größte Errungenschaft der Physik darstellte, nicht ahnend, daß wir uns bald einer völlig neuen empirischen Situation gegenüber sehen würden, die uns zwingt, die kritische Untersuchung des Begriffes einer objektiven Welt noch viel tiefer zu treiben.

Ich habe hier den Ausdruck „eine neue empirische Situation" gebraucht, damit *Niels Bohr* folgend, dem Begründer der modernen Atomtheorie und dem tiefsten Denker auf dem Gebiete der Physik. Er hat diesen Ausdruck geprägt, um zu betonen, daß die Geburt neuer und fremdartiger physikalischer Vorstellungen nicht etwa das Resultat freier oder gar verantwortungsloser Gedankenspekulation sei, sondern der strengen kritischen Analyse eines enormen, schwer übersehbaren Tatsachenkomplexes kollektiver Erfahrung. Physiker sind nicht revolutionär, sondern eher konservativ, und nur zwingende Gründe können sie veranlassen, eine bis dahin wohl fundierte Vorstellung zu opfern. Im Falle der Relativitätstheorie war die Notwendigkeit wirklich durchaus zwingend, wenn auch das Beweismaterial zum großen Teile aus negativen Feststellungen bestand, wie z. B. dem Nachweis des Nichtvorhandenseins eines Ätherwindes. Die allgemeine Relativitätstheorie, die *Einstein* 1915 aufstellte, indem er die raumzeitliche Geometrie der Welt mit der Gravitation in Zusammenhang brachte, beruhte damals und beruht auch noch heute auf ziemlich schwacher empirischer Grundlage.

Die zweite revolutionäre Umwälzung in der Physik, die Quantentheorie, ruht jedoch auf einer ungeheuren täglich weiter zunehmenden Ansammlung von Erfahrungstatsachen. Über diese Entwicklung zu sprechen ist viel schwieriger, weil sie viel mehr auf rein fachlichem Gebiet liegt. Es handelt sich dabei hauptsächlich um die Frage nach dem Aufbau der Materie und dem Wesen der Strahlung, Probleme, deren Erforschung man nur mit äußerst verfeinerten Laboratoriumsapparaten in Angriff nehmen kann. Das angesammelte Beweismaterial besteht aus photographischen Platten, aus Tabellen und Kurven, Resultate von Messungen, die in der ganzen Welt in ungeheuren Mengen gesammelt werden, jedoch nur dem Fachmann zugänglich sind. Natürlich kann ich hier nicht voraussetzen, daß Sie mit derartigen Experimenten vertraut sind, will aber trotz dieser Schwierigkeit versuchen, ihnen einen ungefähren Begriff von der Fragestellung und ihrer Lösung zu geben, die als Quantenmechanik bekannt ist.

Lassen Sie uns bei der alten Frage nach dem Wesen des Lichtes beginnen. Im Anfang unseres naturwissenschaftlichen Zeitalters gab es zwei wetteifernde Theorien: Die Korpuskulartheorie von *Newton* und die Wellentheorie von *Huygens*. Und es vergingen weitere hundert Jahre, bevor die Entdeckung der Interferenz eine Entscheidung zugunsten der Wellentheorie brachte. Werden zwei Wellenzüge derart überlagert, daß ein Wellenberg des einen mit einem Wellental des anderen zusammentrifft, so löschen sie sich gegenseitig aus. So entsteht aus zwei kreuzenden Wellenzügen das wohlbekannte Muster, das wir auf jedem Teich beobachten können, auf dem schwimmende Enten Wasserwellen hervorrufen. Genau das gleiche Muster wird erzeugt, wenn sich zwei Lichtstrahlen kreuzen, nur daß wir hier zur Beobachtung ein Vergrößerungsglas benötigen. Die aus dieser Erscheinung gezogene Schlußfolgerung, die durch unzählige Experimente gestützt wurde, war, daß ein Lichtstrahl ein Wellenzug kurzer Wellenlänge ist.

Aber wieder hundert Jahre später, während meiner Studienzeit, schien eine andere Reihe von Experimenten ebenso zwingend darauf hinzuweisen, daß Licht aus Korpuskeln bestehe. Ich kann die Beweisführung vielleicht am besten durch einen Vergleich mit der Wirkungsweise gewisser Kriegswaffen, nämlich von Bomben und Gewehren, deutlich machen. Explodiert eine Bombe, so werden alle, die sich in einem bestimmten Umkreis befinden, durch die Energie der Explosionswelle getötet werden, während man in größerer Entfernung vollkommen sicher ist, da dann die Explosionswelle durch gleichmäßige Ausbreitung über ein größeres Gebiet ihre gefährliche Energie verloren hat. Man stelle sich nun vor, daß der gleiche Betrag an Explosivstoff für die Munition eines sich nach allen Richtungen drehenden Maschinengewehrs benutzt wird. Wieder werden alle in der Nähe Befindlichen mit ziemlicher Sicherheit getroffen werden, wenn sie nicht schleunigst davonrennen. In einer Entfernung von einigen hundert Metern werden sie schon viel sicherer sein, aber bestimmt nicht vollkommen sicher. Die Wahrscheinlichkeit, getroffen zu werden, hat außerordentlich abgenommen; wenn man aber getroffen wird, so geschieht dies mit ebenso tötlicher Wirkung wie aus der Nähe.

Dieses Beispiel veranschaulicht den Unterschied zwischen der kontinuierlichen Ausbreitung der Energie von einem Zentrum aus in Wellenform und einem diskontinuierlichen Schauer von Partikeln. Im Jahre 1900 entdeckte *Planck* in den Gesetzen der von einem heißen Körper ausgesandten Wärmestrahlung zum erstenmal die Andeutung einer Diskontinuität des Lichtes. 1905 veröffentlichte *Einstein* seine bereits erwähnte berühmte Arbeit, in der er zeigt, daß Experimente über die Energiewirkung des Lichtes, den sogenannten Photoeffekt, so gedeutet werden können, daß sie die Korpuskularstruktur des Lichts beweisen. Diese Korpuskeln werden Lichtquanten oder Photonen genannt.

Diese zweifache Auffassung der Natur des Lichts wurde durch die verschiedensten Experimente bestätigt. Den wichtigsten Schritt vorwärts tat dann *Bohr,* indem er zeigte, daß das enorme angesammelte Beobachtungsmaterial über Spektren ebenfalls mit Hilfe des Begriffs der Lichtquanten gedeutet und verstanden werden könne. Zu diesem Zwecke mußte er die Idee eines diskontinuierlichen Verhaltens auch auf die Bewegung von Massenteilchen ausdehnen, nämlich der Elektronen in den Atomen, von denen das Licht ausgesandt wird.

Ich kann in diesem Rahmen nicht Schritt für Schritt die historische Entwicklung der Quantentheorie verfolgen, die schließlich zu der Erkenntnis führte, daß wir es hier mit einem viel allgemeineren Prinzip zu tun haben. Licht ist nicht die einzige „Strahlung", die wir kennen. Ich brauche hier nur an die Kathodenstrahlen zu erinnern, die auftreten, wenn ein elektrischer Strom durch eine evakuierte Röhre geht, oder an die Strahlen, die von Radium und anderen radioaktiven Substanzen ausgehen. Diese Strahlen sind keine Lichtstrahlen, sondern Strahlen von sehr schnellen Elektronen, also von Elektrizitätsatomen, oder auch von schnell bewegten gewöhnlichen Heliumatomen. Letzteres wurde mit einer direkten Methode von *Rutherford* bewiesen, der die sogenannte α-Strahlung des Radiums in einem evakuierten Glasgefäß auffing und zeigte, daß dieses schließlich mit Heliumgas gefüllt war. Heute kann man die Spur solcher Partikel bei ihrem Durchgang durch Materie tatsächlich photographieren.

Im Falle der α-Strahlen war der Beweis, daß es sich um Korpuskeln handle, das Primäre. 1924 aber gelangte *de Broglie* auf Grund von theoretischen Überlegungen auf den Gedanken, daß auch diese Art von Strahlung unter geeigneten Bedingungen Interferenzerscheinungen und somit das Verhalten einer Wellenstrahlung zeigen müsse. Kurz darauf wurde dieser kühne Gedanke auch wirklich experimentell bewiesen. Nicht nur Elektronen, sondern auch Atome gewöhnlicher Substanzen, wie Wasserstoff und Helium, zeigen alle Eigenschaften von Wellen, wenn man aus ihnen durch Verleihung einer beträchtlichen Geschwindigkeit einen Strahl macht.

Dies ist ein äußerst aufregendes Resultat, das alle unsere Vorstellungen von Substanz und Bewegung revolutioniert. Als es bekannt wurde, war die theoretische Physik darauf vorbereitet und hatte bereits in der Quantenmechanik das geeignete mathematische Rüstzeug zu seiner Behandlung zur Verfügung. Diese war von *Heisenberg* zusammen mit *Jordan* und mir, und unabhängig auch von *Dirac*, entwickelt worden, und in anderer Form als Wellenmechanik von *Schrödinger* in enger Verbindung mit den *de Broglie*schen Vorstellungen. Ein mathematischer Formalismus leistet ganz wunderbare Dienste in der Beschreibung komplizierter Dinge, ohne jedoch viel zu einem wirklichen Verständnis der Vorgänge beizutragen. So vergingen mehrere Jahre, bis man zu einem solchen gelangte und auch dann nur in beschränktem Maße. Dies aber führt uns unmittelbar zu den philosophischen Überlegungen, die ich hier auseinandersetzen will.

Betrachten wir die tiefe Diskrepanz, die darin liegt, daß wir ein und denselben Vorgang manchmal als Schauer von Teilchen und manchmal als Wellenbewegung beschreiben, so drängt sich jedem die Frage auf: „Was ist es nun wirklich?" Sie sehen also, wie die philosophische Frage nach der Realität mit diesen rein physikalischen Problemen eng verknüpft ist. Der Grund hierfür liegt darin, daß wir über Partikel und Wellen als von wohlbekannten Dingen sprechen, daß es aber von der Beobachtungsmethode abhängt, welcher Ausdruck der angemessene ist. So sehen wir uns einer ähnlichen Situation gegenüber wie im Falle des Relativitätsprinzips, nur noch komplizierter, weil hier die beiden Beschreibungsarten des gleichen Vorgangs nicht nur verschieden, sondern anscheinend unvereinbar sind. Jeder empfindet wohl, daß eine Wellenbewegung und die Bewegung eines Teilchens zwei Bewegungsformen sind, die, angewandt auf dasselbe Objekt, nicht verträglich sind. Und das Problem wird noch ernster, wenn wir die bereits früher von *Planck* aufgestellte einfache quantitative Beziehung zwischen Energie und Frequenz mit in Rechnung ziehen. Es ist klar, daß die Eigenschaften eines gegebenen Strahles, der als Schauer von Partikeln in

Erscheinung tritt, zu den Eigenschaften dieses Strahles, wenn er sich als Wellenzug manifestiert, in Beziehung stehen müssen. Dies ist auch in der Tat der Fall, und das entsprechende Gesetz ist äußerst einfach, wenn alle Teilchen des Strahles die gleiche Geschwindigkeit haben. Versuche zeigen, daß in diesem Falle der zugeordnete Wellenzug von der einfachsten Form, d. h. ein sogenannter harmonischer ist, der charakterisiert wird durch eine bestimmte scharfe Frequenz und Wellenlänge. Dann ist gemäß dem *Planck*schen Gesetz die kinetische Energie der Teilchen der Schwingungsfrequenz der Welle genau proportional, und der Proportionalitätsfaktor, die sogenannte *Planck*sche Konstante h, hat einen ganz bestimmten, aus Experimenten mit beträchtlicher Genauigkeit bekannten numerischen Wert.

Hier liegt nun die logische Schwierigkeit: ein Partikel gegebener Geschwindigkeit ist als solches ein Punkt, der keine räumliche Ausdehnung besitzt. Ein Wellenzug aber ist nach Definition nur dann harmonisch, wenn er den ganzen Raum erfüllt und ewige Dauer hat. Dieses letztere leuchtet vielleicht nicht unmitellbar ein; es beruht auf einem Satz, den *Fourier* bereits vor mehr als 100 Jahren mathematisch bewiesen hat und der dies besagt: jeder in Raum und Zeit endliche Wellenzug kann als Überlagerung vieler unendlicher harmonischer Wellenzüge verschiedener Frequenz und Wellenlänge aufgefaßt werden, derart, daß die äußeren Teile dieser Wellenzüge sich gegenseitig durch Interferenz aufheben; und jede endliche Welle kann so in ihre harmonischen Komponenten zerlegt werden. *Bohr* hat besonderen Nachdruck auf diese logische Schwierigkeit gelegt, indem er sagte, daß durch das *Planck*sche Gesetz ein irrationales Element in die Naturbeschreibung eingeführt werde.

In der Tat ist es nicht möglich, über diese Schwierigkeit hinwegzukommen, ohne eines der geltenden Fundamentalprinzipien der Naturwissenschaft zu opfern, und zwar handelt es sich hier um das Kausalitätsprinzip, so wie wir es verstanden haben, seitdem es zum erstenmal exakt formuliert worden ist. Ich kann hierauf nur kurz eingehen. Die Gesetze der Mechanik, wie sie von *Newton* und *Galilei* entwickelt worden sind, gestatten, die Bewegung eines Materieteilchens vorauszusagen, falls seine Lage und Geschwindigkeit in einem bestimmten Augenblick gegeben sind. Oder allgemeiner: Sind die Anfangsbedingungen bekannt, so kann das zukünftige Verhalten eines Systems vorausbestimmt werden. Vom Standpunkt der Mechanik aus ist die Welt ein von Anbeginn an determinierter Automat ohne jegliche Freiheit. Ich bin niemals ein Freund dieses extremen Determinismus gewesen und bin froh, daß sich die moderne Physik von ihm gelöst hat. Aber nicht jeder ist dieser Meinung.

Um zum Verständnis des Zusammenhanges von Quantenvorstellung und Kausalitätsbegriff zu gelangen, müssen wir noch das zweite Fundamentalgesetz betrachten, das Partikel und Wellen zueinander in Beziehung bringt.

Wieder wird uns hier unser Beispiel von dem Maschinengewehr und der explodierenden Bombe zum Verständnis behilflich sein. Wenn das Maschinengewehr nicht nur horizontal abgefeuert wird, sondern gleichmäßig nach allen Richtungen des Raumes, wird die Dichte der Geschosse und damit die Wahrscheinlichkeit, getroffen zu werden, im selben Verhältnis abnehmen wie die konzentrischen Kugeloberflächen zunehmen, die von dem Maschinengewehrfeuer gleichmäßig bestrichen werden. Dies aber entspricht genau der Abnahme an Energie der sich ausbreitenden Explosionswelle der Bombe. Betrachten wir nun die Strahlung, die von einer kleinen Lichtquelle ausgeht, so erkennen wir unmittelbar, daß in der korpuskularen Betrachtungsweise die Anzahl der ausgesandten Photonen mit wachsender Entfernung in der gleichen Weise abnehmen wird wie die kontinuierlich sich ausbreitende Energie im Falle der Wellenausbreitung. Ich habe diese Art der Betrachtung auf Elektronen und alle anderen Arten von Teilchen erweitert, indem ich die Behauptung aufstellte, daß wir es mit Wahrscheinlichkeitswellen zu tun hätten, die die Verteilung der Partikel derart lenken, daß die Intensität der Welle in jedem Punkte gleich der Wahrscheinlichkeit ist, in diesem Punkte ein Teilchen anzutreffen. Diese Deutung ist durch eine große Anzahl direkter und indirekter Experimente bestätigt worden. Bewegen sich die Teilchen nicht unabhängig voneinander, sondern wirken aufeinander ein, so muß die Theorie etwas modifiziert werden, doch genügt für unsere Zwecke die Betrachtung des einfachen Falles. Nun können wir die Beziehung zwischen Quantengesetzen und Kausalität analysieren:

Die Lage eines Teilchens zu bestimmen, heißt, es physisch auf einen kleinen Teil des Raumes zu beschränken. Dann muß auch die entsprechende Wahrscheinlichkeitswelle gemäß dem zweiten Quantengesetz auf diese kleine Raumstelle beschränkt werden. Wir haben aber gesehen, daß mit Hilfe der *Fourier*zerlegung eine solche Welle als Superposition einer großen Anzahl einfacher harmonischer Wellen dargestellt wird, deren Frequenzen und Wellenlängen sich über einen großen Bereich erstrecken. Bringen wir nun das erste Quantengesetz über die Proportionalität von Frequenz und Energie zur Anwendung, so erkennen wir, daß dieser geometrisch wohl bestimmte Zustand Energien umfassen muß, die sich über einen ausgedehnten Größenbereich erstrecken. Die umgekehrte Beziehung gilt ebenso. Wir haben damit qualitativ die berühmte Unschärfebeziehung von *Heisenberg* abgeleitet: Genaue Bestimmung von Lage und Geschwindigkeit schließen einander aus; bestimmen wir die eine mit Genauigkeit, so wird die andere unbestimmt.

Das von *Heisenberg* aufgestellte quantitative Gesetz besagt, daß das Produkt der Unbestimmtheitsbereiche von Lage und Impuls (Masse $\times$ Geschwindigkeit) stets das gleiche ist, und zwar ist es gleich der *Planck*schen Konstante h.

Dies also ist der wirkliche Sinn dieser Konstante: sie bestimmt die absolute Grenze für die Genauigkeit einer gleichzeitigen Bestimmung von Lage und Geschwindigkeit. Für kompliziertere Systeme gibt es andere Paare oder Gruppen physikalischer Größen, deren genaue Messung nicht gleichzeitig möglich ist.

Erinnern wir uns nun, daß gerade die genaue Kenntnis von Lage und Geschwindigkeit zu einem gegebenen Zeitpunkt nach der klassischen Mechanik nötig ist, um daraus die zukünftige Bewegung zu bestimmen. Die Quantengesetze stehen im Widerspruch zu dieser Voraussetzung und bedeuten damit den Zusammenbruch von Determinismus und Kausalität. Wir können es so ausdrücken, daß diese Idee nicht gerade falsch ist, jedoch leer, denn die Prämisse ist niemals erfüllt.

Die Erkenntnis, daß die Entdeckung der Quantengesetze gleichzeitig das Ende des strengen Determinismus bildet, der ein wesentlicher Zug der klassischen Physik ist, ist in sich selbst von großer philosophischer Bedeutung. Nachdem die Relativitätstheorie unsere Vorstellung von Raum und Zeit gewandelt hat, muß nunmehr noch eine andere der *Kant*schen Kategorien, nämlich der Kausalitätsbegriff, einer Abänderung unterzogen werden. Der *a priori*-Charakter dieser Kategorien kann nicht länger aufrechterhalten werden. Aber selbstverständlich bedeutet dies nicht, daß diese Prinzipien einfach verschwinden; sie werden durch etwas Neues ersetzt. In Bezug auf Raum und Zeit besteht dieses in den Gesetzen der vierdimensionalen Geometrie von *Minkowski*. Auch für den Kausalitätsbegriff gibt es einen übergeordneten allgemeineren Begriff, nämlich den der Wahrscheinlichkeit. Notwendigkeit ist ein Spezialfall von Wahrscheinlichkeit: sie ist eine Wahrscheinlichkeit von 100%. Die Physik entwickelt sich nunmehr zu einer wesentlich statistischen Wissenschaft.

Die mathematische Theorie, die wir Quantenmechanik nennen, und die diesen Ideen in präziser Form Ausdruck verleiht, ist ein wundervolles Gedankengebäude, der klassischen Mechanik nicht nur ebenbürtig, sondern sogar überlegen. Der Aufbau der mathematischen Theorie zeigt, daß das ganze Gebäude in sich logisch kohärent ist; doch ist dies nur für diejenigen zwingend, die eben den mathematischen Formalismus verstehen. Daher ist es eine dringliche Aufgabe, an einigen wichtigen Beispielen direkt zu zeigen, warum trotz des Gebrauches zweier so verschiedener anschaulicher Vorstellungen wie Partikel und Wellen doch niemals ein Widerspruch entstehen kann. Hierzu wird man geeignet gewählte experimentelle Anordnungen vom Standpunkt der *Heisenberg*schen Unbestimmtheitsrelation betrachten. In komplizierten Fällen führt dies manchmal zu etwas absonderlichen und paradoxen Resultaten, die von *Heisenberg*, *Bohr* und *Darwin*, meinem Vorgänger in Edinburgh, sorgfältig untersucht worden sind.

Hier will ich nur einen derartigen Fall erwähnen. Wenn ich durch ein Mikroskop sehe, kann ich eine Mikrobe wahrnehmen und ihren Bewegungen folgen. Warum sollte dies nicht auch für Atome und Elektronen möglich sein, einfach durch Verwendung eines viel stärkeren Mikroskops? Die Antwort lautet, daß „durch ein Mikroskop sehen" gleichbedeutend damit ist, daß man einen Lichtstrahl, d. h. einen Strahl von Photonen, durch dasselbe hindurchschickt. Diese stoßen mit den zu beobachtenden Partikeln zusammen. Handelt es sich dabei um verhältnismäßig schwere Objekte wie Mikroben oder selbst um Atome, so werden diese nicht wesentlich durch den Aufprall der Photonen beeinflußt, und die abgelenkten und dann mit Hilfe von Linsen gesammelten Photonen werden tatsächlich ein Bild des Objektes liefern. Ist dieses jedoch ein so leichtes Teilchen wie ein Elektron, so wird es beim Zusammenprall mit dem Photon einen Stoß erleiden, ein Effekt, der zuerst von *Compton* direkt beobachtet wurde. Die Geschwindigkeitsänderung des Elektrons ist zu einem gewissen Grade unbestimmt und hängt von den physikalischen Bedingungen in der Weise ab, daß die *Heisenberg*sche Unschärfebeziehung auch hier erfüllt ist.

Bohr hat für die beiden Vorstellungsarten, Partikel und Wellenbewegung, den Ausdruck „komplementär" geprägt. Ebenso wie alle sichtbaren Farben in Paare von Komplementärfarben angeordnet werden können, die zusammen Weiß ergeben, so lassen sich alle physikalischen Vorgänge von zwei Standpunkten aus betrachten, deren einer der Partikelvorstellung, der andere der Wellenvorstellung entspricht und die niemals miteinander in Widerspruch geraten, aber beide notwendig sind zum vollen Verständnis der Naturvorgänge.

Die Prägung eines solchen kurzen und prägnanten Ausdrucks zur Beschreibung einer komplizierten und schwierigen Sachlage erweist sich als sehr nützlich, z. B. gegenüber der naiven Frage: Was aber ist nun ein Lichtstrahl, was ist Materie „wirklich"? Eine Menge von Partikeln oder eine Wellenbewegung? Jeder, der einmal den Sinn des Begriffes „komplementär" erfaßt hat, wird diese Frage zurückweisen, weil sie zu einfach ist und nicht das Wesentliche trifft. Damit aber ist nicht die Frage gelöst, ob die neue Theorie mit der Vorstellung einer objektiven, unabhängig vom Beobachter existierenden Welt verträglich ist. Die Schwierigkeit liegt nicht in den beiden Vorstellungsweisen, sondern darin, daß keine Erscheinung der atomistischen Welt beschrieben werden kann, ohne auf den Beobachter Bezug zu nehmen, und zwar nicht nur auf seine Eigengeschwindigkeit, wie dies die Relativitätstheorie tut, sondern auf sein gesamtes Verhalten bei der Beobachtung, die Einstellung seiner Instrumente usw., usw. Die Beobachtung selber greift in den Gang der Ereignisse ein. Wie kann man dann von einer objektiven Welt sprechen?

Hierauf antworten einige theoretische Physiker, wie z. B. *Dirac,* einfach und kurz: Alles was wir wollen, ist eine in sich widerspruchsfreie mathematische Theorie. In ihr ist alles enthalten, was über die empirische Welt ausgesagt werden kann. Mit ihrer Hilfe können wir bisher noch nicht beobachtete Effekte vorhersagen, und mehr wollen wir gar nicht. Was Ihr unter einer objektiven Welt versteht, wissen wir nicht und es interessiert uns auch nicht.

Gegen einen solchen Standpunkt läßt sich nichts einwenden, außer daß er notwendigerweise nur auf den engeren Kreis von Fachleuten beschränkt sein kann. Ich für meine Person kann diese l'art pour l'art-Einstellung nicht teilen. Meine Auffassung ist, daß naturwissenschaftliche Erkenntnisse auf eine Weise dargestellt werden sollten, die jedem denkenden Menschen verständlich ist. Und dies gerade ist die Aufgabe der Naturphilosophie.

Die Philosophen beschäftigen jedoch heutzutage andere Fragen, die für das menschliche Leben wichtiger sind als die Schwierigkeiten, die bei der raffinierten Erforschung atomistischer Vorgänge entstehen. Nur die Positivisten, die für sich in Anspruch nehmen, daß ihre Philosophie rein naturwissenschaftlich sei, haben auf unsere Frage eine Antwort gegeben. Ihr Standpunkt (*Jordan,* 1936) ist sogar noch radikaler als der von *Dirac.* Während dieser sich mit den Formeln zufrieden gibt und sich für die Frage nach der Existenz einer objektiven Welt gar nicht interessiert, erklärt der Positivismus diese Fragestellung überhaupt als sinnlos. Für den Positivisten hat keine Frage einen Sinn, die nicht experimentell entschieden werden kann. Wie eingangs erwähnt, hat sich diese Einstellung insofern fruchtbar erwiesen, als sie die Physiker zu einer kritischen Haltung gegenüber überlieferten Ideen veranlaßt und dadurch zum Aufbau der Relativitäts- und der Quantentheorie beigetragen hat. Aber womit ich nicht übereinstimmen kann, ist diese rein positivistische Haltung gegenüber dem Problem der Realität im allgemeinen. Wenn alle Vorstellungen, die eine bestimmte Naturwissenschaft benutzt, ihren Ursprung einzig in eben dieser Naturwissenschaft hätten, so wären die Positivisten im Recht. Aber dann würde es keine Naturwissenschaft geben. Obgleich es möglich sein mag, von dem in sich geschlossenen Kreis eines Wissensgebietes jede Bezugnahme auf andere Wissengebiete auszuschließen, so kann dies doch niemals auch für die philosophische Auslegung der Erkenntnisse gelten. Und hierzu gehört auch die Frage nach der Existenz einer objektiven Welt.

Der Positivismus geht von der Annahme aus, daß die einzigen unmittelbar einleuchtenden Aussagen unmittelbare Sinneseindrücke beschreiben. Alle anderen Aussagen seien indirekte theoretische Konstruktionen, die dazu dienen, möglichst kurz die Verbindungen und Beziehungen dieser primären Erfahrungen zueinander zu beschreiben. Diesen allein komme der Charakter der Realität zu, während die sekundären indirekten Aussagen nichts

Realem entsprechen und nichts mit einer existierenden äußeren Welt zu tun haben. Sie seien nur künstliche, erfundene Konventionen zur ökonomischen Anordnung und Vereinfachung der auf uns eindringenden Flut von Sinneseindrücken.

Diese Einstellung findet ihre Begründung keineswegs in der Naturwissenschaft selbst, und niemand kann mit Hilfe naturwissenschaftlicher Methoden ihre Korrektheit beweisen. Ich würde sagen, daß sie metaphysischen Ursprungs ist, wenn ich nicht fürchtete, damit die Gefühle der Positivisten zu verletzen, die für ihre Philosophie den Anspruch erheben, daß sie vollkommen unmetaphysisch sei. Aber ich kann wohl behaupten, daß ihre Einstellung auf Psychologie beruht, nur daß es keine gute Psychologie ist. Lassen Sie uns einige Beispiele aus dem täglichen Leben betrachten. Wenn ich diesen Tisch oder diesen Stuhl ansehe, erhalte ich zahllose Sinneseindrücke – Farbflecke –, und wenn ich den Kopf bewege, verändern sich diese Eindrücke. Berühre ich diese Objekte, so empfange ich wieder eine große Anzahl neuer Sinneseindrücke, Eindrücke von verschiedener Härte, Rauhheit, Wärme usw. Wenn wir uns aber ehrlich Rechenschaft geben, so sind es nicht wirklich diese unkoordinierten Eindrücke, die wir beobachten, sondern das Objekt in seiner Gesamtheit: Tisch oder Stuhl. Es findet ein Vorgang unbewußter Kombination statt, und was wir wirklich wahrnehmen, ist eine Totalität, die nicht gleich der Summe der einzelnen Sinneseindrücke ist, sondern etwas Neues. Ein akustisches Beispiel wird vielleicht besser verdeutlichen, worauf ich hinaus will: Eine Melodie ist bestimmt etwas anderes als die Summe der Töne, aus denen sie sich zusammensetzt, sie ist eine neue Einheit.

Die moderne Psychologie ist sich dieser Tatsache voll bewußt. Ich meine hier die Gestalt-Psychologie von *v. Ehrenfels, Köhler* und *Wertheimer*. Das Wort Gestalt bedeutet hier nicht nur äußere Form, sondern die wirklich wahrgenommene Ganzheit. Denken wir dabei wieder an unser Beispiel einer Melodie. Diese Gestalten bilden sich unbewußt in uns. Betrachten wir sie bewußt, so wandeln sie sich in Begriffe und werden mit Bezeichnungen versehen. Dem naiven Verstande erscheinen diese Gestalten nicht als willkürliche Erzeugnisse seiner Vorstellungskraft, sondern als Eindrücke einer äußeren Welt. Und ich sehe keinen Grund dafür, diese Überzeugung auf dem Gebiete der Naturwissenschaft aufzugeben, denn diese ist nichts anderes als die Anwendung des gewöhnlichen gesunden Menschenverstandes unter ungewöhnlichen Umständen. Die Positivisten sagen, daß diese Annahme der Existenz einer äußeren Welt in das Gebiet der Metaphysik führt und eine sinnlose Aussage sei, da wir niemals etwas außerhalb unserer Sinneseindrücke über sie erfahren können. Dagegen ist nichts zu sagen. *Kant* hat demselben Gedanken Ausdruck verliehen, indem er zwischen dem empirischen Ding und dem „Ding an sich", das diesem zugrunde liegt, unterscheidet. Wenn aber die Positivisten weiter gehen und ferner behaupten, daß alle unsere Aussagen über eine äußere Welt nur symbolisch sind und nur einen auf Konvention beruhenden Sinn besitzen, so erhebe ich Einspruch. Denn dann wäre jeder Satz nur symbolisch gesprochen, sogar eine so einfache Behauptung wie „Ich sitze hier auf einem Stuhl". Stuhl ist kein primärer Sinneseindruck, sondern eine *Gestalt*, eine im Unbewußten stattfindende Zusammenfassung der Sinneseindrücke zu einer neuen Einheit, die unabhängig von Veränderungen dieser Eindrücke ist. Wenn ich meinen Körper, meine Hände oder Augen bewege, so verändern sich die Sinneseindrücke auf eine äußerst komplizierte Weise, und doch bleibt der Stuhl bestehen. Der Stuhl ist invariant gegenüber Veränderungen von mir oder auch von anderen Dingen und Personen, die wir als *Gestalten* wahrnehmen. Diese Tatsache der „Invarianz", eine sehr augenfällige Tatsache, ist es, was wir meinen, wenn wir sagen, daß es „wirklich" einen Stuhl gibt. Man kann diese Tatsache einer Prüfung unterziehen, wenn auch nicht durch ein physikalisches Experiment, wohl aber mit Hilfe der wunderbaren Methoden unseres unbewußten, naiven Verstandes, der fähig ist, zwischen einem „wirklichen" und einem gemalten Stuhl durch eine einfache kleine Kopfbewegung zu unterscheiden. Die Frage nach der Realität ist also nicht sinnlos und der Gebrauch dieses Wortes nicht nur symbolisch und konventionell.

Der Ausdruck „invariant", den ich bereits anläßlich der Relativitätstheorie benutzt habe, und der hier in einem allgemeineren Sinne gebraucht wird, bildet das Verbindungsglied zwischen diesen psychologischen Überlegungen und exakter Naturwissenschaft. Es ist ein mathematischer Ausdruck, der zuerst in der analytischen Geometrie zur quantitativen Bestimmung räumlicher Gestalten benutzt wurde, die einfache Körper oder Konfigurationen von solchen darstellen. Man kann jede geometrische Figur mit Hilfe einer genügend großen Anzahl von Koordinaten ihrer Punkte beschreiben, z. B. durch die Projektion ihrer Punkte auf drei orthogonale Koordinatenebenen. Aber dann hat man überzählige Daten, denn die Koordinaten bestimmen nicht nur die geometrische Form, sondern gleichzeitig auch ihre Lage bezüglich dreier willkürlicher Ebenen, auf die es gar nicht ankommt. Es ist daher nötig, alles Unwesentliche der Koordinatenbeschreibung mit Hilfe eines wohlbekannten mathematischen Verfahrens zu eliminieren, und als Ergebnis erhält man sogenannte Invarianten, die nur das Wesentliche der betrachteten Figur beschreiben.

Das Gleiche gilt nun auch, wenn wir es nicht nur mit geometrischer Form und Ausdehnung, sondern auch mit Farbe, Wärme und anderen physikalischen Eigenschaften zu tun haben. Die Methoden der theoretischen Physik sind die gleichen wie die der Geometrie. Auch hier geht man von verallgemeinerten Koordinaten aus und eliminiert dann das Unwesentliche,

Zufällige. Dazu gehört nicht nur die räumliche Lage, sondern auch Bewegung, Temperatur- und Elektrisierungszustand usw. Was übrig bleibt, sind Invarianten, die das Objekt beschreiben.

Diese Methode ist das exakte Äquivalent für das, was das unbewußte Denken des durch Wissenschaft nicht angekränkelten Menschen bei Bildung von Gestalten ausführt. Die wissenschaftliche Anwendung geht über die naive nur darin hinaus, daß ihre Verfahren raffinierter sind. Man hat mit unbekannten Gebilden zu tun, für die das Wirken des Unbewußten nicht mehr hinreicht. Bei einer wissenschaftlichen Beobachtung ist es oft nicht klar, was wir wahrnehmen. Es herauszufinden, verlangt tiefes Nachdenken, Veränderung der Versuchsbedingungen, Aufstellung von Hypothesen, unermüdliches Messen und Berechnen. Das Ergebnis ist eine mathematische Theorie zur Darstellung von neu aufgezeigten Tatsachen. Die in dieser Theorie auftretenden Invarianten aber dürfen mit Recht als Darstellungen von Objekten der wirklichen Welt angesehen werden. Der einzige Unterschied zwischen diesen Objekten und denen des täglichen Lebens liegt darin, daß die einen unbewußt entstehen, die andern aber durch bewußtes wissenschaftliches Denken. In dieser Zeit, in der die *Freud*schen Vorstellungen über die Sphäre des Unbewußten Allgemeingut geworden sind, darf man wohl ohne weiteres diesen Unterschied zwischen Objekten des täglichen Lebens und solchen wissenschaftlicher Forschung als untergeordnet ansehen. Diese Einstellung ist umso berechtigter, als die Grenze zwischen diesen beiden Bereichen nicht scharf gezogen werden kann und in ständigem Fluß ist. Vorstellungen, die früher rein wissenschaftliche Konstruktionen waren, haben sich in Wirklichkeiten verwandelt. Einst waren die Sterne für den primitiven Menschen leuchtende Punkte auf dem Gewölbe des Himmels. Aber die Wissenschaft zeigte ihre geometrischen Verhältnisse und Bahnen auf und stieß damit zunächst auf fanatischen Widerstand. *Galilei* selbst war ein Märtyrer im Kampf um die Wahrheit. Heute sind diese mathematischen Abstraktionen gewöhnlicher Lehrstoff für Schulkinder geworden und gehören zum unbewußten Wissensgut jedes Europäers. Etwas Ähnliches hat auch auf elektrischem Gebiet mit den Feldvorstellungen stattgefunden.

Diese Idee, die sich mir aufdrängte, daß die Invariante das Bindeglied zwischen dem naiven und dem naturwissenschaftlich geschulten Denken sei, fand ich zu meiner Genugtuung auch ausgeführt in der Philosophie der Mathematik von *Hermann Weyl* (1926). Sie steht, wie mir scheint, auch im Einklang mit den Vorstellungen *Niels Bohrs* (1933). *Bohr* hat oft betont, daß die begrifflichen Schwierigkeiten in der Physik daher kämen, daß wir gezwungen seien, Worte und Vorstellungen des täglichen Lebens zu gebrauchen, auch wenn wir es mit Beobachtungen feinerer Art zu tun hätten. Es steht uns einfach keine andere Beschreibungsweise einer Bewegung zur

Verfügung als mit Worten, die sich entweder auf die Partikel- oder die Wellenvorstellung beziehen. Wir sind gezwungen, sie auch dort anzuwenden, wo das Experiment zeigt, daß sie nicht ganz adäquat sind, oder daß wir es in Wirklichkeit mit allgemeineren Erscheinungen zu tun haben. Wir entwickeln mathematisch die zur Beschreibung der neuen Beobachtungen notwendigen Invarianten und lernen schrittweise, sie intuitiv anzuwenden. Dies ist ein äußerst langsamer Vorgang, der nur in dem Maße fortschreitet, als die neuen Erscheinungen weiteren Kreisen bekannt werden. Dann sinken schließlich die neuen Vorstellungen ins Unterbewußtsein, sie finden adäquate Bezeichnungen und gehen schließlich in das allgemeine Wissensgut der Menschheit über.

In der Quantentheorie stehen wir gerade erst am Anfang dieses Prozesses, und daher stehen mir auch nicht Ausdrücke der gewöhnlichen Sprache zur Verfügung, um kurz zu beschreiben, mit was für einer Realität wir es hier zu tun haben. Ich kann nur die invarianten Züge dieser Theorie entwickeln und versuchen, sie mit gewöhnlichen Worten zu beschreiben, dabei neue Ausdrücke prägend, wann immer eine Vorstellung anfängt, auf unsere intuitive Anschauungskraft zu wirken. Das ist es, was der physikalische Unterricht zu leisten hat. Der gutgeschulte junge Student nimmt Dinge als selbstverständlich hin, die uns entsetzlich schwierig schienen, und spätere Generationen werden über Atome und Quanten mit der gleichen Leichtigkeit sprechen wie wir über diesen Stuhl und diesen Tisch und über die Sterne am Himmel. Ich will aber nicht etwa die Kluft zwischen klassischer und moderner Physik gering erscheinen lassen. Der Gedanke, daß es möglich sei, die gleichen Erscheinungen mit Hilfe von zwei vollkommen verschiedenen Bildern, die sich anscheinend gegenseitig ausschließen, zu beschreiben, ohne dabei Gefahr zu laufen, in logischen Widerspruch zu geraten, ist sicherlich etwas vollkommen Neues in der Naturwissenschaft. *Bohr* betont, daß dieser neue Gedanke vielleicht auch dazu verhelfen könne, gewisse grundlegende Schwierigkeiten in der Biologie und Psychologie zu lösen. Ein Lebewesen, Pflanze oder Tier, stellt sicherlich ein physiko-chemisches System dar, aber gleichzeitig ist es mehr als das. Wieder begegnen wir hier zweierlei Betrachtungsweisen. Die Zeit des Materialismus ist vorbei. Wir sind überzeugt, daß die physikalisch-chemische Betrachtungsweise in keiner Weise hinreicht zur Darstellung der Tatsachen des Lebens, von den Tatsachen des Geistes ganz zu schweigen. Jedoch besteht die engste Beziehung zwischen den beiden Betrachtungsweisen, die sich aufs komplizierteste überdecken und miteinander verwoben sind. Die Vorgänge des Lebens und die des Geistes verlangen zu ihrer Beschreibung völlig andere Begriffe und Vorstellungen als die physikalisch-chemischen Prozesse, mit denen sie gekoppelt sind. Müssen diese voneinander verschiedenen Beschreibungsweisen nicht in Widerspruch geraten? *Bohr* hat den Gedanken nahegelegt, daß auch dies ein Fall von

Komplementarität sei, genau wie zwischen den Partikeln und Wellen der Physik. Untersucht man einen bestimmten biologischen oder psychologischen Vorgang mit physikalischen und chemischen Methoden, so muß man mannigfache physikalische Apparate in Anwendung bringen, die den Vorgang stören. Je mehr man dabei über Atome und Moleküle in Erfahrung bringt, desto weniger sicher ist es, daß man auch wirklich den Lebensvorgang beobachtet, den man untersuchen will, und bevor man alles über die Atome in Erfahrung gebracht hat, mag das betreffende Lebewesen infolge der mit ihm vorgenommenen Manipulationen bereits tot sein. Die Andeutung möge genügen, um *Bohrs* Idee einer neuen und tieferen Komplementärbeziehung zwischen Physik und Leben, sowie zwischen Körper und Geist zu beleuchten.

Das alte Streben nach Beschreibung der ganzen Welt in einer einheitlichen philosophischen Sprache ist unerfüllbar. Viele haben dies gefühlt, aber es ist das Verdienst der modernen Physik, die exakte logische Beziehung zwischen zwei scheinbar miteinander unverträglichen Beschreibungsweisen aufgezeigt und sie auf einer höheren Ebene in Einklang gebracht zu haben.

Aber bei diesem Ergebnis kann die Physik nicht stehenbleiben. Es gehört einer vergangenen Epoche an, und seitdem sind neue Schwierigkeiten aufgetaucht. Beobachtungen an Atomkernen haben eine neue Welt allerkleinsten Ausmaßes enthüllt, in der fremdartige Gesetze gelten. Man hat gelernt, daß jedes Atom einen Kern von bestimmter Struktur besitzt, der zwei Arten von Teilchen in engster Packung enthält, Protonen und Neutronen. Das Proton ist der positiv geladene Kern des leichtesten Atoms, des Wasserstoffatoms, während das Neutron ein Teilchen von fast gleicher Masse ist, jedoch ungeladen. Im neutralen Atom ist der Kern von einer Wolke von Elektronen umgeben, die die positive Kernladung kompensieren. Die bereits mehrmals erwähnten Elektronen sind Partikel, die eine fast 2000 mal kleinere Masse als Protonen bzw. Neutronen haben. Sie sind negativ geladen, und ihre Ladung ist gleich und entgegengesetzt der Ladung des Protons. Es gibt übrigens auch positive Elektronen oder Positronen, deren Existenz von *Dirac* auf Grund theoretischer Überlegungen vorhergesagt worden war; sie haben aber nur eine kurze Lebensdauer, wie sogleich erläutert werden wird. Wir haben also vier Arten von kleinsten Teilchen, zwei 'schwere', Proton und Neutron, und zwei 'leichte', das negative und das positive Elektron, die sich alle mit beliebiger Geschwindigkeit bewegen können, die kleiner als die Lichtgeschwindigkeit ist. Außerdem gibt es noch Photonen, die sich nur mit Lichtgeschwindigkeit bewegen können, und wahrscheinlich noch ein anderes Partikel, das sogenannte Neutrino, das sich ebenfalls nur mit Lichtgeschwindigkeit bewegt. Nun erhebt die moderne Physik die Frage: Warum gerade diese kleinsten

Teilchen und keine anderen?[1]) So ausgedrückt klingt diese Frage reichlich unbestimmt, doch liegt ihr ein ganz bestimmter Sinn zugrunde. Man hat z. B. den Wert des Massenverhältnisses zwischen Proton und Elektron zu 1836,2 bestimmt. Eine andere solche dimensionslose Zahl ist 137,03, die eine Verbindung herstellt zwischen der Elementarladung, der *Planck*schen Konstante h und der Lichtgeschwindigkeit. Diese Zahlen theoretisch zu begründen, ist eine dringende Aufgabe, — nur existiert keine solche Theorie. Sie müßte die Beziehungen zwischen den Elementarteilchen behandeln. Es wurde die fundamentale Entdeckung gemacht, daß ein positives und ein negatives Elektron sich vereinigen können; dabei verschwinden sie einfach, und die bei diesem Vorgang freiwerdende Energie wird in Form von Photonen ausgestrahlt. Ebenso kann umgekehrt ein solches Elektronenpaar aus Licht geboren werden: Derartige Prozesse, d. h. Transformationen kleinster Teilchen, die Geburt und Tod, Werden und Vergehen mit einbegreifen, scheinen der Schlüssel zu einem tieferen Verständnis davon zu sein, was Materie eigentlich ist. Wir können derartige Umwandlungsprozesse in unseren Laboratorien nur in sehr kleinem Ausmaße erzeugen; doch liefert uns die Natur selbst reichliches Versuchsmaterial in der sogenannten kosmischen Strahlung. Beobachten wir diese, so werden wir Zeuge von Katastrophen, bei denen durch das Aufeinanderprallen zweier Teilchen ein Haufen neuer Teilchen entsteht, ein „Schauer", wie man sagt. Wir scheinen hier an der Grenze angelangt zu sein, wo die Vorstellung von Materie als aus deutlich unterschiedenen Elementarteilchen bestehend ihren Sinn verliert, und stehen unter dem Eindruck, daß wir noch ein weiteres als wohl fundiert angenommenes philosophisches Prinzip werden aufgeben müssen, bevor es möglich sein wird, eine befriedigende physikalische Theorie zu entwickeln.

Es ist sehr verlockend, weiter zu untersuchen, was der gegenwärtige Stand unserer physikalischen Erkenntnis anzudeuten scheint. Aber das ist im Rahmen dieses Vortrages leider nicht möglich. Der Zweck desselben war, Ihnen zu zeigen, daß die Physik, ganz abgesehen von ihrer Wichtigkeit für das praktische Leben als die jeder technischen Entwicklung zugrundeliegenden Wissenschaft, auch etwas über ganz abstrakte Fragen der Philosophie auszusagen hat. Wir sind recht skeptisch geworden gegenüber dem wirklichen Wert technischen Fortschritts, der über seinen eigentlichen Zweck und Nutzen hinausgewuchert ist. Die soziale Welt ist durch Anwendung physikalischer Forschungsergebnisse aus dem Gleichgewicht geraten. Aber der westliche Mensch liebt, im Unterschied zu dem mehr

[1]) Seit dieser Vortrag vor 20 Jahren gehalten wurde, sind viele andere „Elementarteilchen" gefunden worden: Neutrinos, Antiprotonen, Antineutronen, Mesonen und Hyperonen verschiedener Arten. Die im Text aufgeworfene Frage bleibt auch für diesen größeren Bereich von Tatsachen sinnvoll.

beschaulichen Orientalen, ein gefährliches Leben, und die Physik ist eines seiner Abenteuer.

Wir können ihre Entwicklung nicht aufhalten, aber wir können versuchen, sie mit wahrem philosophischen Geiste zu erfüllen: dem Suchen nach Wahrheit um ihrer selbst willen.

Literatur

Bohr, N. (1933): „Licht und Leben", Naturw. 21, S. 245.

Jordan, P. (1936): Eine glänzende Darstellung der positivistischen Anschauungsweise findet man in seinem Buch „Anschauliche Quantentheorie", J. Springer, Berlin.

Weyl, H. (1926): „Philosophie der Mathematik und Naturwissenschaft", Handbuch der Philosophie, Abt. II, A. 11. Verbesserte englische Ausgabe dieses Buches unter dem Titel: „Philosophy of Mathematics and Natural Sciences", Princeton University Press 1949.

Mach, A. (1956): „Die physikalische Erkenntnis und ihre Grenzen."
Friedr. Vieweg & Sohn, Braunschweig.

6 Ursache, Zweck und Ökonomie in den Naturgesetzen*)

(Die Minimalprinzipien der Physik)

Ohne den Anspruch zu erheben, ein Kenner des klassischen Altertums zu sein, glaube ich, daß ein Problem der Art, wie ich es hier behandeln will, zum erstenmal in der Literatur in *Vergils Aeneis* auftaucht im 1. Buch, Vers 368, wo die Worte stehen „taurino quantum possent circumdare tergo".

Die Geschichte, die der spätgriechische Schriftsteller *Zosias* ausführlich erzählt, ist die folgende: *Dido*, die Schwester des Königs *Pygmalion* der phönizischen Stadt Tyrus, eines grausamen Tyrannen, der ihren Gatten ermordet hatte, sah sich gezwungen, mit nur wenigen Anhängern die Flucht zu ergreifen. Sie landete an der Stelle des späteren Karthago. Als sie dort von den Bewohnern Land erwerben wollte, boten diese für ihr Geld nur soviel, wie sie mit der Haut eines Ochsen umspannen könne. Die kluge Frau schnitt die Haut in dünne Streifen, fügte sie aneinander zu einer langen Schnur, mit der sie ein beträchtliches Stück Land umspannen konnte, den Kern ihres späteren Königreiches. Um ihren Zweck zu erreichen, hatte sie offenbar ein mathematisches Problem zu lösen, das berühmte *Problem der Dido*: Welche geschlossene Kurve gegebener Länge umgrenzt die größte Fläche?

Wir wissen nicht, wie sie das Problem angepackt hat, durch Probieren, auf logischem Wege oder intuitiv. Jedenfalls ist nicht schwer zu erraten, daß der Kreis die richtige Lösung ist. Allerdings ist der mathematische Beweis hierfür erst mit Hilfe moderner mathematischer Methoden gefunden worden.

Wenn ich gesagt habe, daß das obige Zitat die erste Erwähnung eines derartigen Problems in der Literatur ist, so meine ich damit natürlich nicht, daß niemals vorher Maximal- oder Minimalprobleme im Leben der Menschen aufgetreten seien. Tatsächlich ist jedes Unternehmen, einen bestimmten praktischen Zweck mit Hilfe logischen Denkens zu erreichen, mehr oder weniger der Versuch, ein derartiges Problem zu lösen. Man will die größte Wirkung mit einem bestimmten Maß an Anstrengung erreichen, oder umgekehrt ein gewünschtes Resultat mit geringster Anstrengung. Wir erkennen aus dieser doppelten Formulierung des gleichen Problems, daß

*) Vortrag, gehalten in der Royal Institution of Great Britain am 10. Februar 1939. Zuerst erschienen in Proc. Roy. Inst. Bd. XXX, Teil III, 1939.

kein wesentlicher Unterschied zwischen Maximum und Minimum besteht, so daß wir einfach von Extremwerten und Extremalproblemen sprechen können. In der Geschäftswelt wird das Wort Ökonomie gebraucht für das Bemühen, den größten Profit bei Investierung einer bestimmten Summe herauszuschlagen, bzw. einen bestimmten Profit mit dem kleinsten Aufwand an Mitteln zu erzielen. Ein militärischer Befehlshaber wird bestrebt sein, eine strategische Position mit den geringsten Verlusten auf seiner Seite und den größten auf Seiten des Feindes zu gewinnen — ein Verfahren, das mit dem etwas anrüchigen Ausdruck „Ökonomie an Menschenmaterial" bezeichnet wird. Diese Beispiele sollen zeigen, wie Extremalprobleme auf Vorstellungen beruhen, die sich aus menschlichen Wünschen, Leidenschaften und Begierden herleiten. Die ersehnten Ziele sind oft völlig unvernünftig,

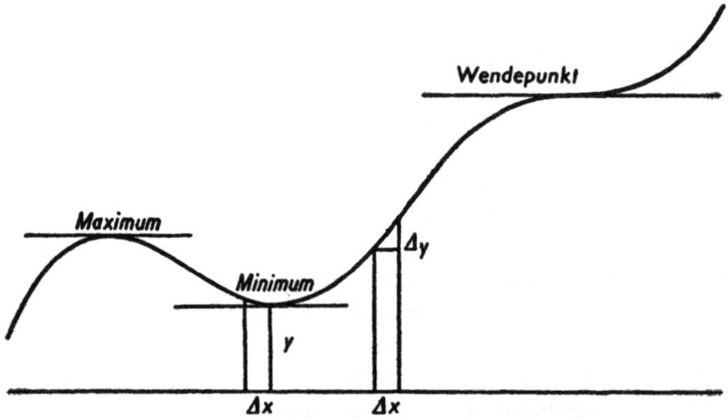

Abb. 1. Maxima, Minima, Wendepunkte

aber sind sie einmal als Ziele anerkannt, so führen sie zu einer durchaus rationalen Frage, die mit Hilfe von Logik und Mathematik gelöst werden kann. Unser ganzes Leben besteht aus dieser merkwürdigen Mischung von Sinn und Widersinn: auf rationalem Wege Ziele zweifelhafter Art zu erreichen. Betrachten wir unser Straßensystem: Erfüllt es die rationale Forderung, die kürzeste Verbindung zwischen Wohnzentren herzustellen? Bestimmt nicht. Der Verlauf der Straßen ist das mehr oder weniger vernünftige Ergebnis von geographischen, historischen und ökonomischen Bedingungen, die selber oft alles andere als vernünftig sind.

Hier aber wollen wir nicht das Verhalten von Menschen erörtern, sondern die Naturgesetze. Der Gedanke, daß es solche Gesetze gibt und daß sie vernunftgemäß formuliert werden können, ist eine verhältnismäßig späte Frucht des menschlichen Denkvermögens. Die Völker des Altertums haben nur wenige Zweige der Naturwissenschaft entwickelt, vor allem Geometrie und Astronomie, beide zu praktischen Zwecken. Die Geometrie nahm ihren

Ursprung von der Landvermessung und der Architektur, die Astronomie vom Kalender und der Navigation.

Naturwissenschaft im modernen Sinne begann erst mit der Begründung der Mechanik durch *Galilei* und *Newton*. Was diese großen Denker vor allem auszeichnete, war die Fähigkeit, sich von den metaphysischen Überlieferungen ihrer Zeit freizumachen und die Ergebnisse ihrer Beobachtungen und Experimente in einer neuen mathematischen Sprache ohne Rücksicht auf vorgefaßte philosophische Meinungen auszudrücken. Zwar war *Newton* auch ein großer Theologe, seine Bewegungsgesetze jedoch haben nichts zu tun mit der Idee, daß die Bewegung der Planeten Zeugnis geben könnte von einem bestimmten, aufzeigbaren Zweck. Aber noch zu *Newtons* Lebzeiten,

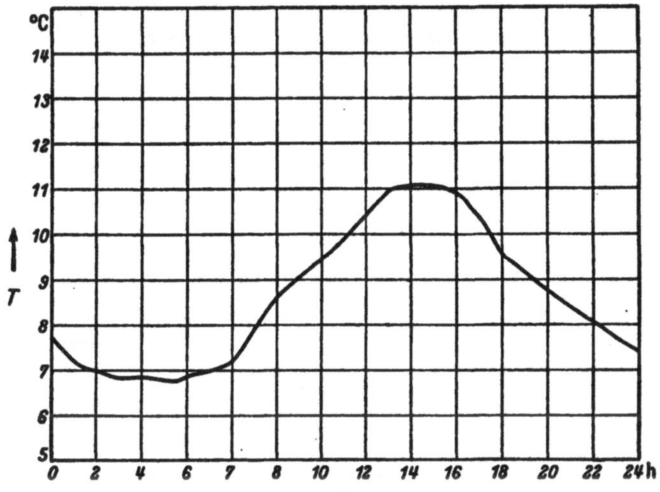

Abb. 2. Temperaturänderung im Verlaufe eines Tages

gegen Ende des 17. Jahrhunderts, erweckten geometrische und analytische Extremalprobleme zum erstenmal das Interesse der Mathematiker, und kurz nach *Newtons* Tod, im Jahre 1727, wurde die methaphysische Idee von Zweck und Ökonomie in der Natur mit diesen Problemen in Verbindung gebracht.

Bevor ich jedoch von der historischen Entwicklung erzähle, möchte ich kurz auf die geometrischen Probleme eingehen, von denen der eingangs erwähnte Landkauf der *Dido* ein Beispiel ist.

Ein Berggipfel, ein Talgrund sind Beispiele für Maxima und Minima, und ein Vertikalschnitt durch eine Gebirgskette, wie ihn Abb. 1 zeigt, stellt die einfachste mathematische Kurve mit Extremalpunkten dar. Wir sehen, daß die Tangente an die Kurve in solchen Punkten horizontal verläuft. Wie aus dem Diagramm ersichtlich, gibt es noch andere Punkte mit horizontaler Tangente, sogenannte Wendepunkte. Ein gemeinsames Charakteristikum aller dieser Punkte ist, daß die Höhe in ihrer unmittelbaren Nachbarschaft stationär ist; d. h. sie ändert sich viel langsamer, als wenn der Punkt auf einem Abhang läge.

Jedermann kennt die graphische Methode, mit deren Hilfe die Veränderung einer Größe durch eine Kurve auf Koordinatenpapier dargestellt wird, wie z. B. die tägliche Veränderung der Temperatur in Abb. 2. Die Kurve zeigt ein Maximum kurz nach Mittag und ein Minimum in den frühen Morgenstunden.

Wir wollen nun annehmen, daß *Dido* auf ihrem Grundstücke ein rechteckiges Gebäude errichten wollte mit möglichst großer Grundfläche. Dies

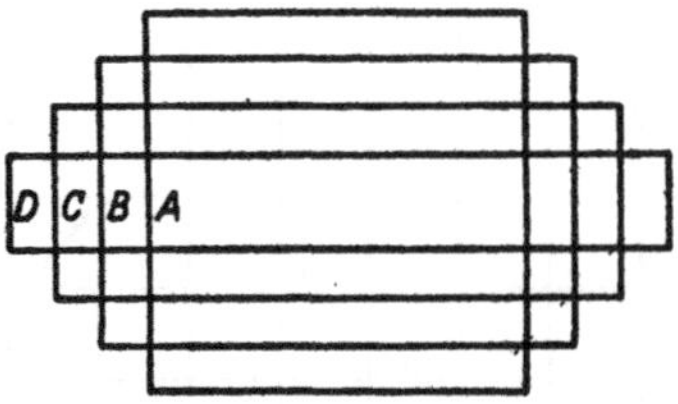

Abb. 3. Rechtecke gleichen Umfanges und verschiedenen Flächeninhalts

	Seitenlänge	Umfang	Flächeninhalt
(A)	4 × 4	2 × (4 + 4) = 16	16
(B)	3 × 5	2 × (3 + 5) = 16	15
(C)	2 × 6	2 × (2 + 6) = 16	12
(D)	1 × 7	2 × (1 + 7) = 16	7

bedeutet eine große Vereinfachung ihres Problems, denn nunmehr braucht sie nicht unter allen möglichen geschlossenen Kurven, sondern nur unter allen Rechtecken gegebenen Umfangs zu wählen, nämlich das Rechteck, das den größten Flächeninhalt hat. Abb. 3 zeigt einige solche Rechtecke; unter ihnen hat offensichtlich das Quadrat den größten Flächeninhalt.

Dies ist die einfachste Form des sogenannten isoperimetrischen Problems (griechisch: iso = gleich, perimeter = Umfang), von dem das Problem der *Dido* den allgemeinen Fall darstellt. Jedoch bezeichnen heutzutage die Mathematiker mit diesem Namen alle Arten von Problemen, bei denen ein Extremwert unter einer einschränkenden Bedingung bestimmt werden muß, wie in obigem Beispiele der maximale Flächeninhalt bei gegebenem Umfang. Dabei ist es im allgemeinen möglich, die beiden in Frage kommenden Größen miteinander zu vertauschen, wobei das Maximum der einen Größe einem Minimum der andern entspricht. So ist es z. B. klar, daß ein Quadrat gleichzeitig das Rechteck mit minimalem Umfange bei gegebenem Flächeninhalt ist (Abb. 4), und das entsprechende gilt für den Kreis im Vergleich zu allen anderen geschlossenen Kurven.

Eine andere Art von Extremalproblemen bezieht sich auf den Begriff der kürzesten Verbindung. Der einfachste Fall ist die Aufgabe, auf einer Geraden L den Punkt Q zu bestimmen, der den kürzesten Abstand von einem nicht auf L liegenden, gegebenen Punkt P hat (Abb. 5). Offenbar ist

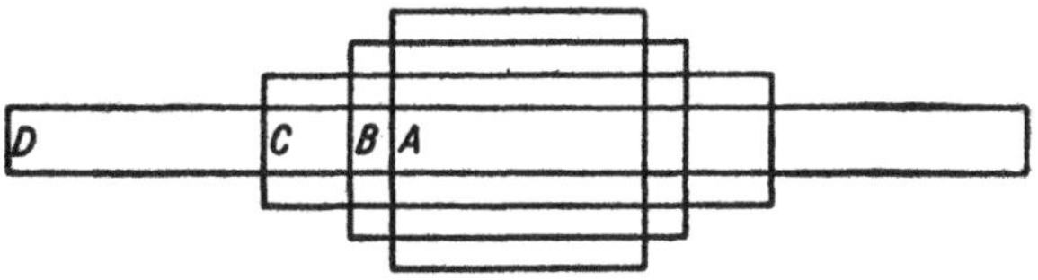

Abb. 4. Rechtecke gleichen Flächeninhalts und verschiedenen Umfangs

	Seitenlänge	Flächeninhalt	Umfang
(A)	4 × 4	16	2 × (4 + 4) = 16
(B)	3 × 5,34	16	2 × (3 + 5,34) = 16,7
(C)	2 × 8	16	2 × (2 + 8) = 20
(D)	1 × 16	16	2 × (1 + 16) = 34

Q der Fußpunkt des Lotes oder der Normalen von P auf die Gerade L. Nicht ganz so offensichtlich ist die Lösung der Aufgabe, auf einer Geraden L den Punkt Q zu bestimmen, für den die Summe der Abstände $P_1Q + P_2Q$ von zwei außerhalb der Geraden gelegenen Punkten P_1 und P_2 so klein wie möglich ist. Liegen P_1 und P_2 nicht auf der gleichen Seite der Geraden, so ist die Lösung trivial: Q ist der Schnittpunkt von L mit den Geraden P_1P_2 (Abb. 6a). Liegen jedoch P_1 und P_2 auf der gleichen Seite von L, so ist auch

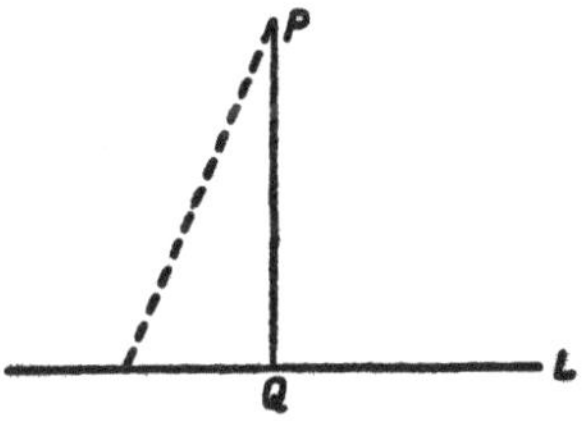

Abb. 5

dann die Lösung leicht zu finden, wenn man überlegt, daß zu jedem Punkt P_2 auf der einen Seite ein spiegelbildlicher Punkt P_2' auf der anderen Seite von L gehört. Es ist dann Q der Schnittpunkt von P_1P_2' und L (Abb. 6b). Diese Konstruktion des Bildpunktes liefert das erste Beispiel für eine physikalische Anwendung eines derartigen geometrischen Problems. Wenn nämlich L ein Spiegel wäre, so würde offenbar ein Lichtstrahl, der von P_1 ausgeht und nach P_2 reflektiert wird, mit unserer Lösung zusammenfallen.

Diese ist somit identisch mit dem optischen Reflexionsgesetz, nur daß wir es hier als Minimalprinzip ausgedrückt haben: Ein Lichtstrahl wählt den Reflexionspunkt Q so, daß der gesamte Lichtweg $P_1Q + QP_2$ so kurz wie möglich wird. Ein mechanisches Modell möge dies demonstrieren: Der Punkt Q ist ein kleiner Schieber, der an einem Stab L entlanggleitet, und der Lichtstrahl wird durch eine Schnur dargestellt, die in P_1 befestigt ist, durch Q geht und dessen anderes Ende ich in meiner Hand halte. Ziehe ich die Schnur an, so stellt sich Q so ein, daß P_1Q und P_2Q in Übereinstimmung mit unserer Spiegelbildkonstruktion mit L den gleichen Winkel bilden. Das Licht benimmt sich so, als wenn jeder Strahl das Bestreben hätte, sich zu kontrahieren. Der französische Naturforscher *Fermat* hat bewiesen, daß alle Gesetze der geometrischen Optik sich auf dieses Prinzip zurückführen lassen. Das Licht verhält sich wie ein ermüdeter Botenjunge,

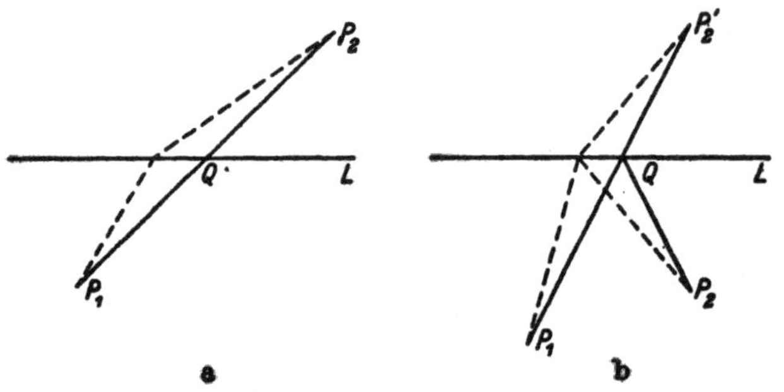

Abb. 6

der, wenn er an einen bestimmten Ort geschickt wird, immer sorgfältig den kürzesten Weg wählt. Sollen wir diese Auslegung als zufällig ansehen, oder sollen wir ihr eine tiefere metaphysische Bedeutung unterlegen? Bevor wir uns hierüber ein Urteil bilden können, müssen wir mehr Daten gewinnen und andere ähnliche Fälle betrachten.

Kehren wir zu geometrischen Beispielen zurück. Bisher haben wir nur gerade Verbindungslinien zwischen verschiedenen Punkten zugelassen oder wie im letzten Beispiel solche, die aus Geraden zusammengesetzt sind. Jedoch ist dies keine notwendige Einschränkung, und wenn wir sie fallen lassen, nehmen wir nunmehr ein Gebiet in Angriff, zu dem das eigentliche Problem der *Dido* wirklich gehört, d. h. wo der ganze Verlauf einer Kurve bestimmt werden soll auf Grund der Bedingung, daß eine bestimmte Größe einen Extremwert annimmt.

Die einfachste Frage dieser Art ist: Warum ist die Gerade die kürzeste Verbindung zwischen zwei gegebenen Punkten A und B? Wir finden uns hier in einem höheren Zweig der Mathematik, in dem Bereich weiter Möglichkeiten, den wir Variationsrechnung nennen. Jetzt müssen wir nämlich die Länge sämtlicher Kurven miteinander vergleichen, die durch die beiden Punkte *A* und *B* gezogen werden können, also eine unendliche Anzahl von Objekten, die nunmehr nicht nur Punkte, sondern geometrische Gebilde sind (Abb. 7). Es ist einer der großen Triumphe des menschlichen Geistes, Methoden entwickelt zu haben, diese scheinbar unmögliche Aufgabe zu bewältigen.

Reisen wir auf unserer Erde, so können wir dies niemals in einer vollkommen geraden Linie tun, da die Erdoberfläche nicht eben ist. Das Beste, was wir tun können, ist, einem größten Kreise zu folgen, d. h. der Schnittlinie der Erdoberfläche mit einer Ebene, die wir uns durch ihren Mittelpunkt gelegt denken. Man kann zeigen, daß auf einer Kugeloberfläche der kürzeste Weg zwischen zwei Punkten *A* und *B*, die nicht an den entgegengesetzten Enden eines Durchmessers liegen, d. h. nicht Antipoden sind, der Bogen des größten Kreises durch *A* und *B* ist, genauer der kürzere der beiden hindurchgehenden Bogen. Schiffe auf dem Meere sollten auf solchen größten Kreisen fahren.

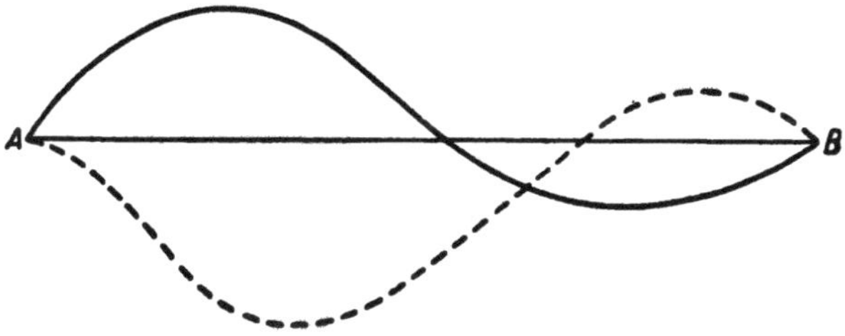

Abb. 7

Sie wissen jedoch, daß die Erdkugel nicht wirklich genau eine Kugel ist, sondern daß sie an den Polen abgeplattet und am Äquator aufgeblasen ist. Wie verhält es sich nun mit der kürzesten Verbindung auf einer solchen Oberfläche?

Es ist mehr als 100 Jahre her, daß der große Göttinger Mathematiker *Karl Friedrich Gauß* bei der Vermessung seiner Heimat, des Königreichs Hannover, auf dieses Problem stieß. Da er nicht nur Feldmesser, sondern einer der größten Denker aller Zeiten war, nahm er das Problem von einem allgemeinen Standpunkt aus in Angriff, indem er auf beliebigen Flächen die kürzesten Linien zu bestimmen suchte, die er in Erinnerung an den Ausgangspunkt seiner Frage geodätische Linien nannte. Ich möchte hier auf diese Linien und ihre Eigenschaften etwas näher eingehen, da sie in mannigfacher Weise für die Physik von großer Bedeutung sind.

Gauß führten seine Untersuchungen zur Entdeckung der nichteuklidischen Geometrie. Gewöhnlich wird diese Entdeckung dem russischen Mathematiker *Lobatschewsky* und dem ungarischen Mathematiker *Bolyai* zugeschrieben, und zwar mit Recht, denn diese Forscher veröffentlichten um 1830 unabhängig voneinander das erste System einer nichteuklidischen Geometrie. Aber die Auffindung von *Gauß'* Tagebuch im Jahre 1899, viele Jahre nach seinem Tode, sowie die Sammlung und Veröffentlichung seines Briefwechsels haben enthüllt, daß eine große Zahl der wichtigen mathematischen Entdeckungen der ersten Hälfte des 18. Jahrhunderts bereits vorher von *Gauß* gemacht worden waren, u. a. auch eine vollkommene Theorie des nichteuklidischen Raumes. Er hatte diese nicht publiziert, weil er, wie er einem Freunde schrieb, „den Lärm der Böotier" fürchtete. Der Beweis, daß es möglich ist, eine von der euklidischen abweichende Geometrie aufzubauen, bedeutete einen großen Schritt vorwärts in der Entwicklung der

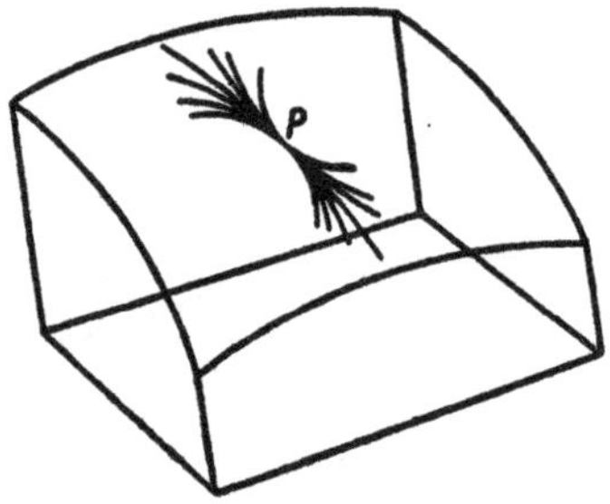

Abb. 8. Kurven minimaler Krümmung auf einer Fläche

modernen Naturwissenschaft; führte dies doch zu einer empirischen Interpretation der Geometrie als eines Zweiges der Physik, der die Eigenschaften der Gestalt und Lage fester Körper behandelt. Durch die Arbeiten von *Riemann* und von *Einstein* verschmolzen Geometrie und Physik allmählich zu einer Einheit. Aber auch abgesehen von dieser wichtigen Entwicklung lehrt uns das Studium der geodätischen Linien noch anderes und verschafft uns Klarheit über das Wesen verschiedener Arten von physikalischen Gesetzen und damit auch über unser Thema von Ursache, Zweck und Ökonomie in der Natur.

Lassen Sie uns nun einen Punkt *P* auf einer gegebenen Fläche (Abb. 8) betrachten und alle Kurven durch *P*, die in *P* die gleiche Richtung haben. Es ist klar, daß eine von diesen die „geradeste Kurve" sein muß, d. h. diejenige mit geringster Krümmung. Um Ihnen eine solche geradeste Kurve vorzuführen, habe ich hier das Modell einer konvexen Fläche, auf der zwei Ösen angebracht sind, durch die ich zunächst eine Klaviersaite fädele. Diese setzt infolge ihrer elastischen Eigenschaften jeder Verbiegung Widerstand entgegen und wird daher die geradeste Form annehmen, die auf der Fläche möglich ist. Fädle ich nun durch die Ösen einen Bindfaden und spanne diesen straff, so wird dieser selbstverständlich der kürzesten auf dieser Fläche möglichen Verbindung zwischen den beiden Punkten folgen, und wir sehen, daß die kürzeste und die geradeste Verbindung genau miteinander übereinstimmen.

Eine geodätische Linie läßt sich somit durch zwei wesentlich verschiedene Minimaleigenschaften kennzeichnen: die eine kann man eine lokale oder differentielle Eigenschaft nennen, nämlich daß sie unter allen Kurven durch einen gegebenen Punkt mit einer gegebenen Richtung die kleinste Krümmung hat, während man die andere als totale oder integrale Eigenschaft bezeichnen kann, nämlich daß sie (die geodätische Linie) die kürzeste Verbindung zwischen zwei auf der Fläche gegebenen Punkten darstellt.

Dieser Dualismus zwischen „lokalen" und „totalen" Gesetzen taucht nicht nur hier in diesem einfachen geometrischen Beispiel auf, sondern findet eine viel umfassendere Anwendung in der Physik. Hier liegt die Wurzel des alten Streites, ob physikalische Kräfte direkt in die Ferne wirken, wie dies *Newton* in seiner Gravitationstheorie annimmt und wie dies auch in den älteren Fassungen der Theorie der Elektrizität und des Magnetismus vorausgesetzt wird, oder ob diese Kräfte nur von Punkt zu Punkt wirken, eine Annahme, die der Theorie des Elektromagnetismus von *Faraday* und *Maxwell* zugrunde liegt, sowie allen modernen Feldtheorien. Dies wird vielleicht klarer, wenn wir das Gesetz der geodätischen Linien als physikalisches Gesetz, insbesondere als Bewegungsgesetz auffassen. *Newtons* erstes Bewegungsgesetz, das Trägheitsgesetz, sagt aus, daß jedes Teilchen sich auf einer geraden Linie bewegt, wenn nicht äußere Kräfte auf dasselbe einwirken. Eine Billardkugel wird eine gerade Linie beschreiben, wenn der Tisch vollkommen horizontal ausgerichtet ist, so daß die Gravitationskraft wirkungslos ist. Stellen wir uns nun einen zugefrorenen See vor, der so groß ist, daß sich die Krümmung der Erdoberfläche in seiner Ausdehnung bereits bemerkbar macht, so gibt es auf diesem keine Geraden mehr, sondern nur geradeste Linien, nämlich die größten Kreise auf der Erdkugel. Es leuchtet unmittelbar ein, daß diese die Bahnen von auf der gefrorenen Oberfläche des Sees sich frei bewegenden Teilchen sein müssen. Wir können daher *Newtons* erstes Bewegungsgesetz auf die Bewegung von Körpern auf glatten Flächen ausdehnen, indem wir nunmehr sagen, daß sich ein Körper auf einer glatten Oberfläche ohne Einwirkung äußerer Kräfte auf der geradesten Linie bewegt, die auf dieser Fläche möglich ist. Damit haben wir ein physikalisches Gesetz lokaler Art ausgesprochen. Da uns jedoch noch die andere Minimaleigenschaft der geodätischen Linie bekannt ist, können wir dies auch als integrales Gesetz ausdrücken, indem wir sagen, daß sich jeder Körper von einem Punkt zum andern auf dem kürzesten Wege bewegt.

Gegen Extremalgesetze der lokalen Art scheint kein Grund zu irgendwelchen Einwänden vorzuliegen, wohl aber empfindet das heutige Denken einen gewissen Widerstand gegenüber Gesetzen integraler Art. Wir können verstehen, daß das Teilchen in jedem gegebenen Augenblick den geradesten Weg wählt, nicht aber, wie es im Handumdrehen alle möglichen Verbindungen zu einem entfernten Punkte miteinander vergleichen kann und dann die kürzeste wählen. Das klingt doch gar zu metaphysisch.

Bevor wir aber diesen Gedankengang weiter verfolgen, wollen wir uns davon überzeugen, daß derartige Minimaleigenschaften in allen Gebieten der Physik auftreten und daß sie nicht nur eine korrekte, sondern auch eine zweckmäßige und aufschlußreiche Formulierung physikalischer Gesetze darstellen.

Ein Gebiet, auf dem ein Minimalprinzip zweifellos sich als äußerst nützlich erwiesen hat, ist die Statik, die Lehre vom Gleichgewicht aller

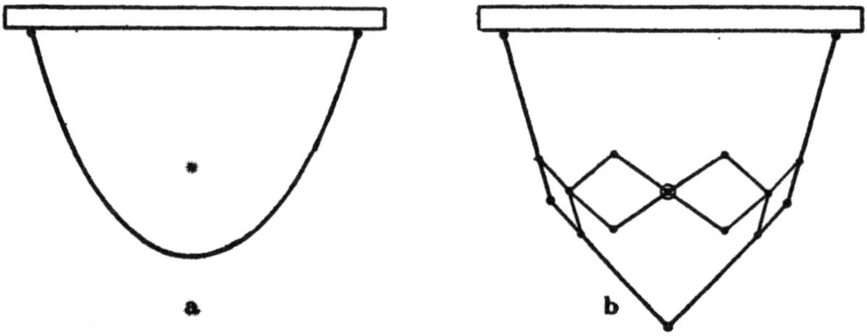

Abb. 9a. Kettenlinie
Abb. 9b. Kette aus vier Gliedern mit einer Konstruktion, die den Schwerpunkt sichtbar macht

Arten mechanischer Systeme unter dem Einfluß irgendwelcher Kräfte. Ein Körper, der sich unter dem Einfluß der Gravitationskraft auf einer glatten Fläche bewegt, kommt in stabilem Gleichgewicht im tiefsten Punkt zur Ruhe, wie dieses Pendel zeigt. Haben wir ein mechanisches System, das sich aus verschiedenen Körpern zusammensetzt, so wird der Schwerpunkt des Gesamtsystems bestrebt sein, so tief wie möglich zu liegen. Um also das stabile Gleichgewicht zu finden, muß man die Lage suchen, in der die Höhe des Schwerpunkts ein Minimum ist. Das Produkt aus dieser Höhe und der Gravitationskraft wird potentielle Energie genannt.

Eine an den Enden aufgehängte Kette nimmt eine Gestalt an, die durch die Bedingung bestimmt wird, daß die Höhe ihres Schwerpunktes ein Minimum ist. Besteht die Kette aus sehr vielen Gliedern, so erhalten wir die sogenannte Kettenlinie. Wir haben es hier mit einem wirklichen Variationsproblem der isoperimetrischen Art zu tun, denn die Kettenlinie hat den tiefsten Schwerpunkt unter den unendlich vielen Kurven gleicher Länge zwischen zwei gegebenen Endpunkten. Abb. 9b zeigt eine Kette, die nur aus vier Gliedern besteht. Ihr Schwerpunkt ist mit Hilfe einer Stangenkonstruktion aus sehr leichtem Material kenntlich gemacht, die jedoch selber nicht merkbar zum Gewicht des Ganzen beiträgt. Wird das Gleichgewicht der Kette willkürlich irgendwie gestört, so beobachtet man, daß der Schwerpunkt jedesmal höher rückt.

Nun will ich Ihnen ein anderes Beispiel demonstrieren, bei dem die Schwerkraft einer anderen Kraft, nämlich der Elastizität, entgegenwirkt. Ich habe dieses Beispiel nicht etwa gewählt, weil es vor mehr als 30 Jahren das

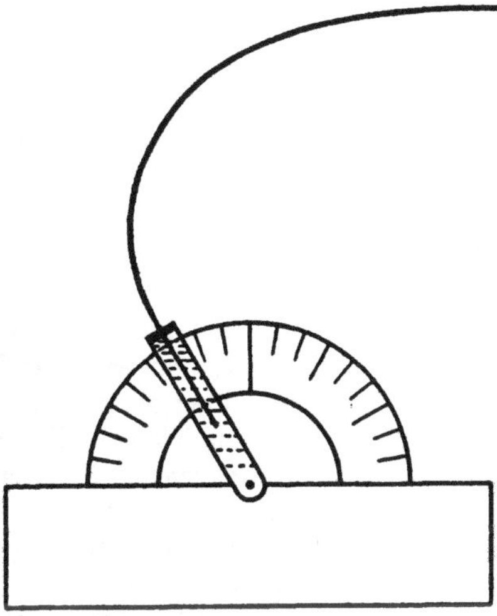

Abb. 10. Stahlband mit angehängtem Gewicht (Elastika)

Thema meiner Doktordissertation war, sondern weil es, wie wir später sehen werden, den Unterschied zwischen den echten Minimalprinzipien der Statik und den formalen Variationsprinzipien der Dynamik besonders gut veranschaulicht. Ein Stahlband sei an einem Ende festgeklemmt und trage ein Gewicht an dem andern. Die Schwerkraft zieht nun dieses Gewicht herunter, während die Feder auf Grund ihrer Elastizität dem Bestreben, sie zu biegen, Widerstand entgegensetzt. Der Elastizitätskraft entspricht ebenfalls eine potentielle Energie. Man muß eine ganz bestimmte Arbeit leisten, um die Feder in eine gegebene krumme Form zu verbiegen, und es ist klar, daß diese Energie irgendwie von der Krümmung des Stahlbandes abhängig ist, die sich von Punkt zu Punkt ändert. Nun gibt es eine ganz bestimmte Gleichgewichtslage, nämlich diejenige Lage, in der die Gesamtenergie, d. h.

die auf der Schwerkraft beruhenden plus der auf der Elastizität beruhenden Energie, so gering wie möglich ist. Ziehe ich das Gewicht herunter, so nimmt die Schwerkraftenergie ab, jedoch in geringerem Maße als die elastische Biegungsenergie zunimmt, so daß eine Kraft resultiert, die die Feder wieder in ihre alte Lage zurückzieht. Und umgekehrt, wenn ich das Gewicht anhebe, ist die Zunahme der Gravitationsenergie größer als die Abnahme der Biegungsenergie, so daß wieder eine Kraft in Richtung der Gleichgewichtslage resultiert. Ferner sehen Sie, daß für gewisse Winkel, unter denen die Feder eingeklemmt ist, zwei Gleichgewichtslagen existieren, eine auf der linken und eine auf der rechten Seite. Dies gilt auch für die Vertikalrichtung, bei der die beiden Gleichgewichtslagen symmetrisch liegen, jedoch nur, wenn die Feder lang genug ist. Mache ich die Feder genügend kurz, so ist die einzig mögliche Gleichgewichtslage diejenige, bei der die Feder gerade steht. Für ein gegebenes Gewicht gibt es nun eine ganz bestimmte Länge, für die die senkrechte Stellung instabil wird: diese wird durch die Bedingung bestimmt, daß dann die potentielle Energie aufhört, für die gerade Form ein Minimum zu sein und ein Minimum für die gekrümmte wird.

Die Formel für diese charakteristische Länge wurde von *Euler* gefunden und spielt in der Technik eine wichtige Rolle, da sie ausschlaggebend ist für die Stärke senkrechter Träger und Säulen. Es treten aber auch für geneigte Klemmrichtungen derartige Instabilitäten auf. Variiere ich bei bestimmter Federlänge den Klemmwinkel, so wird die Feder plötzlich von einer Stellung in die entgegengesetzte übergehen. Auch hier wird die Instabilität durch die Minimumsbedingung für die Energie bestimmt. Wir können das Eintreten dieser Stabilitätsgrenzen in einem Diagramm veranschaulichen; doch wollen wir nicht die elastischen Kurven selber zeichnen (übrigens besonders schöne Kurven, wie die in Abb. 11 gezeigte „Elastika"), sondern wir wollen den Neigungswinkel als Funktion des Abstandes vom freien Ende der Feder auftragen. Wir erhalten dann wellenförmige Kurven (Abb. 12), die alle horizontal von der Linie ausgehen, die dem gewichtsbeschwerten Ende der Feder entspricht. Sie sehen, daß diese Kurven eine Enveloppe haben, und die Rechnung ergibt, daß diese Enveloppe die Stabilitätsgrenze darstellt. Durch jeden Punkt rechts von der Enveloppe gehen mindestens zwei Kurven. Dies entspricht der Tatsache, daß jeder solche Punkt zu einem Klemmwinkel gehört, für den mindestens zwei Gleichgewichtslagen möglich sind. Verfolgen wir in dem Diagramm eine vertikale Richtung nach oben, so ändern wir den Klemmwinkel bei konstanter Federlänge, und wenn wir die Enveloppe überschreiten, so kommen wir nun in ein Gebiet, wo durch jeden Punkt nur eine Kurve geht. Beim Durchgang durch die Envoloppe wird eine der Gleichgewichtslagen instabil und springt in die andere über. *Eulers* Stabilitätsgrenze für die senkrechte Federrichtung erscheint in der Enveloppe als scharfe Spitze, deren Abstand vom Ausgangspunkt gleich dem 4. Teil der Wellenlänge der benachbarten

Kurve ist, in genauer Übereinstimmung mit der *Euler*schen Formel. Der Leser möge dieses Beispiel im Gedächtnis behalten, da wir später bei der Besprechung der Minimalprinzipien der Dynamik darauf zurückgreifen werden.

Ein anderes Beispiel für das statische Prinzip minimaler Energie sind die Seifenblasen. Dünne Seifenhäutchen haben die Eigenschaft, sich so stark

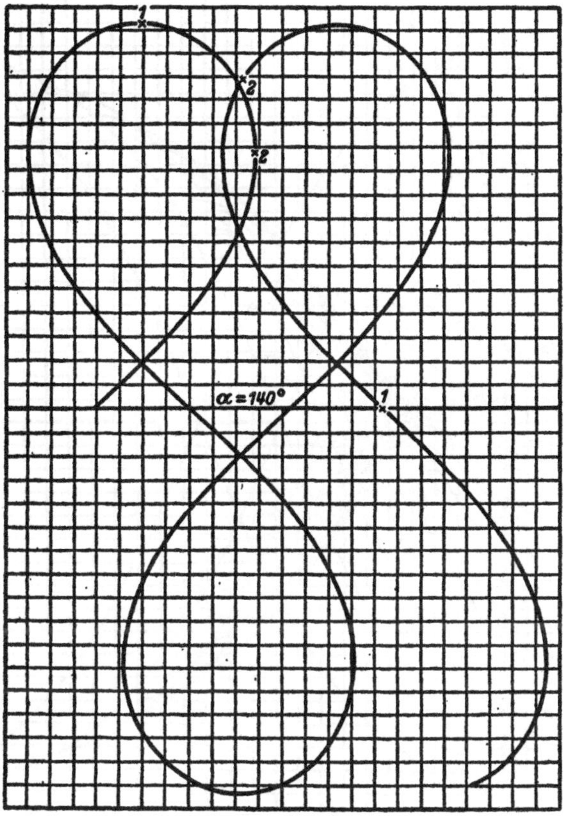

Abb. 11. Elastika

wie möglich zusammenzuziehen. Die potentielle Energie ist proportional der Oberfläche. Ein wohlbekanntes Experiment beweist dies. Eine Seifenhaut wird über eine kreisförmige Drahtschlinge gespannt, die von einem Faden gekreuzt wird. Zerstört man nun die Seifenblase auf der einen Seite des Fadens, so wird sich die Seifenhaut auf der anderen Seite zusammenziehen, der Faden wird straff gespannt und bildet nunmehr einen Kreisbogen. Zu einem zweiten Experiment benutzt man eine geschlossene Faden-schlinge. Zerstört man die Seifenhaut innerhalb dieser, so bildet die Schlinge unter dem von dem äußeren Teil der Seifenblase ausgeübten Zug einen exakten Kreis, woraus hervorgeht, daß die Seifenblase unter einer gleichförmigen Spannung steht.

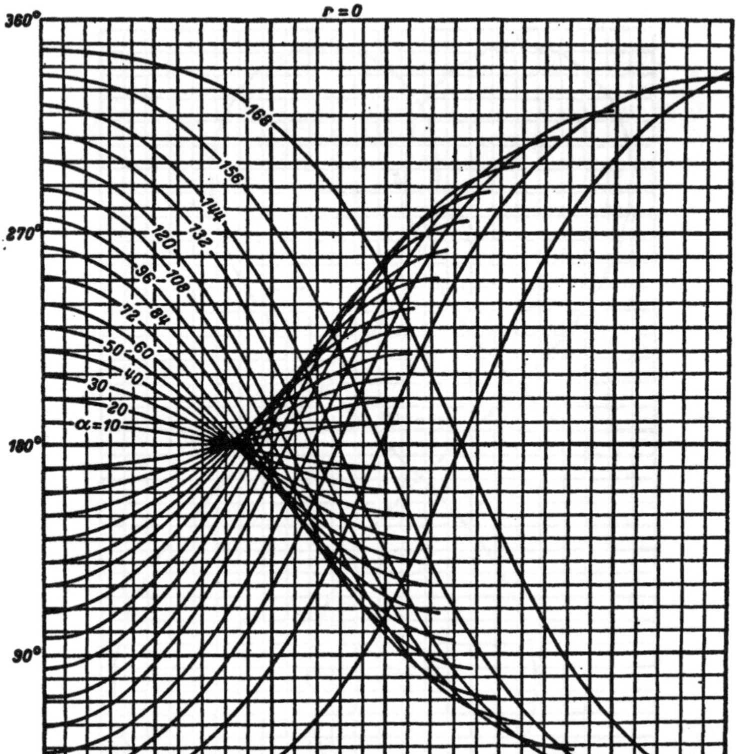

Abb. 12. Stabilitätsgrenzen für Elastika

Es ist daher klar, daß eine geschlossene, luftgefüllte Seifenblase, wenn sie frei im Raume schwebt, kugelförmige Gestalt haben muß, d. h. diejenige Gestalt annimmt, die bei gegebenem Volumen minimale Oberfläche aufweist. Damit haben wir das räumliche Analogon zum Problem der *Dido*.

Es gibt auch andere, nicht geschlossene Minimalflächen, die durch eine gegebene geschlossene Kurve begrenzt werden. Um diese zu finden, brauchen wir nur eine Drahtschlinge in die Gestalt der Begrenzungskurve zu biegen und in eine Seifenlösung zu tauchen; wir erhalten ein physikalisches Modell der entsprechenden Minimalfläche. Diese Versuche mit ihrer theoretischen Erklärung wurden bereits vor langer Zeit von dem blinden französischen Physiker *Plateau* unternommen; man findet einen eindrucksvollen Bericht darüber in dem berühmten kleinen Buch über Seifenblasen von *C. V. Boys*. Diese Experimente zeigen eindringlich, ein wie guter Mathematiker die Natur ist und wie schnell sie die Lösung ihrer Probleme findet.

Manch einer mag geneigt sein zu denken, daß diese Experimente hübsche Spielereien sind ohne ernsthafte Bedeutung. Ich habe sie hier nur als besonders augenfällige Beispiele für das Prinzip der kleinsten potentiellen Energie erwähnt, dessen Bedeutung kaum übertrieben werden kann. Alle Baukonstruktionen der Ingenieure beruhen auf diesem Prinzip, ebenso wie alle Strukturprobleme der Physik und der Chemie.

Als Beispiel möchte ich Ihnen hier einige Modelle von Kristallgittern vorführen. Ein Kristall besteht aus einer regelmäßigen räumlichen Anordnung von Atomen bestimmter Art. Die Entdeckung von *v. Laue, Friedrich* und *Knipping*, daß Röntgenstrahlen an diesen Atomgittern gebeugt werden, wurde von *Sir William Bragg* und seinem Sohne, *Sir Lawrence Bragg*, dazu benutzt, die Anordnung der Atome im Kristallgitter empirisch zu bestimmen. Eine große Anzahl dieser Kristallgitter sind genau erforscht. Als Beispiel habe ich hier zwei einfache Modelle, von denen jedes aus zwei Arten von Atomen in gleicher Anzahl pro Gittereinheit besteht, die aber von verschiedener Struktur sind. Das eine ist ein Kochsalzkristall, Natriumchlorid ($NaCl$) und das andere ein ähnliches Salz, nämlich Caesiumchlorid ($CsCl$). Es erhebt sich nun die Frage: Warum sind die Gitter verschieden? Die Antwort kann nur auf Grund einer tieferen Einsicht in die zwischen den Atomen bestehenden Kräfte gegeben werden, denn es ist klar, daß die Gitterstruktur durch die Bedingung minimaler potentieller Energie bestimmt wird. Und umgekehrt wird uns die Untersuchung dieser Gleichgewichtsbedingung etwas über die Eigenschaften der Atomkräfte lehren. Ich selber habe der Erforschung dieses Gebietes beträchtliche Arbeit gewidmet. Es konnte gezeigt werden, daß in allen diesen Salzkristallen der wesentliche Anteil der Wechselwirkung von den elektrostatischen Kräften zwischen den einzelnen geladenen Atomen („Ionen") herrührt, daß aber der Stabilitätsunterschied zwischen den beiden Gitterarten auf einer anderen schwächeren Kraft beruht, nämlich auf der allgemeinen Kohäsion, die die Ursache davon ist, daß Gase bei niederen Temperaturen kondensieren. Diese Kraft, die sogenannte *van der Waals*sche Anziehung, ist größer für größere Atome, und da Caesiumatome viel größer als Natriumatome sind, wird das Minimum der potentiellen Energie im Caesiumsalz durch eine andere Gitteranordnung erreicht als im Natriumsalz.

Überlegungen dieser Art, die mehr oder weniger quantitativ sind, verhelfen uns zum Verständnis einer Menge von Tatsachen betreffend die innere Struktur fester Materie.

Mit Methoden ähnlicher Art läßt sich auch das Gleichgewicht der Atome im Molekülverband untersuchen, doch will ich diese Frage hier nicht diskutieren, denn das Problem der Molekülstruktur ist nicht ein statisches, sondern ein dynamisches Problem, da es die Bewegung der Elektronen im Atom mit umfaßt.

Bevor wir jedoch zur Betrachtung der Minimalprinzipien der Dynamik übergehen, die nicht so übersichtlich und befriedigend sind wie die der Statik, wollen wir zuerst einen anderen Teil der Physik betrachten, der gewissermaßen ein Zwischengebiet zwischen Statik und Dynamik bildet. Es ist dies die Wärmelehre, die Thermodynamik und die statistische Mechanik. Die Erscheinungen, um die es sich hier handelt, sind folgender Art: Es werden Substanzen verschiedener Zusammensetzung und Temperatur in Kontakt gebracht oder gemischt und das resultierende Gesamtsystem untersucht. Wir haben es daher hierbei mit dem Übergang von einem Gleichgewichtszustand in einen anderen zu tun; doch interessiert uns nicht so sehr dieser Übergang selber wie der erreichte Endzustand. Ich habe hier z. B. ein Glas Wasser und eine Flasche mit Farbstoff; ich gieße etwas rote Farbe in das Wasser und erhalte eine rosa Mischung. Man hat also den Übergang von einem Gleichgewichtszustand (reines Wasser + Farbstoff) zu einem andern (gefärbte Lösung). Man wird an das Verhalten des mit einem Gewichte belasteten Stahlbandes erinnert, wo man auch unter Umständen zwei Gleichgewichtslagen hatte, die eine nach rechts, die andre nach links. Und doch ist der Sachverhalt in beiden Fällen ein ganz anderer. Im Falle des Stahlbandes kann man durch einen Anstoß (Zuführung von Energie) erreichen, daß die eine Gleichgewichtslage in die andere überspringt. Man kann dann das System ohne weiteres zurückspringen lassen. Der Vorgang ist reversibel und führt nur zu einer endgültigen Gleichgewichtslage, wenn der Überschuß an Energie wieder entfernt wird. Aber im Falle der Mischung zweier Flüssigkeiten wird ein endgültiger Gleichgewichtszustand automatisch erreicht, und der Prozeß ist irreversibel. Die Mischung wird nie wieder spontan in den unvermischten Zustand zurückkehren, und auch eine künstliche Trennung der beiden Flüssigkeiten läßt sich keineswegs mit einfachen Mitteln durchführen.

Für irreversible Prozesse gibt es ein sehr wichtiges Extremalprinzip, das *Lord Kelvin* entdeckt hat: Eine bestimmte Größe, die sogenannte Entropie, nimmt bei einem solchen Vorgang zu und erreicht ein Maximum für den endgültigen Gleichgewichtszustand. Es ist nicht ganz einfach, diese geheimnisvolle Größe, die wir Entropie nennen, mit Hilfe direkt beobachtbarer Größen wie Volumen, Temperatur und Wärme zu beschreiben. Vom Standpunkt der Atomtheorie jedoch leuchtet ihre Bedeutung unmittelbar ein. Was geht eigentlich vor, wenn sich die rote Lösung in dem reinen Wasser ausbreitet? Die Moleküle des roten Farbstoffs, die anfänglich auf ein beschränktes Volumen konzentriert waren, breiten sich nun über ein größeres Volumen aus, und damit geht ein Zustand mit einem höheren Grad an Ordnung in einen ungeordneteren über. Ich möchte dies an Hand

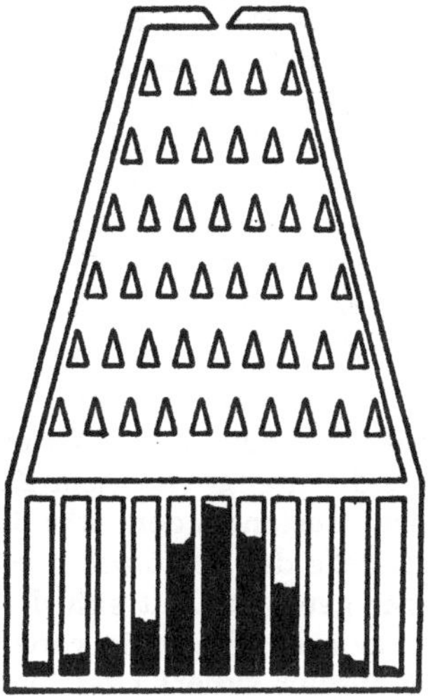

Abb. 13. *Galtonsches* **Brett**

eines Modells erläutern. In eine flache offene Schachtel (einen kleinen Billardtisch) tue ich Murmeln (von Woolworth für wenige Pfennige erstanden). Wenn ich sie zunächst alle sorgfältig in die rechte Hälfte der horizontal liegenden Schachtel lege, so haben wir einen teilweise geordneten Zustand. Schüttele ich nun die Schachtel, so breiten sich die Murmeln über den ganzen Boden aus und gehen so in eine Konfiguration geringerer Ordnung über. Werfe ich alle 20 Murmeln willkürlich in die Schachtel, so ist es sehr unwahrscheinlich, daß alle gerade in der rechten Hälfte zu liegen kommen. Die Größe der Wahrscheinlichkeit, daß alle Kugeln gleichmäßig über den ebenen Schachtelboden verteilt sein werden im Vergleich zu der Wahrscheinlichkeit, daß die Mehrzahl der Kugeln in die rechte Hälfte fällt, läßt sich leicht berechnen, und man findet eine überwältigend größere Wahrscheinlichkeit für gleichmäßige Verteilung. Die statistische Wärmelehre definiert nun die Entropie eines Systems auf Grund der Verteilungswahrscheinlichkeit der Atome und macht es so begreiflich, daß die Entropie immer zunimmt und einem Maximum zustrebt.

Eine Vorrichtung zur Veranschaulichung der Wirkungsweise der Wahrscheinlichkeit ist das *Galtonsche Brett* (englisch: *Quincunx*), eine Art vereinfachtes Tivolispiel. Schrotkugeln fallen durch ein Loch in der Mitte des oberen Randes und stoßen im Fallen auf zahlreiche Hindernisse in Form kleiner Dreiecke. Bei jedem Anprall ist es gleich wahrscheinlich, daß das Schrotkügelchen nach rechts oder nach links abgleitet, und es ist äußerst unwahrscheinlich, daß ein Kügelchen immer in die gleiche Richtung abgelenkt wird. Daher werden die kleinen, am unteren Ende zur Aufnahme der Schrotkugeln angeordneten Behältnisse an den Seiten verhältnismäßig leer bleiben und gegen die Mitte zu voller werden. Die Mittelzelle entspricht den Kugeln, die gleich oft nach rechts und nach links abgelenkt wurden, d. h. also einer gleichmäßigen Verteilung der Ablenkungen, und es ergibt sich, daß hier ein deutliches Maximum liegt. Damit wird die hohe Wahrscheinlichkeit einer gleichmäßigen Verteilung sowohl der Murmeln im Modell als auch der Moleküle des roten Farbstoffs im physikalischen Versuch anschaulich demonstriert.

Das thermodynamische Gesetz des Maximums der Entropie ist somit in Wirklichkeit ein statistisches Gesetz und hat im Grunde wenig mit Dynamik zu tun. Wenn ein System sich anfangs in einem Zustande partieller Ordnung befindet, d. h. in einem Zustande, der nicht der wahrscheinlichste ist (dieser entspricht der Mittelzelle des *Galton*-Brettes), so ist es sehr wahrscheinlich, daß es nach einer gewissen Zeit sich dem Zustande maximaler Wahrscheinlichkeit bzw. maximaler Entropie genähert haben wird. Sehr wahrscheinlich, doch nicht absolut sicher! Und in der Tat, die modernen Methoden der Mikroforschung haben Fälle aufgezeigt, bei denen Abweichungen von dem wahrscheinlichsten Zustand wahrgenommen werden können. Das Extremalprinzip der statistischen Mechanik ist somit von anderer Art als die entsprechenden Gesetze der reinen Mechanik. Ich kann jedoch in diesem Rahmen nicht näher auf die schwierige Frage eingehen, welche Rolle Zufall und Wahrscheinlichkeit in der Physik spielen.

Lassen Sie uns nach dieser Abschweifung zu den Minimalprinzipien der Dynamik zurückkehren. Eines der ersten Probleme dieser Art wurde — „zuerst" sowohl der Zeit wie seiner Einfachheit nach — gegen Ende des 17. Jahrhunderts formuliert, und zwar durch *Johann Bernoulli* aus Basel, ein Mitglied der großen Familie *Bernoulli*, die viele berühmte Gelehrte, darunter besonders viele Mathematiker, hervorgebracht hat. Es handelt sich um das Problem der Kurve kürzester Fallzeit, der Brachystochrone (griechisch: brachys = kurz, chronos = Zeit), für zwei gegebene, nicht auf der gleichen Vertikalen liegende Punkte die Verbindungslinie zu finden, längs der ein reibungslos gleitender Körper unter Einwirkung der Gravitationskraft in der kürzesten Zeit von dem höheren zu dem niedriger gelegenen Punkt gelangt, – verglichen natürlich mit allen andern möglichen Verbindungen zwischen den beiden Punkten. Ein Modell, skizziert in Abb. 14, soll Ihnen dieses Problem veranschaulichen; doch sind hier statt einer unendlichen Anzahl von Verbindungslinien nur drei Kurven gezogen, eine Gerade, ein Kreisbogen und eine dazwischen liegende Kurve. Der reibungslos gleitende Körper wird näherungsweise durch eine stählerne Kugellagerkugel dargestellt, die zwischen zwei Schienen läuft. Diese Anordnung hat den Vorteil, nicht nur die Reibung stark herabzusetzen, sondern auch die ganze Bewegung zu verzögern, die ohne diese Vorsichtsmaßregel zu schnell vor sich gehen würde. Da nämlich der Abstand zwischen den Schienen gleich einem Bruchteil des Kugeldurchmessers ist, bewegt sich die Kugel bei jeder vollen Umdrehung nur um einen Bruchteil des Weges vorwärts, den sie beim Rollen auf einer ebenen Fläche zurücklegen würde. Durch diesen Kunstgriff wird bei unveränderter Gravitationskraft eine Vermehrung der Trägheit erreicht. Die Bewegungsgesetze bleiben unverändert, nur das Zeitmaß ist herabgesetzt.

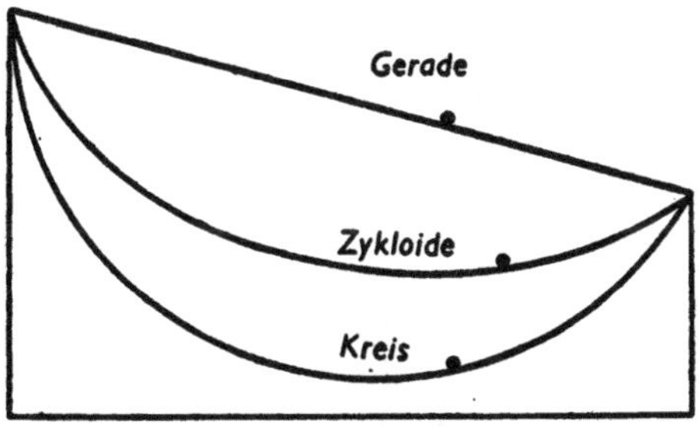

Abb. 14. Brachystochrone

Bevor wir ein Rennen zwischen den drei Kugeln veranstalten, können Sie Wetten abschließen, welche gewinnen wird, und ich bin bereit, den Buchmacher zu spielen. Es ist natürlich kein Verdienst der betreffenden Kugel, wenn sie das Ziel zuerst erreicht, sondern es hängt allein von der Gestalt der Bahn ab, die sie zu durchlaufen hat. Ich lasse die Kugeln los – und Sie sehen, daß nicht die gerade Bahn den Sieger zum Ziele trägt, noch der steile Abfall des Kreisbogens, sondern die dazwischenliegende Kurve. Und bei jeder anderen Vergleichskurve würden Sie das gleiche Resultat erhalten; denn die Bahn, die den Sieger trägt, wurde gemäß den theoretischen Berechnungen konstruiert: es ist die sogenannte Zykloide, eine Kurve, die Sie hundertmal am Tage auf der Straße beobachten können. Es ist die Kurve, die ein beliebiger Punkt auf der Felge eines Rades beschreibt, das auf gerader Bahn rollt. Wenn ich diese runde Scheibe, an derem Rande ein Stück Kreide befestigt ist, auf der Tafel abrollen lasse, so zeichnet die Kreide genau diese Kurve auf die Tafel.

Der Beweis, daß die Zykloide eine Brachystochrone ist, war seinerzeit eine große mathematische Leistung. Denn es handelt sich dabei um ein echtes Variationsproblem, und seine Lösung wurde viel bewundert und nachgeahmt. Jeder Mathematiker der Zeit erprobte seine analytischen Fähigkeiten durch die Lösung ähnlicher Extremalprobleme. *Daniel Bernoulli*, ein anderes Mitglied der berühmten Familie, entwickelte zu Beginn des 18. Jahrhunderts das Minimalprinzip der Statik, das wir bereits besprochen haben, und wendete es auf die Kettenlinie und die Elastika an. Ermutigt durch diese Erfolge, warf *Daniel Bernoulli* die Frage auf, ob es möglich sei, die Bahn und die Art der Bewegung eines Körpers unter Einwirkung bestimmter Kräfte — z. B. die Bahn eines Planeten — durch eine Minimaleigenschaft seiner wirklichen Bewegung im Vergleich zu allen andern möglichen Bahnen zu bestimmen. Er legte diese Frage dem größten Mathematiker seiner Zeit *Leonard Euler* vor, der großes Interesse an dem Problem nahm und mehrere Jahre auf seine Lösung wendete. Im Herbst des Jahres 1743 fand er eine Lösung, die er an Hand mehrerer Beispiele im Anhang zu einem Buche über isoperimetrische Probleme beschrieb, das 1744 erschienen ist. Dies ist die historische Wurzel des Prinzips der kleinsten Wirkung, das bis in die Jetztzeit eine hervorragende Rolle in der Physik gespielt hat. Die Geschichte dieses Prinzips ist ein erstaunliches Gewirr von Kontroversen, Prioritätsstreitigkeiten und dergleichen Unerfreulichkeiten mehr. *Maupertuis* hatte im gleichen Jahre 1744 der Pariser Akademie eine Arbeit vorgelegt, in der er das optische Prinzip des kürzesten Lichtweges von *Fermat*, das wir bereits erörtert haben, durch eine ziemlich willkürliche Hypothese ersetzte, die er später im Jahre 1746 auf alle Bewegungsarten ausdehnte. Nach dem Vorgang von *Leibniz* definierte er Wirkung als die Summe der Produkte von Masse, Geschwindigkeit und Weg und stellte das allgemeine Prinzip auf, daß diese Größe für jede wirkliche Bewegung ein Minimum sein müsse. Jedoch erbrachte er niemals einen zufriedenstellenden Beweis für sein Prinzip (was nicht weiter erstaunlich ist, da es unrichtig ist), sondern verteidigte es mit metaphysischen Argumenten über die Ökonomie in der Natur. Er wurde heftig angegriffen von dem *Chevalier d'Arcy* in Paris, von *Samuel König* in Bern und anderen, die bewiesen, daß, falls das *Maupertuis*sche Prinzip richtig wäre, die sparsame Natur genötigt wäre, unter gewissen Umständen nicht ein Minimum, sondern ein Maximum an Wirkung aufzuwenden. *Euler*, dessen Fassung des Prinzips völlig korrekt ist, benahm sich recht merkwürdig. Nicht nur erhob er keinen Anspruch auf die Entdeckung für sich selbst, sondern drückte sogar Bewunderung für das *Maupertuis*sche Prinzip aus, von dem er behauptete, daß es das allgemeinere sei. Es ist schwierig, eine Erklärung für sein Verhalten zu finden. Die teilweise Veröffentlichung eines *Leibniz* zugeschriebenen Briefes durch *König*, in dem das Prinzip erwähnt wird, mag *Euler* bestimmt haben, für *Maupertuis* Partei zu ergreifen. Die Echtheit dieses Briefes konnte nie nachgewiesen werden, und wahrscheinlich war er eine Fälschung, um *Maupertuis'* Stellung zu erschüttern, der damals Präsident der Berliner Akademie war und bei König *Friedrich II.* in hoher Gunst stand. Nun wurde der Streit sogar in die Sphäre des Hofes von Sanssouci und der Politik getragen. *Voltaire*, der Freund *Friedrichs*, konnte den hochmütigen Akademiepräsidenten nicht leiden und nahm die Partei des Schwächeren, des Herrn *König* in Bern. Er schrieb ein beißendes Pamphlet gegen *Maupertius* unter dem Titel: Dr. Akakia. *Friedrich*, der *Voltaires* witzige Satire zwar höchst amüsant fand, konnte doch seinen erhabenen Akademiepräsidenten nicht im Stich lassen und war gezwungen, *Maupertuis* zu verteidigen. Das führte schließlich zum Bruch zwischen König *Friedrich* und *Voltaire*, der von Berlin fliehen mußte, wie dies in den Biographien *Friedrichs des Großen* und *Voltaires* beschrieben wird.

Der Fluch all dieser Verwirrung haftete lange Zeit dem Prinzip der kleinsten Wirkung an. Auch *Lagrange*, der die Dynamik *Newtons* zur Vollendung brachte, gibt eine unbefriedigende Formulierung des Prinzips. Der Mathematiker *Jakobi* führte eine einschränkende Bedingung ein, so daß nun die Minimumsforderung die korrekte Bahn ergab. Das war ein bedeutender Schritt vorwärts. Aber erst durch den großen Iren *William Rowan Hamilton* wurde schließlich der Bann gebrochen und dem Prinzip eine mathematisch einwandfreie, einfache und allgemeine Form gegeben. Damit wurde auch gleichzeitig der Auffassung der Todesstoß erteilt, daß das Prinzip Ausdruck für eine besondere Ökonomie in der Natur sei. Ich will nun kurz erläutern, wie die Dinge wirklich liegen.

Wir haben bereits die Größe betrachtet, die potentielle Energie eines Kräftesystems genannt wird und die gleich der Arbeit ist, die aufgebracht werden muß, um das System in eine gegebene Lage zu bringen, und somit ein Maß darstellt für die Fähigkeit des Systems, Arbeit zu leisten. Die potentielle Energie hängt nur von der Lage ab und hat ihr Minimum in der Gleichgewichtslage. Befindet sich das System in Bewegung, so wird ein Teil seiner potentiellen Energie in Energie der Bewegung oder kinetische Energie verwandelt, die gleich der halben Masse, multipliziert mit dem Quadrat der Geschwindigkeit, summiert über alle Teilchen, ist. Das Gesetz von der Erhaltung der Energie sagt aus, daß die Summe der beiden Energieformen konstant ist. Beim *Hamilton*schen Prinzip hingegen handelt es sich nicht um die Summe der beiden Energieformen, sondern um ihre Differenz. Es sagt nämlich aus, daß jede Bewegung so erfolgt, daß eine Größe, die wir Wirkung nennen, und die gleich der Summe der Beiträge jedes Zeitintervalls zu der Differenz von kinetischer und potentieller Energie ist, für die wirkliche Bewegung stationär ist im Vergleich zu allen andern möglichen Bewegungen in der gleichen Zeit von der gleichen Ausgangs- zur gleichen Endkonfiguration.

Ich gebrauche hier mit Absicht den Ausdruck stationär und nicht Minimum, denn im allgemeinen ist kein Minimum vorhanden.

Was wirklich vor sich geht, kann sehr leicht mit Hilfe des einfachen Pendels klar gemacht werden, denn es gibt durch einen glücklichen mathematischen Zufall ein statisches Problem, für welches das echte Minimalprinzip der potentiellen Energie mit dem Prinzip der kleinsten Wirkung für das Pendel zusammenfällt. Es ist wieder unser alter Bekannter, das belastete Stahlband. In der Tat, die gesamte Biegungsenergie, vermehrt um die Schwereenergie des an seinem Ende angebrachten Gewichtes, ist genau der gleiche mathematische Ausdruck wie die Gesamtwirkung des Pendels, d. h. die Summe der Beiträge aller Zeitelemente zu der Differenz der kinetischen und potentiellen Energie. Daher sind die Kurven, die den Neigungswinkel der Biegungskurve als Funktion des Abstandes vom freien Ende zeigen, genau die gleichen wie die, welche den Ausschlag des Pendels als Funktion der Zeit darstellen. Man sieht, daß tatsächlich die in Abb. 12 gezeichneten Kurven denselben Wellencharakter haben, der den Pendelausschlag als Funktion der Zeit darstellt (wenn auch nur ein kleiner Teil der Kurven eingezeichnet ist).

Nun haben wir gesehen, daß nur dasjenige Gebiet des Diagramms, das von den Kurven einfach überdeckt wird, einem wirklichen Minimum, d. h. einer stabilen Konfiguration der Elastika entspricht. In dem von der Enveloppe umschlossenen Gebiet jedoch geht mehr als nur eine Kurve durch jeden gegebenen Punkt. Nur eine dieser Kurven entspricht einem wirklichen Minimum; jede von ihnen stellt aber eine mögliche Bewegung des Pendels dar. Obgleich nun die Bedingungen an den Enden des elastischen Stahlbandes nicht genau den Anfangs- und Endbedingungen im *Hamilton*schen Prinzip entsprechen, so haben sie doch ein gemeinsames Charakteristikum. Wenn die Länge der Feder bzw. das entsprechende Zeitintervall im *Hamilton*schen Prinzip für das Pendel eine gewisse Grenze überschreitet, so gibt es mehr als eine mögliche Lösung, die nicht jede einem wirklichen Minimum zugehören kann, wohl aber einer möglichen Bewegung. Hieraus müssen wir schließen, daß die wirkliche Bewegung nicht in jedem Falle durch eine echte Extremaleigenschaft der Wirkung ausgezeichnet ist, aber immer dadurch, daß die Wirkungsgröße stationär ist, wie wir dies oben behauptet haben.

Wir sehen also, daß die Auslegung des Bewegungsgesetzes als Ausdruck der Ökonomie der Natur zusammenbricht. Sollte die Natur einen Zweck verfolgen, der in dem Prinzip der kleinsten Wirkung seinen Ausdruck findet, so ist dieser jedenfalls nicht mit den Zwecken und Zielen eines Geschäftsmannes vergleichbar. Die Vorstellung, in dem Walten der Naturgesetze einen Zweck oder ein Bestreben nach Ökonomie aufzudecken, ist eine anthropomorphe Absurdität, ein Überbleibsel der Zeit, da noch metaphysische Spekulation die Naturwissenschaft beherrschte. Selbst wenn wir uns mit der Idee befreunden könnten, daß die Natur so geizig mit ihrem Vorrat an Wirkungsgröße umgeht, daß sie versucht, diese so viel wie möglich einzusparen (wobei sie übrigens, wie wir gesehen haben, nur im ersten Anfang der Bewegung Erfolg hat), so könnten wir doch nicht umhin, uns zu verwundern, warum sie gerade dieser merkwürdigen Größe so hohen Wert beimißt.

Die wahre Bedeutung des *Hamilton*schen Prinzips liegt in ganz anderer Richtung.

Nicht die Natur ist ökonomisch, sondern die Naturwissenschaft. Alle Naturerkenntnis beginnt mit dem Sammeln von Tatsachen und schreitet dann fort, mehrere Tatsachen unter einfache Gesetze zusammenzufassen und diese wieder zu allgemeineren Gesetzen. Dieser Vorgang tritt in der Physik ganz klar zu Tage. Denken wir z. B. an die elektromagnetische Theorie des Lichts von *Maxwell*, durch die die Optik zu einem Zweig der allgemeinen Elektrodynamik wurde. Die Minimalprinzipien bedeuten ein äußerst wirksames Mittel zu solcher Vereinheitlichung. Dies ist ganz leicht einzusehen, wenn wir nochmals unser einfachstes Beispiel von der kürzesten Verbindung betrachten. Wenn einem militärischen Befehlshaber eine gute Karte zur Verfügung steht, so kann er seine Truppe von einer Stellung zu einer anderen sich bewegen lassen, indem er einfach das betreffende Ziel angibt, ohne sich um die Einzelheiten der Marschroute zu kümmern, weil er annehmen darf, daß der Leiter der Truppe diese immer auf dem kürzesten Wege zum Ziele führen wird. Das Minimalprinzip reguliert im Verein mit der Landkarte alle Bewegungen der Truppe. Auf die gleiche Weise ersetzen die Minimalprinzipien der Physik eine große Anzahl spezieller Gesetze und Regeln, vorausgesetzt immer, daß die Landkarte, d. h. in unserm Falle die kinetische und die potentielle Energie, gegeben ist.

Das Ideal wäre, alle physikalischen Gesetze in ein einziges zusammenfassen zu können, eine Universalformel zu finden, deren Existenz vor mehr als einem Jahrhundert von dem französischen Astronomen *Laplace* postuliert wurde.

Der Wiener Philosoph *Ernst Mach* hat behauptet, Denkökonomie sei die einzige Rechtfertigung der Naturwissenschaft. Ich kann diese Ansicht nicht teilen. Ich glaube vielmehr, daß es viele andere Gesichtspunkte und Rechtfertigungen für die Naturwissenschaft gibt, wenn ich auch nicht leugne, daß Ökonomie des Denkens und Zusammenfassung der Resultate unter vereinheitlichende Gesichtspunkte außerordentlich wichtige Ziele sind. Auch halte ich die Aufstellung der *Laplace*schen Universalformel für ein wirklich berechtigtes Ideal. Es steht außer Frage, daß das *Hamilton*sche Prinzip einen Schritt in dieser Richtung bedeutet. Es würde die Universalformel selber sein, wenn für alle Kräfte der korrekte Ausdruck der potentiellen Energie bekannt wäre. Die Denker des 19. Jahrhunderts glaubten mehr oder weniger ausgesprochen an dieses Ziel und hatten in der Verfolgung desselben erstaunlichen Erfolg.

Durch Wahl des richtigen Ausdrucks für die potentielle Energie lassen sich fast alle Erscheinungen beschreiben mit Einschluß nicht nur der Dynamik starrer und elastischer Körper, von Flüssigkeiten und Gasen, sondern auch der Elektrizität und des Magnetismus, der Elektronentheorie und der Optik. Der Höhepunkt dieser Entwicklung wurde mit *Einsteins* Relativitätstheorie erreicht, durch die das abstrakte Prinzip der kleinsten Wirkung wieder eine

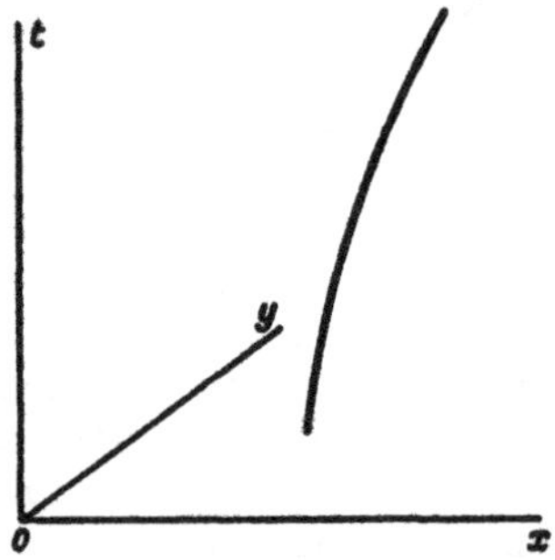

Abb. 15.

einfache geometrische Deutung erhielt, zum mindesten der Teil desselben, der sich auf die kinetische Energie bezieht. Zu diesem Zwecke muß man die Zeit als vierte Koordinate auffassen (siehe Abb. 15, in der eine Raumkoordinate ausgelassen ist). Eine Bewegung wird als Linie in der 4-dimensionalen Welt x, y, z, t dargestellt, in der eine nichteuklidische *Riemann*sche Geometrie gilt. Die Länge dieser Linie zwischen zwei Punkten entspricht genau dem kinetischen Teil der Wirkungsgröße im *Hamilton*schen Prinzip, und die Kurven, welche Bewegungen unter dem Einfluß der Gravitationskraft darstellen, sind die geodätischen Linien des vierdimensionalen Raumes. *Einsteins* Gravitationsgesetz, das das *Newton*sche Gesetz als Grenzfall umfaßt, läßt sich ebenfalls aus einem Extremalprinzip ableiten, in dem die Größe, die extremale Eigenschaft haben muß, als Gesamtkrümmung der raum-zeitlichen Welt gedeutet werden kann. Aber dies sind abstrakte Überlegungen, auf die ich hier nicht eingehen kann.

Die Periode der Physik, die mit der Relativitätstheorie ihren Abschluß fand, nennen wir die klassische im Gegensatz zu der modernen Physik, die von der Quantentheorie beherrscht wird.

Die Erforschung der Atome, ihrer Zusammensetzung aus Kernen und Elektronen, und der Struktur der Kerne selber hat zu der Überzeugung geführt, daß die Gesetze der klassischen Physik für diesen Mikrokosmos nicht mehr Geltung haben. Eine neue Mechanik wurde entwickelt, die die Beobachtungstatsachen befriedigend erklärt, die aber völlig verschieden ist von klassischen Vorstellungen und Methoden. Sie bricht mit dem streng deterministischen Standpunkt zugunsten eines statistischen. Betrachten wir z. B. den spontanen Zerfall eines Radiumatoms. Wir können nicht voraussagen, wann es aufbrechen wird, wohl aber können wir ein exaktes Gesetz für die Wahrscheinlichkeit seines Zerfalls in einem bestimmten Zeitintervall aufstellen und somit das mittlere Verhalten einer großen Anzahl von Radiumatomen voraussagen. Die neue Mechanik nimmt an, daß alle physikalischen Gesetze statistischer Natur sind. Die fundamentale Größe ist eine Wellenfunktion, die ähnlichen Gesetzen unterliegt wie akustische oder optische Wellen. Jedoch ist sie keine direkt beobachtbare Größe, sondern bestimmt indirekt die Wahrscheinlichkeit beobachtbarer Vorgänge. Im Zusammenhang mit dem Vorhergehenden interessiert uns hier vor allem die Tatsache, daß sogar diese abstrakte Wellenfunktion der Quantenmechanik einem Extremalprinzip der *Hamilton*schen Art genügt.

Wir sind noch immer weit davon entfernt, die *Laplace*sche Universalformel zu kennen, aber wir dürfen vermuten, daß, wenn wir sie finden, sie die Form eines Extremalprinzips haben wird, nicht weil die Natur selber einen besonderen Willen hat oder Zweck verfolgt oder besonders ökonomisch ist, sondern weil der Mechanismus unseres Denkens keinen anderen Weg kennt, um der komplizierten Struktur der Naturgesetze kurzen, präzisen Ausdruck zu verleihen.

Anhang

Da diese Beweisführung gegen eine Auslegung des Prinzips der kleinsten Wirkung auf Grund der Ökonomie der Natur selbst wesentlich auf dem Vergleich des dynamischen Problems des Pendels mit dem statischen Problem der mit einem Gewicht beschwerten elastischen Feder beruht, werden Leser, die über einige mathematische Kenntnisse verfügen, vielleicht die Ableitung einiger Formeln begrüßen, die die Identität der Variationsprinzipe für diese beiden Beispiele beweisen.

Die Länge des Pendelfadens sei gleich l, der Pendelausschlag gleich ϑ. Dann ist $d\vartheta/dt$ die Winkelgeschwindigkeit und $l\,d\vartheta/dt$ die Lineargeschwindigkeit (siehe Abb. 16); folglich ist die kinetische Energie $T = \frac{1}{2}\,m\,l^2\,(d\vartheta/dt)^2$, wo m die Masse des Pendelgewichts ist. Die Höhe des Gewichtes über der niedrigsten Stellung (siehe Abb. 16a) ist $l - l\cos\vartheta$. Multipliziert man diesen Ausdruck mit mg (wobei g die Fallbeschleunigung ist), so erhält man die potentielle Energie. Man kann die additive Konstante mgl weglassen und erhält nunmehr den Ausdruck für die potentielle Energie

$U = -mgl\cos\vartheta$. Die Differenz zwischen kinetischer und potentieller Energie ist $T - U = \frac{1}{2}ml^2(d\vartheta/dt)^2 + mgl\cos\vartheta$, und die Wirkungsgröße während der Zeit $t = 0$ bis $t = \tau$ ist gleich

$$\int_0^\tau \{\tfrac{1}{2}A(d\vartheta/dt)^2 + W\cos\vartheta\}dt,$$

wobei A für den Ausdruck ml^2 und W für mgl steht.

Betrachten wir nun das elastische Stahlband. Die in dem Element ds der Feder infolge der Verbiegung in eine Kurve vom Krümmungsradius ϱ aufgestaute Energie ist gleich $\frac{1}{2}A\,ds/\varrho^2$, wenn A der Biegungsmodul ist.

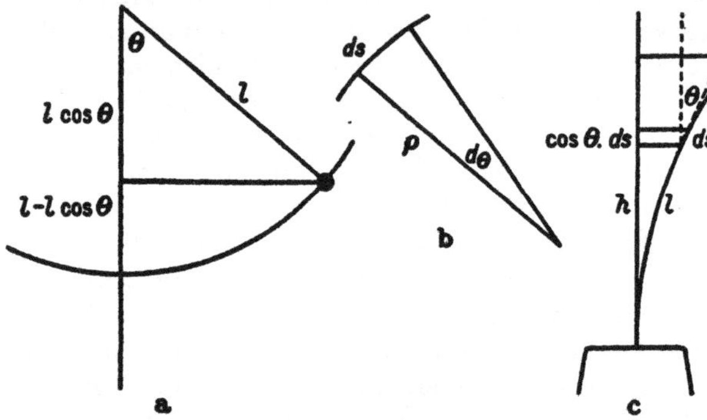

Abb. 16

Abb. 16b zeigt, daß $ds = \varrho\,d\vartheta$ ist, so daß die Biegungsenergie von ds gleich $\frac{1}{2}A(d\vartheta/ds)^2ds$ ist, und somit die elastische Gesamtenergie der Biegung gleich

$$\int_0^l \tfrac{1}{2}A(d\vartheta/ds)^2ds,$$

wo jetzt l die Länge der Feder bedeutet.

Ferner ist die potentielle Energie des an dem Federende angebrachten Gewichtes W gleich Wh, wenn h die Höhe des Gewichtes über dem Niveau des festgeklemmten Federendes ist. Wie aus Abb. 16c ersichtlich, ist diese Höhe h die Summe der Beiträge $\cos\vartheta\,ds$ der Längenelemente ds des Stahlbandes. Folglich ist die potentielle Energie des Gewichts gleich

$$\int_0^l W\cos\vartheta\,ds,$$

und wir erhalten durch Addition für die gesamte potentielle Energie

$$\int_0^l \{\tfrac{1}{2}A(d\vartheta/ds)^2 + W\cos\vartheta\}ds,$$

einen Ausdruck, der identisch ist mit dem für die Wirkungsgröße des Pendels, wenn man das Längenelement ds und die Gesamtlänge l des Stahlbandes durch das Zeitelement dt und die Gesamtzeit τ ersetzt.

7 Einsteins statistische Theorien*)

Einer der bemerkenswertesten Bände in der ganzen naturwissenschaftlichen Literatur scheint mir der Band 17 (4. Reihe) der „Annalen der Physik“ von 1905 zu sein. Er enthält drei Arbeiten von *Einstein,* die alle verschiedene Gegenstände behandeln und heute als Meisterwerke, jedes der Ausgangspunkt für einen neuen Zweig der Physik, anerkannt sind. Diese drei Gegenstände sind, nach der Reihenfolge in dem Bande geordnet, die folgenden: Theorie der Photonen, *Brown*sche Molekularbewegung, Relativität.

Der Relativität ist der letzte der drei Aufsätze gewidmet, und dies zeigt, daß *Einsteins* Geist damals durch seine Ideen über Raum und Zeit, Gleichzeitigkeit und Elektrodynamik nicht vollständig in Anspruch genommen war. Nach meiner Meinung wäre er auch dann einer der größten theoretischen Physiker aller Zeiten geworden, wenn er keine einzige Zeile über die Relativität geschrieben hätte — eine allerdings ziemlich absurde Annahme. Denn *Einsteins* Auffassung der physikalischen Welt kann nicht in wasserdichte Abteilungen aufgeteilt werden, und es ist wohl unmöglich, sich vorzustellen, daß er auf die Dauer irgendein Grundproblem unserer Zeit übersehen hätte.

Hier möchte ich nun *Einsteins* Beiträge zu den statistischen Methoden in der Physik behandeln. Man kann seine Veröffentlichungen über dieses Thema in zwei Gruppen teilen: Die erste Reihe von Arbeiten befaßt sich mit der klassischen statistischen Mechanik, die spätere mit der Quantentheorie. Beide Gruppen sind aufs engste mit *Einsteins* Philosophie der Wissenschaft verbunden. Klarer als irgend jemand vor ihm hat er die statistische Grundlage der physikalischen Gesetze erkannt, und im Kampf für die Klärung des noch verworrenen Gebietes der Quantenphänomene leistete er Pionierarbeit. Später aber, als durch sein Werk eine Synthese der statistischen und der Quantenprinzipien geschaffen war, die fast allen Physikern annehmbar erschien, hielt er sich abseits und ablehnend. Viele von uns empfinden das als tragisch, für ihn selbst, der nun seinen Weg in

*) Aus „Albert Einstein als Philosoph und Naturforscher“. Herausg. P. A. Schilpp, W. Kohlhammer Verlag, II, 5, S. 84. Übersetzt aus dem Englischen, „The Library of Living Philosophers“, Bd. VII. II, 5, S. 161.

Einsamkeit gehen muß, und für uns, denen der Meister und Bannerträger fehlt. Ich wage nicht, eine Lösung dieses Zwiespaltes vorzuschlagen. Wir haben uns mit der Tatsache abzufinden, daß auch in der Physik grundsätzliche Überzeugungen mächtiger sind als Vernunftgründe, so wie es ja auch in allen anderen menschlichen Bereichen der Fall ist. Meine Aufgabe ist es, einen Bericht von *Einsteins* Werk zu geben und es von meinem eigenen philosophischen Standpunkt aus zu diskutieren.

Einsteins erste Arbeit von 1902, „Kinetische Theorie des Wärmegleichgewichtes und des zweiten Hauptsatzes der Thermodynamik" [1], ist ein bemerkenswertes Beispiel dafür, daß wichtige Ideen, sobald die Zeit reif ist, fast gleichzeitig durch verschiedene Männer an verschiedenen Orten entwickelt werden. *Einstein* sagt in seiner Einleitung, daß bis dahin noch niemand die Bedingungen des Wärmegleichgewichts und des zweiten Hauptsatzes der Thermodynamik aus Wahrscheinlichkeitsüberlegungen mit Erfolg abgeleitet habe, wenn auch *Maxwell* und *Boltzmann* dem sehr nahe waren. *Willard Gibbs* wird von ihm nicht erwähnt. Tatsächlich ist *Einsteins* Arbeit eine Neuentdeckung aller wesentlichen Züge der statistischen Mechanik und offensichtlich in voller Unkenntnis der Tatsache geschrieben, daß dies Gebiet kurz vorher durch *Gibbs* erschlossen worden war (1901; deutsche Übersetzung von *E. Zermelo* allerdings erst 1905). Die Ähnlichkeit ist geradezu verblüffend. Genau wie *Gibbs* untersucht *Einstein* das statistische Verhalten einer virtuellen Gesamtheit gleicher mechanischer Systeme eines sehr allgemeinen Typus. Der Zustand eines einzelnen Systems wird durch verallgemeinerte (*Lagrange*sche) Koordinaten und Geschwindigkeiten beschrieben, die als ein Punkt in einem 2n-dimensionalen „Phasenraum" gedeutet werden. Die Energie ist als eine Funktion dieser Variabeln gegeben. Die einzige Folgerung der dynamischen Gesetze, die benötigt wird, ist das Theorem von *Liouville*, nach dem jeder Bereich in dem 2n-dimensionalen Phasenraum aller Koordinaten und Bewegungsgrößen sein Volumen im Laufe der Zeit behält. Diese Formel ermöglicht es, Bereiche von gleichem Gewicht zu definieren und die Wahrscheinlichkeitsgesetze anzuwenden. Tatsächlich ist *Einsteins* Methode im wesentlichen identisch mit *Gibbs'* Theorie der kanonischen Gesamtheiten. In einer zweiten Arbeit aus dem folgenden Jahre mit dem Titel „Eine Theorie der Grundlagen der Thermodynamik" [2] baut *Einstein* die Theorie auf einer anderen, nicht von *Gibbs* benutzten Grundlage auf, nämlich auf der Betrachtung eines einzelnen Systems im Laufe der Zeit (später von ihm *„Zeit-Gesamtheit"* genannt), und er beweist, daß dieses einer bestimmten virtuellen Gesamtheit vieler Systeme äquivalent ist, nämlich *Gibbs'* mikrokanonischer Gesamtheit. Schließlich zeigt er, daß die kanonische und die mikrokanonische Verteilung zu den gleichen physikalischen Konsequenzen führen.

Einsteins Behandlung des Gegenstandes scheint mir etwas weniger abstrakt zu sein als die von *Gibbs*. Das wird auch dadurch bestätigt, daß

Gibbs für seine Methode kein schlagendes Beispiel vorbrachte, während *Einstein* sofort dazu überging, seine Theoreme auf einen Fall von äußerster Wichtigkeit anzuwenden, nämlich auf Systeme von solcher Größe, daß die Realität der Moleküle und die Richtigkeit der kinetischen Theorie der Materie nachgewiesen werden konnten.

Das war die Theorie der *Brown*schen Bewegung. *Einsteins* Arbeiten über diese sind jetzt leicht zugänglich in einem kleinen Band, den *R. Fürth* herausgegeben und durch Anmerkungen ergänzt hat und den *A. D. Cowper* ins Englische übersetzt hat [3]. In der ersten Arbeit (1905) ist er bemüht, zu zeigen, „daß entsprechend der molekularkinetischen Wärmetheorie Körper von mikroskopisch sichtbarer Größe, die in einer Flüssigkeit suspendiert sind, infolge der molekularen Wärmebewegung Ortsveränderungen von solcher Größe erleiden, daß man sie in einem Mikroskop leicht beobachten kann", und er fügt hinzu, daß diese Bewegungen möglicherweise mit der „*Brown*schen Bewegung" identisch sind, obwohl seine Kenntnis der letzteren zu ungenau sei, um ein endgültiges Urteil zu erlauben.

Der grundlegende Schritt, den *Einstein* unternahm, war die Idee, die kinetische Theorie der Materie aus einer möglichen, einleuchtenden und nutzbringenden Hypothese zu einer Sache der Beobachtung zu machen, indem er Fälle untersuchte, in denen die Molekularbewegung und ihr statistischer Charakter sichtbar gemacht werden können. Es war dies das erste Beispiel eines Phänomens von Wärmeschwankungen, und seine Methode ist das klassische Beispiel für die Behandlung aller anderen. Er betrachtet die Bewegung suspendierter Partikel als einen Diffusionsvorgang unter der Wirkung des osmotischen Drucks und anderer Kräfte, von denen die Reibung, die auf die Viskosität der Flüssigkeit zurückzuführen ist, die wichtigste darstellt. Der logische Schlüssel zum Verständnis des Phänomens liegt in der Feststellung, daß die tatsächliche Geschwindigkeit der suspendierten Partikel, die durch die Stöße der Flüssigkeitsmoleküle erzeugt wird, nicht beobachtet werden kann. Der sichtbare Effekt in einem bestimmten Zeitintervall τ besteht in unregelmäßigen Ortsveränderungen, deren Wahrscheinlichkeit einer Differentialgleichung vom gleichen Typus wie die Diffusionsgleichung genügt. Der Diffusionskoeffizient ist einfach das mittlere Quadrat der Verschiebung geteilt durch 2τ. Auf diese Weise erhielt *Einstein* sein berühmtes Gesetz, das die mittlere geradlinige Verschiebung für τ durch meßbare Größen (Temperatur, Radius der Partikel, Viskosität der Flüssigkeit) und die Anzahl der Moleküle in einem Grammmolekül (*Avogadro*sche Zahl *N*) ausdrückt. Die Einfachheit und Klarheit der Darstellung machen diese Abhandlung zu einer klassischen Arbeit unserer Wissenschaft.

In der zweiten Arbeit (1906) spricht *Einstein* über die Arbeiten von *Siedentopf* (Jena) und *Gouy* (Lyon), die sich durch Beobachtungen überzeugt hatten, daß die *Brown*sche Bewegung tatsächlich durch die Wärmebewegung der Flüssigkeitsmoleküle verursacht ist, und von da ab hielt er es für sicher, daß die „unregelmäßige Bewegung der suspendierten Partikel", die er vorausgesagt hatte, mit der *Brown*schen Bewegung identisch ist. Diese und die folgenden Publikationen sind der Ausarbeitung von Einzelheiten (z. B. der rotierenden *Brown*schen Bewegung) und der Darstellung der Theorie in anderen Formen gewidmet. Aber sie enthalten nichts wesentlich Neues.

Ich denke, diese Forschungen *Einsteins* haben mehr als alles andere dazu beigetragen, die Physiker von der Realität der Atome und Moleküle, von der kinetischen Wärmetheorie und von der fundamentalen Bedeutung der Wahrscheinlichkeit in den Naturgesetzen zu überzeugen. Wenn man diese Arbeiten liest, dann ist man geneigt zu glauben, daß in jener Zeit der statistische Aspekt der Physik *Einsteins* Geist vorwiegend beschäftigte. Aber doch arbeitete er gleichzeitig an der Relativitätstheorie, in der eine strenge Kausalität herrscht. Offensichtlich war es immer seine Überzeugung und ist es noch heute, daß die tiefsten Gesetze der Natur kausal und deterministisch zu verstehen sind, daß die Wahrscheinlichkeitsidee nur nötig ist, um unsere Unwissenheit zu verdecken, wenn wir mit einer großen Anzahl von Partikeln zu tun haben, und daß nur das große Ausmaß dieser Unwissenheit die Statistik in die vorderste Linie gerückt hat.

Die meisten Physiker teilen diese Ansicht heute nicht, und zwar ist der Grund dafür die Entwicklung der Quantentheorie. *Einstein* hat an dieser durch bedeutsame Beiträge teilgenommen. Seine erste, hier bereits erwähnte Arbeit von 1905 wird häufig zitiert als die erste Einführung des Begriffes der Lichtquanten (Photonen) zur Erklärung des photoelektrischen Effekts und ähnlicher Phänomene (des *Stokes*schen Gesetzes der Photolumineszenz, der Photoionisation, usw.). Tatsächlich ist das Hauptargument *Einsteins* widerum von statistischer Art, und die soeben erwähnten Phänomene werden zur Bestätigung herangezogen. Dieses statistische Denken ist sehr charakteristisch für *Einstein* und hinterläßt den Eindruck, daß für ihn die Wahrscheinlichkeitsgesetze im Mittelpunkt stehen und viel wichtiger sind als irgendein anderes Gesetz. Er geht aus von dem fundamentalen Unterschied zwischen einem idealen Gas und einem mit Strahlung erfüllten Hohlkörper. Das Gas besteht aus einer bestimmten Anzahl von Partikeln, während die Strahlung durch eine Reihe von Funktionen im Raum und damit durch eine unbegrenzte Zahl von Variabeln beschrieben wird. Hierin liegt die Wurzel für die Schwierigkeit, das Gesetz der Strahlung des schwarzen Körpers zu finden. Die monochromatische Strahlungsdichte ergibt sich als proportional zur absoluten Temperatur (später bekannt geworden als das Gesetz von *Rayleigh-Jeans*) mit einem von der Frequenz unabhängigen Faktor, und darum wird die totale Dichte unendlich. Um das zu vermeiden, hat *Planck* (1900) die Hypothese eingeführt, daß die Strahlung aus Quanten von begrenzter Größe besteht. *Einstein* allerdings benützt nicht *Plancks* Strahlungsgesetz, sondern das einfachere von *Wien*, das für den Grenzfall einer niedrigen Strahlungsdichte gilt, und er erwartet mit Recht, daß hier der korpuskulare Charakter der Strahlung klarer zum Vorschein kommt. Er zeigt, wie man die Entropie S der Strahlung im schwarzen Körper aus einem gegebenen Strahlungsgesetz (monochromatische Dichte als Funktion der Frequenz) ableiten kann, und dann wendet er *Boltzmanns* Grundbeziehung zwischen der Entropie S und der thermodynamischen Wahrscheinlichkeit W an:

$$S = k \log W$$

(wobei k die Gaskonstante pro Molekül ist), um W zu bestimmen. *Boltzmanns* Ziel bei der Aufstellung dieser Formel war, die physikalische Quantität S auf die kombinatorische Quantität W zurückzuführen, die durch Berechnung aller möglichen Konfigurationen der atomaren Elemente der statistischen Gesamtheit erhalten wird. *Einstein* kehrt diesen Prozeß um: er geht von der bekannten Funktion S aus, um einen Ausdruck für die Wahrscheinlichkeit zu erhalten, der als Schlüssel für die Interpretation der statistischen Elemente verwendet werden kann. (Den gleichen Kunstgriff hat er später in seiner Arbeit über die Wärmeschwankungen angewandt. Obwohl das von beträchtlicher Wichtigkeit in der Praxis ist, möchte ich es hier nur erwähnen, denn es führt keinen neuen Grundbegriff neben dieser „Umkehrung" ein.)

Einstein substituiert die aus dem *Wien*schen Gesetz abgeleitete Entropie in die *Boltzmann*sche Formel und erhält für die Wahrscheinlichkeit des Anteils der Strahlungsenergie E von der Frequenz ν, der gerade in einem Bruchteil αV des Totalvolumens V enthalten ist, die Formel

$$W = \alpha^{E/h\nu} ;$$

das bedeutet, die Strahlung verhält sich, als ob sie aus unabhängigen Energiequanten von der Größe $h\nu$ und Zahl $n = E/h\nu$ besteht. Es wird aus dem Text der Arbeit klar, daß dieses Ergebnis für *Einstein* eine überwältigende Überzeugungskraft besaß und ihn veranlaßte, nach direkten Bestätigungen zu suchen. Er fand sie in den oben erwähnten physikalischen Phänomenen (z. B. im photoelektrischen Effekt), die auf dem Austausch von Energie zwischen Elektron und Licht beruhen. Der Eindruck dieser Entdeckungen auf die Experimentalphysiker war groß. Die Tatsachen selbst nämlich waren vielen bekannt, aber man verknüpfte sie nicht miteinander. Damals war *Einsteins* Gabe, solche Korrelationen intuitiv zu finden, wahrhaft unheimlich. Sie beruhte auf einer gründlichen Kenntnis der experimentellen Tatsachen, verbunden mit einem tiefen Verständnis des gegenwärtigen Standes der Theorie, und dies befähigte ihn, sofort zu erkennen, wo etwas Ungewohntes vorlag. Seine Arbeitsweise in jener Periode war wesentlich empirisch, obwohl er immer die Ausbildung einer in sich geschlossenen Theorie im Auge hatte — sehr im Gegensatz zu seinen späteren Arbeiten, bei denen er sich in zunehmendem Maße von philosophischen und mathematischen Ideen leiten ließ.

Ein zweites Beispiel für die Anwendung dieser Methode ist seine Arbeit über die spezifische Wärme [4]. Sie begann wiederum mit theoretischen Betrachtungen jener Art, die für *Einstein* die stärkste Beweiskraft haben, nämlich mit statistischen Überlegungen. Er bemerkt, daß man *Plancks* Strahlungsformel erhalten kann, wenn man die kontinuierliche Verteilung des statistischen Gewichts im Phasenraum aufgibt, die eine Konsequenz des *Liouville*schen Theorems der Dynamik ist. Statt dessen sollen in schwingenden Systemen von der Art, wie sie in der Strahlungstheorie als Sender und Empfänger gedacht werden, die meisten Zustände ein verschwindendes statistisches Gewicht haben, und nur eine ausgewählte Anzahl, deren Energien ein Vielfaches des Quants betragen, ein endliches Gewicht.

Wenn das so ist, so kann das Quantum nicht eine Sonderheit der Strahlung sein, sondern ist eine Eigenschaft der allgemeinen physikalischen Statistik, und es muß darum auch bei anderen Phänomenen erscheinen, bei denen Oszillatoren im Spiele sind. Diese Überlegung hat offensichtlich *Einsteins* Denken entscheidend beeinflußt und wurde besonders fruchtbar durch seine Kenntnis der Tatsachen und sein unfehlbares Urteil über die Bedeutung der Tatsachen für das Problem. Ich weiß nicht, ob es ihm bekannt war, daß es feste Stoffe gibt, für die die spezifische Wärme pro Mol niedriger ist als ihr normaler Wert von 5,94 Kalorien, wie er durch das Gesetz von *Dulong-Petit* gegeben ist, oder ob er zuerst die Theorie hatte und dann die Tabellen durchsuchte, um Beispiele zu finden. Das Gesetz von *Dulong-Petit* ist eine direkte Konsequenz des Gesetzes der Gleichverteilung in der klassischen statistischen Mechanik; dieses besagt, daß jede Koordinate oder Bewegungsgröße, die ein quadratisches Glied zur Energie beiträgt, die gleiche durchschnittliche Energie besitzt, nämlich $\frac{1}{2}\,RT$ pro Mol, wobei R die Gaskonstante ist. Da R ein wenig kleiner ist als 2 Kalorien pro Grad und Mol und ein Oszillator 3 Koordinaten und 3 Komponenten der Bewegungsgröße hat, muß die Energie eines Mols eines festen Elements pro Temperaturgrad angenähert $6 \times \frac{1}{2} RT$ oder $5{,}94\,T$ Kalorien sein. Bei Substanzen, für die der experimentelle Wert wesentlich niedriger ist, wie es tatsächlich bei Diamant, Bor, Silizium der Fall ist, besteht also ein Widerspruch zwischen den Tatsachen und der klassischen Theorie. Ein anderer ähnlicher Widerspruch findet sich bei einigen Gasen mit mehratomigen Molekülen. *Drude* hatte durch optische Experimente bewiesen, daß die Atome in diesen Molekülen Schwingungen gegeneinander ausführen. Daher müßte die Zahl der schwingenden Einheiten pro Molekül höher als 6 und somit die spezifische Wärme höher als der *Dulong-Petit*-Wert sein. Aber das ist nicht immer der Fall. Ferner bemerkte *Einstein*, daß es vom klassischen Standpunkt unerklärlich ist, warum die Elektronen keinen Beitrag zur spezifischen Wärme liefern. Man mußte schwingende Elektronen im Atom annehmen, um die Ultraviolettabsorption zu erklären; doch tragen sie offensichtlich nicht zur spezifischen Wärme bei, im Widerspruch zum Gesetz der Gleichverteilung.

Alle diese Schwierigkeiten wurden auf einmal durch *Einsteins* Annahme beseitigt, daß die atomaren Oszillatoren nicht dem Gesetz der Gleichverteilung folgen, sondern dem Gesetz, das zu *Plancks* Strahlungsformel führt. Danach ist die mittlere Energie der absoluten Temperatur nicht proportional, sondern nimmt schneller mit fallender Temperatur ab, und zwar auf eine Weise, die noch von den Frequenzen des Oszillators abhängt. Hochfrequente Oszillatoren, wie die Elektronen, tragen danach bei gewöhnlicher Temperatur nichts zur spezifischen Wärme bei, Atome nur, wenn sie nicht zu leicht und nicht zu fest gebunden sind. *Einstein* bestätigte, daß diese Bedingungen im Falle von mehratomigen Molekülen, für die *Drude* die Frequenzen geschätzt hatte, erfüllt sind, und er zeigte, daß die Messungen der spezifischen Wärme des Diamanten recht gut mit der neuen Formel übereinstimmen.

Es ist hier nicht der Ort, die physikalischen Einzelheiten von *Einsteins* Entdeckung zu diskutieren. Ihre Tragweite für die Prinzipien der physikalischen Erkenntnis war groß. Es war nun bewiesen, daß die Quanteneffekte keine spezifische Eigenschaft der Strahlung sind, sondern ein allgemeines Charakteristikum physikalischer Systeme. Die alte Regel „natura non facit saltus" war widerlegt: Es gibt fundamentale Diskontinuitäten, und zwar Energiequanten, nicht nur in der Strahlung, sondern auch in gewöhnlicher Materie.

In *Einsteins* Modell eines Moleküls oder eines festen Körpers sind diese Quanten noch eng mit der Bewegung einzelner schwingender Partikel verknüpft. Aber bald wurde klar, daß eine beträchtliche Verallgemeinerung notwendig ist. Die Atome in Molekülen und Kristallen sind nicht unabhängig voneinander, sondern durch starke Kräfte miteinander verbunden. Deshalb ist die Bewegung einer individuellen Partikel nicht die eines einzelnen harmonischen Oszillators, sondern die Überlagerung vieler harmonischer Schwingungen. Der Träger einer einfachen harmonischen Bewegung ist überhaupt nichts Materielles. Er ist die abstrakte Normalkoordinate, wohl bekannt von der gewöhnlichen Mechanik her. Für Kristalle insbesondere ist jede Normalkoordinate eine stehende Welle. Die Einführung dieser Idee öffnete den Weg zu einer quantitativen Theorie der Thermodynamik der Moleküle und Kristalle und erwies den abstrakten Charakter der neuen Quantenphysik, der sich nun allmählich aus diesen Gedanken herausschälte. Es wurde klar, daß die Gesetze der Mikrophysik von denen der groben Materie fundamental verschieden sind. Niemand hat mehr für die Aufhellung dieser Dinge getan als *Einstein*. Ich kann hier nicht über alle seine Beiträge berichten, sondern will mich auf zwei besonders hervorragende Untersuchungen beschränken. Sie bereiteten den Weg für die neue Mikromechanik, die die Physik heute in weitestem Ausmaß angenommen hat, während *Einstein* selbst abseits steht, kritisch, skeptisch und immer hoffend, daß diese Periode vorübergehen und die Physik zu den klassischen Prinzipien zurückkehren werde.

Die erste dieser beiden Untersuchungen hat es wiederum mit dem Gesetz der Strahlung und der Statistik zu tun [5]. Es gibt zwei Möglichkeiten, die Probleme des statistischen Gleichgewichts anzufassen. Die erste ist der direkte Weg; man kann ihn die kombinatorische Methode nennen: Nachdem man die statistischen Gewichte der Elementarbereiche festgestellt hat, berechnet man die Anzahl der Kombinationen der Elemente, die dem beobachtbaren Zustand entsprechen. Die erhaltene Zahl ist die statistische Wahrscheinlichkeit *W*, aus der man alle physikalischen Eigenschaften erhalten kann (z. B. die Entropie durch die *Boltzmann*sche Formel). Die zweite Methode besteht in der Bestimmung der Geschwindigkeiten des Ablaufs der elementaren Prozesse, die zu dem betrachteten Gleichgewicht führen. Das ist natürlich viel schwieriger; denn es verlangt nicht nur die Berechnung von gleich wahrscheinlichen Fällen, sondern eine Kenntnis des wirksamen Mechanismus. Dafür aber führt dieser Weg viel weiter, indem er nicht nur die Bedingungen für das Gleichgewicht, sondern auch das Gesetz der Geschwindigkeit des Ablaufs solcher Prozesse liefert, die von nicht im Gleichgewicht befindlichen Konfigurationen ausgehen. Klassische Beispiele für diese zweite Methode sind *Boltzmanns* und *Maxwells* Formulierungen der kinetischen Gastheorie. Hier besteht der elementare Mechanismus in den binären Zusammenstößen der Moleküle, deren Anzahl in der Zeiteinheit zur Anzahl jedes der Partner in der Volumeneinheit proportional ist. Aus der Stoßgleichung kann die Verteilungsfunktion der Moleküle nicht nur im statistischen Gleichgewicht bestimmt werden, sondern auch für den Fall der makrophysikalischen Bewegung, des Wärmeflusses, der Diffusion und so weiter. Ein anderes Beispiel ist das Massenwirkungsgesetz nach *Guldberg* und *Waage*. Hier besteht wiederum der elementare Mechanismus in mehrfachen Zusammenstößen von Molekülgruppen, wobei die Atome vereint, getrennt oder ausgetauscht werden, und zwar mit einer Geschwindigkeit, die zur Dichte der Partner proportional ist. Ein Spezialfall dieser elementaren Prozesse ist die einatomige Reaktion, bei der die Moleküle einer bestimmten Art zerfallen mit einer Geschwindigkeit, die zu ihrer Dichte proportional ist. Dieser Fall ist von besonderer Bedeutung in der Kernphysik: er heißt dort das Gesetz des radioaktiven Zerfalls. Während in den wenigen Beispielen der gewöhnlichen Chemie, bei denen man einatomige Reaktionen beobachtet hat, eine Abhängigkeit der Reaktionsgeschwindigkeit von den physikalischen Bedingungen, z. B. der Temperatur, angenommen oder sogar beobachtet werden konnte, trifft das für die Radioaktivität nicht zu. Die Zerfalls-konstante schien eine unveränderliche Eigenschaft des Kerns zu sein, die von außen her auf keine Weise beeinflußt werden kann. Jeder individuelle Kern explodiert in einem Augenblick, der nicht vorausgesagt werden kann. Wenn aber eine große Anzahl von Kernen beobachtet wird, so ist die Durchschnittsgeschwindigkeit des Zerfalls der gesamten Anzahl der Kerne proportional. Es sieht so aus, als ob das Kausalitätsgesetz für diese Prozesse außer Kraft gesetzt ist.

Einstein hat nun gezeigt, daß *Plancks* Strahlungsgesetz auf Prozesse eines ähnlichen Typus, also eines mehr oder weniger akausalen Charakters, zurückgeführt werden kann. Man betrachte zwei stationäre Zustände eines Atoms, etwa den niedrigsten Zustand 1 und den angeregten Zustand 2. *Einstein* nimmt an: Wenn man ein Atom im Zustand 2 findet, so besitzt es eine gewisse Wahrscheinlichkeit, in den Grundzustand 1 zurückzukehren, und zwar indem es ein Photon von einer Frequenz ν_{12} aussendet, die nach dem Quantengesetz dem Energieunterschied zwischen den beiden Zuständen entspricht. Das heißt, in einer großen Masse solcher Atome ist die Anzahl der Atome im Zustand 2, die in der Zeiteinheit in den Grundzustand 1 zurückkehren, proportional zu ihrer ursprünglichen Zahl, genau wie beim radioaktiven Zerfall. Die Strahlung anderseits erzeugt eine gewisse Wahr-scheinlichkeit für den Umkehrprozeß $1 \rightarrow 2$, die Absorption eines Photons von der Frequenz ν_{12}, und diese Wahrscheinlichkeit ist der Strahlungs-dichte für die betreffende Frequenz proportional.

Diese beiden das Gleichgewicht herstellenden Prozesse allein aber würden nicht zu *Plancks* Formel führen. *Einstein* sah sich daher gezwungen, einen dritten Prozeß anzunehmen, nämlich einen Einfluß der Strahlung auf den Emissionsvorgang $2 \rightarrow 1$, „die induzierte Emission", deren Wahrscheinlich-keit ebenfalls proportional zur Strahlungsdichte für die Frequenz ν_{12} ist.

Diese außerordentlich einfache Überlegung führt in Verbindung mit dem elementaren Prinzip der *Boltzmann*-Statistik sofort zur *Planck*schen Formel, und zwar ohne jede Bezugnahme auf die Größe der Übergangswahrschein-lichkeiten. *Einstein* hat damit eine Betrachtung über den Austausch von Bewegungsgröße zwischen Atom und Strahlung verbunden und gezeigt, daß der von ihm vorgeschlagene Mechanismus nicht mit der klassischen Idee sphärischer Wellen im Einklang ist, sondern nur mit einem geschoß-artigen Verhalten der Quanten. Hier wollen wir aber nicht auf diese Seite von *Einsteins* Arbeit eingehen, sondern ihre Bedeutung für die Grundfrage der kausalen und statistischen Gesetze in der Physik erörtern. Von diesem Standpunkt aus ist diese Arbeit *Einsteins* besonders wichtig. Denn sie bedeutete einen entscheidenden Schritt in der Richtung auf ein akausales, indeterministisches Denken. Selbstverständlich weiß ich, daß *Einstein* selbst überzeugt war und noch ist, daß es strukturelle Eigenschaften in dem angeregten Atom gibt, die den genauen Moment der Emission bestimmen, und daß der Wahrscheinlichkeitsbegriff nur infolge unserer unvollkommenen Kenntnis der Vorgeschichte des Atoms hineinspielt. Aber die Tatsache bleibt bestehen, daß er zur Verbreitung des indeterministischen, statistischen Denkens wesentlich beigetragen und es von der Radioaktivität auf andere Bereiche der Physik ausgedehnt hat.

Noch ein anderer charakteristischer Zug in *Einsteins* Arbeit muß erwähnt werden, der ebenfalls beträchtlich dazu beitrug, die indeterministische Physik der Quantenmechanik zu formulieren. Das ist die Tatsache, daß aus der Gültigkeit des *Planck*schen Strahlungsgesetzes die Gleichheit der Wahrscheinlichkeiten für die Absorption ($1 \rightarrow 2$) und für die induzierte Emission ($2 \rightarrow 1$) folgt. Dies war der erste Hinweis, daß die Wechselwirkung in den atomaren Systemen ständig zwei Zustände in symmetrischer Weise verbindet. In der klassischen Mechanik trifft eine von außen kommende Wirkung, wie die Strahlung, auf einen bestimmten Zustand, und das Ergebnis der Wirkung kann aus den Eigenschaften dieses Zustandes und der äußeren Wirkung berechnet werden. In der Quantenmechanik ist jeder Prozeß ein Übergang zwischen zwei Zuständen, die symmetrisch in die Gesetze der Wechselwirkung mit äußeren Systemen eingehen. Diese Symmetrieeigenschaft war ein entscheidender Schlüssel bei der Formulierung der Matrizenmechanik, der frühesten Form der modernen Quantenmechanik. Den ersten Hinweis auf diese Symmetrie gab *Einsteins* Entdeckung von der Gleichheit der auf- und abwärts gerichteten Übergangswahrscheinlichkeiten.

Die letzte von *Einsteins* Untersuchungen, die ich hier diskutieren möchte, ist seine Arbeit über die Quantentheorie einatomiger idealer Gase [6]. Dabei hatte nicht er die ursprüngliche Idee, sondern sie kam von einem indischen Physiker, *S. N. Bose*. Dessen Arbeit erschien in einer Übersetzung von *Einstein* selbst [7], der die Bemerkung hinzufügte, er hielte sie für einen wichtigen Fortschritt. Der wesentliche Punkt in *Boses* Verfahren war der, daß er die Protonen wie Gaspartikel mit der Methode der statistischen Mechanik behandelt, aber mit der Zusatzannahme, daß diese Partikel nicht unterscheidbar sind. Er verteilt nicht individuelle Partikel über eine Reihe von Zuständen, sondern berechnet die Anzahl der Zustände, deren eine gegebene Zahl von nicht unterscheidbaren Partikeln fähig ist. Diese kombinatorische Überlegung führt in Verbindung mit den physikalischen Bedingungen (gegeben ist die Anzahl der Zustände und die Gesamtenergie) sofort zum *Planck*schen Strahlungsgesetz. *Einstein* verallgemeinerte diese Idee durch den Vorschlag, den gleichen Gedankengang auf materielle Atome anzuwenden, um die Quantentheorie einatomiger Gase zu erhalten.

Die Abweichung von den gewöhnlichen Gasgesetzen, die aus dieser Theorie abgeleitet wird, nennt man „Gasentartung". *Einsteins* Arbeiten hierüber erschienen gerade ein Jahr vor der Entdeckung der Quantenmechanik. Eine von diesen Arbeiten enthält überdies (Seite 9 der zweiten Arbeit) eine Bezugnahme auf *de Broglies* berühmte Dissertation und die Bemerkung, daß mit einem Gas ein skalares Wellenfeld verknüpft werden kann. Diese Arbeiten von *de Broglie* und *Einstein* führten *Schrödinger* zur Entwicklung seiner Wellenmechanik, wie er selbst am Ende seiner berühmten Arbeit hierüber bekennt [8]. Die gleiche Bemerkung *Einsteins* stellte ein oder zwei Jahre später die Brücke her zwischen *de Broglies* Theorie und der experimentellen Entdeckung der Elektronenbeugung. Denn als *Davisson* mir seine Ergebnisse über seltsame Maxima in den Reflexionskurven von Elektronen an Kristallen mitteilte, erinnerte ich mich an *Einsteins* Hinweis und veranlaßte *Elsasser,* zu untersuchen, ob diese Maxima als Interferenzfransen der *de Broglie*-Wellen interpretiert werden könnten. *Einstein* ist darum ganz zweifellos beteiligt an der Begründung der Wellenmechanik, und kein Alibi kann das widerlegen.

Ich sehe keinen Weg, wie man die *Bose-Einstein*sche Zählung gleich wahrscheinlicher Fälle ohne die Begriffe der Quantenmechanik rechtfertigen könnte. In dieser wird der Zustand eines Systems gleicher Partikel nicht durch Aufgabe ihrer individuellen Lagen und Bewegungsgrößen beschrieben, sondern durch eine symmetrische Wellenfunktion der Koordinaten. Diese Funktion stellt ganz offensichtlich nur e i n e n Zustand dar. In der klassischen Statistik dagegen kann eine Gruppe gleicher Partikel, selbst wenn sie vollkommen gleichartig sind, noch auf viele Weise zwischen zwei Behälter verteilt werden; mögen die Teilchen auch individuell nicht unterscheidbar sein, so tut das der Tatsache, daß sie Individuen sind, keinen Eintrag. Obwohl Argumente dieser Art eher metaphysisch als physikalisch sind, scheint mir die Verwendung einer symmetrischen Wellenfunktion zur Darstellung eines Zustandes besser zu sein als die Leugnung der Individualität. Diese Denkweise hat nun weiter zu einem anderen Fall von Gasentartung geführt, der von *Fermi* und *Dirac* entdeckt wurde, wobei die Wellenfunktion antisymmetrisch ist, und zu einer Fülle physikalischer Folgerungen, die durch das Experiment bestätigt wurden.

Nach meiner Kenntnis war die *Bose-Einstein*-Statistik *Einsteins* letzter entscheidender positiver Beitrag zur physikalischen Statistik. Seine späteren Bemühungen in dieser Richtung waren zwar von großer Bedeutung für die Anregung zu weiterem Nachdenken und zur Diskussion, aber doch im wesentlichen nur kritisch. Er lehnte es ab, den Anspruch der Quantenmechanik anzuerkennen, sie habe die Partikel- und Wellenvorstellung der Strahlung miteinander versöhnt. Dieser Anspruch basiert auf einer völligen Neuorientierung der physikalischen Prinzipien: Die kausalen Gesetze werden durch statistische, der Determinismus wird durch den Indeterminismus ersetzt. Ich habe versucht, zu zeigen, daß *Einstein* selbst den Weg zu dieser Einstellung gebahnt hat. Aber in seiner Philosophie ist ein Prinzip enthalten, das es ihm unmöglich macht, diesen Weg zu Ende zu gehen. Was ist das für ein Prinzip?

Einsteins Philosophie ist nicht systematisch in einem Buche niedergelegt, wo man sie lesen könnte. Man muß sich schon der Mühe unterziehen, sie aus seinen Arbeiten über Physik und aus einigen mehr allgemeinen Artikeln und Schriften heraus zu destillieren. Ich habe bei ihm keine bestimmte Antwort auf die Frage „Was ist Wahrscheinlichkeit?" gefunden. Auch hat er nicht an den Diskussionen teilgenommen, die über *von Mises'* Definition und ähnliche Bemühungen entbrannt sind. Ich vermute, er lehnt sie als metaphysische Spekulationen ab und macht gar seine Scherze darüber. Von Anfang an hat er die Wahrscheinlichkeit als ein geistiges Werkzeug der Naturforschung angesehen, nicht anders als irgendeine andere wissenschaftliche Methode. Er hat sicherlich sehr bestimmte Überzeugungen von dem Wert solcher Werkzeuge. Seine Haltung gegenüber der Philosophie und der Erkenntnistheorie ist aus seinem Nachrufartikel auf *Ernst Mach* zu entnehmen [9]:

„Wenn ich mich nicht aus äußeren Gründen, wie Gelderwerb, Ehrgeiz, und auch nicht oder wenigstens nicht ausschließlich des sportlichen Vergnügens, der Lust am Gehirnturnen wegen, einer Wissenschaft zuwende, so muß mich als Jünger dieser Wissenschaft die Frage brennend interessieren: Was für ein Ziel will und kann die Wissenschaft erreichen, der ich mich hingebe? Inwiefern sind deren allgemeine Ergebnisse „wahr"? Was ist wesentlich, was beruht nur auf Zufälligkeiten der Entwicklung?"

Etwas später im gleichen Artikel formuliert er *sein empirisches Glaubensbekenntnis* in folgenden Worten:

„Begriffe, welche sich bei der Ordnung der Dinge als nützlich erwiesen haben, erlangen über uns leicht eine solche Autorität, daß wir ihres irdischen Ursprungs vergessen und sie als unabänderliche Gegebenheiten hinnehmen. Sie werden dann zu ‚Denknotwendigkeiten', ‚Gegebenen a priori' usw. gestempelt. Der Weg des wissenschaftlichen Fortschrittes wird durch solche Irrtümer oft für lange Zeit ungangbar gemacht. Es ist deshalb durchaus keine müßige Spielerei, wenn wir darin geübt werden, die längst geläufigen Begriffe zu analysieren und zu zeigen, von welchen Umständen ihre Berechtigung und Brauchbarkeit abhängt, wie sie im einzelnen aus den Gegebenheiten der Erfahrung herausgewachsen sind. Dadurch wird ihre allzugroße Autorität gebrochen. Sie werden entfernt, wenn sie sich nicht ordentlich legitimieren können, korrigiert, wenn ihre Zuordnung zu den gegebenen Dingen allzu nachlässig war, durch andere ersetzt, wenn sich ein neues System aufstellen läßt, das wir aus irgendwelchen Gründen vorziehen."

Das ist das Wesen des jungen *Einstein*. Ich bin gewiß, die Prinzipien der Wahrscheinlichkeit waren damals für ihn von der gleichen Art wie alle anderen Begriffe, die man für die Beschreibung der Natur verwendet und die in den zitierten Worten so eindrucksvoll formuliert sind. Der heutige *Einstein* hat sich gewandelt. Ich führe hier einige Sätze an aus einem Briefe, den ich von ihm vor einigen Jahren erhielt (7. November 1944): „In unserer wissenschaftlichen Erwartung haben wir uns zu Antipoden entwickelt. Du glaubst an den würfelnden Gott und ich an volle Gesetzmäßigkeit in einer Welt von etwas objektiv Seiendem, das ich auf wild spekulative Weise zu erhaschen suche." Diese Spekulationen unterscheiden tatsächlich sein heutiges Werk von dem, was er früher geschrieben hat. Aber wenn überhaupt jemand das Recht hat zu spekulieren, so ist er es, dessen fundamentale Ergebnisse gleich Felsen dastehen. Was er erstrebt, ist eine allgemeine Feldtheorie, die die strenge Kausalität der klassischen Physik bewahrt und die Anwendung der Wahrscheinlichkeit darauf beschränkt, unser Nichtwissen von den Anfangsbedingungen oder, wenn man lieber will, der Vorgeschichte aller Einzelheiten des betrachteten Systems zu verhüllen. Hier ist nicht der Ort die Frage zu erörtern, ob man das erreichen kann. Aber ich möchte eines bemerken und mich dabei *Einsteins* bilderreicher Sprache bedienen: Wenn Gott die Welt zu einem vollkommenen mechanischen System gemacht hat, so hat er unserem unvollkommenen Verstand mindestens so viel zugestanden, daß wir, um kleine Teilvorgänge in diesem System voraussagen zu können, nicht unbedingt unzählige Differentialgleichungen lösen müssen, sondern mit Aussicht auf Erfolg zu den Würfeln greifen können. Daß das so ist, habe ich mit vielen meiner Zeitgenossen von *Einstein* selbst gelernt. Ich denke, diese Situation hat sich durch die Einführung der Quantenstatistik nicht sehr verändert. Immer noch sind es wir sterblichen Menschen, die für unsere kleinen Zwecke der Voraussage Würfel spielen, und Gottes Wirken ist in der klassischen *Brown*schen Bewegung ebenso geheimnisvoll wie in der Radioaktivität und der Quantenstrahlung, oder im ganzen Leben überhaupt.

Einstein hat seine Unzufriedenheit mit der modernen Physik nicht nur in allgemeiner Weise zum Ausdruck gebracht, der man in einer ähnlichen allgemeinen und unbestimmten Weise Rede und Antwort stehen könnte, sondern auch in sehr substantiierten Arbeiten, in denen er seine Einwände gegen bestimmte Behauptungen der Wellenmechanik formuliert hat. Von diesen wurde am bekanntesten seine mit *Podolsky* und *Rosen* [10] gemeinsam publizierte Abhandlung. Daß diese sehr tief in die logischen Grundlagen der Quantenmechanik eingreift, ist an dem Echo erkennbar, das sie hervorrief. *Niels Bohr* hat ausführlich geantwortet. *Schrödinger* hat seine eigenen skeptischen Ansichten über die Interpretation der Quantenmechanik publiziert. *Reichenbach* befaßt sich mit diesem Problem in dem letzten Kapitel seines ausgezeichneten Buches „Philosophic Foundations of Quantum Mechanics" und zeigt, daß eine vollständige Behandlung der von *Einstein, Podolsky* und *Rosen* vorgebrachten Schwierigkeiten eine Revision der Logik selbst erfordert. Er führt eine „dreiwertige" Logik ein, in der es neben den Wahrheitswerten „wahr" und „falsch" noch einen Zwischenwert gibt, den er „unbestimmt" nennt; mit anderen Worten, er lehnt das alte Prinzip des „tertium non datur" ab, was auch schon vorher von *Brouwer* und anderen Mathematikern aus rein mathematischen Gründen gefordert wurde. Ich bin kein Logiker und glaube bei solchen Disputationen immer demjenigen Fachmann, der gerade zuletzt mit mir gesprochen hat. Meine Haltung gegenüber der Statistik in der Quantenmechanik ist kaum durch formale Logik beeinflußt, und ich vermute, daß das auch für *Einstein* gilt. Daß seine Meinung in dieser Frage von der meinigen abweicht, ist bedauerlich, aber eine logische Auseinandersetzung zwischen uns kann hier nicht weiterführen. Die Abweichung basiert auf einer unterschiedlichen Gesamterfahrung in unserem Werk und in unserem Leben. Aber trotzdem bleibt er mein hochverehrter Meister.

Literatur

[1] Ann. Phys. (4. Reihe) 9 (1902) S. 477.

[2] Ann. Phys. (4. Reihe) 11 (1903) S. 170.

[3] *R. Fürth:* „Schwankungserscheinungen in der Physik", Friedr. Vieweg & Sohn, Braunschweig (1920). *A. D. Cowper:* „Investigations on the Theory of the Brownian Movement", Methuen & Co., London (1926).

[4] „Die *Planck*sche Theorie der Strahlung und die Theorie der spezifischen Wärme", Ann. Phys. (4. Reihe) 22 (1907) S. 180.

[5] „Zur Quantentheorie der Strahlung", Phys. Z., Jg. 18 (1917) S. 121.

[6] Berliner Ber., 1924, S. 261; 1925, S. 318.

[7] *S. N. Bose:* Z. Phys. 26 (1924) S. 178.

[8] „Quantisierung als Eigenwertproblem", Ann. Phys. (4. Reihe) 70 (1926) S. 361, vgl. S. 373.

[9] Phys. Z. 17 (1916) S. 101.

[10] *A. Einstein, B. Podolsky, N. Rosen:* „Can Quantum Mechanical Description of Physical Reality be Considered Complete?" Phys. Rev. 47 (1935) S. 777.

8 Physik und Metaphysik*)

Der Gegenstand, den ich behandeln möchte, liegt auf der Grenze zweier Forschungsgebiete; man sollte deswegen erwarten, daß ich mit ihnen beiden vertraut wäre. Obwohl ich mich aber auf ziemlich festem Boden fühle, wenn ich über Physik spreche, so kann ich doch in keiner Weise den Anspruch erheben, ein Fachmann für das zu sein, was üblicherweise in philosophischen Büchern und Vorlesungen unter dem Titel „Metaphysik" behandelt wird. Was ich davon weiß, sind nur mehr oder weniger deutliche Erinnerungen aus meiner Studentenzeit, aufgefrischt durch etwas sporadische Lektüre. Lange Jahre der Vernachlässigung haben aber den tiefen Eindruck nicht zerstört, den in meiner Jugend auf mich die uralten Versuche gemacht haben, die brennendsten Fragen des menschlichen Geistes zu beantworten: die Fragen nach dem letzten Sinn der Existenz, nach dem Universum in seiner Gesamtheit und der Rolle, die wir darin spielen, nach Leben und Tod, Wahrheit und Irrtum, Tugend und Laster, Gott und Ewigkeit. Aber ebenso tief wie dieser Eindruck von der Wichtigkeit der Probleme ist die Erinnerung an die Vergeblichkeit des Bemühens. Es schien keinen stetigen Fortschritt zu geben, wie wir ihn in den speziellen Wissenschaften finden. Wie so viele andere wandte ich der Philosophie den Rücken und fand Befriedigung auf einem begrenzten Felde, wo Probleme wirklich gelöst werden können. Allein, nun da ich alt werde, fühle ich wie viele andere, deren produktive Kräfte abnehmen, den Wunsch, die Ergebnisse der wissenschaftlichen Forschung, an der ich während mehrerer Jahrzehnte einen kleinen Anteil gehabt habe, zusammenzufassen. Das führt unausweichlich zurück zu jenen ewigen Fragen, die unter dem Titel „Metaphysik" laufen.

Lassen Sie mich zwei Definitionen der Metaphysik seitens moderner Philosophen zitieren. *William James* sagt: „Metaphysik ist ein ungewöhnlich hartnäckiges Bemühen, klar zu denken." *Bertrand Russell* sagt: „Metaphysik oder der Versuch, die Welt als ein Ganzes durch Denken zu erfassen." Diese Formulierungen betonen zwei wichtige Seiten. Die eine die Methode: hartnäckiges, klares Denken; die andere den Gegenstand: die Welt als Ganzes. Ist aber jeder Fall von hartnäckigem, klarem Denken

*) Joule Memorial Lecture, 1950. Aus dem Englischen, Memoirs and Proceedings of the Manchester Library and Philosophical Society, Bd. 91, übersetzt und veröffentlicht in Naturwissenschaftliche Rundschau 1955, S. 295.

Metaphysik? Jeder Naturwissenschaftler, jeder Historiker, Philologe und sogar jeder Theologe würde den Anspruch erheben, daß er klar denkt. Andererseits ist die Welt als Ganzes ein Gegenstand, der nicht nur ungeheuer groß, sondern auch vermutlich nicht abgeschlossen ist, der in jedem Moment die Möglichkeit neuer Entdeckungen bietet und deshalb nicht ausgeschöpft und wahrscheinlich überhaupt unerschöpflich ist. Kurz: die Welt, die wir kennen, ist niemals ein Ganzes. Ich werde am Schluß hierauf zurückkommen.

Ich schlage vor, das Wort „Metaphysik" in einem bescheideneren Sinne zu gebrauchen, sowohl hinsichtlich der Methode als des Gegenstandes, nämlich als: „Untersuchung der allgemeinen charakteristischen Züge der Struktur der Welt und unserer Methoden, diese Struktur zu ergründen." Insbesondere will ich die Frage erörtern, ob die Physik etwas Wesentliches zu diesem Problem beigetragen hat. Der Fortschritt der Physik ist, wie wir alle wissen, während der letzten paar Jahre ziemlich aufregend gewesen, und das physikalische Weltbild hat sich in dem halben Jahrhundert meines eigenen Lebens als Wissenschaftler durch und durch geändert. Indessen sind die Methoden des Physikers im wesentlichen immer die gleichen geblieben: Er stellt Experimente an, beobachtet Regelmäßigkeiten, formuliert diese in mathematischen Gesetzen, sagt mit Hilfe dieser Gesetze neue Erscheinungen voraus, vereinigt die verschiedenen empirischen Gesetze zu zusammenhängenden Theorien, die unserem Bedürfnis nach Harmonie und logischer Schönheit genügen, und schließlich prüft er diese Theorien wieder durch Vorhersagen. Die erfolgreichen Voraussagen sind die Glanzpunkte der theoretischen Physik, wie wir sie in unserer Zeit im Falle der *de Broglie*-Wellen, des *Dirac*schen Positrons, des *Yukawa*-Mesons und vieler solcher Fälle mehr miterlebt haben.

Die Fähigkeit, Voraussagen zu machen, ist der Hauptanspruch der Physik. Er gründet sich auf die Anerkennung des Prinzips der Kausalität, welches in seiner allgemeinsten Form die Annahme unveränderlicher Naturgesetze bedeutet. Es ist aber allgemein bekannt, daß die moderne Physik sich veranlaßt gesehen hat, dieses Prinzip in Frage zu stellen. Hier haben wir den ersten metaphysischen Begriff, über den ich einige Ausführungen machen möchte.

Eng verbunden damit ist die Vorstellung der Realität. Die skeptische Haltung gegenüber der Kausalität ist in der Atomphysik aufgekommen, wo die Gegenstände unseren Sinnen nicht unmittelbar zugänglich sind, sondern nur indirekt, mit Hilfe mehr oder weniger komplizierter Apparate. Diese letzten Gegenstände der Physik sind Teilchen, Kräfte, Felder und so weiter. Welche Art Realität kann man ihnen zuschreiben? Das führt auf die allgemeinere Frage der Beziehung zwischen Subjekt und Objekt, der Existenz einer objektiven physikalischen Welt unabhängig vom beobachtenden Subjekt, und so zurück zu *Russells* Problem, ob eine Vorstellung von der Welt als Ganzem tatsächlich möglich ist.

Die Beziehung von Ursache und Wirkung gebraucht man im gewöhnlichen Leben auf zwei recht verschiedene Weisen, die durch die beiden folgenden Sätze erläutert seien: „Das kapitalistische System ist die Ursache von Wirtschaftskrisen" und „Die Wirtschaftskrise von 1930 wurde durch eine Panik an der New Yorker Börse verursacht". Der erste Satz stellt eine allgemeine Regel oder ein Gesetz fest, unabhängig vom Zeitablauf; der zweite erklärt, daß ein bestimmtes Ereignis in der Zeit die notwendige Folge eines anderen bestimmten Ereignisses gewesen ist. Beide Fälle haben den Gedanken der Notwendigkeit miteinander gemein. Das ist ein etwas mystischer Begriff, zu dessen weiterer Analyse ich mich völlig außerstande fühle und den ich als metaphysisch anzuerkennen bereit bin. Die klassische Physik hat offiziell die zweite Form der Kausalität angenommen, als einer notwendigen Folge in der Zeit. Dies hat seine Wurzel in der Entdeckung der Grundgesetze der Mechanik durch *Galilei* und *Newton*. Diese Gesetze erlauben die Vorhersage künftiger Ereignisse aus vorhergehenden — oder umgekehrt. Mit anderen Worten: sie sind deterministisch. Eine Welt, die von ihnen allein beherrscht würde, wäre eine gigantische Maschine. Die vollkommene Kenntnis der Situation zu einem gegebenen Zeitpunkt würde die Situation zu jeder anderen Zeit bestimmen. Dieser Art von Determinismus wurde von den Physikern des vergangenen Jahrhunderts als die einzige vernünftige Deutung der Kausalität angesehen; in dem sie davon Gebrauch machten, rühmten sie sich, aus der Physik die letzten Überbleibsel methaphysischen Denkens beseitigt zu haben.

Mir scheint jetzt, daß diese Gleichsetzung von Determinismus und Kausalität willkürlich und verwirrend ist. Es gibt deterministische Beziehungen, die nicht kausal sind — zum Beispiel jeder Fahrplan oder jede Programmfolge. Um einen ganz banalen Fall zu nehmen: Auf Grund eines Varieté-Programms kann man wohl die Reihenfolge der Auftritte voraussagen, wird aber schwerlich behaupten, daß die Akrobaten von Szene Nr. 5 die Liebesszene Nr. 6 verursacht haben. — Zurück zur Wissenschaft! Das ptolemäische Weltsystem ist eine deterministische, aber nicht kausale Deutung. Dasselbe kann man von den Kreisen des *Kopernikus* und den Ellipsen *Kepplers* sagen. Sie sind — in der üblichen wissenschaftlichen Terminologie — kinematische Beschreibungen, aber keine kausalen Erklärungen. Denn es wird keine Ursache der Erscheinungen angegeben außer der letzten Ursache, die in dem Willen des Schöpfers liegt. Dann kamen die dynamischen Theorien von *Galilei* und *Newton*. Wenn man sich streng daran hält, daß das einzige Ziel der Theorie die deterministische Vorhersage sei, wäre der Fortschritt, den die Einführung der Dynamik in die Astronomie gebracht hat, lediglich in einer beträchtlichen Verkürzung und Vereinfachung der Gesetze zu sehen. Als ich vor 50 Jahren in Deutschland studierte, herrschte dieser Standpunkt in der ihm von *Kirchhoff* gegebenen Formulierung vor: das Ziel der Naturforschung ist eine gedrängte Beschreibung der Vorgänge. Er wird heute noch von weiten Kreisen geteilt.

Ich glaube, die Entdeckung der Mechanik war eine viel grundlegendere Angelegenheit. *Galilei* zeigte, daß eine bestimmte, mit der Fallbewegung eines Körpers verbundene Größe, nämlich seine Beschleunigung, von dem Körper und seiner Geschwindigkeit unabhängig ist und nur von seiner Lage in bezug auf die Erde abhängt. *Newton* zeigte das Entsprechende für die Planeten, wo die Beschleunigung nur von der Entfernung von der Sonne abhängt. Das scheint mir etwas mehr als eine kurze und wirksame Beschreibung von Tatbeständen zu sein. Es bedeutet die Einführung eines quantitativen Ausdruckes der Beziehung von Ursache und Wirkung in allgemeinster Form, durch den Begriff der Kraft. Damit wird der, den älteren kinematischen Theorien fremde Gedanke eingeführt, daß eine Gruppe von Daten (in diesem Falle: Orten) eine ganz andere Gruppe von Daten (in diesem Falle: Beschleunigungen) „verursacht". Das Wort „verursacht" bedeutet genau: „quantitativ determiniert", und das Kraftgesetz drückt im einzelnen aus, wie die Wirkung von der Ursache abhängt.

Diese Deutung der Gesetze der Mechanik bringt sie in Einklang mit der gewöhnlichen Praxis des Naturwissenschaftlers. Ein Experiment wird vorbereitet, das heißt bestimmte Beobachtungsbedingungen werden hergestellt; dann wird die Wirkung beobachtet, bisweilen zu einem späteren Zeitpunkt, häufiger aber während der ganzen Zeit, in der die Bedingungen gelten. Es ist die zeitlose Beziehung zwischen Beobachtung und Beobachtungsbedingungen (Apparatur), welche das reale Objekt der Naturwissenschaft ist. Nach meiner Auffassung ist dies der wirkliche Sinn des Kausalitätsprinzips — im Unterschied vom Determinismus, der eine spezielle und fast zufällige Eigenschaft der Gesetze der Mechanik darstellt (die dadurch zustande kommt, daß die eine Klasse der darin eingehenden Größen aus Beschleunigungen, also Ableitungen nach der Zeit, besteht).

Wenn man von diesem Gesichtspunkt aus die Geschichte der Physik während der letzten Jahrhunderte betrachtet (wie ich es in meinen Waynflete-Vorlesungen versucht habe, die unter dem Titel: „Natural Philosophy of Cause and Chance" erschienen sind), gewinnt man den folgenden Eindruck.

Die Physik hat gerade diese zeitlose Beziehung von Ursache und Wirkung in ihrer täglichen Praxis benutzt, in der theoretischen Deutung aber einen anderen Begriff angewendet. Die Theorie betrachtete Kausalität als gleichbedeutend mit Determinismus, und da die deterministische Form der mechanischen Gesetze eine empirische Tatsache ist, wurde diese Interpretation als ein großer Erfolg in dem Bestreben um die Beseitigung dunkler metaphysischer Begriffe begrüßt. Indessen haben diese Begriffe eine seltsame Art, sich durchzusetzen. Im täglichen Leben hat die Kausalität zwei Merkmale, die ich der Kürze willen die Prinzipien der Nahwirkung (contiguity) und der Aufeinanderfolge (antecedence) nennen werde. Das erste Prinzip erklärt, daß Dinge nur auf benachbarte Dinge oder durch eine Kette miteinander in Berührung stehender Dinge wirken können; das zweite besagt, daß die Ursache der Wirkung vorausgehen muß, wenn sich Ursache und Wirkung auf Situationen zu verschiedenen Zeiten beziehen.

Beide Prinzipien werden durch die *Newton*sche Mechanik verletzt, da die Schwerkraft über jede beliebige Entfernung im leeren Raume wirkt und da die Gesetze der Bewegung zwei Konfigurationen zu verschiedenen Zeiten in vollkommen symmetrischer und umkehrbarer Weise miteinander verknüpfen. Man kann die ganze Entwicklung der klassischen Physik als einen Kampf zur Wiedereinsetzung dieser beiden wesentlichen Züge der Begriffe von Ursache und Wirkung ansehen. Die Verfahren zur mathematischen Beherrschung der Nahwirkung wurden durch *Cauchy* und andere entwickelt, indem sie die Mechanik auf kontinuierliche Medien ausdehnten. Der Gedanke der Nahwirkung spielte eine führende Rolle in *Faradays* Untersuchungen über Elektrizität und Magnetismus und führte zu *Maxwells* Vorstellung von einem Kraftfeld, das sich mit endlicher Geschwindigkeit ausbreitet. Dieses wurde durch die Entdeckung der elektromagnetischen Wellen von *Hertz* bald bestätigt. Schließlich wurden *Newtons* Bewegungsgesetze mit der Nahwirkung durch *Einsteins* relativistische Theorie des Gravitationsfeldes in Einklang gebracht. Keine moderne Wechselwirkungstheorie ist denkbar, welche dieses Prinzip verletzen würde.

Das Prinzip der Aufeinanderfolge hat eine sehr viel verwickeltere Geschichte und kein glückliches Ende. Es erforderte viel Anstrengung, bis man entdeckte, daß in der Physik der Unterschied zwischen Vergangenheit und Zukunft mit der Nichtumkehrbarkeit der Wärme-Erscheinungen verbunden ist und bis man dieses Ergebnis mit der Umkehrbarkeit der Mechanik durch die Entwicklung der Atomlehre und der statistischen Methoden verträglich machte. Ich glaube, dieses Ergebnis, das auf den Arbeiten von *Maxwell, Boltzmann, Gibbs* und *Einstein* beruht, stellt eine der größten wissenschaftlichen Leistungen überhaupt dar. Die deterministische Deutung der Kausalität konnte für die atomare Welt aufrechterhalten und dennoch die scheinbare Gültigkeit des Prinzips der Aufeinanderfolge als ein Effekt des statistischen Gesetzes großer Zahlen verstanden werden. Indessen trug diese Deutung den Ansatz zur Selbstvernichtung eines ihrer Tragpfeiler in sich. Sie machte die Bahn frei für das Studium der Atomwelt — die schließlich zu dem Ergebnis kam, daß die vorausgesetzte Gültigkeit der *Newton*schen Mechanik in der Mikrowelt nicht zutrifft. Die neue Quantenmechanik erlaubt keine deterministische Deutung; da aber die klassische

Physik Kausalität mit Determinismus gleichgesetzt hat, scheint das letzte Stündlein der kausalen Naturerklärung gekommen zu sein.

Ich teile diese Ansicht keineswegs. Sie macht nicht viel aus bei Erörterungen zwischen Gelehrten, die genau wissen, über was sie sprechen. Sie ist aber gefährlich, wenn sie gebraucht wird, um Nichtwissenschaftlern die jüngsten Ergebnisse der Naturwissenschaft zu erläutern. Extreme schaden immer. Die deterministisch-mechanistische Auffassung brachte eine Philosophie hervor, die vor den offenkundigsten Erfahrungstatsachen die Augen schloß. Aber eine Philosophie, die nicht nur den Determinismus, sondern damit zugleich auch jede Verursachung ablehnt, scheint mir ebenso absurd zu sein. Ich glaube aber, es gibt eine vernünftige Definition der Beziehung von Ursache und Wirkung, die ich schon erwähnt habe und die darin besteht, daß eine bestimmte Situation von einer andern (ungeachtet der Zeit) auf eine durch quantitative Gesetze beschreibbare Weise abhängt.

Ich werde jetzt zeigen, wie dies auch in der Quantenmechanik trotz ihres indeterministischen Charakters noch gilt und wie der scheinbare Verlust durch ein anderes Grundprinzip, genannt Komplementarität, ausgeglichen wird, welches von großer philosophischer und praktischer Bedeutung ist.

Diesen neuen Begriff verdanken wir *Niels Bohr*, dem großen dänischen Physiker, der einer der Anführer in der Entwicklung der Quantenmechanik war — nicht nur, was die Physik selbst angeht, sondern auch hinsichtlich der philosophischen Auswirkungen. Ich will versuchen, die Hauptgedanken zu skizzieren und sie mit meinen, ein klein wenig abweichenden Formulierungen abzustimmen.

Wie wir wissen, verbindet *Plancks* Grundgesetz der Quantentheorie eine Energie E mit einer Frequenz ν durch die einfache Formel $E = h\nu$, wo h eine Konstante ist. Dieses Gesetz wurde von *Einstein* und *de Broglie* später ausgedehnt von der Zahl der Schwingungen ν pro Zeiteinheit auf die Zahl der Wellen $\varkappa$ pro Einheitslänge, welche mit einem mechanischen Impuls p durch die entsprechende Formel $p = h\varkappa$ verbunden ist — mit der gleichen Konstante h.

Daß dies so ist, haben unzählige direkte Experimente und mehr oder weniger indirekte Schlüsse aus Beobachtungen bestätigt. Immer, wenn ein Vorgang in periodische Komponenten mit bestimmten Perioden in Zeit und Raum — das heißt bestimmten ν und $\varkappa$ — aufgelöst werden kann, besteht seine Wirkung auf die Bewegung von Partikeln in der Übertragung von Energie und Impuls entsprechend diesem Gesetz. Das ist eine empirische Tatsache, die als unbestreitbar angenommen werden muß, bevor man ihre Folgerungen erörtern kann.

Nun ist diese Tatsache freilich so außerordentlich seltsam, daß es viele Jahre währte, bis die Physiker sie ernsthaft zu erwägen begannen. *Niels Bohr* selbst brauchte das Wort „irrational", um den neuen von *Planck* entdeckten Zug der physikalischen Welt zu beschreiben. Warum irrational? Weil Energie und Impuls eines Teilchens sich definitionsgemäß auf ein äußerst kleines Gebiet im Raum beziehen, praktisch auf einen Punkt, während Frequenz und Wellenzahl – wiederum definitionsgemäß – auf einen sehr weiten, praktisch unendlichen, Bereich von Zeit und Raum bezogen sind. Dieser zuletzt genannte Umstand erscheint vielleicht nicht so unmittelbar einleuchtend wie der erste. Wenn man sagt: „Ich höre den Ton einer Klaviersaite gut definiert, auch wenn sie im schärfsten Staccato angeschlagen wird", so trifft das praktisch zu, weil unser Ohr kein sehr empfindliches Instrument für den Nachweis geringfügiger Verzerrungen ist. Aber ein Fernmeldeingenieur weiß sehr wohl, daß durch das Staccato eine Verzerrung entsteht. Ein Ton, der nur eine im Vergleich mit seiner Schwingungsperiode kurze Zeit andauert, ist nicht mehr rein, sondern wird von anderen Tönen begleitet, deren Frequenzen sich über ein Intervall $\Delta \nu$ um das ursprüngliche Intervall erstrecken. Wenn die Dauer immer kürzer wird, so wird das Intervall breiter und breiter, bis man schließlich überhaupt keinen Ton mehr hört, sondern nur einen Lärm, ein kurzes Geräusch. Da das moderne Fernmeldewesen auf dem Prinzip der Modulation beruht, das heißt darauf, daß ein hochfrequenter Wechselstrom im Rhythmus der Zeichen unterbrochen oder in seiner Stärke gemäß den verhältnismäßig langsamen Schwingungen der Sprache oder Musik moduliert wird, liegt es auf der Hand, daß der Vollkommenheit der Übertragung eine Grenze gesetzt ist. Wenn Δt die Dauer eines Tones der Frequenz ν ist, so existiert eine relative Grenze der Erkennbarkeit, die der Größenordnung nach durch $\Delta t\, \Delta \nu \approx 1$ gegeben ist. Die mathematische Analyse dieser Beziehungen wurde zuerst von *Fourier* in einer Untersuchung über die Wärmeleitung vor fast eineinhalb Jahrhunderten gegeben. Der Kernpunkt ist, daß die ideale oder harmonische Schwingung, der allein eine scharfe Frequenz zugeordnet werden kann, im Zeit-Amplituden-Diagramm als endloser Zug von Sinuswellen erscheint. Jede andere Kurve, zum Beispiel eine auf ein bestimmtes Zeitintervall beschränkte Welle, ist eine Überlagerung harmonischer Wellen und hat ein ganzes „Spektrum" von ν-Werten. Das gleiche gilt für die Ausbreitung von Wellen im Raum, wo man außer der zeitlichen noch eine räumliche Periodizität hat, die durch die Wellenzahl $\varkappa$ gemessen wird. Zwischen der Länge Δl eines Wellenzuges und der Breite $\Delta \varkappa$ des $\varkappa$-Spektrums besteht die Beziehung $\Delta l\, \Delta \varkappa \approx 1$. Es gibt keine andere Möglichkeit, auf logische Weise periodische Prozesse oder Wellen so zu behandeln, als diese *Fourier*-Analyse. Praktische Anwendungen haben die Theorie bestätigt.

Kehren wir zurück zur Quantenphysik! Die „Irrationalität" kann jetzt präziser formuliert werden. Um ν und $\varkappa$ scharf zu definieren, muß man $\Delta \nu$ und $\Delta \varkappa$ sehr klein halten. Daher sind dann die zeitliche Dauer $\Delta t \approx 1/\Delta \nu$ und die räumliche Ausdehnung $\Delta l \approx 1/\Delta \varkappa$ sehr groß. Bis dahin ist nichts anders als im Falle der Akustik oder der Nachrichtenübertragung und nichts besonders erstaunlich. Wenn man aber die Beziehungen $E = h\nu$ und $p = h\varkappa$ benutzt, und die obige Bedingung in der Form schreibt: $\Delta t \, \Delta E \approx h$; $\Delta l \, \Delta p \approx h$, so kommt die paradoxe Situation zutage, daß mit einem winzigen Teilchen von scharfer Energie und scharfem Impuls (das heißt kleinen ΔE und Δp) lange Zeit- und Raum-Intervalle Δt und Δl verbunden sind. Es erhebt sich die Frage, was die Bedeutung von Δt und Δl sein mag?

Die einzig mögliche Antwort ist, daß sie die Grenzen für die Festlegung der Lage des Teilchens in Zeit und Raum angeben. Sie sind in der Tat nichts anderes als *Heisenbergs* viel erörterte Unschärfe- Beziehungen.

So versteht man, daß schon die allerersten Quantengesetze mit Notwendigkeit zu einer gegenseitigen Einschränkung der Genauigkeit führen, die bei Ortsbestimmungen in Raum und Zeit auf der einen Seite und bei der Bestimmung von Energie und Impuls auf der anderen Seite erreichbar ist. Wie *Bohr* betont hat, stehen wir hier vor einer logischen Alternative. Wir müssen entweder die Gültigkeit eines gewaltigen Erfahrungsmaterials anzweifeln, das die Quantengesetze $E = h\nu$ und $p = h\varkappa$ bestätigt, oder aber die Existenz jener Grenzen annehmen für die Bestimmung solcher Paare von Größen wie Zeit und Energie, Ortskoordinate und Impuls, Größen, die in der Sprache der Mechanik konjugiert heißen. Am bemerkenswertesten ist wohl, daß es trotz der vollkommen neuen und revolutionären Grundsituation möglich gewesen ist, eine Quantenmechanik zu entwickeln, die eine direkte Verallgemeinerung der klassischen Mechanik darstellt, äußerst einfach in ihrer mathematischen Form und beträchtlich vollkommener in ihrer Struktur. Gewiß mußte das einfache Verfahren, veränderliche Größen als Funktionen der Zeit zu beschreiben, verlassen und eine abstraktere Methode eingeführt werden, in der physikalische Größen durch nicht vertauschbare Symbole dargestellt werden. (Das sind Symbole, mit denen man Summen und Produkte bilden kann, wobei aber der Wert eines Produkts von der Reihenfolge der Faktoren abhängt.) Nie werde ich die Erregung vergessen, die ich empfand, als es mir gelang, *Heisenbergs* Ideen über Quantenbedingungen in die mysteriöse Gleichung $pq - qp = h/2\pi i$ zusammenzufassen, die der Mittelpunkt der neuen Mechanik ist und, wie sich später herausstellte, die Unschärfebeziehungen mit enthält.

Der Übergang von den Symbolen zu wirklichen meßbaren Größen geschieht durch Einführung einer Größe, die „Wellenfunktion" heißt. Sie beschreibt den Zustand, in dem man ein System vorfindet, soweit eine solche Beschreibung möglich ist. Ihr Quadrat drückt die Dichte der Wahrscheinlichkeit aus, die dafür besteht, daß man die gegebenen Werte (zum Beispiel Koordinaten von Teilchen) in einem gegebenen kleinen Gebiet antrifft — entsprechend der Verteilungsfunktion in der gewöhnlichen Statistik. Indessen besteht ein grundlegender Unterschied. Angenommen, zwei Teilchenstrahlen, die von der gleichen Quelle kommen und getrennt gezählt werden, ergeben die Resultate ψ_1^2 und ψ_2^2. Wenn sie durch eine passende Einrichtung zur Überdeckung gebracht und gemeinsam gezählt werden, ist das Resultat $(\psi_1 + \psi_2)^2$. Dies unterscheidet sich aber von der Summe $\psi_1^2 + \psi_2^2$ (um $2\,\psi_1\,\psi_2$). Man hat eine „Interferenz" von Wahrscheinlichkeiten, wie sie vom Falle der Lichtquanten oder Photonen wohlbekannt ist — jenen Teilchen, deren Häufigkeit durch das Quadrat der Intensität einer elektromagnetischen Welle gemessen wird. Ich kann hier aber nicht in eine technische Darstellung der Wellenmechanik eintreten, die auf dem von *de Broglie* gelegten Fundament durch den Scharfsinn von *Schrödinger, Dirac, Pauli, Jordan* und anderen entwickelt worden ist. Es genügt zu sagen, daß eine Wellenfunktion ψ ein Paket harmonischer Wellen von verschiedenen ν und $\varkappa$ darstellt und daß die physikalischen Größen wie Koordinaten, Impulse, Energien — q, p, E — Operatoren sind, die die Wellenfunktion verzerren und so die Stärke der harmonischen Komponenten des Paketes bestimmen, woraus man durch Quadrieren die Wahrscheinlichkeit des Auftretens von Teilchen mit gegebenen $E = h\nu$ und $p = h\varkappa$ erhält.

So ist die neue Mechanik ihrem Wesen nach statistisch und — was die Verteilung der Teilchen betrifft — völlig indeterministisch. Jedoch bewahrt sie, seltsam genug, eine gewisse Ähnlichkeit mit der klassischen Mechanik, da das Ausbreitungsgesetz der Funktion ψ, die sogenannte *Schrödinger*-Gleichung, von demselben Typ ist, wie die Wellengleichungen der Elastizitätslehre oder des Elektromagnetismus. Wir haben daher die recht paradoxe Situation, daß es keinen Determinismus gibt für physikalische Objekte wie kleine Teilchen, wohl aber für die Wahrscheinlichkeit von deren Auftreten. Allerdings erfordert die Bestimmung der ψ-Funktion sehr viel mehr Daten, als wir in der klassischen Mechanik gewohnt sind (Anfangspositionen und Geschwindigkeiten der Teilchen). In der Tat erfordert sie eine Kenntnis — oder zumindest eine hypothetische Kenntnis — von ψ allenthalben zu einer bestimmten Zeit, und an den Grenzen des betreffenden Raumgebietes zu allen Zeiten. Mit anderen Worten: Voraussagen können selbst für Wahrscheinlichkeiten nur in bezug auf die gesamte Lage, den benutzten Apparat, gemacht werden. Man muß sich im voraus entscheiden, welches Merkmal man untersuchen will, und muß das Instrument entsprechend konstruieren. Dann kann die Wirkung vorausgesagt werden als eine Wahrscheinlichkeit für das Auftreten von Teilchen unter den Bedingungen des Experimentes. Das steht in vollem Einklang mit dem von mir vorgeschlagenen Sinne der Kausalität. Es wird die metaphysische, irreduzible Vorstellung der Notwendigkeit in der Beziehung zwischen zweierlei Arten von Dingen postuliert, und das ist der charakteristische Zug der wissenschaftlichen Haltung gegenüber der Welt.

Zusammenfassend dürfen wir sagen: Während die klassische Physik annimmt, daß die Naturerscheinungen sich unabhängig von der Tatsache ihrer Beobachtung abspielen und ohne Bezug auf die Beobachtung beschrieben werden können, erhebt die Quantenphysik nur den Anspruch, eine Erscheinung in Beziehung auf eine wohldefinierte Art der Beobachtung oder instrumentellen Einrichtung zu beschreiben und vorherzusagen. Man kann aber natürlich verschiedene Instrumente zur Beobachtung der gleichen Klasse von Erscheinungen benutzen. Zum Beispiel kann die Ausbreitung des Lichtes durch Prismen oder Gitter mit Hilfe photographischer Platten oder von Geigerzählern untersucht werden. Wenn vom Standpunkt der Quantenmechanik jede Einrichtung getrennt berücksichtigt werden muß, was ist dann ihr allen gemeinsamer Zug? Wenn wir zum Beispiel durch eine Einrichtung die räumliche Verteilung von Elektronen bestimmen können und durch andere Einrichtungen ihre Energieverteilung, wie können wir erfahren, ob und wann wir alle Möglichkeiten erschöpft haben?

Diese Frage hat *Niels Bohr* unter dem Namen „Komplementarität" im einzelnen untersucht. Er stellt seine Ideen zwar in etwas anderer Weise dar. Ihm liegt besonders daran, durch einfache Beispiele zu zeigen, wie man intuitiv die Gesamtheit einer experimentellen Situation und das gegenseitige Sichausschließen und komplementäre Verhalten zweier solcher Situationen verstehen kann. Dabei benutzt er nur das Unschärfeprinzip in seiner einfachsten Form. Ich glaube, der Grund, warum er soviel Scharfsinn und Mühe auf dieses Vorhaben wendet, ist der tragische Umstand, daß die von ihm begründete und auch von mir selbst hier vertretene philosophische Haltung, die auch von der ganzen internationalen Gemeinschaft der Atomphysiker angenommen ist, keine Gnade gefunden hat in den Augen gerade jener Männer, die das meiste zur Entstehung der Quantentheorie beigetragen haben: *Planck* und *Einstein*. *Planck* hat gegenüber den revolutionären Folgerungen seiner eigenen Entdeckung immer eine vorsichtige Haltung bewahrt. *Einstein* ging aber weiter und bemühte sich wiederholt, durch einfache Beispiele zu zeigen, daß der Verzicht auf Determinismus und auf den traditionellen Begriff der objektiven Realität des Naturgeschehens unhaltbar seien. Diese Beispiele hat *Bohr* in Zusammenarbeit mit *Rosenfeld* studiert. In jedem einzelnen Falle konnten *Einsteins* Einwände durch eine verfeinerte Untersuchung der experimentellen Lage widerlegt werden. Der Hauptpunkt ist, daß ein Instrument seiner ureigenen Definition nach ein physikalisches System ist, dessen Bau in gewöhnlicher Sprache beschrieben werden kann, und das nach den Bedingungen der klassischen Mechanik funktioniert. In der Tat ist dies der einzige Weg, auf dem wir uns miteinander darüber verständigen können. Zum Beispiel erfordert jede Festlegung eines Ortes ein starres Bezugssystem und jede Zeitmessung eine mechanische Uhr, während andererseits die Bestimmung von Impuls und Energie einen Bruch der Starrheit und der mechanischen Verbindung erfordert — nämlich einen frei beweglichen Teil des Instrumentes, auf den die Erhaltungssätze angewandt werden können. *Bohr* zeigt nun, daß diese beiden Typen der apparativen Einrichtung einander gegenseitig ausschließen und ergänzen — in genauer Übereinstimmung mit den Ergebnissen der Theorie. Wenn wir eine Spaltblende benutzen, um eine Koordinate eines hindurchtretenden Teilchens festzulegen, muß diese Blende mit dem Instrument starr verbunden sein. Wenn man aber wissen will, ob ein Teilchen wirklich durch den Spalt hindurchgegangen ist, muß der Teil des Apparates, der das Passieren des Teilchens registriert, beweglich sein und nachgeben können. Man kann nicht beides zugleich haben. Indem man diese Komplementarität in Rechnung stellt, kann man die Experimente widerspruchsfrei beschreiben. Man findet eine ausführliche Darstellung dieser Dinge in dem Buche „*Albert Einstein* als Philosoph und Naturforscher" (Herausgeber *P. A. Schilpp*; siehe auch den Artikel „*Einsteins* statistische Theorien" in diesem Buche), das Aufsätze vieler Philosophen und theoretischer Physiker über verschiedene Aspekte von *Einsteins* Werk enthält, darunter einen von *Niels Bohr* (und einen von mir selbst). Das Werk beginnt mit einer wissenschaftlichen Selbstbiographie *Einsteins* und schließt mit einem zusammenfassenden Aufsatz, in dem er auf die in den vorangehenden Beiträgen enthaltenen Meinungen antwortet. Das ist eine höchst fesselnde Lektüre, aber bei aller Verehrung für den großen Physiker kann ich seinen Argumenten gegen die Philosophie der Quantenphysiker nicht zustimmen. Alle wesentlichen Punkte sind von *Bohr* in seinem Artikel behandelt, wo er einen fesselnden Bericht von einer Anzahl Diskussionen gibt, die er mit *Einstein* hatte. Dieser beharrt aber auf seinem Widerspruch und erklärt seine feste Überzeugung, daß die gegenwärtige Theorie, obwohl logisch bündig, doch eine unvollständige Beschreibung physikalischer Systeme sei. Seine Hauptgründe beruhen nicht so sehr auf Kausalitätsbetrachtungen, sondern auf der neuen Haltung gegenüber der Bedeutung physikalischer Realität, welche sie mit einbegreift. Ich möchte hier einige Worte *Einsteins* zitieren (Seite 672):

„Für mich ist es natürlicher zu erwarten, daß die adäquate Formulierung der allgemeinen Gesetze die Benutzung aller für eine vollständige Beschreibung notwendigen Begriffselemente mit einschließt" — nämlich natürlicher als die Ideen der Quantenphysiker. Er besteht darauf, daß die Aussendung etwa eines Alpha-Teilchens durch ein radioaktives Atom mit bestimmter Energie zu einem bestimmten Zeitpunkt erfolgen muß, der von der Theorie vorausgesagt werden kann; sonst nennt er die Beschreibung „begrifflich unvollständig". Indessen war er es selbst, der uns in dem Falle der Relativität eine andere Denkweise gelehrt hat. Es gibt da eine unendliche Zahl äquivalenter Intertialsysteme, von denen ein jedes mit dem gleichen Rechte als ruhend angenommen werden kann. Es besteht aber keine Möglichkeit, experimentell zu entscheiden, ob eines von ihnen in Wahrheit oder absolut ruht. *Einsteins* Gegner verwiesen damals darauf, daß sie eine Beschreibung der Welt als „begriffsmäßig unvollständig" ansehen, welche die Existenz eines absolut in Ruhe befindlichen Systems leugnet, auch wenn es keine Möglichkeit geben sollte, es zu finden. Dieses antirelativistische Argument ist ebenso stark wie *Einsteins* antiquantistisches.

Man lehrte die Generation, zu der *Einstein, Bohr* und ich gehören, daß eine objektive physikalische Welt existiert, die sich nach unveränderlichen Gesetzen entfaltet, die von uns unabhängig sind. Wir betrachten diesen Vorgang, wie das Publikum im Theater ein Stück verfolgt. *Einstein* hält daran fest, daß dies das Verhältnis zwischen dem wissenschaftlichen Beobachter und seinem Gegenstand sein soll. Die Quantenmechanik deutet indessen die in der Atomphysik gewonnene Erfahrung auf andere Weise. Wir können den Beobachter einer physikalischen Erscheinung nicht mit dem Publikum bei einer Theateraufführung vergleichen, sondern eher mit dem bei einem Fußballspiel, wo der Akt des Zusehens, der von Applaus oder Pfeifen begleitet wird, einen ausgeprägten Einfluß auf die Schnelligkeit und Konzentration der Spieler und damit auf den beobachteten Vorgang hat. Ein noch besseres Gleichnis ist das Leben selbst, wo Publikum und Akteure die gleichen Personen sind. Die Tätigkeit des Experimentators ist es, die den Apparat plant und wesentliche Züge der Beobachtungen vorherbestimmt. Es gibt also keine objektiv existierende Situation, wie man sie in der klassischen Physik angenommen hatte. Nicht nur *Einstein,* sondern auch andere, die nicht unsere Deutung der Quantenmechanik ablehnen, haben gesagt, daß es unter diesen Umständen keine objektiv existierende Außenwelt und keine scharfe Unterscheidung zwischen Subjekt und Objekt gebe. Darin liegt naürlich ein Körnchen Wahrheit, aber ich halte diese Formulierung für nicht sehr glücklich. Denn was meinen wir, wenn wir von einer objektiv existierenden Welt sprechen? Es ist das ein vorwissenschaftlicher Begriff, den ein einfacher Mann nie in Frage stellt. Wenn der einen Hund sieht, sieht er einen Hund, mag dieser nun neben ihm sitzen oder herumspringen oder davonlaufen und in der Ferne als winziger Fleck verschwinden. Alle diese unzähligen und außerordentlich verschiedenen Sinneseindrücke werden im Unterbewußtsein zu dem einen Begriff „Hund" vereinigt, und es bleibt immer derselbe Hund unter all diesen Aspekten. Ich schlage vor, dies so auszudrücken, daß man sagt, der Verstand konstituiert durch einen unbewußten Prozeß „Invarianten der Wahrnehmung", und diese sind es, was der einfache Mann „reale Dinge" nennt. Meiner Meinung nach tut die Wissenschaft genau das gleiche, nur auf einer anderen Stufe der Wahrnehmung, indem sie nämlich all die Vergrößerungsapparate benutzt, die das Wesen des physikalischen Beobachtens und Messens ausmachen. Auch hier sind die mannigfachen Beobachtungen wieder durch einige unveränderliche Züge verknüpft — Invarianten, die sich zwar von denen der gewöhnlichen Wahrnehmung unterscheiden, aber nichtsdesto-

weniger ebenso Indikatoren für Dinge, Objekte und Teilchen sind. Denn auch um das zu beschreiben, was wir mit dem feinsten Instrument sehen, steht uns nur die gewöhnliche Sprache zur Verfügung. So haben atomare Gegenstände zwar nicht alle Eigenschaften gewöhnlicher Objekte, aber sie haben genug wohlbestimmte Eigenschaften, um es uns zu erlauben, ihnen in gleicher Weise Realität zuzuschreiben wie einem Hunde. Ich glaube, die Tatsache, daß ganz verschiedene Beobachtungen von Elektronen immer dieselben Werte für Ladung, Ruhmasse und Spin ergeben, ist eine vollkommene Rechtfertigung dafür, von Elektronen als realen Teilchen zu sprechen.
Wenn wir somit den Teilchen eine entschiedene Realität zuzuerkennen haben, wie steht es dann mit den Wellen? Sind sie auch real—und in was für einem Sinne? Man hat gesagt, daß Elektronen bisweilen als Welle und bisweilen als Partikel erscheinen. Vielleicht ändern sie jeden Sonntag und Mittwoch ihren Charakter, wie ein großer Experimentator einmal spöttisch meinte, offenbar in einem Ausbruch von Ärger über die Kapriolen der Theoretiker. Ich kann dieser Ansicht nicht beipflichten. Um eine physikalische Situation zu beschreiben, braucht man sowohl Wellen, die einen „Zustand" — das heißt die ganze experimentelle Situation — beschreiben, als auch Teilchen, welches die eigentlichen Gegenstände der Atomforschung sind. Das Quadrat einer Wellenfunktion, das eine Wahrscheinlichkeitsdichte darstellt, hat den Charakter der Realität. Denn man kann nicht leugnen, daß Wahrscheinlichkeit einen gewissen Grad von Realität hat. Wie könnte sonst eine auf die Wahrscheinlichkeitsrechnung gegründete Vorhersage auf die reale Welt angewandt werden? Ich halte nicht viel von den zahlreichen Versuchen, dies irgendwie verständlicher zu machen. Mir scheint es, gerade wie die Vorstellung der Notwendigkeit in den Kausalbeziehungen der klassischen Physik, etwas jenseits der Physik Liegendes zu sein, eine metaphysische Idee. Das gleiche gilt für die statistische Deutung der Wellenfunktionen der Quantenmechanik. Man könnte den Gebrauch von Teilchen und Wellen in der Physik eine „Dualität" in der Beschreibung nennen, was streng von Komplementarität unterschieden werden muß.

Lassen Sie uns zum Schlusse fragen, ob diese neuen Entwicklungen in der Physik irgendeinen Einfluß auf andere Bereiche des Denkens haben, vor allem auf die großen metaphysischen Probleme. Da ist zuerst der ewige Streit zwischen Idealismus und Realismus in der Philosophie. Ich glaube nicht, daß die neuen Anschauungen in der Physik ein gewichtiges Argument für die eine oder andere Seite liefern können. Wer glaubt, daß die einzig wichtige Realität das Reich der Ideen, des Geistigen ist, sollte sich nicht mit Naturwissenschaft beschäftigen. Der Wissenschaftler muß Realist sein. Er muß in seinen Sinneseindrücken mehr sehen als Halluzinationen, nämlich Botschaften von einer realen Außenwelt. Bei der Entzifferung dieser Botschaften benutzt er Ideen von sehr abstrakter Art — Gruppentheorie in

Räumen von vielen und sogar unendlich vielen Dimensionen und dergleichen —; aber schließlich hat er doch seine Beobachtungsinvarianten, die reale Dinge darstellen, mit denen er umzugehen lernt wie jeder Handwerker mit seinem Holz oder Metall. Die modernen Theorien haben den Bereich der Ideen vergrößert und verfeinert, aber die Lage im ganzen nicht geändert.

Eine wirkliche Bereicherung unseres Denkens ist aber die Idee der Komplementarität. Die Tatsache, daß es in einer exakten Wissenschaft wie der Physik Fälle gibt, die einander ausschließen und ergänzen und nicht durch die gleichen Begriffe beschrieben werden können, sondern zweierlei Ausdrucksweisen erfordern, muß einen Einfluß — und ich denke, einen willkommenen Einfluß — auf andere Gebiete des menschlichen Handelns und Denkens haben. Auch hier hat *Niels Bohr* wieder den Weg gewiesen. In der Biologie führt der Begriff des Lebens schon selbst zu einer komplementären Alternative: Die physikalisch-chemische Analyse eines lebenden Organismus ist unverträglich mit seinem freien Funktionieren und führt im Extremfalle der Anwendung zum Tode. In der Philosophie besteht eine ähnliche Alternative in dem zentralen Problem der Willensfreiheit. Jede Entscheidung kann auf der einen Seite als ein spontaner Vorgang im Bewußtsein betrachtet werden, auf der anderen Seite aber als das Ergebnis von Motiven, die in der Vergangenheit oder Gegenwart durch die Berührung der Außenwelt erzeugt worden sind. Wenn man dies als ein Beispiel für Komplementarität betrachtet, scheint der ewige Konflikt zwischen Freiheit und Notwendigkeit sich als ein erkenntnistheoretischer Irrtum herauszustellen. Ich kann aber nicht in eine Erörterung dieser Fragen eintreten, die man eben erst in dieser Weise zu sehen beginnt.

Lassen Sie mich schließen mit einer Bemerkung zu *Russells* Definition der Metaphysik, von der ich ausging: daß sie ein Versuch ist, die Welt als ein Ganzes mit Hilfe des Denkens zu erfassen. Hat die erkenntnistheoretische Lektion, die wir von der Physik gelernt haben, irgend einen Einfluß auf diese Probleme? Meiner Meinung nach ja, indem sie zeigt, daß auch auf eingeschränkten Gebieten die Beschreibung des Ganzen eines Systems in einem einzigen Bilde unmöglich ist. Es gibt komplementäre Bilder, die nicht zugleich angewandt werden können, einander aber trotzdem nicht widersprechen und die das Ganze nur zusammen ausschöpfen. Das ist wohl eine sehr heilsame Lehre, die, recht angewandt, viele hitzige Erörterungen nicht nur in der Philosophie, sondern auch auf allen Zweigen des Lebens überflüssig machen kann.

Der Vortrag, der diesem Aufsatz zugrunde liegt, wurde vor mehr als sieben Jahren gehalten. Heute würde ich manches anders ausdrücken und vor allem eine Polemik gegen *Albert Einstein* vermeiden, auf die er nicht mehr antworten kann.

9 Die begriffliche Situation in der Physik*)

Ich darf mit einer persönlichen Bemerkung beginnen. Vor 51 Jahren war ich ein junger Student der Naturwissenschaften und ging in mein zweites akademisches Jahr. Damals waren *Plancks* Strahlungsgesetze und die Quantenhypothese schon mehr als zwei Jahre alt. Aber von diesen wichtigen Ereignissen hörten wir nichts. Wir lernten *Newtons* Mechanik und ihre Anwendungen und wurden behutsam in die *Maxwell*sche Theorie des elektromagnetischen Feldes eingeweiht.

Heute dürfte die Situation ähnlich sein. Irgendwo auf der Welt mag irgendjemand eine große Entdeckung gemacht haben, von der ich bislang nichts gehört habe oder deren Bedeutung ich nicht sehe. Bei zunehmendem Alter wird es immer schwieriger, mit der zeitgenössischen Forschung Schritt zu halten. Meine Kenntnis von dem, was in den Laboratorien und Studierstuben der Welt vor sich geht, ist heute fast genau so spärlich wie vor einem halben Jahrhundert. Allerdings sind die Jahre nicht ohne Spuren an mir vorübergegangen. Sie haben eine Menge Erfahrungen auf vielen Gebieten hinterlassen, und das gibt mir den Mut, über meinen Eindruck von der gegenwärtigen Situation in der theoretischen Physik und von ihrer Entwicklungsrichtung zu sprechen. Eine Voraussage der Zukunft mag vermessen erscheinen, denn die Naturwissenschaft ist von jeher voller Überraschungen und unerwarteter experimenteller Ergebnisse gewesen, welche den Bau der Theorie umgewandelt haben. Dennoch wage ich bestimmte Mutmaßungen aufgrund eines Phänomens, das ich die „Stabilität der Prinzipe" nennen möchte. Ich unterstelle nicht, daß es außerhalb der Mathematik irgendwelche Prinzipe gibt, welche unwandelbar, im strengsten Sinne a priori sind. Aber ich glaube, daß es eine gewisse allgemeine Geisteshaltung gibt, die sich sehr langsam ändert und bestimmte philosophische Zeitabschnitte mit charakteristischen Ideen in allen Zweigen menschlicher Tätigkeit einschließlich der Naturwissenschaften festlegt. *Pauli* hat jüngst in einem Briefe an mich den Ausdruck „Stile" gebraucht, Denkstile, Stile nicht nur in der Kunst sondern auch in den Naturwissenschaften. Ich übernehme diesen Begriff und behaupte, daß die physikalische Theorie ihren

---

*) 37th Guthrie Lecture, 1953. Aus dem Englischen, Proc. Phys. Soc. A, Bd. LXVI (1953), S. 501, übersetzt und veröffentlicht in Physikalische Blätter 10 (1954) S. 193.

Stil besitzt, und daß sich aus dieser Tatsache eine Art Stabilität ihrer Prinzipe herleitet. Sie sind sozusagen relativ a priori in Bezug auf jenen Zeitabschnitt. Wenn man sich des Stiles seiner Zeit bewußt ist, so vermag man einige vorsichtige Voraussagen zu machen. Zumindest kann man Ideen ablehnen, welche dem eigenen Zeitstil fremd sind.

Ich will hier weder einen historischen Überblick über die Physik unter diesem Gesichtspunkt geben, noch die Frage untersuchen, ob der Wissenschaftsstil, insbesondere derjenige der Physik, noch von anderen Bedingungen, wie beispielsweise ökonomischen, abhängt. Ich werde sogleich mit der Neuzeit beginnen, mit *Galilei* und mit *Newton*, und dabei nur einen charakteristischen Punkt hervorheben, nämlich die Trennung von Subjekt und Objekt in der Beschreibung natürlicher Phänomene. Für die griechischen Philosophen ist die Bewegungsursache, die in Bewegung versetzende Kraft, von einem lebenden Wesen — Mensch oder Gott —, welches die Anstrengung verspürt, unabtrennbar gewesen. Darüberhinaus benutzten sie Wertideen als Erklärungsprinzipe. Die Planeten bewegten sich für sie auf Kreisbahnen oder auf einander überlagerten Kreisbahnen (Epizyklen), weil der Kreis die vollkommenste Kurve sei. Vollkommenheit herrschte in den himmlischen Sphären, Durcheinander auf irdischer Ebene, Gesetz und Ordnung unter den Sternen, Chaos und Streit auf Erden. Das christliche Zeitalter brachte neue Ideen und ist gewiß ein Zeitalter mit eigenem Stil gewesen; aber hinsichtlich der Naturwissenschaften verließ es sich auf die Alten und bewahrte deren anthropozentrische und subjektive Einstellung. Die Idee der Vollkommenheit wurde nun durch Gott verkörpert. Die Naturerscheinungen geschehen ihm zum Ruhme, zur Bestrafung der Sünder und zur Belohnung des Guten. Dieses Motiv kommt noch bei *Kepler* stark zum Ausdruck.

Mit *Galilei* und *Newton* kam der Umbruch. Sie führten die für die neue Zeit charakteristische, unvoreingenommene, objektive Beschreibung und Erklärung ein. Aber der alte Stil verschwand nicht sogleich. Noch lange zeigten sich seine Spuren z. B. bei der metaphysischen Deutung der Minimalprinzipe der Mechanik. *Maupertuis* war fest davon überzeugt, daß die kleinste Wirkung eine Absicht der Natur oder des Schöpfers zum Ausdruck bringe. Sogar *Eulers* Schrift, in welcher die erste strenge Formulierung des Prinzips der kleinsten Wirkung mitgeteilt wird, ist nicht von dieser metaphysischen Geisteshaltung frei. Erst in *Lagranges* Arbeiten ist sie endlich verschwunden.

Von da an ist die Welt ein Mechanismus, der von streng deterministischen Gesetzen beherrscht wird. Bei gegebenem Anfangszustand kann der ganze weitere Ablauf mit Hilfe der Differentialgleichungen der Mechanik vorausgesagt werden. Die Minimalprinzipe entspringen nicht der Sparsamkeit der Natur, sondern der menschlichen Denkökonomie, wie *Mach* gesagt hat;

das Wirkungsintegral verdichtet ein System von Differentialgleichungen zu einem einzigen einfachen Ausdruck.

Voraussetzung dafür ist, daß die äußere Welt, der Gegenstand der Naturwissenschaft, und wir, das beobachtende, messende und rechnende Subjekt, vollständig voneinander getrennt sind, daß es einen Weg gibt, um Kenntnis von einem Phänomen ohne Wechselwirkung mit ihm zu erhalten.

Mit dieser Naturphilosophie sind w i r von der älteren Generation aufgewachsen. Sie kann der *Newton*sche Stil genannt werden, da ihr die *Newton*sche Himmelsmechanik als Modell gedient hat. Sie war auch bei irdischen Angelegenheiten äußerst erfolgreich, sogar als sie von der Mechanik materieller Systeme auf elektrodynamische Phänomene im Vakuum und in der Materie übertragen wurde. Die *Maxwell*sche Theorie nimmt die Polarität von Subjekt und Objekt als erwiesen hin und ist streng deterministisch.

Eine neue Zeit, ein neuer Stil, begann im Jahre 1900, als *Planck* seine Strahlungsformel und die Idee des Energiequantums veröffentlichte. Ihr Anbruch wurde durch eine lange Entwicklung vorbereitet, welche die Unzulänglichkeit der klassischen Mechanik bei der Behandlung des Verhaltens der Materie enthüllte. Die Differentialgleichungen der Mechanik bestimmen allein noch keine definierte Bewegung, sondern bedürfen der Festlegung von Anfangsbedingungen. Sie erklären z. B die elliptischen Bahnen der Planeten, aber nicht, warum gerade diese Bahnen existieren. Es gibt zwar Regelmäßigkeiten bei den letzteren: *Bodes* wohlbekannte Regel. Diese wird als eine Frage der Vorgeschichte des Systems, als ein Problem der Kosmologie und zudem noch als höchst strittig angesehen. Im Gebiet der Atomistik ist die Unzulänglichkeit der Differentialgleichungen sogar noch auffallender. Die kinetische Gastheorie ist das erste Beispiel gewesen, welches die Notwendigkeit neuer, die Verteilung der Atome in einem bestimmten Augenblick betreffender Annahmen deutlich machte. Und diese neuen Annahmen erwiesen sich sogar als wichtiger als die Bewegungsgleichungen selbst. Die tatsächlichen Partikelbahnen spielen überhaupt keine Rolle, sondern nur die Gesamtenergie, welche die beobachtbaren Mittelwerte bestimmt. Mechanische Bewegungen sind reversibel; daher braucht man zur Erklärung irreversibler physikalischer und chemischer Prozesse neue Annahmen von statistischem Charakter. Die statistische Mechanik ebnete der neuen Quantentheorie die Wege.

Mit dem Wirkungsquantum ergab sich eine neue Einstellung zur Polarität von Subjekt und Objekt. Sie ist weder vornehmlich subjektiv wie antike oder mittelalterliche Lehren, noch vollkommen objektiv wie die postnewtonische Philosophie.

Die Umstellung entsprach dem Versagen aller Versuche, die atomaren Erscheinungen vom Standpunkt der gewöhnlichen Mechanik aus zu verstehen. Eine neue Atommechanik mußte gefunden werden, und der Weg zu ihr wurde schrittweise begangen. Der wichtigste Schritt war *Bohrs* Idee der stationären Zustände und der Übergänge zwischen ihnen. Die Zustände sind gewisse mechanische Bahnen, die mit Hilfe einfacher Quantenregeln ausgewählt werden; die beim Übergang gewonnene oder verlorene Energie ist mit der Emissions- oder Absorptions-Frequenz durch das *Planck*sche Quantengesetz $E = h\nu$ verknüpft. Der überraschende Erfolg dieser Theorie bei der Erklärung der Stabilität der Atome, der Struktur von Atom- und Molekülspektren, des Periodischen Systems der Elemente und vieler anderer Eigenschaften der Materie verleiteten *Bohr* nicht zu dem Glauben, daß dieses schon die Endlösung sei. Gleich von Anfang an unterstrich er die neuen Züge des Modells, nämlich den indeterministischen Charakter der Übergänge und das Auftreten von Zufall bei den elementaren Prozessen. Das bedeutet das Ende der scharfen Trennung des beobachteten Objekts und des beobachtenden Subjekts. Denn Zufall kann nur im Hinblick auf die Erwartungen eines Subjekts verstanden werden.

Nach 25jährigem Kampf bildete sich aus verschiedenen Quellen eine befriedigende Theorie. *Heisenbergs* sogenannte Matrizen-Mechanik bringt *Bohrs* Ideen in logisch einwandfreier Weise zum Ausdruck. Einen ganz anderen, hiervon unabhängigen Zugang fand *de Broglie*. Seine Gedanken wurden in *Schrödingers* Wellenmechanik weiterentwickelt. *Dirac* gab der Theorie eine andere Form und erhielt dabei ein System von großer Schönheit und Vollkommenheit, welches jedoch ziemlich abstrakt ist. Die Theorie bekam dann noch eine Ergänzung in Form einer Theorie des Meßvorgangs nach *Heisenberg* und *Bohr*, welche den Formalismus mit der experimentellen Wirklichkeit verknüpft.

Ihr wesentlicher Zug ist es, daß die physikalischen Größen oder, in *Diracs* Sprache, die „Observablen", wie Koordinaten, Impulse, Partikelenergie, Komponenten der Feldstärke usw., nicht durch Variable dargestellt werden, sondern durch Symbole mit einer nichtkommutativen Multiplikationsregel oder – konkreter ausgedrückt – durch Operatoren A, die auf eine Größe Ψ wirken, indem sie diese in eine andere Größe $A\Psi$ transformieren. Diese Funktion Ψ ist eine Verallgemeinerung der *de Broglie*schen und *Schrödinger*schen Wellenamplitude und bestimmt den Zustand des Systems. Sie befriedigt eine Gleichung von deterministischem Typus, wie er in der klassischen Theorie üblich ist. Nichtsdestoweniger erlaubt sie keine determinierten Voraussagen über die Observablen sondern lediglich statistische: $|\Psi|^2$ ist die Wahrscheinlichkeit des durch Ψ repräsentierten Zustandes, und der Erwartungswert einer Observablen A in diesem Zustand kann durch Ψ ausgedrückt werden. Insbesondere ergibt sich, daß die Unsicherheit δq einer Messung der Koordinate q (genau bestimmt durch den Erwartungswert der mittleren quadratischen Abweichung) und die Unsicherheit δp des korrespondierenden Impulses p der *Heisenberg*schen Unbestimmtheitsrelation $\delta q \, \delta p > h/4\pi$, worin h die *Planck*sche Konstante ist, genügen. Ähnliche Beziehungen gelten für andere Paare von sogenannten konjugierten Variablen.

In dieser abstrakten Formulierung kommen die Worte Teilchen, Koordinate, Impuls usw. vor, aber offenbar mit einer vom üblichen Sprachgebrauch abweichenden Bedeutung. Von einem Staubpartikel nimmt man an, daß es in einem gegebenen Augenblick eine bestimmte Lage einnimmt und eine bestimmte Geschwindigkeit besitzt. Ein Elektron oder sonst ein den quantenmechanischen Gesetzen gehorchendes Teilchen benimmt sich anders. Nach der Unbestimmtheitsregel verlangt eine bestimmte Lage (δq sehr klein) ein großes δp ($> h/4\pi\delta q$), und damit eine große Unbestimmtheit der Geschwindigkeit. Diese Frage ist so oft diskutiert worden, daß ich mich bei ihr nicht aufzuhalten brauche. Die Entwicklung der Quantenmechanik hat noch weitere Züge seltsamer Verhaltensweise aufgedeckt, so z. B. das Fehlen der Individualität von Teilchen, welches ganz unmittelbare und entscheidende Konsequenzen für die statistische Thermodynamik nach sich zieht.

Daher erhebt sich die Frage, wie man mit diesen neuen Teilchenbegriffen und mit ihren Eigenschaften umgehen kann, ohne mit der offenkundigen Tatsache in Konflikt zu geraten, daß die beim Experimentieren und Beobachten benutzten Instrumente normale Körper sind, welche den *Newton*schen Gesetzen gehorchen. Hiermit beschäftigt sich die *Bohr*sche Theorie der Messung. Den Kernpunkt der Quantenmechanik bilden, wenn man alle mathematischen Feinheiten beiseite läßt, die Gesetze von *Planck* und von *Einstein-de Broglie*, nämlich $E = h\nu$ und $p = h\varkappa$; hierin bedeuten E und p Energie und Impuls des Teilchens, ν und $\varkappa$ die Frequenz und die Wellenzahl der „korrespondierenden" Wellen. Wenn man versucht, sich die Bedeutung dieser Korrespondenz in Raum und Zeit zu vergegenwärtigen, findet man sich in einer paradoxen Situation. Denn E und p beziehen sich auf ein ausdehnungsloses Teilchen, hingegen ν und $\varkappa$ auf eine harmonische Welle, welche eigentlich durch Definition in Raum und Zeit unendlich ausgedehnt ist. Die Lösung des Widerspruchs muß daher durch Analyse des Gebrauchs der Begriffe Ort und Dauer in Verbindung mit einem Wellenzug gefunden werden.

Man ist gewohnt, die Idee eines endlichen Zeitintervalls oder einer endlichen Dauer bei irgendwelchen alltäglichen Ereignissen (etwa beim Fall eines Steins aus meiner Hand zur Erde) zu benutzen. Jedoch gibt es scheinbar harmlose Fälle, bei denen dies nicht gerechtfertigt ist. Der Satz „ein musikalischer Ton dauert eine bestimmte Zeit" hat keine strenge Bedeutung. Das ist keine rein logische Feststellung, sondern eine Tatsache. In der Tat klingt ein scharfes Stakkato auf den tiefen Pfeifen einer Orgel schlecht. Denn ein Wellenzug, der zwar einem harmonischen ähnelt, aber zu einem bestimmten Zeitpunkt beginnt und nach einem Zeitraum, welcher im Vergleich mit der Schwingungsperiode nicht groß ist, abgebrochen wird, ist in Wirklichkeit nicht harmonisch, sondern eine Überlagerung von harmonischen Wellen unterschiedlicher Frequenzen, ein Wellenpaket: akustisch gesprochen, ein Geräusch. Diese Tatsache ist ebenso aus der Optik bekannt, wo sie die Grundlage der Theorie des Auflösungsvermögens von Instrumenten bildet, und ist jüngst von höchster Wichtigkeit in der Informationstheorie (Übertragung durch elektromagnetische oder andere Wellen) geworden.

Eine elementare Überlegung führt für die gegenseitige Beschränkung von δt und $\delta \nu$ sowie δx und $\delta \varkappa$ auf die Beziehungen.

$$\delta t\, \delta \nu > 1\,;\ \delta x\, \delta \varkappa > 1\,.$$

Sie sind die Wurzel der Unbestimmtheitsregeln von *Heisenberg*; multipliziert man sie mit h und benutzt die *Planck-de Broglie*schen Gleichungen, so erhält man:

$$\delta t\, \delta E > h\,;\ \delta x\, \delta p > h\,.$$

Diese Überlegung beseitigt in keiner Weise den paradoxen, fast irrationalen Charakter der *Planck-de Broglie*-Korrespondenz. Aber sie hilft, auf solche Weise zu verfahren, daß Widersprüche zwischen Meßergebnissen nicht vorkommen können.

Ort und Dauer können nur mit Hilfe starrer Maßstäbe und von Uhren gemessen werden; Energie und Impuls nur mit Hilfe bewegter Teile, welche den Erhaltungssätzen unterliegen. So beruht die reziproke Unbestimmtheit auf der Möglichkeit von zwei Arten sich gegenseitig ausschließender oder komplementärer Experimente. *Bohr* hat diese „Komplementarität" durch viele eindrucksvolle Beispiele beleuchtet. Einige von diesen waren die Antwort auf Angriffe *Einsteins,* welcher die Unbestimmtheitsregeln durch geistreiche experimentelle Anordnungen zu widerlegen hoffte. Ich glaube, daß Angriffsversuche auf die Unbestimmtheitsgesetze mit der Zeit aufhören werden. Das bleibende Ergebnis der *Bohr*schen Bemühungen ist die oben angestellte einfache Betrachtung, welche mit unabweisbarer Logik zeigt, daß die *Planck-de Broglie*-Gesetze mit Notwendigkeit die Dualität Korpuskel-Welle und die komplementäre Eigenschaft experimenteller Anordnungen zur Messung konjugierter Größenpaare, wie Energie und Zeit, Impuls und Ort, zur Folge haben.

Eng mit dieser Dualität verknüpft ist die Subjekt-Objekt-Polarität. Denn wenn ein Experiment in bestimmter Weise geplant werden muß, um die eine oder andere Komponente eines konjugierten Größenpaares zu untersuchen, ist es unmöglich, Auskunft über das betrachtete System an sich zu erlangen; der Beobachter muß sich vorher entscheiden, welche Art von Antwort er haben möchte. Auf diese Weise sind subjektive Entscheidungen untrennbar mit objektiven Beobachtungen vermischt. Das gleiche geht aus der mathematischen Beschreibung mit Hilfe der Zustandsfunktion Ψ hervor, die nur durch das gesamte System einschließlich der vom Subjekt abhängigen Beobachtungsmittel bestimmt ist.

Dies ist ein Abriß des modernen Stiles der Physik, der praktisch von der Gesamtheit der experimentellen und theoretischen Physiker akzeptiert worden ist. Er deckt sich exakt mit der Praxis der Elektronik, der Spektroskopie, der Radioaktivität, der Kernphysik und sogar der Chemie und der Astrophysik. Die Fragen, für welche die Theorie Antworten bereit hat, sind gerade diejenigen, welche der Experimentator beantwortet haben möchte. Ihm sind die Elektronenbahnen in Atomen, die Wege der Atome in Gasen und die Nukleonenbahnen in den Kernen gänzlich gleichgültig; er ist vollauf zufrieden mit der Kenntnis der stationären Zustände und der Wirkungsquerschnitte bei Zusammenstößen, welche ihm die Theorie liefert.

Ich glaube, daß diese Art wissenschaftlichen Denkens auch mit dem allgemeinen Grundzug der zeitgenössischen Philosophie in Einklang steht. Wir haben den Glauben an die Möglichkeit verloren, die Erkenntnis von unserer Entscheidung zu trennen; wir wissen uns in jedem Augenblick zugleich als Beobachtende und Handelnde im Lebensdrama. *Bohr* selbst hat auf allgemeine Erweiterungen seines Komplementaritätsgedankens auf die Biologie und Physiologie hingewiesen. Alte Probleme, wie diejenigen der Beziehung zwischen Geist und Materie, zwischen Freiheit und Notwendigkeit, erscheinen so in neuem Lichte. Ich kann hier nicht auf diese tiefen Fragen eingehen, aber ich möchte auf die reizvollen Bücher von *v. Weizsäcker* [1] hinweisen, in denen sie eingehend und geschickt behandelt werden.

Ich wage zu prophezeien, daß dieser Denkstil andauern wird, und daß ein künftiger Wandel, sofern er kommen sollte, nicht auf den vergangenen, sogenannten klassichen Stil zurückführen wird, sondern auf etwas, das noch weiter von ihm abliegt. Mein Vertrauen auf diese Voraussage beruht nicht nur auf den Erfolgen der gegenwärtigen Theorie, sondern auch auf meiner persönlichen Zuneigung zu ihrer Philosophie.

Allein dieser Standpunkt wird nun gerade von einigen derjeniger Forscher heftig angegriffen, welche am meisten zur Entwicklung der Quantentheorie beigetragen haben. Selbst *Planck* war skeptisch. Als er z. B. als Präsident der Berliner Akademie *Schrödinger* einführte (dieser war der Nachfolger auf seinem Lehrstuhl an der Universität), pries er ihn als einen Mann, welcher durch seine Wellengleichung den Determinismus wieder rehabilitiert habe. *Einstein,* der in der Optik den Korpuskel-Gedanken erneuert hatte, der die Übergangswahrscheinlichkeiten zwischen zwei stationären Zuständen einführte und auch für andere antiklassische Abweichungen verantwortlich ist, hat sich geradezu leidenschaftlich gegen die statistische Interpretierung der Quantenmechanik gewandt. Ich habe bereits seinen Versuch, die Unbestimmtheitsrelation durch geistreiche Ideen zu widerlegen, und die Zurückweisung dieser Angriffe durch *Bohr* erwähnt. Als *Einstein* die Behauptung, es gäbe logische Fehlstellen in der Quantenmechanik, nicht aufrecht erhalten konnte, da erklärte er sie zu einer „unvollständigen" Beschreibung der Natur. Ich habe denselben Ausdruck oben schon einmal bezüglich der Differentialgleichungen der klassischen Mechanik benutzt, welche ohne Anfangs- und Randwerte, für die es in der klassischen Theorie keine Gesetze gibt, unvollständig sind. Selbst in der klassischen Theorie führt nach meiner Meinung das deterministische Vorurteil zu seltsamen Konsequenzen. Man denke sich N Teilchen in regelloser Verteilung an festen Orten sowie ein anderes Teilchen, das in diesen Haufen hineingeschossen, nach klassischen Gesetzen kollidiert und zurückgeworfen wird. Offensichtlich erzeugt bei großem N die geringfügigste Veränderung der Anfangsbewegung nicht etwa kleine Änderungen der Endlage sondern eine enorme Mannigfaltigkeit großer Wirkungen. Wenn sich zudem alle Teilchen noch wie Gasmoleküle in Bewegung befinden, so wird dies in verstärktem Maße zutreffen. Daher ist der unterstellte Determinismus einfach eine Illusion.

Diese Gruppe ausgezeichneter Männer, zu denen man noch *v. Laue* rechnen mag, können die philosophischen Gegner genannt werden oder auch, um einen weniger respektvollen Ausdruck zu gebrauchen, die schlechthin Mißvergnügten.

Sodann gibt es diejenigen, welche die unvermeidlichen Konsequenzen der *Planck-de Broglie*-Beziehungen $E = h\nu$ und $p = h\varkappa$ zugeben, sie darum opfern und nur die eine Seite des Bildes bewahren möchten. Es gibt Parteigänger der Teilchen und Parteigänger der Wellen. Sie sind natürlich alle theoretische Physiker; man findet sie wohl vertreten in einem unlängst erschienenen Buch, das *de Broglie* zu seinem 60. Geburtstag gewidmet worden ist [2]. *de Broglie* selbst hat, obwohl er die Elektronenwellen entdeckte, ernsthafte Versuche unternommen, den Determinismus zu retten, indem er verborgene Parameter einführte. Einer seiner Vorschläge [3] war, eine komplexe Ψ-Funktion in der Form

$$\Psi = R \cdot \exp(i\Phi)$$

hinzuschreiben; dann ist *Schrödingers* Wellengleichung einem System klassischer Bewegungsgleichungen für Teilchen unter Einwirkung von zwei Kräften äquivalent. Die eine von ihnen besitzt das Potential Φ, die andere das Ergänzungspotential U. Das letztere hängt von R ab und ist starken Schwankungen gemäß der Wechselwirkung der Teilchen unterworfen, wodurch der gleiche Effekt hervorgerufen wird wie die Unbestimmtheit in der üblichen Interpretation. Ein ähnlicher Vorschlag ist schon im Jahre 1927 von *Madelung* gemacht worden. Neuerdings sind solche Betrachtungen von

Frenkel und *Blochinzew* in Rußland sowie von *Bohm* in Amerika aufgewärmt worden [4]. Schon 1932 hat *v. Neumann* [5] gezeigt, daß es unmöglich ist, verborgene Parameter einzuführen, ohne mit gesicherten Ergebnissen der herkömmlichen Theorie in Konflikt zu geraten. Daher ist *Bohm* bemüht, zu zeigen, daß es im Rahmen der gegenwärtigen Kenntnisse nicht möglich sei, seine verborgenen Parameter experimentell zu bestimmen; er hofft, daß künftige Entdeckungen dies möglich machen werden. Aber *Pauli* hat in dem genannten *de Broglie*-Band gezeigt, daß dieses Vorgehen zu Widersprüchen führt. Denn bereits bei Problemen der statistischen Thermodynamik müßten die verborgenen Parameter ihre Existenz kundtun und Abweichungen von der *Bose*- oder *Fermi-Dirac*-Verteilung hervorrufen.

Damit kann die reaktionäre Bewegung der *Teilchen*-Anhänger als erledigt gelten.

Schrödinger hat gleich von Anfang an den gegenteiligen Standpunkt eingenommen: Die gesamte Physik ist Wellentheorie, es gibt keine Teilchen, keine stationären Zustände, keine Übergänge, nur Wellen. Ich habe bereits erwähnt, daß *Planck* diesen Gedanken begrüßte; aber die Majorität der Physiker benutzte weiterhin das Teilchenbild und sprach von Atomen, Elektronen, Kernen, Mesonen usw.

Unlängst hat *Schrödinger* seinen Reinigungsfeldzug wieder aufgenommen (1952). Leidenschaftlich plädiert er für die Entfernung nicht nur der Teilchen, sondern auch der stationären Zustände, der Übergänge usw. aus der Physik. Das Motiv für seine Entdeckung der Wellenmechanik war seine heftige Abneigung gegen *Bohrs* plötzliche „Quantensprünge" gewesen. Wir können seinen Triumph mitfühlen, als er alle diese „Absurditäten" als wohlbekannte und harmlose Resonanzphänomene deuten konnte.

Ich selbst könnte einen ähnlichen Grund anführen, um Matrizen als einzig brauchbares Beschreibungsmittel zu erklären. Als *Heisenberg* seine fundamentale Arbeit veröffentlichte, in der er die Quantentheorie von klassischen Überbleibseln reinigte und sie mit Hilfe von Übergangsamplituden formulierte, war er mein Assistent, glänzend, aber noch sehr jung und nicht sehr erfahren. Tatsächlich wußte er gar nicht genau, was eine Matrix ist, und als er nicht weiter kam, bat er mich um Hilfe. Nach einiger Anstrengung fand ich den Zusammenhang mit dem Matrizenkalkül, und ich erinnere mich meiner Überraschung, als *Heisenbergs* Quantenbedingung sich als die Matrizengleichung

$$qp - pq = ih/2\pi$$

herausstellte. Die Matrizengestalt der Quantenmechanik ist dann von mir in Zusammenarbeit mit meinem Schüler *Jordan* entworfen worden [6].

Jedoch habe ich keine besondere Vorliebe für die Matrizenmethode — und habe sie auch niemals gehabt. Als *Schrödingers* Wellenmechanik erschien, fühlte ich sofort, daß sie eine nicht-deterministische Interpretierung verlangt. Ich vermutete, daß $|\Psi|^2$ die Wahrscheinlichkeitsdichte sei; aber es verging einige Zeit, bis ich physikalische Argumente zugunsten dieser Annahme gefunden hatte, nämlich Stoßphänomene und Übergänge unter Einwirkung äußerer Kräfte. Und da geschah es seltsamerweise, daß *Heisenberg* zunächst anderer Meinung war und mich des Verrats am Geiste der Matrizenmechanik bezichtigte. Aber bald kam er darüber hinweg und brachte die wundervolle Versöhnung von Teilchen und Welle mit Hilfe seiner Unbestimmtheitsrelation zustande.

Aber nun muß ich noch einmal auf *Schrödingers* Angriff gegen Teilchen und Quanten zurückkommen. Man kann ihn nicht einfach falsch nennen, denn die Ψ-Funktion, welche in einem multidimensionalen Raum als Welle dargestellt werden kann, enthält tatsächlich alle physikalischen Informationen — vorausgesetzt man weiß, wie der Zusammenhang mit der Erfahrung herzustellen ist. Und darin liegt die Schwierigkeit. Wir können das, was wir beim Experimentieren tun und sehen, nicht anders beschreiben als mit Hilfe von Körpern und ihren Bewegungen. Selbst *Schrödinger* kann die Teilchensprache nicht vermeiden, auch wenn er den Vorrang der Wellensprache zu demonstrieren versucht. Ich habe mich mit dieser Frage eingehend an anderer Stelle [7] auseinandergesetzt und brauche mich hier nicht zu wiederholen. Ich glaube, daß *Schrödingers* Vorschlag undurchführbar ist und auch gegen den Geist der Zeit verstößt.

Ich möchte nun aber nicht den Eindruck erweckt haben, als ob ich der Meinung sei, daß die gegenwärtige Interpretation der Quantentheorie endgültig sei. Ich glaube lediglich, daß eine Rückkehr zum *Newton*schen Determinismus unmöglich ist.

Meine bisherigen Ausführungen haben mich so weit geführt, daß ich jetzt mein Versprechen, einige Voraussagen für die Zukunft zu versuchen, einlösen muß.

Die fundamentalen Probleme der zeitgenössischen Physik betreffen die Elementarteilchen und die Felder, insbesondere die Stabilität und Instabilität der Teilchen, die Ableitung ihrer Massen, des Spin-Charakters, der Wechselwirkungen usw. Das ist ein umfangreiches Programm, das die gesamte Kernphysik und das Studium der kosmischen Strahlen umfaßt. Es führt entschieden über den Rahmen der bisherigen Quantenmechanik hinaus, denn das Problem der elementaren Massen ist mit dem schwierigen Problem der Selbstenergie von Teilchen verknüpft. Es ist wohlbekannt, daß die Selbstenergie eines Elektrons bereits in der klassischen Theorie von *Maxwell–Lorentz* unendlich ist. In der Quantentheorie treten außer dieser Singularität von der Art e^2/r (e Ladung, r Radius, Grenzübergang $r \to 0$) noch eine Reihe anderer divergenter Integrale auf. Ich habe diese Untersuchungen nur von ferne verfolgt, aber ich habe den Eindruck, daß durch die Arbeiten, welche von *Tomonaga* und von *Schwinger* begonnen worden sind [8], eine Art Lösung gefunden worden ist: Mittels einer geistvollen mathematischen Methode, „Renormalisierung" genannt, können die echten Singularitäten in den Formeln separiert und, wenn sie zu divergenten Ausdrücken führen, auf einem Wege umgangen werden, welcher eindeutig durch die Forderung relativistischer Invarianz bestimmt ist; die übrigbleibenden Gleichungen liefern bestimmte endliche Resultate. *Dirac* schreibt über diese Theorie: „Sie ist unschön und unvollständig und kann nicht als eine befriedigende Lösung des Problems des Elektrons angesehen werden"; er schlägt eine andere Theorie vor [9]. Ich halte den ersten Teil seines Urteils für zu hart, denn es ist schon eine große Sache, einen wirksamen Formalismus zu besitzen, welcher in den Händen der Genannten zur Deutung so feiner Effekte, wie der *Lamb-Retherford*-Verschiebung der Wasserstoffterme [10], der Abweichungen von den *Landé*schen magnetischen Faktoren usw. führt. Aber ich teile die Ansicht, daß diese Theorie unvollständig ist und das wirkliche Problem umgeht, anstatt es anzugreifen. *Dirac* hat eine abweichende Theorie vorgeschlagen, welcher der Gedanke zugrunde liegt, daß das Auftreten von Ladung in endlichen Portionen, den Elektronen, ein Quanteneffekt sein muß; daher sollte die korrespondierende klassische Theorie eine reine Wellentheorie sein. Durch eine leichte Modifizierung der herkömmlichen Gleichungen erhält er eine solche Wellentheorie, aber bislang ist es ihm nicht gelungen, sie zu quanteln. Es ist gut möglich, daß eine befriedigende Theorie des elektromagnetischen Feldes und seiner Ladungen überhaupt nicht aufgestellt werden kann, weil Photonen und Elektronen nicht ohne Rücksicht auf andere Teilchen behandelt werden können.

Der hervorstechendste Zug der modernen Physik ist die Entdeckung von immer mehr instabilen Teilchen, welche Mesonen heißen. Für den praktischen Gebrauch sind für jeden Teilchentyp lineare Wellengleichungen mit nicht-linearen Kopplungsgliedern aufgestellt worden. Es ist klar, daß dies ein vorläufiger Versuch ist, welcher eines Tages durch eine zusammenfassende Theorie der Materie ersetzt werden muß, in welcher die verschiedenen Teilchenmassen als Eigenwerte von Operatoren oder als Lösungen von Gleichungen in Erscheinung treten. Es wird heute allgemein angenommen, daß diese Theorie eine absolute Länge a oder einen absoluten Impuls $b = h/2\pi a$ enthalten wird, und daß in Bereichen von der Größenordnung a die Geometrie bedeutungslos werden mag. Ein bemerkenswerter Versuch, eine solche Situation zu formulieren, stammt von *Yukawa* [11]; er betrachtet eine Feldkomponente φ nicht als Funktion der Raumkoordinaten x, y, z und der Zeit t, sondern sowohl φ als auch x, y, z, t als nicht-kommutierende Größen und postuliert gewisse Kommutierungsregeln zwischen ihnen, welche Verallgemeinerungen der üblichen Differentialgleichungen darstellen und in diese übergehen, wenn alle Entfernungen im Vergleich zur absoluten Länge a groß sind. *Yukawa, Möller, Rayski* u. a. haben gezeigt [12], daß die Divergenzen der Selbstenergie und andere Schwierigkeiten auf diese Weise vermieden werden können.

Der erste, welcher die Notwendigkeit einer Zusammenfassung der Theorien der verschiedenen Teilchen klar sah, war *Eddington* [13]. Aber zu seiner Zeit waren ja nur zwei Arten bekannt: Protonen und Elektronen. So ist durch die Entdeckung der Mesonen sein Versuch gegenstandslos geworden, ganz abgesehen von den recht phantastischen Grundgedanken. [Seine Grundannahmen führten zu dem ganzzahligen Wert 137 der reziproken Feinstrukturkonstanten

$$1/\alpha = hc/2\pi e^2,$$

welcher fast, aber nicht ganz genau mit den letzten Beobachtungen übereinstimmt, aus welchen der Wert

$$1/\alpha = 137{,}0364 \pm 0{,}0009$$

abgeleitet wird (*Du Mond* und *Cohen* [14]).

Ich kann mich hier nicht mit den vielen Versuchen beschäftigen, die auf eine Zusammenfassung der verschiedenen Felder hinzielen. Aber die meisten von ihnen lassen sich auf das folgende Schema zurückführen:

Die Wellengleichung

$$(\Box + m^2)\,\Psi = 0$$

($\Box$ ist der *d'Alembert*sche Operator) wird ersetzt durch

$$F(\Box)\,\Psi = 0,$$

worin

$$F(\xi) = (\xi - \xi_1)\ (\xi - \xi_2) \dots\ (\xi - \xi_n)$$

ein Polynom vom n-ten Grade darstellt. Sie beschreibt die Bewegung von n unabhängigen Teilchen mit den Massen

$$m_1 = \sqrt{\xi_1};\ m_2 = \sqrt{\xi_2};\ \dots\ m_n = \sqrt{\xi_n}.$$

Benutzt man an Stelle von $\Box$ den *Dirac*schen Operator, so kann man den Spin berücksichtigen. Theorien von dieser Art haben *Bhabha* u. a. aus Betrachtungen über Partikel mit höherem Spin abgeleitet [15]. Ich habe noch einen anderen Weg vorgeschlagen, die Funktion $F(\xi)$ zu bestimmen, welche dieses Problem mit demjenigen der Unendlichkeiten verknüpft. Man kann nämlich $F(\xi)$ einen transzendenten Faktor ohne Nullstellen hinzufügen. Hat man z. B. den Differentialoperator im Gebiet einer Variablen q, $p^2 - m^2$, worin

$$p = (-ih/2\pi)\ \partial/\partial q$$

ist, so kann man den Faktor $\exp(-p^2/2)$ hinzufügen ($b = h/2\pi a$ wird dabei als Einheit für p genommen). Dies hat in erster Linie die Konsequenz, daß der Größenbereich der Impulse nach oben abgeschnitten wird und auf diese Weise die Unendlichkeiten beseitigt werden. Und zweitens kann man die Masse m dadurch bestimmen, daß man den Ausdruck

$$(p^2 - m^2)\ \exp(-p^2/2)$$

passend deutet; er stellt für $m^2 = 2$ die zweite *Hermite*sche Funktion von p dar und ist daher mit seiner *Fourier*-Transformierten identisch. Diese Bemerkung legt die Anwendung des allgemeinen Prinzips nahe, daß die gesamte Physik in Form von Transformationsgruppen und ihrer Invarianzen formuliert werden kann. Setzt man reziproke Invarianz voraus (das bedeutet Invarianz gegen *Fourier*-Transformation), dann erhält man eine Reihe von Massen als die Wurzeln von (*Hermite*schen) Polynomen, von denen die ersten nahe an den Massen des π- und des μ-Mesons liegen. *Schrödinger* hat jedoch gezeigt, daß hierbei in der 4-dimensionalen Raum–Zeit–Welt ernste Schwierigkeiten auftreten.

Ganz unabhängig von diesen Betrachtungen ist die Elimination der Unendlichkeiten mittels des Faktors exp $(-\Box)$ von *Pais* und *Uhlenbeck* sowie von anderen untersucht worden [16].

Der radikalste Umbau der Theorie ist von *Heisenberg* vorgeschlagen worden [17]. Von der Existenz einer absoluten Länge $a \sim 10^{-13}$ cm oder einer absoluten Zeit $\tau = a/c \sim 10^{-24}$ sec überzeugt, bezweifelt er, daß die übliche Beschreibung eines physikalischen Systems mittels einer *Hamilton*schen Funktion für Raum- und Zeit-Intervalle, welche kleiner als a und τ sind, überhaupt einen Sinn hat. Was wir in Wirklichkeit beobachten können, sind nur Änderungen innerhalb von Zeitabschnitten, welche im Vergleich mit τ groß sind. Wenn der Zustand des Systems im Zeitpunkt t_1 durch $\Psi(t_1)$, derjenige im Zeitpunkt t_2 durch $\Psi(t_2)$ beschrieben wird, so kann man annehmen, daß in der Gleichung

$$\Psi\,(t_2) = S\,(t_1, t_2)\,\Psi\,(t_1)$$

der Übergangsoperator $S\,(t_1, t_2)$ einen physikalischen Sinn nur für $t_1 - t_2 > \tau$ hat, insbesondere aber sein Wert $S\,(-\infty, \infty)$. Dieser Operator wird gewöhnlich die S-Matrix genannt. Beispielsweise beobachten wir bei einem Stoßprozeß Teilchen vor und nach dem Zusammenstoß, und wir sind nur daran interessiert, die Verteilung nach dem Zusammenstoß kennenzulernen, wenn diejenige vor dem Zusammenstoß bekannt ist. *Heisenberg* vertritt die Ansicht, daß alle Versuche, den Stoßprozeß selbst zu beschreiben, aufgegeben werden sollten.

Die Forderung relativistischer Invarianz bringt seltsame Paradoxien in diese Theorie hinein. Die zeitliche Ordnung der Ereignisse und damit das Kausalitätsprinzip werden für kurze Zeiträume aufgehoben; so kann z. B. ein Teilchen absorbiert werden, bevor der erzeugende Zusammenstoß überhaupt stattgefunden hat. Aber *Heisenberg* hat es verständlich gemacht, daß diese Anomalien wegen der atomistischen Struktur der Instrumente prinzipiell unbeobachtbar sein dürften [18].

Nach dem Korrespondenz-Prinzip muß die Theorie der S-Matrix in eine gewöhnliche *Hamilton*sche Theorie in solchen Fällen übergehen, bei denen die absolute Länge oder die absolute Zeit keine wesentliche Rolle spielen. *Heisenberg* kommt zu dem Schluß, daß sehr wahrscheinlich die üblichen Annahmen über Wechselwirkungen unzureichend sind. Diese führen zwar auf *Hamilton*sche Funktionen, die in dem oben beschriebenen Sinne renormalisiert werden können. Tatsächlich zeigt sich aber, daß eine durchgreifendere Nicht-Linearität erforderlich ist. In einer neuen Arbeit diskutiert er von diesem Standpunkt aus den Vorgang in Mesonen-Schauern und benutzt dabei eine nichtlineare Feldtheorie [19], welche ich etwa vor 20 Jahren in Zusammenarbeit mit *Infeld* entwickelt und veröffentlicht habe [20]. Sie ist eine Modifizierung der *Maxwell*schen Elektrodynamik, wobei die Selbstenergie des Elektrons endlich ist. *Mie* hatte bereits im Jahre 1912 gezeigt [21], daß die Gleichungen des elektromagnetischen Feldes dadurch formal verallgemeinert werden können, daß man die linearen Beziehungen zwischen den beiden Paaren der Feldvektoren **E**, **B** und **D**, **H** durch nicht-lineare ersetzt. Allerdings hat er diese Beziehungen nicht näher ausgeführt, so daß sein Ansatz unfruchtbar geblieben ist.

Der Gedanke, welchen ich nun hier benutzte, ist ein Sonderfall des sogenannten Unmöglichkeits-Prinzips von *Whittaker* [22]. Wenn die Forschung an ein Hindernis gerät, welches trotz aller Anstrengungen nicht beseitigt werden kann, dann erklärt die Theorie es für prinzipiell unüberwindbar. Wohlbekannte Beispiele hierzu sind der erste und der zweite Hauptsatz der Thermodynamik, welche sich aus der Unmöglichkeit herleiten, ein perpetuum mobile erster Art bzw. zweiter Art zu konstruieren. Andere Beispiele sind die Relativitätstheorie, welche die Unmöglichkeit von Materie- und Signalgeschwindigkeiten, die größer als die Lichtgeschwindigkeit sind, behauptet, und die Unbestimmtheitsrelationen der Quantenmechanik, welche die gleichzeitige Bestimmung von Lage und Geschwindigkeit bzw. von ähnlichen Größenpaaren verbieten.

Im Falle des elektromagnetischen Feldes kann man die Selbstenergie dadurch endlich machen, daß man das Anwachsen des elektrischen Vektors **E** über eine gewisse Grenze, das absolute Feld, hinaus verbietet. Dies kann man dadurch erreichen, daß man die Relativitätstheorie nachahmt; dort wird die klassische *Lagrange*sche Funktion eines freien Teilchens

$$\mathbf{L} = m v^2/2 \text{ durch } \mathbf{L} = m c^2 \left(1 - [1 - v^2/c^2]^{1/2}\right)$$

ersetzt, woraus dann $v < c$ folgt. Auf ähnliche Weise kann die *Lagrange*sche Wirkungsdichte der Elektrodynamik durch einen Quadratwurzelausdruck ersetzt werden. So wird eine endliche Selbstenergie einer Punktladung erreicht, welche nicht nur die träge Masse, sondern auch, wie *Schrödinger* gezeigt hat, die schwere Masse repräsentiert.

Ein wichtigerer Aktivposten dieser Theorie scheint mir die Abschätzung der Feinstrukturkonstanten zu sein, welche *Heisenberg* und seinen Schülern

Euler und *Kockel* gelang und von *Weisskopf* bestätigt wurde [23]. Die niedrigsten, nicht-linearen Glieder dieser Theorie werden hierbei mit den korrespondierenden Gliedern der *Dirac*schen Löchertheorie, welche eine sogenannte „Polarisation des Vakuums" darstellen, verglichen. Als Ergebnis folgt

$$1/\alpha = hc/2\pi e^2 = 82$$

das, obwohl noch viel zu klein, doch von der richtigen Größenordnung ist. Diese Methode scheint mir der soweit einzige vernünftige Versuch zu sein, die Zahl $1/\alpha = 137$ abzuleiten.

Daß die nicht-lineare Theorie keinen Anklang gefunden hat, ist teils auf die Schwierigkeit der Quantelung zurückzuführen und teils auf einen Einwand, welcher von *Heitler* erhoben wurde und mir damals überzeugend vorkam. Er sagte, daß eine klassische Theorie des Elektrons, welche die *Planck*sche Konstante als vernachlässigbar, aber die Elementarladung als endlich annimmt, sinnlos ist, weil $1/\alpha = hc/e^2 = 137$ eine große Zahl ist.

Auf der Suche nach einer nicht-linearen Feldtheorie als Grenzfall seines S-Matrix-Formalismus hat *Heisenberg* nun jene Quadratwurzel-Methode übernommen und sie auf das von einem Nukleon erzeugte Meson-Feld übertragen. Aber er benutzt sie bei einem gänzlich anders gearteten Problem, nämlich bei Mesonen-Schauern, welche durch Kernprozesse hervorgerufen werden. Hier ist *Heitlers* Einwand nicht mehr stichhaltig. Wenn man *Heisenbergs* Vorgehen näher untersucht, so erkennt man, daß es nicht auf dem Grenzübergang $h = 0$ sondern auf $N \to \infty$ beruht, wo N die Anzahl der beteiligten Quanten ist. Tatsächlich hatte *Bohr* diese beiden Fälle von Anfang an im Sinne, als er den Übergang von der Quantentheorie zu ihrem klassischen Grenzfall als „Korrespondenzprinzip" formulierte. (Dieselbe Überlegung rechtfertigt die oben erwähnte Abschätzung der Feinstrukturkonstanten.)

Heisenberg betrachtet den Zusammenstoß zweier Nukleonen, deren jedes die Quelle eines seinen nicht-linearen Feldgleichungen gehorchenden Meson-Feldes ist. Bei sehr hoher Stoßenergie wird die Anzahl der Meson-Quanten sehr groß sein, wodurch die Anwendung einer klassischen Wellengleichung statthaft wird. Die von dieser Welle Ψ mitgeführte Gesamtenergie kann durch ein Integral über alle Wellenvektoren $\mathbf{k}$ einer Funktion $u(\mathbf{k})$ dargestellt werden; dividiert man $u(\mathbf{k})$ durch das Energiequantum $h\nu$, wobei $\nu = c \cdot |\mathbf{k}|$ die Frequenz der Welle ist, und integriert das Ergebnis über alle $\mathbf{k}$, so erhält man die Gesamtanzahl N der emittierten Quanten. Auf diese Weise kann man zeigen, daß in einer nicht-linearen Theorie der beschriebenen Art die multiple[1]) Produktion von Mesonen möglich ist und der Wert von N geschätzt werden kann.

Nun hat dieser Gedanke der multiplen Schauer scharfen Widerspruch insbesondere durch *Heitler* erfahren, welcher glaubt, daß die Beobachtungen durch plurale Erzeugung erklärt werden können. Die Experimente werden nicht mit zwei zusammenstoßenden Nukleonen, sondern mit einem Nukleon, das auf einen Kern trifft, gemacht. Dabei pflegt sich eine Kaskade von Nukleonen und Mesonen zu entwickeln, und es entsteht ein Mesonen-Schauer, welcher mit Nukleonen und größeren Bruchstücken vermischt ist. *Heitler* beruft sich in einem Brief an mich auf Versuchsergebnisse von *Terreaux* [17] als einer Bestätigung der Kaskaden-Theorie und auf einige noch nicht veröffentlichte Arbeiten von *Mc Cusker*. Die Schauer wurden in Schichten aus Kohlenstoff und aus Paraffin mit gleicher Anzahl von Kohlenstoffatomen erzeugt. So konnte auf die Wirkung der H-Atome (Proton-Proton-Stoß) rückgeschlossen werden. Es ergab sich, daß bis zu 3×10^{10} eV keine multiple Erzeugung zu beobachten ist. Dies steht jedoch in striktem Gegensatz zu Experimenten, welche von *Haxel* und Mitarbeitern angestellt worden sind und von denen ich auf Grund eines Briefwechsels mit *Heisenberg* Kenntnis erhielt; bei diesen Experimenten wurden Schichten aus Kohlenstoff und Paraffin gleicher Masse (gleiche Anzahl von Nukleonen) mit Hilfe von Zählrohren untersucht, welche Schauer von drei oder mehr durchdringenden Teilchen registrierten. Hier ist das Ergebnis, daß es sich um multiple Erzeugung handelt. Ferner hat *Heisenberg* mir die Aufnahme eines Mesonen-Schauers geschickt, der 16 Bahnen enthält, von denen keine durch ein schweres Teilchen erzeugt wurde. Er hält diese Aufnahme für den Beweis der multiplen Mesonen-Erzeugung, aber es könnte sich ebensogut um eine Kernkaskade handeln, bei welcher die schweren Teilchen zufällig gerade alle Neutronen sind.

Vor nicht langer Zeit wurde meine Aufmerksamkeit auf eine Arbeit von *Vidale* und *Schein* gelenkt [25], die — wenn sich ihre Ergebnisse bestätigen sollten — den Streit wohl beenden würde. Selbstregistrierende Instrumente wurden mittels eines Ballons auf mehr als 30 km Höhe gebracht; Zählrohre nahmen Schauer in flüssigem Wasserstoff auf. Die Ergebnisse scheinen zu Gunsten der multiplen Erzeugung zu sprechen, aber die Annahme, daß die Primärteilchen Nukleonen (Protonen) sind, ist in dieser Höhe ganz ungewiß.

---

[1]) Zur Erklärung der beobachteten Mesonenschauer, die durch den Stoß eines Nukleons der kosmischen Strahlung auf einen Kern entstehen, gibt es zwei Möglichkeiten: Entweder tritt das stoßende Nukleon in Wechselwirkung mit nur e i n e m Kernnukleon, wobei in einem Elementarakt v i e l e Mesonen entstehen (multiple Erzeugung); oder mit m e h r e r e n, wobei jedesmal nur e i n Meson emittiert wird (plurale Erzeugung).

Ich habe den Eindruck, daß *Heisenbergs* kühne Gedanken sich auf dem richtigen Wege befinden; dieser führt offenkundig nicht nach rückwärts, sondern vorwärts zu neuen Abstraktionen, zu einem neuen Denkstil.

Ich habe bis jetzt nur diejenigen Begriffsprobleme betrachtet, welche der mikroskopischen Welt der Elementarteilchen entspringen. Aber von gleicher Wichtigkeit sind die Probleme des Makrokosmos, welche eng mit der allgemeinen Relativitätstheorie zusammenhängen. Ich bin jedoch kein Fachmann auf dem Gebiet der Astrophysik und der Kosmologie, so daß ich nur einige wenige Bemerkungen über dieses umfangreiche Gebiet machen will.

Seit der Zeit von *Eddington* sind wir intimer Beziehungen zwischen der atomistischen Welt und dem Universum gewahr geworden. *Einstein* selbst hat unablässig Versuche unternommen, die Existenz von Teilchen und Quanten als Singularitäten eines Gravitation und Elektromagnetismus vereinigenden Feldes zu verstehen. Aber ich vermag nicht zu glauben, daß durch die bevorzugte Auswahl dieser beiden Feldtypen eine wirkliche Vereinheitlichung erreicht werden kann, ganz abgesehen von meiner Überzeugung, daß sich die Quantentheorie nicht auf klassische Begriffe zurückführen läßt.

Der wichtigste Gedanke in der Astrophysik ist die Annahme einer spontanen Entstehung von Materie. Es gibt zwei Versionen dieser Idee: Die eine stammt von *Hoyle, Bondi* und *Gold* [26], welche eine fortgesetzte und gleichmäßig im Raum stattfindende Erzeugung von Wasserstoffatomen annehmen; die andere von *Jordan* [27], welcher die fortgesetzte Entstehung von ganzen Sternen oder sogar von Milchstraßensystemen postuliert, welche als Supernovae in Erscheinung treten.

Beide Theorien haben gemein, daß sie die Idee einer Geschichte des Universums verwerfen, wie sie durch die einfachste Deutung der Nebelflucht (*Hubble*-Effekt) nahegelegt wird, nämlich der Idee des expandierenden Weltalls, das etwa vor 4000 Millionen Jahren von einem hochkonzentrierten Zustand aus seinen Anfang nahm. Statt dessen haben jene beiden Theorien zum Ziele, die Welt als in einem stationären Zustand befindlich zu beschreiben, in dem gerade so viel Materie neu entsteht, als in die Unendlichkeit entschwindet (d. h. wenn die Lichtgeschwindigkeit erreicht wird).

Die Autoren haben in beiden Fällen eine Modifizierung der *Einstein*schen Feldgleichungen vorgeschlagen. *Hoyles* ursprüngliche Theorie folgte nicht dem *Lagrange*schen Formalismus, der die Verträglichkeit des Kausalgesetzes mit der allgemeinen Relativitätstheorie sicherstellt. So scheint er höchst seltsamerweise bereit zu sein, die allgemeine Relativitätstheorie zu opfern. *Mc Crea* hat jüngst gezeigt, daß dies nicht notwendig ist, indem bei Annahme der Existenz einer Art universellen kosmischen Druckes (neben dem gewöhnlichen, Materie und Energie entsprechenden Druck) die relativistischen Gleichungen bestehen bleiben können [28].

Die *Jordan*sche Theorie fußt auf einem Gedanken von *Dirac*, wonach die Gravitationskonstante $\varkappa$ in Wirklichkeit keine Konstante ist, sondern eine (langsam veränderliche) elfte Feldvariable, welche zu den 10 Komponenten $g_{\tau\nu}$ des Gravitationsfeldes hinzukommt [29]. Diese Annahme ist keinesfalls willkürlich, sondern stützt sich auf starke Argumente, welche sich auf die Größenordnung der kosmischen Konstanten beziehen. *Jordan* hat weiterhin gezeigt, daß vom Standpunkt der Gruppentheorie aus seine Gleichungen denjenigen mit konstantem $\varkappa$ vorzuziehen sind und daß die Entstehung von Materie im großen, wie er es vorschlägt, keine Verletzung des Gesetzes von der Erhaltung der Energie bedeutet, sondern lediglich einen Übergang von Gravitationsenergie in Masse.

Beide Hypothesen werden durch eine beträchtliche Anzahl empirischer Beweismittel gestützt, welche natürlich nicht so sehr in direkten Beobachtungen als vielmehr in der Entwicklung eines zusammenhängenden und rationalen Bildes vom Universum in Übereinstimmung mit den Tatsachen bestehen. Ich vermag nicht zu entscheiden, welche von beiden der Wahrheit näher kommt.

Ich habe diese beiden Ideen erwähnt, weil eine künftige Theorie der Materie an dem kosmologischen Standpunkt nicht vorübergehen kann. Sehr wahrscheinlich habe ich es unterlassen, andere wichtige Vorschläge hier anzuführen, was ich mir zu verzeihen bitte.

Ich komme auf die ersten Sätze meiner Darlegung zurück und darf sagen, daß während der 50 Jahre seit meiner Studentenzeit viel erreicht worden ist. Viele Probleme sind gelöst worden, welche um die Jahrhundertwende noch nicht einmal aufgestellt worden waren. Aber die heutige Zeit scheint vor noch viel mehr und vielleicht noch härteren Rätseln zu stehen. Meine Absicht war es, zu zeigen, daß unser begriffliches Rüstzeug ausreichen wird, mit ihnen fertig zu werden, vorausgesetzt, daß wir nicht rückwärts in gute alte Zeiten schauen, sondern vorwärts auf neue Abenteuer der Entdeckung und der Deutung.

Literatur

[1] *C. F. v. Weizsäcker:* „Die Geschichte der Natur", Hirzel, Stuttgart 1949; „Zum Weltbild der Physik", Hirzel, Stuttgart 1951.

[2] *de Broglie:* „Physicien et Penseur", Michel, Paris 1952.

[3] *de Broglie:* C. R. Acad. Sci. Paris 183 (1926) S. 447, 184 (1927) S. 273, 185 (1927) S. 380.

[4] *E. Madelung:* Z. Phys. 40 (1927) S. 322; J. Frenkel: Upsekki Fisick Nauk 42 (1950) S. 69, 44 (1951) S. 110; *D. Blochinzew:* Upsekki Fisick Nauk 42 (1950) S. 76, 44 (1951) S. 104; *D. Bohm:* Phys. Rev. 85 (1952) S. 166, 180.

[5] *J. v. Neumann:* „Math. Grundl. der Quantenmechanik", Springer, Berlin 1932, S. 167—171.
[6] Die erste Phase der Quantenmechanik wird fast in der gesamten Literatur falsch zitiert. Ein paar Beispiele habe ich in meinem Buch „Natural Philosophy of Cause and Chance", Clarendon Press, Oxford 1949, S. 188, angeführt.
[7] *M. Born:* Brit. J. Phil. Sci. 14 (1953) S. 95. Siehe auch den Aufsatz „Die Interpretation der Quantenmechanik" in diesem Buche, S. 132.
[8] *S. Tomonaga:* Pogr. Theor. Phys. 1 (1946) S. 27; *J. Schwinger:* Phys. Rev. 74 (1948) S. 1439, 75 (1949) S. 651, 76 (1949) S. 790.
[9] *P. A. M. Dirac:* Proc. Roy. Soc. A 209 (1951) S. 291, 212 (1952) S. 330.
[10] *W. E. Lamb jr., R. C. Retherford:* Phys. Rev. 72 (1947) S. 241; 75 (1949) S. 1325, 1332; 79 (1950) S. 549.
[11] *H. Yukawa:* Phys. Rev. 77 (1949) S. 219.
[12] *G. Möller:* K. Danske Vedensk. Selsk., Math.-Phys. Medd. 21 und 22 (1951); *J. Rayski:* Proc. Roy. Soc. A 206 (1951) S. 575, Phil. Mag. 42 (1951) S. 1289.
[13] *A. Eddington:* Proc. Roy. Soc. A 121 (1928) S. 524, 122 (1928) S. 358; s. a. Relativity Theor. of Protons and Electrons, Cambridge 1936.
[14] *J. W. Du Mond, E. R. Cohen:* Phys. Rev. 82 (1951) S. 555.
[15] *H. J. Bhabha:* Rev. Mod. Phys. 17 (1945) S. 200, 21 (1949) S. 451, Phys. Rev. 77 (1951) S. 665; s. a. Rep. of 1946 Intern. Conf. on Fundamental Particles, London 1948.
[16] *A. Pais, G. E. Uhlenbeck:* Phys. Rev. 79 (1950) S. 145.
[17] *W. Heisenberg:* Z. Phys. 120 (1943) S. 313, 673.
[18] *W. Heisenberg:* Festschr. d. Akad. d. Wiss. Göttingen 1951, S. 50.
[19] *W. Heisenberg:* Z. Phys. 133 (1952) S. 65.
[20] *M. Born, L. Infeld:* Nature 132 (1933) S. 970, 1004; Proc. Roy. Soc. A 144 (1934) S. 425.
[21] *G. Mie:* Ann. Phys. 37 (1912) S. 511, 39 (1912) S. 1, 40 (1913) S. 1.
[22] *E. T. Whittaker:* From Euclid to Eddington, Cambridge 1949.
[23] *H. Euler, B. Kockel:* Naturwiss. 23 (1935) S. 246; *H. Euler:* Ann. Phys. 26 (1936) S. 398; *H. Euler, W. Heisenberg:* Z. Phys. 98 (1936) S. 714; *B. Kockel:* Z. Phys. 107 (1937) S. 153; *V. Weisskopf:* K. Danske Vidensk Selsk., Math.-Phys. Medd. 14 (1936) S. 6.
[24] *Ch. Terreaux:* Helv. Phys. Acta 24 (1951) S. 551, Nuovo Cimento 9 (1952) S. 1029.
[25] *M. L. Vidal, M. Schein:* Nuovo Cimento 8 (1951) S. 1.
[26] *F. Hoyle, H. Bondi, T. Gold:* Mon. Not. Roy. Astron. Soc. 108 (1948) S. 252.
[27] *P. Jordan:* Phys. Z. 45 (1944) S. 183; Die Herkunft der Sterne, Stuttgart 1947; Nature 164 (1949) S. 637; Schwerkraft und Weltall, Braunschweig 1952.
[28] *W. H. McCrea:* Proc. Roy. Soc. A 206 (1951) S. 562, J. Trans. Victoria Inst. 83 (1951) S. 105.
[29] *P. A. M. Dirac:* Nature 139 (1937) S. 323.

10 Die Interpretation der Quantenmechanik*)

Die folgenden Ausführungen sind eine Erwiderung auf den von *Erwin Schrödinger* im August und November 1952 in „The British Journal for the Philosophy of Science" veröffentlichten Artikel „Gibt es Quantensprünge? (Teil I und II)". Eine Diskussion über dieses Thema war für die am 8. Dezember 1952 stattfindende Versammlung der Philosophy of Science Group in Aussicht genommen, und ich war aufgefordert worden, die Aussprache zu eröffnen. Ich hatte diese ehrenvolle Einladung nicht ohne Bedenken angenommen, denn ich finde es peinlich, eine Meinungsverschiedenheit in einer so fundamentalen Frage mit einem meiner besten und ältesten Freunde öffentlich auszutragen. Zur Annahme bewogen mich schließlich verschiedene Gründe: Erstens bin ich der Überzeugung, daß keine Meinungsverschiedenheit in physikalischen Dingen unsere Freundschaft erschüttern könnte. Zweitens wußte ich, daß andere gute und alte Freunde von gleichem wissenschaftlichen Range wie *Schrödinger* meine Ansicht teilen, z. B. *Niels Bohr, Heisenberg* und *Pauli*. Der dritte und wichtigste Grund, die Diskussion der *Schrödinger*schen Publikation anzunehmen, war der, daß ihr unleugbarer literarischer Wert, die Weite des historischen und philosophischen Gesichtskreises und die geistreiche Darstellung einen verwirrenden Einfluß auf diejenigen Leser ausüben könnte, die, ohne selber Physiker zu sein, sich für die allgemeinen Gedankengänge der Physik interessieren.

Die Diskussion am 8. Dezember kam nicht zustande, da *Schrödinger* durch eine schwere Krankheit am Erscheinen verhindert war. Ich trug zwar meine vorbereitete Einführung vor und beantwortete Fragen, aber es ist klar, daß dadurch kein Austrag des Meinungsstreites erreicht wurde. So will ich denn hier meine Auffassung gedruckt vorlegen. Das Folgende ist eine etwas erweiterte Darstellung meiner Einleitungsrede. Demgemäß kommen keineswegs alle von *Schrödinger* angeführten Punkte zur Sprache, sondern nur solche, die mir für eine Diskussion unter Philosophen geeignet erscheinen.

---

*) Übersetzung aus „The British Journal for the Philosophy of Science", Bd. IV, 1953.

I. Kurze Formulierung von Schrödingers Auffassung

Die Meinungsverschiedenheit zwischen *Schrödinger* und mir betrifft nicht so sehr eine Frage der eigentlichen Physik, als vielmehr die Beziehung der Physik zur Philosophie und menschlichen Erkenntnis im allgemeinen. Jeder von uns theoretischen Physikern, *Schrödinger* natürlich eingeschlossen, würde ein konkretes physikalisches Problem mit den gleichen oder mindestens äquivalenten mathematischen Methoden angreifen und, wenn diese zum Ziele führen, würde die theoretische Voraussage und die Vorschrift für ihre experimentelle Bestätigung praktisch immer die gleiche sein. Die Meinungsverschiedenheit tritt erst in Erscheinung, wenn ein Philosoph kommt und fragt: „Was bedeuten deine Worte eigentlich? Wie bringst du es fertig, von Elektronen manchmal als Partikeln, manchmal aber als Wellen zu sprechen?", und dergleichen mehr. Solche Fragen nach dem wirklichen Sinn unserer Worte sind ebenso wichtig wie der mathematische Formalismus. Dieser Art sind *Schrödingers* Einwände. Er bekämpft den üblichen Sprachgebrauch in der Interpretation des quantenmechanischen Formalismus und schlägt eine andere, einfache, puristische Sprache vor, die seiner Meinung nach der Lage besser entspricht. Meine Antwort lautet, daß seine puristische Ausdrucksweise nicht nur wegen ihrer Schwerfälligkeit unbrauchbar ist, sondern auch von historischen, psychologischen, epistemologischen und philosophischen Gesichtspunkten aus nicht gerechtfertigt werden kann.

Schrödingers Behauptungen lassen sich in einige wenige Sätze zusammenfassen: Die einzige Realität in der physikalischen Welt sind Wellen. Es gibt keine Partikel und keine Energiequanten $h\nu$. Diese sind Illusionen, die auf falscher Deutung der Resonanzerscheinungen bei Interferenz der Wellen beruhen. Die Wellen sind mit gewissen ganzen Zahlen auf eine Weise verknüpft, die von den Schwingungen einer Saite und anderer Musikinstrumente her wohl bekannt ist. Die Art, wie diese ganzen Zahlen auftreten, hat die Physiker zu der Annahme verführt, daß sie die Anzahl von Partikeln darstellen. Es gibt ferner ein für die Quantenmechanik charakteristisches spezielles Resonanzgesetz, nach dem die Summe der Eigenfrequenzen zweier aufeinander einwirkender Systeme konstant ist, und dieses Gesetz ist von den Physikern als der auf Quanten und Partikeln bezogene Erhaltungssatz der Energie gedeutet worden. Quanten oder Partikel gibt es aber gar nicht. Jeder Versuch, die physikalischen Erscheinungen unter Benutzung der Partikelvorstellung zu beschreiben, ohne mit der sicher festgestellten, für Wellen charakteristischen Art der Ausbreitung im Raume in Widerspruch zu geraten, führt zu unmöglichen, absurden Vorstellungen, wie die Annahme von zeitlosen Quantensprüngen der Partikel von einem stationären Zustand in den anderen. Und weiter: Versucht man ein Gas als ein System von Partikeln zu beschreiben, so ist man gezwungen, diese ihrer individuellen Unterscheidbarkeit zu berauben. Schreibt man das Symbol (*A,B*) als Ausdruck dafür, daß *A* sich an einer gewissen Stelle, *B* sich an einer anderen befinde, so sind die beiden Fälle (*A,B*) und (*B,A*) nicht nur physikalisch ununterscheidbar, sondern sie bilden auch statistisch nur einen Fall und nicht zwei, wie man vernünftigerweise erwarten sollte. Alle diese Schwierigkeiten und noch viele andere dazu verschwinden, wenn man die Partikelvorstellung aufgibt und nur noch von Wellen spricht.

II. Gibt es Atome?

Es ist nur wenige Jahre her, daß *Schrödinger* eine Arbeit unter dem Titel „2500 Jahre Quantenmechanik" veröffentlicht hat, in der er betont, daß *Plancks* Entdeckung des Quantenbegriffs die Krönung einer stetigen Entwicklung darstelle, die mit den griechischen Philosophen *Leukipp* und *Demokrit*, den Begründern der atomistischen Schule, begonnen habe. Zu der Zeit hielt *Schrödinger* offenbar den Gedanken, daß die Materie sich aus Atomen, d. h. kleinsten unteilbaren Partikeln, zusammensetze, für eine große Errungenschaft. Nun verwirft er die gleiche Vorstellung, weil ihre Weiterverfolgung ein Knarren im Räderwerk unserer Logik hervorruft.

Es ist diese antiatomistische Haltung *Schrödingers*, die mir der schwächste und tatsächlich unhaltbare Punkt in seinen Ausführungen gegen die übliche Auslegung der Quantenmechanik zu sein scheint. Alle übrigen angeführten Argumente sind mehr technischer Natur, dieses aber ist grundlegend. Beiden Teilen seines Artikels schickt *Schrödinger* einen Abschnitt über den „kulturellen Hintergrund" voraus, in dem er die theoretischen Physiker der Jetztzeit beschuldigt, das Gefühl für historische Kontinuität verloren zu haben und ihre eigenen Leistungen im Vergleich zu denen ihrer Vorläufer zu überschätzen. Er führt hierfür Beispiele an, die ich nicht verteidigen will; doch scheint mir, daß er selber ein noch schlimmeres Beispiel für die von ihm angeführten Fehler gibt.

Seit der Neubelebung der atomistischen Idee durch *Daniel Bernoulli* (1738) in der kinetischen Gastheorie und durch *Dalton* (1808) in der Chemie hat diese Idee sich als so außerordentlich fruchtbar und wirksam erwiesen, daß mir *Schrödingers* Versuch, sie über den Haufen zu werfen, fast vermessen erscheint, jedenfalls als eine offensichtliche Verletzung der historischen Kontinuität.

III. Wellen an Stelle von Atomen

Solch eine Verletzung wäre gerechtfertigt, wenn *Schrödinger* eine bessere und wirksamere Idee substituieren könnte. Und dies ist auch genau, was er für sich in Anspruch nimmt, wenn er behauptet, daß jeder Tatbestand in Physik und Chemie mit Hilfe der Wellenvorstellung beschrieben werden könne. Der ungeschulte Leser wird das sicher so verstehen, daß es sich um gewöhnliche Wellen in einem gewöhnlichen dreidimensionalen Raume handle. Erst im letzten Abschnitt des zweiten Teiles (S. 241) sagt *Schrödinger*, daß man es meistens mit Wellen in einem vieldimensionalen Raume zu tun habe, aber „daß es wenig Wert habe, dies in einer allgemeinen Betrachtung weiter auszuführen". Meiner Ansicht nach jedoch ist dies ein wesentlicher Punkt, der diskutiert werden muß. Bevor ich dies tue, möchte ich jedoch betonen, daß ich *Schrödingers* Wellenmechanik für eine der bewundernswertesten Leistungen in der Geschichte der theoretischen Physik halte. Ich weiß auch, daß *Schrödinger* getrieben wurde durch seine Abneigung gegen die *Bohr*sche Theorie der stationären Zustände und Quantensprünge, die er durch etwas Vernünftigeres ersetzen wollte. Auch kann ich sehr wohl seinen Triumph nachfühlen, als es ihm gelang, diese abscheulichen stationären Zustände als harmlose Eigenschwingungen zu interpretieren und die geheimnisvollen Quantenzahlen als Analoga zu den Ordnungszahlen der musikalischen Obertöne. Ich begreife, daß man dieser schönen Idee verfallen kann.

Ich meinerseits habe keine persönliche Vorliebe für Wellen. Ich habe zusammen mit *Heisenberg* und *Jordan* eine andere Methode, die Matrizenmechanik, entwickelt, in der stationären Zuständen und Quantensprüngen ihre natürliche Stelle zukommt. Ich habe aber auch keine besondere Vorliebe für den Matrizengedanken. Sobald *Schrödingers* Wellengleichung publiziert wurde, wandte ich sie auf die Theorie der Zusammenstöße an und erhielt dadurch die Anregung, die Wellenfunktion als Wahrscheinlichkeitsamplitude zu deuten[1]). Ich begrüßte *Schrödingers* eleganten Beweis der formalen Äquivalenz von Wellen- und Matrizenmechanik. Doch will ich weder zugunsten der Matrizenmechanik oder ihrer Verallgemeinerung durch *Dirac* sprechen, noch die Wellenmechanik angreifen. Ich will nur den übertriebenen Anspruch *Schrödingers* zurückweisen, aus dem der nicht geschulte Leser den Eindruck erhalten muß, daß alle Erscheinungen sich als gewöhnliche Wellen in einem gewöhnlichen Raum beschreiben lassen.

Der Physiker weiß, daß dies nicht zutrifft. Im Falle eines Zwei-Körper-Problems (wie beim Wasserstoffatom) läßt sich die Wellengleichung in

---

[1]) Tatsächlich ist die gewöhnlich Wellenfunktion genannte Größe schon in der Arbeit von *Heisenberg, Jordan* und mir (Z. f. Phys. 35, 1925, S. 557) enthalten, allerdings nicht als Raumfunktion ψ, sondern in einer unstetigen Darstellung x_n, mit deren Hilfe die Störungsrechnung in Kap. 3, § 2, S. 585 ff. behandelt wurde. Schon damals war mir die Deutung der Größen $|x_n|^2$ als Wahrscheinlichkeiten durch den Kopf gegangen. Eine Begründung dieses Gedankens mußte aber warten, bis *Schrödingers* Methode die Behandlung von Stoßprozessen möglich machte.

zwei auflösen, eine für die Bewegung des Massenzentrums und eine für die Relativbewegung, beide im dreidimensionalen Raum. Aber bereits im Falle des Drei-Körper-Problems (z. B. beim Heliumatom, das einen Kern und zwei Elektronen hat) ist dies unmöglich; man braucht einen Raum mit 6 Dimensionen für die Relativbewegung. Im Falle von N Partikeln wird ein Raum von $3(N-1)$ Dimensionen benötigt, und diese Anzahl kann nur in singulären Fällen reduziert werden.

Dies aber bedeutet, daß die Behauptung der Anschaulichkeit, d. h. der Möglichkeit, sich den Vorgang räumlich vorzustellen, hinfällig ist[1]). In Wirklichkeit ist eine vieldimensionale Wellenfunktion nichts als der Name für die abstrakte Größe ψ des mathematischen Formalismus, die bei einigen modernen theoretischen Physikern auch den gelehrter klingenden Namen „Zustandsvektor im Hilbertraum" führt. Jeder Versuch, irgendwelche Erscheinungen mit Ausnahme der allereinfachsten mit Hilfe dieser vieldimensionalen Wellenfunktionen in Worten zu beschreiben, ist nichts anderes als ein Versuch, den gedrängten Inhalt mathematischer Formeln in Worten unserer gewöhnlichen Sprache auszudrücken. Dies wäre aber nicht nur außerordentlich schwerfällig, sondern praktisch einfach unmöglich.

Auch macht *Schrödinger* tatsächlich gar keinen Versuch in dieser Richtung. Alle seine Beispiele sind so gewählt, daß eine Darstellung in nur drei Dimensionen möglich ist, indem er sich auf Fälle beschränkt, die sich (wir wollen uns hier der Partikelvorstellung bedienen) auf voneinander unabhängige, d. h. nicht auf einander einwirkende Partikel beziehen, und dann zeigt er, daß sich diese Partikel nicht so verhalten, wie sich dies für gute, wohlerzogene Teilchen wie z. B. Sandkörner ziemt.

IV. Warum Atome unentbehrlich sind

Meiner Ansicht nach darf die Partikelvorstellung trotz dieser Absonderlichkeiten doch nicht aufgegeben werden. Wie ich bereits gesagt habe, ist die ganze Streitfrage für die Rechnereien des theoretischen Physikers ziemlich bedeutungslos. Sobald er aber seine Resultate mit experimentellen Tatsachen in Verbindung bringen will, muß er Angaben über physikalische Apparate machen. Diese aber bestehen aus festen Körpern und nicht aus Wellen. Also müßte auf jeden Fall, selbst wenn eine Beschreibung physikalischer Tatsachen unter ausschließlicher Benutzung der Wellenvorstellung

---

[1]) In einem andern kürzlich erschienenen Artikel (*Louis de Broglie*, Physicien et Penseur, ed. Albin Michel, Paris, 1952) bemerkt *Schrödinger*, daß die Dreidimensionalität der Wellen aufrecht erhalten werden könne mit Hilfe der Methode der „zweiten Quantelung" (S. 24). Aber auch dann geht die Anschaulichkeit verloren, und der statistische Charakter der ψ-Funktion wird auf einem noch tieferen und abstrakteren Niveau eingeführt.

möglich wäre, doch von einem gewissen Punkte an der Übergang zu gewöhnlichen festen Körpern gemacht werden. Die Gesetze aber, die die Bewegung fester Körper regeln, sind ohne Zweifel die der Mechanik *Newtons*. Die Wellentheorie muß also notwendigerweise imstande sein, ihre Resultate in die Sprache der Mechanik gewöhnlicher Körper zu übersetzen. Geschieht dies systematisch, so ist die Matrizenmechanik oder eine ihrer Verallgemeinerungen das notwendige Bindeglied. Jedenfalls sehe ich nicht, wie dieser Übergang von der Wellenmechanik zur gewöhnlichen Mechanik fester Körper vermieden werden könnte.

Lassen Sie uns nun diesen Zusammenhang in umgekehrter Weise betrachten, indem wir von gewöhnlichen Körpern ausgehen. Man kann diese in kleinere und immer wieder kleinere Teile zerteilen. Gemäß den griechischen Atomisten gelangt man damit schließlich zu einem Ende, wenn nämlich die Teile Partikel werden, Atome, die nicht mehr unterteilbar sind.

Die moderne physikalische Theorie hat diese Auffassung in gewissem Grade modifiziert, doch brauche ich hier nicht auf Einzelheiten einzugehen, die jedermann bekannt sind. Die Materieteilchen, die man durch eine solche fortgesetzte Unterteilung erhält, haben alle die gleichen physikalischen Eigenschaften wie die Ausgangssubstanz, bis man sich dem chemischen Atom nähert. Dieses ist zwar nicht unteilbar, aber seine Teile sind nunmehr qualitätsverschieden, Partikel einer subtileren Art, nämlich Systeme bestehend aus Kern und Elektronen. Wir entdecken, daß diese kleinsten Einheiten, die Atome und noch mehr die Kerne und Elektronen, nicht nur andere Eigenschaften, sondern ganz entschieden befremdliche Eigenschaften besitzen, Eigenschaften, die wir von unserer Erfahrung mit gewöhnlichen Körpern nicht gewohnt sind. Ihr Verhalten weicht durchaus von dem der Körnchen ab, in die wir anfangs unsere Substanz zermahlen haben. Sie haben keine eigene Individualität, ihre Lage und Geschwindigkeit kann auf Grund der *Heisenberg*schen Unschärfebeziehung nur mit beschränkter Genauigkeit bestimmt werden usw. Müssen wir nun sagen: Schön, so müssen wir auf den Teilchenbegriff verzichten und mit Bedauern den Gebrauch dieses nützlichen und bestechenden Bildes aufgeben?

Wir können dies tun, falls wir einen streng positivistischen Standpunkt einnehmen, nach dem Sinneseindrücke die einzige Realität sind und alles übrige nur „Konstruktionen" unseres Verstandes. Mit Hilfe des mathematischen Apparates der Quantenmechanik können wir vorhersagen, was der experimentelle Physiker unter bestimmten Bedingungen beobachten wird, den Strom, den sein Galvanometer anzeigt, die Spur auf seiner photographischen Platte. Aber es ist sinnlos zu fragen, was hinter den Erscheinungen liegt, Wellen oder Partikel oder was sonst. Viele Physiker haben diesen Standpunkt angenommen. Mir persönlich widerstrebt er ganz und gar, und ebenso ergeht es *Schrödinger;* denn er besteht darauf, daß etwas Bestimmtes hinter den Erscheinungen, den Sinneseindrücken, liegt, das man als Wellenbewegung in einem noch ungenügend erforschten Medium beschreiben kann. Vor kurzem hat ein amerikanischer Physiker, *Bohm,* den entgegengesetzten Standpunkt eingenommen. Er behauptet, daß er die ganze Quantenmechanik auf Grund der gewöhnlichen Partikelvorstellung interpretieren könne, und zwar mit Hilfe von „verborgenen" Parametern, die zur Beschreibung von unbeobachtbaren Prozessen dienen.

V. Wie sich die atomistische Auffassung modifizieren läßt

Meiner Ansicht nach läßt sich keiner dieser extremen Standpunkte aufrechterhalten, und ich halte die übliche Interpretation der Quantentheorie, die beide Beschreibungsweisen der beobachteten Erscheinungen, Wellen- und Partikelvorstellung, miteinander in Einklang zu bringen sucht, für den richtigen Weg. Es ist unmöglich, hier in diesem Rahmen über die komplizierte logische Auswägung dieser Begriffe zu berichten; doch möchte ich mit Hilfe einiger Beispiele aus anderen Gebieten die Art und Weise beleuchten, wie die Partikelvorstellung der neuen Lage angepaßt wird. Es ist natürlich keine neue Situation, daß ein Begriff in seiner ursprünglichen Bedeutung sich als zu eng gefaßt erweist. Aber anstatt ihn aufzugeben, hat die Wissenschaft einen anderen Weg eingeschlagen, der ungleich fruchtbarer und befriedigender ist. Ein gutes Beispiel ist der Zahlbegriff. Unter einer Zahl verstand man ursprünglich nur ganze Zahlen, 1, 2, 3 ... *Kroneker* hat gesagt, die ganzen Zahlen habe Gott geschaffen, alles übrige sei Menschenwerk. Und in der Tat, wenn man die Zahlen als ein Mittel zum Zählen definiert, so sind bereits die rationalen Zahlen, Brüche wie $\frac{3}{8}$ oder $\frac{4}{5}$, nicht mehr als Zahlen anzusehen. Schon die Griechen aber haben den Zahlbegriff auf rationale Zahlen ausgedehnt, wobei sie allerdings nur eine endliche Menge von Brüchen ins Auge faßten, für die eine kleinste Einheit (kleinster gemeinsamer Nenner) gefunden werden kann. Dann aber machten sie die grundlegende Entdeckung, daß die Diagonale des Quadrates mit der Seite 1, die wir heute $\sqrt{2}$ schreiben, keine Zahl in diesem Sinne ist. So genial auch ihre Logik war, so taten sie jedoch nicht den nächsten konstruktiven Schritt: Sie hatten nicht die Kühnheit, den Zahlbegriff so zu erweitern, daß er auch $\sqrt{2}$ mit umfassen konnte, sondern erfanden eine zwar geistreiche, aber doch ziemlich schwerfällige geometrische Methode zur Behandlung solcher Fälle. Das war der Stein des Anstoßes, durch den die Mathematik etwa 2000 Jahre aufgehalten wurde. Erst in moderner Zeit gelang es, die notwendige Verallgemeinerung des Zahlbegriffes vorzunehmen, um auch derartige Gebilde wie $\sqrt{2}$ mit einzuschließen, die wir aber immer noch „irrational" nennen. Dann folgten weitere Verallgemeinerungen durch Einführung der algebraischen, transzendenten und komplexen Zahlen. Zwar kann man mit Hilfe dieser nicht zählen, doch haben sie andere, mehr formale Eigenschaften mit den ganzen Zahlen gemein, die nunmehr zu einem Spezialfall des erweiterten Zahlbegriffs werden. Ähnliche Verallgemeinerungen eines ursprünglich viel enger gefaßten Begriffs sind in der Mathematik durchaus üblich; aber auch in der Physik kommen sie vor. Sicher verstand man unter Schall ursprünglich nur das, was man hören kann, und unter Licht das, was gesehen werden kann. Heute aber sprechen wir von unhörbarem Schall (Ultraschall) und von unsichtbarem Licht (Ultraviolett und Infrarot). Sogar im täglichen Leben ist dieser Prozeß der Erweiterung des ursprünglichen Sinnes von Begriffen ständig im Gange. Nehmen wir z. B. den Begriff der Demokratie, der ursprünglich die Regierungsform von Stadtstaaten bedeutete, wo sich die Bürger auf dem Marktplatz versammelten, um ihre Probleme zu besprechen und zu entscheiden. Heute bezeichnet dieser Ausdruck die parlamentarische Regierungsform riesiger Staatsgebilde. In Rußland hat er sogar eine Bedeutung angenommen, die wir im Westen als das genaue Gegenteil von Demokratie ansehen. Aber lassen Sie uns lieber auf den sicheren Boden der Physik zurückkehren.

Ich bin der Meinung, daß ein erweiterter Gebrauch des Partikelbegriffs sich auf die gleiche Weise rechtfertigen läßt. Er muß nur zwei Bedingungen genügen: erstens muß die ursprüngliche Partikelvorstellung (etwas, das durch fortgesetzte Aufteilung grober Materie entsteht und aus dem diese aufgebaut werden kann) ein Spezialfall oder besser Grenzfall des neuen Begriffs sein, und zweitens muß der neue Begriff einige wichtige (wenn auch keineswegs alle) Eigenschaften dieser elementaren Vorstellung beibehalten.

In genau dieser Weise wird nun der Partikelbegriff in der Quantenmechanik gebraucht. Ich kann nicht sehen, was man dagegen einwenden kann. *Schrödingers* Einwände scheinen mir sehr ähnlich den Hemmungen, welche die griechischen Mathematiker davon abhielten, die Diagonale des Einheitsquadrates als „Zahl" zuzulassen, nachdem sie sich überzeugt hatten, daß sie nicht als Quotient zweier ganzer Zahlen darstellbar ist. Würde *Schrödingers* These allgemein angenommen, so hätte das wohl nicht so schwerwiegende Folgen wie im Falle der Irrationalzahlen, denn sie richtet sich nicht gegen den theoretischen Formalismus, sondern nur gegen dessen philosophische Unterlagen. *Schrödinger* würde sogar zulassen, daß die Physiker und Chemiker auch weiterhin die Partikelsprache benutzen, jedoch mit dem gehörigen „als ob". Man stelle sich nur ein auf diese Weise geschriebenes Lehrbuch der Chemie vor: Wasser verhält sich, als ob es aus H_2O-Molekülen bestände, von denen jedes sich wieder so verhält, als ob es aus zwei Wasserstoffatomen und einem Sauerstoffatom zusammengesetzt sei. Gehen wir aber noch einen Schritt weiter und sagen, daß jedes Wasserstoffatom Eigenschaften aufweise, als ob es aus einem Kern und einem Elektron bestände, so gehen wir bereits über das von *Schrödinger* zugestandene Gebiet des „als ob" hinaus; denn hier besteht *Schrödinger* darauf, daß es kein Elektron genanntes Teilchen gibt, sondern nur eine Ladungswelle um den Kern, der selber ebenfalls irgendeine Welle ist. Aber wenn wir dann die Photoionisation eines solchen Wasserstoffatoms behandeln wollen, so müssen wir wieder auf unser „als ob" zurückgreifen, um die diskontinuierliche Erregung eines Geigerzählers zu beschreiben.

Im Leben wie in der Wissenschaft beruht das Wachstum der Sprache auf derartigen Verallgemeinerungen von Begriffen, die manchmal im Gange der Entwicklung zuerst mit einem „als ob" versehen, später aber assimiliert und zu anerkannten selbständigen Worten werden. Zu diesem Zwecke müssen die Regeln für ihre Anwendung auf vernünftige Weise festgesetzt werden. Auf dem Gebiete der Physik ist diese Entwicklung, bei der *Niels Bohr* eine führende Rolle gespielt hat, noch immer im Fortschreiten begriffen, und zwar meiner Ansicht nach mit gutem Erfolg. Selbstverständlich kann man noch bestimmte Punkte herausgreifen, bei denen sich eine gewisse logische Härte und Unausgeglichenheit zeigt, und das hat *Schrödinger* getan.

Andrerseits aber kann auch *Schrödinger* den Gebrauch der Worte Partikel und Atome nicht vermeiden, und sie tauchen in vielen seiner Beispiele auf, da sonst seine Sätze keinen Sinn vermitteln würden. Wenn er z. B. über Quantenstatistik der Gase spricht, muß er eine Wellengleichung in einem vieldimensionalen Raum diskutieren. Vom Partikelstandpunkt aus hat diese Gleichung eine einfache Bedeutung, nämlich als Übersetzung des Erhaltungssatzes der kinetischen Energie von *n* Teilchen in wellenmechanische Ausdrucksweise. *Schrödinger* sieht sich jedoch gezwungen, diese Übertragung, das Wunderkind seines eigenen Geistes, zu verleugnen, denn sonst müßte er zugeben, daß es zumindest in einem gewissen Sinne Partikel gibt. Er muß die 3*n*-dimensionale Wellengleichung auf eine geniale Inspiration zurückführen, die dann experimentell bestätigt wurde. Dies aber ist eine Entstellung historischer Tatsachen.

VI. Zusammenstöße

Obgleich ich gern rein fachliche Einzelheiten vermeiden würde, muß ich hier noch einige Worte über das Problem der Zusammenstöße einschalten, das *Schrödinger* an mehreren Stellen erörtert (Abschnitt 6 und 8). Er hält das übliche quantenmechanische Vorgehen für fehlerhaft und beschuldigt die Physiker einer leichtfertigen Ausdrucksweise; er predigt, daß „die Physik kein Selbstgespräch" sei und prophezeit, daß die Arbeit der modernen Physiker nach 2000 Jahren vergessen sein werde, während das Werk von *Archimedes* und *Galilei* ähnliche Zeitspannen überdauert habe. In einem Brief an mich schreibt er: „Fast alle großen Erfolge der Quantenmechanik bestehen in der erfolgreichen Berechnung vollständiger Systeme von Eigenwerten (der Energie), jedesmal auf Grund einer bestimmten, mehr oder weniger plausiblen Annahme über die Natur des betrachteten Systems (seines *Hamilton*-Operators), und sie haben nichts zu tun mit der statistischen Deutung. Andererseits hat man die Experimente über Streuung (Berechnung von Differential-Querschnitten der Wechselwirkung und dergleichen). Der einzige Fall quantitativer Bestätigung ist, wie es scheint, die *Klein-Nishina*-Formel." (Diese beschreibt die Streuung von Licht oder von Photonen durch Elektronen). Ferner bezweifelt er, daß die statistische Deutung, die ich als erster vorgeschlagen hatte, und die dann durch *von Neumann* ganz allgemein formuliert worden ist, auf diese Fälle überhaupt anwendbar sei.

Hierauf möchte ich erwidern, daß wir prinzipiell überhaupt nur aus Experimenten über Emission, Absorption und Streuung von Licht oder Elektronen Kenntnis über die Eigenwerte der Energie (*Hamilton*-Funktion) materieller Systeme haben. Alle diese Vorgänge sind auf die Kopplung des betrachteten Systems mit einem „Sondierungsfeld" (sei es ein elektromagnetisches oder Photonenfeld oder ein Feld der *de Broglie*schen Elektronenwellen) zurückzuführen, und es scheint mir ganz willkürlich, gerade den Streuungseffekt als weniger respektabel als die beiden anderen (Emission, Absorption) herauszugreifen. Darüber hinaus zeigt ein Blick auf die einschlägige Literatur, z. B. das bekannte Buch von *Mott* und *Massey* oder die wichtigen Arbeiten von *Niels Bohr* über den Durchgang von Partikeln durch Materie, sowie viele andere Bücher und Aufsätze, daß die Zahl der mehr oder weniger quantitativen Bestätigungen der quantenstatistischen Streuungsgesetze sehr groß ist und daß es auch besonders überzeugende qualitative Bestätigungen dieser Gesetze gibt. Sogar in der Kernphysik, in der unsere Kenntnisse des Gesetzes der Wechselwirkung (*Hamilton*-Funktion) unsicher und spärlich sind, wurden die Prinzipien der Quantenstatistik mit großem Erfolg angewandt. Wie groß dieser Erfolg ist, davon gibt die Atombombe ein eindrucksvolles Zeugnis.

Was nun *Schrödingers* Skeptizismus gegenüber der Anwendbarkeit der allgemeinen Vorschrift für Quantenübergänge (Quantensprünge) auf den Fall von Zusammenstößen anbetrifft, so bin ich nicht imstande, seinen Argumenten zu folgen. Er beschreibt den Vorgang so, als sei ein Zusammenstoß immer ein Übergang zwischen zwei Zuständen verschiedener Energie. Tatsächlich ist aber der typische „elastische" Zusammenstoß ein Übergang zwischen Zuständen mit gleicher Energie, jedoch verschiedenen Impulsvektoren. Die Methode, nach der ich ursprünglich diesen Fall des elastischen Zusammenstoßes behandelt habe, vermeidet jede Bezugnahme auf die Zeit: Es wird eine stationär einfallende Welle, die einen Strahl von Teilchen darstellt, betrachtet, von der sich durch Wechselwirkung mit einem Atom eine Kugelwelle abspaltet, die die abprallenden, gestreuten Teilchen darstellt. Bei dieser Betrachtungsweise gibt es weder einen Anfangs- noch einen Endzustand, zwei Begriffe, die nach der Ansicht *Schrödingers* nicht scharf definiert sind. Doch tauchen diese Begriffe in der *Dirac*schen Darstellung der Theorie der Zusammenstöße auf, in der er den Stoß als Spezialfall der allgemeinen Theorie zeitlicher Übergänge auffaßt (wie sie zum erstenmal in meiner Arbeit über „adiabatische Invarianten" und in *Diracs* gleichzeitigen Publikationen formuliert und dann durch *J. von Neumann* vervollkommnet wurde). *Dirac* hat jedoch gezeigt, daß seine Methode, bei der vom Zeitablauf Gebrauch gemacht wird, der „stationären" Methode mathematisch äquivalent ist. Die begrifflichen Schwierigkeiten, die *Schrödinger* beanstandet, sind daher nur eine Frage sorgfältiger Formulierung.

Ein anderer Einwand *Schrödingers* bezieht sich auf die Approximationsmethode, die ich in früheren Arbeiten eingeführt hatte, um die mathematisch sehr komplizierten Streuungsgleichungen zu lösen. Diese Methode führt in erster Annäherung zu vernünftigen, teilweise gut bestätigten Resultaten; es ist jedoch schwierig, zu höheren Annäherungen vorzudringen, und auch wenn dies gelingt, treten Fälle auf, die zu divergenten Integralen führen. Doch gibt es andere Methoden, die ganz andere Entwicklungen benutzen (z. B. Reihen nach Kugel- und Bessel-Funktionen) und zu mathematisch einwandfreien und mit den Experimenten gut übereinstimmenden Resultaten führen.

Ich kann nicht recht einsehen, daß diese rein mathematischen Einwände mit der Streitfrage „Partikel oder Wellen" und „Quantensprünge" etwas zu tun haben. Denn auch wenn wir uns auf den *Schrödinger*schen Standpunkt stellen, daß es keine Partikel, sondern nur Wellen gibt, würden doch die Berechnungen der Streuung die gleichen bleiben. Der einzige Unterschied wäre, daß wir von der Intensität der einfallenden und der gestreuten Welle (elektromagnetischen, Elektronen-, Protonenwelle oder was es auch sein mag) sprechen und diese Wellenintensität nicht als Wahrscheinlichkeit für das Vorhandensein von Partikeln deuten würden. Das eigentliche Problem, um das es *Schrödinger* geht, ist, ob diese Wahrscheinlichkeitsdeutung sinnvoll ist. Seine mathematischen Skrupel haben nichts damit zu tun. Um diese wesentliche Frage zu entscheiden, kann man z. B. die Experimente *Rutherfords* über die Streuung von α-Strahlen an Kernen betrachten. Durch eine Art von glücklichem mathematischen Zufall ergeben hier die klassischen Berechnungen (welche mit Partikeln operieren, die den Gesetzen der *Newton*schen Mechanik gehorchen) und die wellenmechanischen Berechnungen (die sich in diesem Falle streng durchführen lassen) das gleiche Resultat. Diese *Rutherford*sche Streuformel wird durch Zählen der α-Teilchen im einfallenden und im gestreuten Strahl (für verschiedene Streuungsrichtungen) bestätigt, und dieses Ergebnis ist völlig unabhängig von der Zählmethode, mag diese in der visuellen Zählung der Szintillationen eines Zinksulfidschirmes bestehen oder in der Anwendung automatischer Apparate verschiedener Typen, z. B. Geigerzähler. Wie trägt *Schrödinger* dieser Tatsache Rechnung? Soweit ich sehen kann, hat er hierfür überhaupt keine Erklärung. Er scheint zu denken, daß es nicht eine Diskontinuität des Strahles ist, die abzählbare Ereignisse liefert, sondern daß diese durch irgendeine Eigenschaft der Zählvorrichtung hervorgebracht werden. Wie aber soll man es erklären, daß das Resultat von der Art des Zählers unabhängig ist, und zwar in solchem Grade, daß die Lichtblitze in den kleinen Kristallen des Zinksulfidschirmes und die Entladungen in gasgefüllte Röhren, die mit einem komplizierten Verstärkungsapparat verbunden sind, die gleiche (mittlere) Anzahl von Ereignissen registriert? Hier wird *Schrödinger* durch seine Abneigung gegen die Partikelidee zu einer fast mystischen Einstellung gedrängt; er beschränkt sich darauf, die Hoffnung auszudrücken, daß die Zukunft dieses Rätsel auf befriedigende Weise lösen werde.

VII. Schlußwort

Es konnte nicht meine Absicht sein, in diesem Rahmen die statistische Deutung der Quantenmechanik eingehend zu diskutieren. Das wäre keine einfache Aufgabe und verlangte neben der Kenntnis eines komplizierten mathematischen Formalismus auch eine bestimmte philosophische Haltung: die Bereitwilligkeit, überkommene Begriffe zu opfern und neue sich anzueignen, wie z. B. *Bohrs* Prinzip der Komplementarität. Ich bin weit davon entfernt zu behaupten, daß die heute geläufige Interpretation vollkommen und endgültig sei, und ich begrüße *Schrödingers* Angriff gegen die zufriedene Gleichgültigkeit, mit der viele Physiker die übliche Auslegung auf Grund ihrer praktischen Brauchbarkeit einfach hinnehmen und sich nicht weiter den Kopf darüber zerbrechen, ob sie auf festen Füßen steht. Trotzdem glaube ich nicht, daß *Schrödingers* Artikel einen positiven Beitrag zur Lösung der philosophischen Schwierigkeiten bedeutet. Es ist nicht leicht für mich, die philosophischen Ansichten eines Freundes zu kritisieren, den ich als großen Gelehrten und tiefen Denker aufrichtig bewundere. Ich will daher zur Verteidigung meiner eigenen Auffassung eine Methode wählen, die zu benutzen auch *Schrödinger* selber nicht zu stolz ist, nämlich die Berufung auf anerkannte Autoritäten, die meine Ansicht teilen. Zu meinen Zeugen wähle ich *W. Pauli,* der allgemein als der kritischste und logisch sowie mathematisch anspruchsvollste unter den Fachgenossen angesehen wird, die zur Entwicklung der Quantenmechanik beigetragen haben. Der folgende Abschnitt stammt aus einem Brief, den ich kürzlich von *Pauli* erhalten habe:

„Entgegen allen rückschrittlichen Bemühungen (*Schrödinger, Bohm* usw. und in gewissem Sinne auch *Einstein*) bin ich gewiß, daß der statistische Charakter der ψ-Funktion und damit der Naturgesetze – auf dem Sie von Anfang an gegen *Schrödingers* Widerstand bestanden haben – den Stil der Gesetze wenigstens für einige Jahrhunderte bestimmen wird. Es mag sein, daß man später, z. B. im Zusammenhang mit den Lebensvorgängen, etwas ganz Neues finden wird, aber von einem Weg zurück zu träumen, zurück zum klassischen Stil von *Newton-Maxwell* (und es sind nur Träume, denen sich diese Herren hingeben) scheint mir hoffnungslos, abwegig, schlechter Geschmack. Und, könnten wir hinzufügen, es ist nicht einmal ein schöner Traum."

Was *Pauli* hier den „Stil" eines Gedankengebäudes nennt, ist mit anderen Worten die philosophische Haltung einer Epoche, die ihre kulturellen Grundlagen bestimmt. Diese fundamentalen Fragen sind es, in denen *Schrödinger* und ich verschiedener Meinung sind, und darum sind die Aussichten auf Einigung gering.

11 Physikalische Wirklichkeit*)

Die Vorstellung von der Wirklichkeit in der physikalischen Welt ist im Laufe der letzten 100 Jahre etwas problematisch geworden. Der Gegensatz zwischen der einfachen und offenkundigen Realität der zahllosen Instrumente, Arbeitsmaschinen, Kraftmaschinen und Apparate aller Art, welche die Industrie herstellt und welche im Grunde angewandte Physik sind, und der dunklen und abstrakten Bedeutung der physikalischen Grundbegriffe, wie Kräfte und Felder, Teilchen und Quanten, ist zweifellos verwirrend. Es hat sich bereits zwischen reiner und angewandter Naturwissenschaft und zwischen deren Vertretern eine Kluft gebildet, welche zu einer gefährlichen Entfremdung führen kann. Die Physik braucht eine zusammenfassende Philosophie, die sich in der Umgangssprache ausdrücken läßt, um diese Spaltung der „Wirklichkeit", wie man sie sich in der Theorie und der Praxis denkt, zu überbrücken. Ich bin kein Philosoph, sondern ein theoretischer Physiker. Ich vermag keine wohlausgewogene Naturphilosophie zu bieten, welche die Ideen der verschiedenen Richtungen in angemessener Weise berücksichtigen würde; ich möchte nur einige Gedanken darlegen, die mir bei meiner eigenen Auseinandersetzung mit diesen Problemen geholfen haben.

Es gibt eine Denkrichtung unter den theoretischen Physikern und Naturphilosophen, die einen radikal abstrakten Standpunkt vertritt. Diese Philosophie hat z. B. *H. Dingle* [1] in seiner bemerkswerten Vorlesung vor der British Association in Edinburgh dargelegt. Ich kann meinen eigenen Standpunkt nicht besser klar machen, als daß ich die Gegensätze herausstelle. Wenn ich Auszüge aus dem *Dingle*schen Vortrag zitiere, so tue ich das nicht mit der Absicht, eine persönliche Auseinandersetzung herbeizuführen. Diese Zitate sollen lediglich als passende Beispiele dienen, um meine eigene abweichende Auffassung daran zu entwickeln.

Beginnen wir mit dem folgenden Satz: „Die Dinge, mit denen sich die Physik befaßt, sind nicht Messungen objektiver Eigenschaften von Teilen der äußeren materiellen Welt; sie sind lediglich die Ergebnisse,

---

*) Aus dem Englischen, Philosophical Quarterly 3 (1953) S. 139, übersetzt und veröffentlicht in „Die Pyramide" 3 (1953) S. 82, und in Physikalische Blätter 10 (1954) S. 49.

welche wir erhalten, wenn wir gewisse Operationen durchführen." Diese Definition sieht wie eine Leugnung der Existenz einer an sich existierenden materiellen Welt aus; sie erweckt den Eindruck, als ob sich der Physiker um die wirkliche Welt nicht kümmere und Experimente anstelle nur zu dem Zweck, um die Ergebnisse weiterer Experimente vorauszusagen. Warum sich der Physiker der Mühe unterziehen soll, überhaupt ein Experiment anzustellen, wird nicht erklärt. Diese Frage wird anscheinend als eines Naturphilosophen unwürdig angesehen. Können wir umhin, danach zu fragen, welche Rolle die Instrumente aus Stahl, Messing, Glas usw., welche sorgfältig zusammengesetzt und für ein Experiment hergerichtet wurden, in diesem System der Dinge spielen? Sind auch sie nicht Teil einer an sich existierenden äußeren materiellen Welt? Sind sie wie Elektronen, Atome und Felder rein abstrakte Ideen, welche man braucht, um die Phänomene vorauszusagen, welche man beim nächsten Experiment beobachten kann, das seinerseits wiederum nur eine Versammlung von Geistern darstellt? Hier liegt eine Auffassung im Sinne eines extremen Subjektivismus vor, welchen man zutreffend „physikalischen Solipsismus" nennen könnte. Es ist bekannt, daß ein hartnäckig vertretener Solipsismus mit Hilfe logischer Argumente nicht widerlegt werden kann. Soviel jedoch kann gesagt werden, daß der Solipsismus das Problem nicht löst, sondern ihm ausweicht. Logische Folgerichtigkeit ist ein rein negatives Kriterium; kein System ist bereits deswegen annehmbar, weil es logisch haltbar ist. Das einzige positive Argument zur Unterstützung dieser abstrakten Art von Ultrasubjektivismus ist ein historisches. Es wird behauptet, daß der Glaube an die Existenz einer äußeren Welt belanglos und geradezu für den Fortschritt der Wissenschaft hinderlich sei. Alles, was die Physik treibt, könne zufriedenstellend nur als Beschreibung von „Erfahrungen", nicht aber einer äußeren Welt, verstanden werden.

In Wirklichkeit liegen die Dinge ganz anders. Alle großen experimentalphysikalischen Entdeckungen entsprangen der Intuition von Männern, die freimütig Modelle benutzten, welche für sie nicht etwa Produkte ihrer Phantasie sondern Repräsentanten realer Dinge waren. Wie könnte ein Experimentator arbeiten und sich mit seinen Mitarbeitern und seinen Zeitgenossen verständigen, ohne Modelle zu benutzen, welche sich aus Teilchen, Elektronen, Nukleonen, Neutronen, Feldern und Wellen zusammensetzen, Begriffe, welche jetzt bezichtigt werden, irrelevant und unfruchtbar zu sein?

Allerdings gibt es natürlich ein Motiv für diesen extremen Standpunkt. Wir haben es gelernt, daß bei der Benutzung dieser Begriffe eine gewisse Vorsicht am Platze ist. Das naive Angreifen des Problems der Wirklichkeit, das während der klassischen oder *Newton*schen Periode so erfolgreich gewesen war, hat sich als unzureichend erwiesen. Moderne Theorien verlangen eine Umformulierung der Fragestellung. Diese neue Formulierung entwickelt sich langsam, hat aber wahrscheinlich noch keine endgültige Fassung erreicht. Ich werde versuchen, die gegenwärtigen Bestrebungen anzudeuten.

Dabei hat man zuerst zu berücksichtigen, daß das Wort „Wirklichkeit" ein Bestandteil unserer Umgangssprache ist und es daher — wie die meisten Worte — keine eindeutige Bedeutung hat. Es gibt subjektive Philosophien, welche lehren, daß nur die geistige Welt real und daß die physikalische Welt nur Schein, ein Schatten ohne Substanz, sei. Dieser Standpunkt ist zwar von größtem philosophischen Interesse, liegt aber außerhalb unserer Diskussion, die nur mit der physikalischen Wirklichkeit zu tun hat. Trotzdem bleiben noch genug andere Fragen offen. Die „Wirklichkeiten" eines Bauern oder Handwerkers, eines Kaufmannes oder Bankiers, eines Staatsmannes oder Soldaten haben sicherlich wenig gemeinsam. Für jeden von ihnen sind die wirklichsten Dinge jene, welche im Zentrum ihrer Interessen stehen, wobei das Wort „wirklich" fast synonym mit „wichtig" gebraucht wird. Ich frage mich, ob irgendeine Philosophie den Wirklichkeitsbegriff so definieren kann, daß er von subjektiven Assoziationen dieser Art nicht nachträglich beeinflußt wird. Insbesondere wollen wir fragen, ob die Naturwissenschaft eine solche Definition geben kann.

Das bringt uns zum zweiten Punkt, den *Dingle* hervorgehoben hat, ob nämlich der Gebrauch des Begriffes und Wortes „Wirklichkeit" ohne Schaden für die Naturwissenschaft vermieden werden kann. Meine Antwort auf diese Frage ist, daß nur jene Menschen den Gebrauch des Begriffes ablehnen werden, die isoliert in Märchenschlössern wohnen, fern von aller Erfahrung und von allem wirklichen Handeln und Beobachten, jener Menschentyp also, der sich bis zur Weltfremdheit in reine Mathematik, Metaphysik oder Logik vertieft. *Niels Bohr,* der mehr als andere zur Philosophie der modernen Naturwissenschaft beigetragen hat, erklärte wiederholt und nachdrücklich, daß man unmöglich ein tatsächliches Experiment beschreiben könne, ohne dabei die Umgangssprache und die Begriffe des naiven Realismus zu verwenden. Ohne dieses Zugeständnis ist eine Verständigung über Tatsachen, auch unter den erhabensten Geistern, undenkbar. Ein wesentlicher Teil dieses Verfahrens besteht darin, daß man zwischen Ideen, Projekten, Theorien und Formeln einerseits und den wirklichen Instrumenten und Erfindungen andererseits unterscheidet, die nach jenen Ideen konstruiert sind. Hierbei ist der naive Gebrauch des Wortes wirklich, der simple Glaube an die reale Existenz des materiellen Apparates unbedingt erforderlich. Ich nehme an, daß die durch Dingle vertretene abstrakte Schule dies nicht bestreitet, obwohl er dies nicht ausdrücklich sagt. Jedoch verbietet er die Anwendung des Begriffes Wirklichkeit auf Atome, Elektronen, Felder usw., also auf Termini, die bei der Deutung von Beobachtungen verwendet werden. Wo ist aber die Grenze zwischen diesen beiden Bereichen? Man kann ein Stück Kristall, welches dem Bereich der grobkörnigen Wirklichkeit angehört, zu Pulver zermahlen, bis seine Partikeln zu klein werden, um noch mit dem freien Auge wahrgenommen zu werden. Man muß dazu ein Mikroskop benutzen: sind die Partikel jetzt weniger wirklich? Noch kleinere Partikeln, Kolloide, erscheinen bei entsprechender Beleuchtung im Ultra-Mikroskop als glänzende Punkte ohne Struktur. Zwischen diesen Partikeln und einfachen Molekülen oder Atomen ist ein kontinuierlicher Übergang. Wenn einen das Ultra-Mikroskop im Stiche läßt, hat man das Elektronenmikroskop, mit dem man sogar große Moleküle sehen kann. Wo endet nun die makroskopische Wirklichkeit, in welcher der Experimentalforscher lebt, und wo beginnt die Welt der Atome, aus welcher die Idee der Wirklichkeit als Illusion verbannt ist?

Eine solche Grenze gibt es natürlich nicht; wenn wir gezwungen sind, den gewöhnlichen Dingen des täglichen Lebens — einschließlich der im Experiment verwendeten Instrumente und Materialien — Wirklichkeit zuzuerkennen, so können wir diese Wirklichkeit auch jenen Objekten nicht absprechen, die wir nur mit Hilfe von Instrumenten beobachten können. Wenn wir diese als real und als Teile der Außenwelt bezeichnen, so verpflichtet uns das jedoch noch in keiner Weise zu einer bestimmten Beschreibung; ein Ding kann wirklich sein und sich dabei doch sehr von anderen uns bekannten Dingen unterscheiden.

Ich möchte nun einige Beispiele besprechen, welche *Dingle* zu dem Zwecke anführt, das Versagen des Begriffes einer objektiven Wirklichkeit in der Physik zu erweisen.

Sein erstes Beispiel ist die kinetische Theorie der Materie. *Dingle* spricht von der statistischen Methode, welche — ohne sich um die einzelnen Bahnen der Moleküle zu kümmern — sich damit begnügt, Durchschnittswerte zur Darstellung von „Beobachtungen (das ist Erscheinungen)" zu errechnen; diese Einstellung bezeichnet er als „einen Verrat an der wahren Mission der Physik, wie sie die anerkannte Philosophie sieht. Ihnen (den Physikern) war die Erforschung der Wirklichkeit aufgegeben, was sie als Erforschung des Wesens und des Verhaltens der Moleküle deuteten. Statt der Erforschung der Wirklichkeit nachzugehen, beschäftigten sie sich damit, zu zeigen, wie ihre Unkenntnis der Wirklichkeit dazu benutzt werden kann, um bloße Erscheinungen zu beschreiben." Ich konnte mir nicht darüber klar werden, ob *Dingle* die ganze kinetische Theorie für überflüssig hält oder ob er den Molekülen ihre Wirklichkeit nehmen will, indem er sie „Spielmarken" oder „Attrappen" („counters" oder „dummies") nennt. Denn er macht keinen Versuch, das tatsächliche Beweismaterial zu analysieren, welches die kinetische Theorie für die Existenz der Moleküle erbracht hat. Ich möchte eine solche Analyse mit wenigen Worten skizzieren.

Die kinetische Ableitung des Gesetzes von *Boyle* beweist nur, daß eine atomistische Erklärung möglich ist, kann aber kaum als endgültiger Beweis angesprochen werden. Wenn man jedoch diese Ableitung genauer formuliert, führt sie zu einem bestimmten Wert der mittleren Energie und damit der spezifischen Wärme (3/2 *R* für einatomige Gase, wobei *R* die Gaskonstante ist), welche keine phänomenologische Überlegung liefern könnte. Die allgemeine Formel für die mittlere Energie enthält die Anzahl der Freiheitsgrade der Moleküle — oder „dummies", um *Dingles* Ausdruck zu gebrauchen. Die kinetische Deutung der Abweichungen vom *Boyle*schen Gesetz führt zu einer Schätzung der Molekülgröße, die durch eine ganz andere Gruppe von Phänomenen bestätigt wird, nämlich die irreversiblen Prozesse der Wärmeleitung, Viskosität und Diffusion. Viele Begriffe, die zuerst durch die Theorie eingeführt wurden, wie z. B. die Geschwindigkeitsverteilung, die freie Weglänge usf., wurden durch direkte Messungen bestätigt und bestimmt. Die von der kinetischen Theorie vorhergesagten Schwankungen sind auf viele Arten zu beobachten, so durch die *Brown*sche Bewegung, die Blaufärbung des Himmels usw.

Natürlich sind dies — wie *Dingle* sagt — alles Phänomene, „Erscheinungen", wobei die Moleküle im Hintergrund bleiben. Aber es ist der springende Punkt, den *Dingle* nicht erwähnt, daß die kinetische Theorie zu bestimmten Eigenschaften der Moleküle führt, zu Masse, Größe, Form (Freiheitsgrad) und Wechselwirkung. Eine kleine Anzahl von molekularen Konstanten bestimmt auf Grund der molekularen Hypothese eine unbegrenzte Anzahl von phänomenologischen Eigenschaften. Daher ist jede neue Eigenschaft, die vorhergesagt wird, eine Bestätigung der Molekularhypothese. Zu diesen Voraussagen gehören so erstaunliche Leistungen wie *Laue*-Diagramme von Röntgenstrahlen an Kristallen und der gesamte Bereich der radioaktiven Phänomene. Hier ist der Beweis für die Realität der Moleküle tatsächlich bündig erbracht, und von einem „dummy" zu sprechen, der eine Spur in einer *Wilson*kammer oder einer photographischen Emulsion zurückläßt, scheint mir wenig angemessen.

Man vergleiche diese Art von Wirklichkeit mit folgendem Fall: Man sieht wie ein Gewehr abgefeuert wird und wie 100 Meter davon entfernt ein Mann zusammenbricht. Woher weiß man, daß das in der Wunde steckende Geschoß tatsächlich vom Gewehr zum Körper geflogen ist? Niemand hat es gesehen, ja, es hätte gar niemand sehen können außer einem Wissenschaftler nach umständlichen Vorbereitungen, d. h. nach Anbringen eines komplizierten optischen Apparates von der Art, wie ihn einst *Mach* für die Photographie fliegender Projektile erfand. Trotzdem bin ich überzeugt, daß jeder annimmt, das Geschoß habe in dem kurzen Zeitraum zwischen dem Abfeuern des Gewehrs und der Verwundung des Mannes eine bestimmte Flugbahn zurückgelegt; man glaubt auch, daß es in der Zwischenzeit wirklich dort war. Oder gibt man sich etwa mit der bloßen Feststellung zufrieden: „O, ich weiß nicht; es genügt, um die Phänomene des Abfeuerns und des Verwundens zu wissen. Alles, was dazwischen liegt, ist ein Spiel der theoretischen Phantasie; das fliegende Geschoß ist bloß ein „dummy", der erfunden wurde, um die beiden Phänomene durch die Gesetze der Mechanik zu verknüpfen." Mit logischen Argumenten kann ich eine solche Haltung nicht widerlegen. Ich möchte nur darauf hinweisen, daß jemand, der die existentielle Beweiskraft einer Atomspur bestreitet, obwohl diese sichtbar ist, auch die Existenz eines fliegenden Geschosses bestreiten muß, das nicht sichtbar ist, und dasselbe gilt für zahlreiche ähnliche Dinge.

Die Wurzel dieses seltsamen Zweifels an der Wirklichkeit der Moleküle und anderer Dinge ist die Deutung des Begriffes „wirklich" als „in allen Einzelheiten bekannt". Diese stimmt aber nicht mit der gewöhnlichen Verwendung des Wortes überein. Wir stellen uns alle die 500 Millionen Chinesen als wirklich vor, obwohl wir vielleicht keinen einzigen oder nur einige wenige Individuen kennen, und dabei wissen wir nicht das geringste von ihrem Aufenthalt, ihren Tätigkeiten, Bewegungen und Reaktionen. Wir stellen uns die Römer zu *Cäsars* Zeit oder die Chinesen zur Zeit des *Konfuzius* als wirklich vor, obwohl wir keine Möglichkeit haben, diese Vorstellung in der Art nachzuprüfen, wie es *Dingle* für die Moleküle fordert. Sind diese Römer und Chinesen der Gegenwart oder Vergangenheit nur „Attrappen", welche die Historiker erfunden haben, um die Phänomene zu verknüpfen? Und welche Phänomene? Vielleicht die Wörter, die in Zeitungen, Büchern und auf alten Grabsteinen stehen?

Alle diese Überlegungen bleiben aber an der Oberfläche und berühren die eigentlichen Schwierigkeiten nicht, denen die Physik begegnet und die uns zu einer Revision unserer grundlegenden Begriffe zwingen. *Dingles* nächstes Beispiel, die Relativität, führt uns schon etwas näher an diese Probleme heran. Er behauptet, in Übereinstimmung mit der Philosophie unserer Zeit habe man sich die reale materielle Welt — ob man sie nun als aus Molekülen oder makroskopischen Körpern bestehend ansah — so vorgestellt, daß ihr gewisse Eigenschaften wesensgemäß zukämen; ihre Bestandteile haben Größe, Masse, Geschwindigkeit usw. Nachdem er diesen Gedanken weiter ausgeführt hat, fährt er fort: Nun war es die Grundforderung der Relativitätstheorie, daß alle diese Eigenschaften fast ganz unbestimmt seien, und er führt als Beispiele dafür die Begriffe der Länge und Masse an, welche nach der Relativitätstheorie von der Geschwindigkeit des Beobachters abhängig sind. Die gleiche Entfernung, welche von Beobachtern in relativer Bewegung gemessen wurde, kann zwischen einem Maximum und Nichts schwanken, die gleiche Masse zwischen einem Minimum und Unendlich. Er zieht den Schluß, daß wir durch Aufgabe aller Versuche, der Materie irgendeine Eigenschaft zuzuweisen, mehr und mehr über die Relationen von

Phänomenen erfahren können. Nun ist dies aber eine falsche Darstellung der Relativitätstheorie, die niemals den Versuch aufgegeben hat, der Materie Eigenschaften zuzuweisen, sondern nur die dazu verwendete Methode verfeinert hat, um sich gewissen neuen Erfahrungen, so dem berühmten *Michelson-Morley*-Experiment, anzupassen.

Tatsächlich ist dieses Beispiel sehr dazu geeignet, der Sache auf den Grund zu kommen. Dieser Grund ist eine ganz einfache logische Unterscheidung, welche jedem klar sein dürfte, der nicht durch eine solipsistische Metaphysik voreingenommen ist, nämlich die, daß oft eine meßbare Größe nicht die Eigenschaft eines Gegenstandes ist, sondern eine Eigenschaft seiner Relation zu anderen Gegenständen.

Um ein Beispiel zu geben: Man schneide eine Figur, sagen wir, einen Kreis, aus einem Stück Karton heraus und beobachte dessen Schatten, wie er von einer entfernten Lampe auf die glatte Wand geworfen wird. Der Kreisschatten wird im allgemeinen als eine Ellipse erscheinen, und indem man die Kartonfigur dreht, kann man der Länge einer Achse des elliptischen Schattens jeden Wert zwischen fast Null und einem Maximum geben. Das ist genau analog dem Verhalten der Länge in der Relativitätstheorie, insofern als diese bei verschiedenen Bewegungszuständen jeden beliebigen Wert zwischen Null und einem Maximum annehmen kann. Wenn man ein Analogon zu dem Verhalten der Masse haben will, die je nach Geschwindigkeit einen beliebigen Wert zwischen einem Minimum und Unendlich annehmen kann, so nehme man eine lange Wurst und schneide davon Schnitten mit verschiedenem Neigungswinkel ab, wobei man Ellipsen erhält, deren eine Achse zwischen einem Minimum und „praktisch" Unendlich liegen wird. Um aber zum Kreisschatten zurückzukehren, so ist es evident, daß die gleichzeitige Beobachtung der Schatten auf mehreren verschiedenen Ebenen genügt, um die Kreisform der ursprünglichen Kartonfigur nachzuweisen und ihren Halbmesser eindeutig zu bestimmen. Dieser Halbmesser ist das, was die Mathematiker eine Invariante für die durch Parallelprojektion hervorgerufenen Transformationen nennen. Ebenso gibt es eine Invariante für alle Querschnitte durch eine Wurst, nämlich den Querschnitt mit der kleinsten Oberfläche. Die meisten Messungen in der Physik haben es nicht mit den uns interessierenden Dingen zu tun, sondern mit einer Art Projektion, wobei dieses Wort in seiner weitesten Bedeutung gebraucht wird. Man kann auch den Ausdruck Koordinate oder Komponente verwenden.

Die Projektion (der Schatten in unserem Beispiel) wird bestimmt in bezug auf ein Bezugssystem (die Wände, auf die der Schatten geworfen werden kann). Im allgemeinen gibt es viele äquivalente Bezugssysteme. In jeder physikalischen Theorie gibt es eine Regel, welche die Projektionen desselben Objektes auf verschiedene Bezugssysteme miteinander verbindet. Diese

Regel heißt Transformationsgesetz; alle diese Transformationen haben die Eigenschaft, daß sie eine Gruppe bilden, d. h. das Ergebnis zweier aufeinanderfolgender Transformationen ist eine Transformation derselben Art. Invarianten sind Größen, welche denselben Wert für jedes Bezugssystem haben und daher unabhängig von den Transformationen sind.

Der Hauptfortschritt in der Begriffsstruktur der Physik besteht nun in der Entdeckung, daß eine bestimmte Größe, die man als Eigenschaft eines Gegenstandes betrachtet hatte, in Wirklichkeit nur die Eigenschaft einer Projektion ist.

Ein Beispiel dafür ist die Entwicklung der Gravitationstheorie. In moderner mathematischer Sprache ausgedrückt, ist die primitive oder vor-*Newton*sche Auffassung von der Schwerkraft mit einer Gruppe von Transformationen verbunden, für welche die Vertikale — die Senkrechte zur ebenen Erdoberfläche — absolut fix ist. Für diese Transformationen ist die Größe und Richtung der Schwerkraft eine Invariante, was in sich schließt, daß das Gewicht eine wesentliche Eigenschaft des Körpers ist. Die Lage änderte sich vollkommen, als *Newton* entdeckte, daß die Schwerkraft nur ein besonderer Fall der allgemeinen Gravitation ist. Die Gruppe von Transformationen wurde nun so erweitert, daß der Raum isotrop, ohne eine feste Richtung, wurde; die Schwerkraft war nun nur mehr eine Komponente der Gravitationskraft.

Die Relativitätstheorie hat sich auf dieser Linie weiter entwickelt. Die Transformationen der klassischen Mechanik — oft auch *Galilei*-Transformationen genannt — hielten Raum und Zeit auseinander. Die Erfahrungen, welche in der Relativitätstheorie ihren Niederschlag gefunden haben, zeigten aber, daß dies nicht mit den Tatsachen übereinstimmt. Man muß eine erweiterte Gruppe, die *Lorentz*-Transformationen, verwenden, die eine enge Verbindung zwischen den Raum-Koordinaten und der Zeit herstellen. Natürlich werden Größen, die von der älteren Theorie als Invarianten angesehen wurden, so die Entfernungen in starren Systemen, die von Uhren in verschiedenen Lagen angezeigten Zeitintervalle und die Körpermassen, nun als Projektionen erscheinen, als Komponenten von invarianten Größen, die nicht direkt zugänglich sind. Dennoch können — wie im Falle des Schattens durch Bestimmung einer Anzahl dieser Komponenten — die Invarianten gefunden werden. So zeigt es sich, daß die maximale Länge und die minimale Masse relativistische Invarianten sind. Man hätte vielleicht besser getan, diese Invarianten, die Eigenschaften von Körpern sind, mit den alten Namen Länge, Zeit, Masse zu benennen und für die Projektionen neue Namen zu erfinden. Aber die Naturwissenschaft ist in solchen Dingen merkwürdig konservativ, und so ist man übereingekommen, die Invarianten in Ruhlänge, Eigenzeit und Ruhmasse usw. umzubenennen und die alten Ausdrücke für die Komponenten beizubehalten, obwohl diese nicht Eigenschaften eines Körpers, sondern Eigenschaften seiner Relation zu einem Bezugssystem sind.

Ich bin der Ansicht, daß die Idee der Invariante der Schlüssel zu einem vernunftgemäßen Realitätsbegriff ist – und zwar nicht nur in der Physik, sondern bei jedem Aspekt der Welt.

Die Theorie der Transformationsgruppen und ihrer Invarianten ist ein fundamentaler Zweig der Mathematik. Bereits 1872 behandelte der große Mathematiker *Felix Klein* in seinem berühmten Erlanger Programm die Klassifizierung der Geometrie unter diesem Gesichtspunkt; die Relativitätstheorie kann man als eine Erweiterung dieses Programms auf die vierdimensionale Raum-Zeit-Geometrie ansehen. Die Frage der Wirklichkeit mit Bezug auf die makroskopische Materie erfährt von diesem Standpunkt aus eine klare und einfache Antwort.

Schwieriger ist die Lage in der Atomphysik. Es ist wohl bekannt, daß die Gesetze der Quantenmechanik zu einer Unbestimmtheit führen, ausgedrückt durch *Heisenbergs* Unschärferelation. Ist nicht diese Unbestimmtheit, diese Unmöglichkeit, bestimmte Fragen über Lage und Geschwindigkeit einer Partikel zu beantworten, ein Argument gegen die Realität der Partikeln und überhaupt der ganzen objektiven, realen Welt? Hier haben wir uns klarzumachen, was wir unter einer Partikel, z. B. einem Photon, einem Elektron, Meson oder Nukleon mit Bezug auf das experimentelle Beweismaterial verstehen; und wieder finden wir, daß diese Worte bestimmte Invarianten bezeichnen, die durch Kombination einer Anzahl von Beobachtungen unzweideutig festgelegt werden können.

Die zugrunde liegende Transformationstheorie ist jedoch ziemlich verwickelt, und ich kann hier nur einen kurzen und skizzenhaften Hinweis geben. Das Wesen der Sache kann mit Hilfe der Lichtstrahlung erklärt werden.

Der Wellencharakter des Lichtes wurde von *Young* und *Fresnel* durch die Tatsache bewiesen, daß zwei Lichtstrahlen, die durch Spaltung eines Lichtstrahls erzeugt wurden, bei der Wiedervereinigung Interferenzringe ergeben. Fast hundert Jahre später deutete *Einstein* den photoelektrischen Effekt als die Einwirkung von Lichtquanten oder Photonen, die beim Auftreffen auf eine Metalloberfläche Elektronen freimachen. So hat also das Licht auch einen Korpuskelcharakter, eine Tatsache, die durch unzählige Experimente erhärtet wurde. Das Sonderbare dabei ist, daß zwischen diesen beiden scheinbar sich widersprechenden Begriffen eine einfache quantitative Relation besteht, die *Planck* bereits fünf Jahre vorher aus dem Verhalten der Wärmestrahlung abgeleitet hatte, nämlich $E = h\nu$, wobei E die Energie des Photons, ν die Wellenfrequenz und h eine Konstante ist. Die begrifflichen Schwierigkeiten ergeben sich daraus, daß die Energie E in einer sehr kleinen Partikel konzentriert ist, während die Frequenz ν, oder besser die

Wellenlänge $\lambda = c/\nu$, zur Definition einen (praktisch) unendlichen Wellenzug benötigt.

Dieses Paradoxon kann man nur lösen, wenn man einen überlieferten Begriff opfert. Wie wir heute wissen, müssen wir die Idee aufgeben, daß die Partikeln für sich betrachtet deterministischen Gesetzen folgen, die denen der klassischen Mechanik ähnlich sind. Die Theorie kann nur Wahrscheinlichkeiten voraussagen, und diese sind durch die Wellen bestimmt (sie sind die Quadrate der Amplituden). Das bedeutet natürlich einen entscheidenden Wechsel in unserer Einstellung zur Natur. Sie ruft nach neuen Wegen, die physikalische Welt zu beschreiben, aber nicht nach der Verneinung ihrer Wirklichkeit. Das Wesen der neuen Methode läßt sich am besten an einem einfachen Beispiel veranschaulichen.

Man lasse einen Lichtstrahl durch ein *Nicol*sches Prisma gehen; er wird dabei linear polarisiert. Diesen primären Strahl, der die Amplitude A haben möge, schicke man durch einen doppelt-brechenden Kristall; es ergeben sich dann zwei Sekundärstrahlen, die senkrecht aufeinander linear polarisiert sind. Wenn ϑ der Winkel zwischen der Polarisationsrichtung des primären und eines der sekundären Strahlen ist, so sind die Amplituden der letzteren $A \cos\vartheta$ und $A \sin\vartheta$. Ihre Intensitäten stehen daher im Verhältnis $\cos^2\vartheta : \sin^2\vartheta$. Wenn nun die primäre Intensität verringert wird, bis man mit freiem Auge nichts mehr sehen kann, so kann man doch mit Hilfe einer empfindlichen Photozelle und einer geeigneten Verstärkung die auftreffenden Photonen beobachten und zählen. Man wird dabei finden, daß ihre durchschnittliche Anzahl in den Sekundärstrahlen im Verhältnis $\cos^2\vartheta : \sin^2\vartheta$ steht. Dies ist das einfachste Beispiel für die oben erwähnte statistische Deutung, daß Wahrscheinlichkeiten durch die Quadrate der Wellenamplituden bestimmt werden. Ich möchte nun besonders darauf hinweisen, daß diese Sekundäramplituden die Projektionen der Primäramplituden in zwei durch das Instrument bestimmten Richtungen sind. Die Voraussage, welche die Theorie über die Intensitäten der ausgesandten Strahlen oder die Anzahl der in ihnen enthaltenen Photonen macht, hat Sinn nur mit Bezug auf die ganze experimentelle Anordnung, das *Nicol*sche Prisma und den Kristall.

Dieses Beispiel ist typisch für die Quantenphänomene. Man nehme z. B. das entsprechende Experiment mit Elektronen, das als *Stern-Gerlach*-Versuch bekannt ist und in dem das *Nicol*sche Prisma durch ein nichthomogenes magnetisches Feld und die Polarisierung durch die Richtung des Spin ersetzt wird. Wieder hängt das, was hier beobachtet werden kann, nämlich die Elektronenzahl eines gegebenen Spin, von der besonderen experimentellen Anordnung ab; diese Abhängigkeit kann so beschrieben werden, daß das Instrument Projektionen des tatsächlichen Zustandes verzeichnet.

Diese Beschreibung gilt für jeden beliebigen Quanten-Effekt. Eine Beobachtung oder Messung bezieht sich nicht auf ein Naturphänomen als solches, sondern auf den Aspekt, unter dem es in einem Bezugssystem betrachtet wird, oder auf seine Projektion auf ein Bezugssystem, welches selbstverständlich durch den ganzen verwendeten Apparat gebildet wird. In mathematischen Termini ausgedrückt, ist das Wort Projektion vollkommen gerechtfertigt, da die Hauptoperation eine direkte Verallgemeinerung des geometrischen Projektionsaktes ist, nur diesmal in einem Raum von vielen, ja oft unendlich vielen Dimensionen.

Wenn man die obigen Tatsachen vom Standpunkt der Partikeln allein analysiert, ergeben sich jene Unschärferelationen, auf die ich hier nicht eingehen will, weil man sie heute in jedem Lehrbuch über die Quantenmechanik finden kann. *Bohr* hat den Begriff der Komplementarität eingeführt zum Ausdruck der Tatsache, daß das maximale Wissen um eine physikalische Wesenheit nicht aus einer einzigen Beobachtung oder aus einer einzigen experimentellen Anordnung gewonnen werden kann, sondern, daß es dazu verschiedener experimenteller Anordnungen bedarf, die sich gegenseitig ausschließen, aber komplementär sind. In der hier vorgeschlagenen Sprache würde dies bedeuten, daß das maximale Wissen nur durch eine genügende Anzahl unabhängiger Projektionen derselben physikalischen Wesenheit gewonnen werden kann, genau wie im Falle des runden Kartonstückes, wo die Schatten auf verschiedenen Ebenen notwendig waren, um seine Form und Invariante (Radius) zu bestimmen. Die Beobachtung der verschiedenen Schatten auf zwei senkrechten Ebenen, die wir oben zur Erklärung des Invariantsbegriffes benützten, veranschaulicht auch sehr gut das Wesen der Idee der Komplementarität. Das Endergebnis komplementärer Experimente ist eine Gruppe von Invarianten, die für die betreffende Wesenheit charakteristisch ist. Die Hauptinvarianten nennt man Ladung, Masse (oder besser: Ruhmasse), Spin usw.; und in jedem Falle, wo wir in der Lage sind, diese Größen zu bestimmen, entscheiden wir uns dafür, daß wir es mit einer bestimmten Partikel zu tun haben. Ich behaupte, daß wir berechtigt sind, diese Partikel als wirklich anzusehen in einem Sinne, der nicht wesentlich von der gewöhnlichen Bedeutung des Wortes verschieden ist.

Bevor ich diesen meinen Standpunkt begründe, möchte ich mit einigen Worten auf die oft wiederholte Bemerkung eingehen, daß die Quantenmechanik den Unterschied zwischen Objekt und Subjekt zerstört habe, da sie eine Situation in der Natur nicht als solche, sondern nur als eine durch ein menschliches Experiment geschaffene Situation beschreiben könne. Das stimmt vollkommen. Der Atomphysiker ist weit entfernt von der idyllischen Haltung des altmodischen Naturforschers, der durch die Beobachtung von Schmetterlingen in einer Wiese hoffte, in die Geheimnisse der Natur eindringen zu können. Die Beobachtung atomarer Phänomene benötigt Instrumente von solcher Feinheit, daß ihre Reaktion bei Messungen mitberücksichtigt werden muß; da nun diese Reaktion denselben Quantengesetzen unterworfen ist wie die beobachteten Partikeln, wird damit ein Unsicherheitsfaktor eingeführt, der eine deterministische Vorhersage ausschließt. Es ist daher offenbar müßig, über die Situation nachzudenken, welche sich ohne Eingriff des Beobachters oder unabhängig von ihm ergeben hätte. Was aber den gegebenen Eingriff des Beobachters in einer gegebenen experimentellen Situation betrifft, so trifft die Quantenmechanik bestimmte Feststellungen über das Wissen, das maximal gewonnen werden kann. Obwohl wir nicht alles wissen oder uns einem vollkommenen Wissen auch nur annähern können, so können wir doch durch Verbesserung unserer Instrumente gewisse beschränkte, aber wohl umrissene Kenntnisse erlangen, die unabhängig vom Beobachter und seinem Apparat sind, nämlich die invarianten Eigentümlichkeiten einer Anzahl in geeigneter Weise entworfener Experimente. Der Vorgang, durch welchen wir dieses Wissen erwerben, ist sicherlich durch das beobachtende Subjekt mitbedingt, was aber nicht bedeutet, daß die Ergebnisse der Realität entbehren. Denn es liegt auf der Hand, daß der Experimentalforscher mit seinem Apparat ein Teil der wirklichen Welt ist, und auch die geistigen Vorgänge beim Erdenken des Experimentes sind wirklich. Die Grenze zwischen der Tätigkeit des Subjekts und der Reaktion des Objekts ist allerdings unscharf. Dies hindert uns aber nicht daran, diese Begriffe in einer vernünftigen Weise anzuwenden. Auch die Grenze zwischen einer Flüssigkeit und ihrem Dampf ist nicht scharf, weil ihre Atome dauernd verdunsten und kondensieren, und trotzdem können wir von Flüssigkeit und Dampf sprechen.

Wir wollen jetzt zu der Frage der Wirklichkeit zurückkehren und uns die Ansichten einiger moderner Philosophen über diesen Gegenstand vergegenwärtigen.

In einem kürzlich erschienenen Buch vertritt der amerikanische Autor *H. Margenau* die Ansicht, daß die Wirklichkeit aus zwei Schichten bestehe, aus den unmittelbaren Sinnesdaten und den konstruierten Gebilden (constructs); die letzteren schließen Dinge des täglichen Lebens ebenso ein wie wissenschaftliche Begriffe, soweit sie durch mehrere unabhängige Experimente nachgeprüft werden können. Die logischen Positivisten, die den Anspruch erheben, die einzige strenge Naturphilosophie zu besitzen, betrachten — wenn ich sie recht verstehe — die „constructs" bloß als Begriffswerkzeuge, mit deren Hilfe es möglich ist, die groben Sinnesdaten zu überblicken und zu ordnen, welchen sie allein Wirklichkeitscharakter zuerkennen. Das sind nur unwesentliche Variationen über dasselbe Thema, und sie erscheinen mir deshalb so unwichtig, weil dabei zwei wesentliche die Realität betreffende Punkte übersehen werden. Der eine besteht darin, daß es psychologisch und physiologisch falsch ist, die groben Sinneseindrücke als Primärdaten zu betrachten; zum zweiten hat nicht jeder Begriff aus dem Gebiet der wissenschaftlichen „constructs" den Charakter eines realen Dinges, sondern nur jene Begriffe, die in bezug auf die hereinspielenden Transformationen Invarianten sind.

Was den ersten Punkt betrifft, so müssen wir bedenken, daß jedes menschliche Wesen schon in frühester Kindheit die Fähigkeit erwirbt, Objekte zu unterscheiden und wiederzuerkennen. Infolgedessen ist die Welt eines normalen menschlichen Wesens nicht eine kaleidoskopartige Folge von Sinneseindrücken, sondern eine sinnvolle, sich fortlaufend wandelnde Szene von Ereignissen, in welcher bestimmte Dinge trotz ihrer wechselnden Aspekte ihre Identität bewahren. Diese Fähigkeit der Seele, die Unterschiede der Sinneseindrücke zu vernachlässigen und nur ihren invarianten Charakter zu bemerken, scheint mir die eindrucksvollste Tatsache unserer geistigen Struktur zu sein.

Stellen Sie sich vor, Sie gehen in Begleitung Ihres Hundes spazieren. Er sieht ein Kaninchen und verfolgt es in einer wilden Jagd; bald wird der Hund nur ein winziger Fleck in Ihrem Gesichtsfeld sein. Sie sehen aber die ganze Zeit Ihren Hund, nicht eine Folge visueller Eindrücke von sich verringender Größe.

Die moderne Psychologie hat dieser grundlegenden Situation Rechnung getragen in der Gestaltspsychologie von *Köhler, Hornbostel* und *Wertheimer,* um nur einige mir persönlich bekannte deutsche Psychologen dieser Schule zu nennen. Ich möchte nun das Wort „Gestalt" mit dem mathematischen Begriff „Invariante" gleichsetzen und von „Invarianten der Wahrnehmung" als den Elementen unserer seelischen Welt sprechen. Soweit mir die Physiologie und Anatomie des Nervensystems aus den Arbeiten von *E. D. Adrian* und *J. Z. Young* bekannt sind, stimmen ihre Ergebnisse mit denen der psychologischen Beobachtung vollkommen überein.

Jede einzelne Nervenfaser, ob motorisch oder sensorisch — und im letzteren Falle, mag sie taktile, visuelle, auditorische oder thermische Botschaften überbringen —, überträgt eine Reihe von regelmäßigen Impulsen, die nicht die geringste Ähnlichkeit mit dem physikalischen Reiz haben. Das Gehirn erhält nichts als Folgen solcher Impulse, von denen jeder durch eine verschiedene Faser an einen bestimmten Ort in der Gehirnrinde weitergeleitet wird. Das Gehirn hat die erstaunliche Fähigkeit, diese chiffrierten Botschaften fast augenblicklich zu entschlüsseln. Damit löst es ein äußerst schwieriges algebraisches Problem, indem es die invarianten Formen in einem Wirrwarr von immer wechselnden Signalen bestimmt. Diese Invarianten bestimmen so nicht eine verwischte Reihe von Eindrücken, sondern erkennbare Dinge.

Wenn wir den Versuch unternähmen, eine Philosophie der Naturwissenschaft auf der Annahme aufzubauen, daß unser Rohmaterial ungeordnete Sinneseindrücke sind, könnten wir nicht einmal unsere Manipulationen und einfachen Instrumente beschreiben. Die Naturwissenschaft muß, wie ich schon sagte, die Begriffe des gewöhnlichen Lebens und die Ausdrücke der gewöhnlichen Sprache akzeptieren. Sie geht aber über diese Begriffe hinaus, indem sie Vergrößerungsvorrichtungen, Teleskope, Mikroskope, elektronische Verstärker usw. verwendet. Wir begegnen so neuen Situationen, wo die normale Erfahrung uns im Stich läßt und wir in Verlegenheit geraten, wie wir die empfangenen Signale deuten sollen. Sie werden begreifen, was ich meine, wenn Sie je durch ein Mikroskop geschaut haben, in dem ein befreundeter Mediziner Ihnen bemerkenswerte Zellen oder Mikroben zeigte: Sie sehen nämlich nichts als ein Gewirr von vagen Linien und Farben und müssen es ihm glauben, daß es irgendein ovales gelbes Gebilde ist, dem sein Interesse gilt. Genau das gleiche gilt für alle Zweige der Physik, in denen man Instrumente anwendet. Wir werfen einen Blick ins Unbekannte und werden dadurch verwirrt; denn wir sind in diesem Augenblick keine Kinder mehr; wir haben die Fähigkeit verloren, unbewußt die eintreffenden Nervenbotschaften zu dechiffrieren, und müssen unsere bewußte Denktechnik, die Mathematik mit allen ihren Tricks einsetzen. Ausgenommen davon sind nur einige wenige Genies wie *Faraday*, der den inneren Zusammenhang der Natur intuitiv schauen durfte wie ein Kind. Wir wenden so die Analyse an, um das Dauernde im Fluß der Erscheinungen, das sind eben die Invarianten, herauszufinden. Invarianten sind also die Begriffe, von welchen die Naturwissenschaft in derselben Weise spricht wie die gewöhnliche Sprache von „Dingen", und denen sie auch Namen verleiht, als ob es gewöhnliche Dinge wären.

Natürlich sind sie das nicht. Wenn wir ein Elektron ein Partikel nennen, wissen wir sehr gut, daß es nicht genau dasselbe ist wie ein Korn Sand oder Blütenstaub. Es hat zum Beispiel unter gewissen Umständen keine bestimmte Individualität: wenn man ein Elektron durch ein anderes Elektron aus einem Atom herausschießt, so kann man die zwei wegfliegenden Elektronen nicht mehr unterscheiden. Trotzdem hat das Elektron einige Eigenschaften mit gewöhnlichen „Partikeln" gemeinsam, was seine Bezeichnung rechtfertigt. Solche Erweiterungen der Nomenklatur sind im Leben wie in der Naturwissenschaft allgemein üblich und werden von der Mathematik systematisch entwickelt. Eine Zahl bedeutet zum Beispiel ursprünglich eine ganze Zahl, mit deren Hilfe man eine Reihe von Objekten zählen kann. Das Wort ist aber auch für Bruchzahlen wie $\frac{2}{3}$, Wurzeln wie $\sqrt{2}$, transzendente Zahlen wie π und imaginäre Zahlen wie $\sqrt{-1}$ gebräuchlich, obwohl man mit diesen nicht zählen kann. Wir sind dazu deswegen berechtigt, weil diese Zahlen einige formale Eigenschaften mit den ganzen

Zahlen gemeinsam haben, jede Art zwar etwas weniger, aber doch genügend, um ein bekanntes Wort auf sie anzuwenden. Dasselbe Prinzip gilt in der analytischen Geometrie, wenn wir von der unendlich fernen Geraden in einer Ebene sprechen oder von einer vierdimensionalen Kugelfläche. So ist es auch in der Physik. Wir sprechen von infrarotem oder ultraviolettem Licht, obwohl wir es nicht sehen können, oder von Ultraschallwellen, obwohl wir sie nicht hören können. Wir sind so sehr daran gewöhnt, in Gebiete jenseits unserer Sinnesfähigkeiten zu extrapolieren, daß wir uns dabei gar nicht mehr bewußt sind, Begriffe über ihren ursprünglichen Anwendungsbereich hinaus zu erweitern. Dabei verfolgen wir immer dasselbe Prinzip. Betrachten wir einmal den Begriff der Welle. Die Wellen auf einem See sehen wir als wirklich an, obgleich sie nichts Materielles sind, sondern nur eine gewisse Form der Wasseroberfläche. Wir sind dazu berechtigt, denn wir können sie durch gewisse invariante Größen wie Frequenz und Wellenlänge bzw. ihr Spektrum charakterisieren. Nun gilt aber das gleiche für die Lichtwellen; warum sollten wir diesen das Attribut „wirklich" versagen, auch wenn die Wellen in der Quantentheorie nur eine Verteilung der Wahrscheinlichkeit darstellen? Was hier die Wirklichkeit nahelegt, ist immer eine Art invarianter Charakter einer Struktur, der vom Aspekt, von der Projektion, unabhängig ist. Dieser Charakter ist jedoch dem gewöhnlichen Leben und der Naturwissenschaft gemeinsam, und der — wenn auch entfernte — Zusammenhang zwischen den Dingen des gewöhnlichen Lebens und der Naturwissenschaft zwingt uns zum Gebrauch derselben Terminologie. Dies ist dann auch die Vorbedingung, um die Einheit der reinen und angewandten Naturwissenschaft zu wahren.

Literatur

[1] *H. Dingle:* Nature 168 (1951) S. 630. Vgl. auch Phys. Bl. 7 (1951) S. 481—586, wo dieser Autor über das Thema „Der neue Standort in der Physik" spricht.

12 Ist die klassische Mechanik tatsächlich deterministisch?*)

Die Gesetze der klassischen Mechanik und nach ihrem Vorbild die der ganzen klassischen Physik sind so beschaffen, daß, wenn die Variablen eines abgeschlossenen Systems in einem Anfangszeitpunkt gegeben sind, sie für jede andere Zeit berechnet werden können — wenigstens im Prinzip; denn die mathematische Durchführung übersteigt in den meisten Fällen menschliche Kräfte. Dieser deterministische Gedanke hat eine große Anziehungskraft auf viele Denker ausgeübt und wurde zu einem wesentlichen Teil der naturwissenschaftlichen Philosophie. Die moderne Physik aber hat den Determinismus mit andern überkommenen Lehren über Raum, Zeit und Materie unter dem Druck neuer empirischer Erkenntnisse aufgeben müssen. Die Quantenmechanik, die an die Stelle der *Newton*schen Mechanik getreten ist, erlaubt nur statistische Aussagen über das Verhalten von Masseteilchen. Die große Mehrzahl der Physiker hat sich mit dieser Sachlage abgefunden; denn sie entspricht genau der empirischen Situation in der Atom- und Kernphysik, wo die Experimente im wesentlichen auf Zählungen von Ereignissen beruhen. Unter den Theoretikern aber sind einige, die sich damit nicht zufrieden geben, und zwar sind es gerade einige der großen Männer, denen die Quantentheorie ihre Entstehung und Entwicklung verdankt. Soviel ich weiß, war *Planck* selbst immer skeptisch gegenüber der statistischen Deutung der Quantenmechanik. Von *Einstein* gilt das gleiche; er hat bis heute nicht aufgegeben, den Widersinn dieser Deutung durch raffinierte Beispiele nachzuweisen (wobei er übrigens noch mehr Anstoß nimmt an der Auflösung des Begriffs der physikalischen Realität, die mit der Aufgabe des Determinismus eng zusammenhängt). *Schrödinger* geht noch weiter und schlägt vor, den Begriff von Teilchen (Elektronen, Kernen, Atomen etc.) zu opfern und die Physik ganz und gar auf die Vorstellung von Wellen aufzubauen, die dann nach der Wellenmechanik deterministischen Gesetzen gehorchen. *de Broglie* (und andere) gehen den umgekehrten Weg; sie verwerfen die Wellen und versuchen eine Umdeutung der Quantenmechanik, bei der im Prinzip alles determiniert ist und nur durch das Vorhandensein verborgener, nicht beobachtbarer Parameter eine Unbestimmtheit der Vorhersagen entsteht. — Keiner von ihnen leugnet, daß die Quantenmechanik im Bereiche ihrer Zuständigkeit (d. h.

*) Aus Physikalische Blätter 11 (1955) S. 49.

abgesehen von der Theorie der Elementarteilchen) im Einklang mit der Erfahrung ist und allen Anforderungen der Experimentatoren genügt. Die Ablehnung wird in jedem Falle damit begründet, daß die übliche Deutung der Quantenformeln unklar und philosophisch unbefriedigend ist.

Was ist nun aber diese Philosophie? Ich glaube nicht, daß man sie vor *Galilei* und *Newton* zurückdatieren kann. Wohl gab es vorher in der Astronomie Vorausberechnungen von Konstellationen und Finsternissen; aber das Altertum und Mittelalter sahen Ordnung und Vorbestimmung nur in den himmlischen Sphären, während auf der Erde Willkür und Chaos herrschen. Die religiösen Ideen des Schicksals und der Prädestination beziehen sich nicht auf Naturvorgänge, sondern auf den Menschen, und sind doch wohl grundsätzlich verschieden von dem mechanischen Determinismus, den wir hier im Auge haben. Dieser ist nicht denkbar ohne die *Newton*schen Bewegungsgesetze und ihre erstaunlichen Erfolge in der Vorausberechnung stellarer Ereignisse. Er ist aus diesen Gesetzen abstrahiert und wurde nachträglich im Laufe des 18. und 19. Jahrhunderts ein Grundsatz der Naturwissenschaft im allgemeinen. Das Merkwürdige an dieser Situation ist, daß die unbezweifelte Tatsache der Unzulänglichkeit der *Newton*schen Mechanik zur Erklärung der Beobachtungen, besonders in der Atomphysik, nicht hinreicht, um den Glauben an diesen abstrakten Grundsatz zu erschüttern.

Ist es denn nun aber sicher, daß die klassische Mechanik wirklich unter allen Umständen Vorherbestimmung erlaubt? Zweifel daran steigen auf, wenn man die Zeitskalen in der Astronomie und in der Atomphysik vergleicht. Das Alter der Welt wird auf einige 10^9 Jahre, d. h. Perioden des Erdumlaufs, geschätzt. Die Zahl der Perioden im Grundzustande des Wasserstoffatoms aber ist von der Größenordnung 10^{16} pro Sekunde. Gemessen in den jeweilig natürlichen Einheiten der Zeit, ist also die Sachlage grade umgekehrt wie die naive Meinung: Die Sternenwelt ist kurzlebig, die Atomwelt äußerst langlebig. Ist es nicht gewagt, aus Erfahrungen in der kurzlebigen Welt Schlüsse zu ziehen, die auch für die langlebige gelten sollen?

Diese Zweifel werden verstärkt durch Betrachtung der kinetischen Gastheorie. Dort wird gewöhnlich gesagt, daß im Prinzip der Ablauf determiniert sei, und daß nur die Unkenntnis des genauen Anfangszustandes einer großen Zahl von Molekülen die Einführung statistischer Betrachtungen nötig mache. Mir schien seit langem der erste Teil dieser Behauptung äußerst verdächtig. Betrachten wir den einfachen Fall eines beweglichen kugelförmigen Moleküls, das an vielen andern unbeweglichen elastisch abprallt (eine Art dreidimensionalen Tivoli-Spieles). Eine sehr kleine Richtungsänderung der Anfangsgeschwindigkeit muß dann im Laufe der Zickzack-Bewegung zu großen Bahnänderungen führen; denn eine kleine

Winkeländerung bewirkt immer größere Ortsabweichungen, und so muß es schließlich geschehen, daß eine ursprünglich getroffene Kugel verfehlt wird. Macht man die anfängliche Richtungsabweichung kleiner, so wird der Moment des Umschlagens der Bahn in eine andere herausgeschoben, aber schließlich wird er doch eintreten. Fordert man Determiniertheit für alle Zeiten, so muß man jede, auch die kleinste Abweichung der Anfangsrichtung ausschließen[1]). Hat das aber einen physikalischen Sinn? Ich bin überzeugt, daß es keinen Sinn hat, daß vielmehr Systeme dieser Art tatsächlich indeterminiert sind. Zur Begründung dieser Behauptung ist eine scharfe Fassung des Begriffs der Determination vonnöten.

Hierzu ist es angebracht, zunächst zwischen dynamischer Stabilität und Instabilität zu unterscheiden. Eine Bewegung heißt stabil, wenn eine kleine Änderung des Anfangszustandes Δx_0, Δv_0 (wo x die Gesamtheit aller Koordinaten, v die aller Geschwindigkeiten symbolisiert) nur eine kleine Änderung des Endzustandes Δx, Δv hervorruft (so daß für alle Zeiten $\Delta x < M \Delta x_0$, $\Delta v < M \Delta v_0$, wo M eine feste Zahl (der Größenordnung 1) ist. Im andern Falle heißt die Bewegung instabil. Es ist plausibel, daß die Bewegung der Kugel in dem oben diskutierten Tivoli-Spiel instabil ist. (Erst recht gilt dies für ein Gas, bestehend aus vielen beweglichen elastischen Teilchen). Die Frage, ob die Planetenbewegung stabil ist oder nicht, ist viel diskutiert worden. Ich weiß nicht, was das Resultat der modernen Forschung (Theorie des Drei- und Mehr-Körper-Problems) ist; jedenfalls ist es für unsere Zwecke ganz belanglos. Worauf es ankommt, ist, daß es Systeme gibt, die als Modelle physikalischer Vorgänge dienen, und die erstens innerhalb eines endlichen Raumgebietes bleiben und für die zweitens alle Bewegungen dynamisch instabil sind. Das Gasmodell, bestehend aus elastischen Kugeln in einem Gefäß mit elastischen Wänden, ist vermutlich solch ein System, aber zu verwickelt, um es streng zu behandeln. Es genügt, folgenden trivial einfachen Fall zu betrachten: Ein Masseteilchen bewegt sich reibungslos auf einer geraden Linie (x-Achse) kräftefrei und wird an den Enden ($x = 0$, $x = l$) vollkommen elastisch reflektiert. Die Koordinate x bleibt für jeden Anfangszustand (x_0, v_0) in dem endlichen Intervall $0 < x < l$, die Geschwindigkeit v bleibt konstant, die Abweichung Δx aber wächst proportional der Zeit ($\Delta x = \Delta x_0 + t \Delta v_0$) und erreicht beliebig große Werte in genügend fernen Zeiten. Jede Bewegung ist also instabil.

Der Zusammenhang mit der Frage des Determinismus ist nun offensichtlich. Will man an der Behauptung festhalten, daß auch in diesem System der Anfangszustand jeden andern Zustand bestimmt, so muß man absolut genaue Werte x_0, v_0 fordern, jede Abweichung Δx_0, Δv_0 verbieten. Man könnte dann von „schwacher" Determiniertheit reden im Gegensatz zu dem

[1]) Es handelt sich offenbar um einen Doppel-Limes: Zahl der Stöße $\to \infty$, Richtungsänderung $\to 0$; das Ergebnis ist ohne weitere Angabe unbestimmt.

„starken" Falle, wo alle Bewegungen dynamisch stabil und daher wirkliche Vorhersagen möglich sind. Aber das wäre doch nur eine Ausrede. Die tatsächliche Lage ist diese: Nachdem ein kritischer Zeitpunkt $t_c = l/\Delta v_0$ erreicht ist, ist die Unsicherheit $\Delta x > l$, der Massenpunkt mag irgendwo im Intervall $0 < x < l$ zu finden sein. Das heißt, die Endlage ist undeterminiert. Wenn man Δv_0 kleiner macht, so rückt nur der kritische Moment t_c hinaus, bleibt aber für jedes endliche Δv_0 endlich. t_c wird ∞ nur für $\Delta v_0 = 0$, d. h. für absolut scharfe Anfangsgeschwindigkeit.

Hier wird der Zusammenhang mit dem Kontinuumsproblem offensichtlich. Eine ausführliche Erörterung dieser Frage würde zu weit führen. Die folgende kurze Bemerkung genügt: Aussagen wie „Eine Größe x hat einen scharf bestimmten Wert" (ausgedrückt durch eine reelle Zahl, dargestellt durch einen Punkt des mathematischen Kontinuums) scheinen mir keinen physikalischen Sinn zu haben. Die moderne Physik hat ihre größten Erfolge durch Anwendung des methodologischen Prinzips errungen, daß Begriffe sinnlos sind und eliminiert werden müssen, deren Anwendung prinzipiell unbeobachtbare Unterscheidungen erfordert. Die hervorstechendsten Beispiele sind *Einsteins* Begründung der speziellen und der allgemeinen Relativitätstheorie (erstere verwirft den Begriff der absoluten Gleichzeitigkeit, letztere die Unterscheidung zwischen Schwere und Beschleunigung als unbeobachtbar) und *Heisenbergs* Begründung der Quantenmechanik (Elimination der unbeobachtbaren Bahnradien und Umlaufsfrequenzen aus *Bohrs* Atomtheorie). Das Problem der Kontinuität fordert zur Anwendung desselben Prinzips heraus. Eine Aussage wie $x = \pi$ cm hätte nur einen physikalischen Sinn, wenn man zwischen ihr und $x = \pi_n$ cm unterscheiden könnte, wo π_n die Approximation von π durch die ersten n Dezimalen ist, und zwar für jedes n. Das kann man aber nicht; und selbst wenn man annimmt, daß die Meßgenauigkeit in Zukunft sich steigern wird, kann man n immer so groß wählen, daß die experimentelle Unterscheidung unmöglich ist.

Natürlich denke ich nicht daran, den Begriff der reellen Zahl aus der Physik zu verbannen. Er ist für die Anwendung der Analysis unentbehrlich. Ich meine aber: eine physikalische Situation muß mit Hilfe reeller Zahlen so beschrieben werden, daß der natürlichen Unschärfe aller Beobachtung Rechnung getragen wird.

Felix Klein hat schon vor 50 Jahren einen solchen Schritt in der Geometrie gefordert. Er wollte neben der abstrakten, exakten Geometrie eine praktische Geometrie haben, bei der an die Stelle eines Punktes ein kleiner Fleck, an die Stelle der geraden Linien ein enger Streifen tritt usw. Es ist aber nicht viel dabei herausgekommen. Die Physik hat inzwischen unabhängig das nötige Handwerkszeug hierfür entwickelt, nämlich die physikalische Statistik. Die Aussage „x ist gleich einer reellen Zahl" wird ersetzt durch:

„Die Wahrscheinlichkeit, daß x im Intervall $x_1 < x < x_2$ liegt, ist $P(x_1|x|x_2)$." Dabei können x, x_1, x_2, P als reelle Zahlen angesehen werden, weil das analytisch bequem ist, während die exakte Meßbarkeit der Größen gar nicht in Frage kommt; P stellt ja nur das ungefähr zu erwartende Resultat einer Zählung von Fällen dar, die durch die ungefähren Werte von x_1, x_2 abgegrenzt sind. Mit anderen Worten, die eigentliche physikalische Variable ist die Wahrscheinlichkeitsdichte $P(x)$.

Die Quantenmechanik hat anerkannt, daß dies die einzig richtige und mögliche Beschreibung physikalischer Situationen ist. (Sie geht jedoch durch Einführung von Wahrscheinlichkeitsamplituden weit über diesen statistischen Gesichtspunkt hinaus).

In der klassischen Mechanik wird die statistische Methode nur für Systeme sehr vieler Einzelteilchen gebraucht. Unser Modell zeigt, daß es geboten ist, sie immer anzuwenden, selbst im Falle eines einzelnen Teilchens unter den einfachst denkbaren Bedingungen. Das erfordert keine neuen mathematischen Betrachtungen; denn das Gesetz, nach dem sich die Wahrscheinlichkeitsdichte ändert, ist durch den *Liouville*schen Satz der Mechanik unmittelbar gegeben[1]). Ich habe über die mathematischen Einzelheiten und den Zusammenhang mit der Quantenmechanik an anderer Stelle ausführlich berichtet[2]). Hier will ich nur einige Resultate kurz mitteilen.

Wenn man zunächst im Rahmen der klassischen Mechanik bleibt, so ergibt sich, daß unser Modell das wohl einfachste Beispiel für den sogenannten Ergodensatz der statistischen Mechanik darstellt. Man kann mit einfachsten Mitteln zeigen, daß eine anfängliche Wahrscheinlichkeitsdichte, die einen fast scharfen Zustand beschreibt, mit der Zeit in die sogenannte mikrokanonische Verteilung übergeht. Diese stellt sich also von selbst schon bei e i n e m T e i l c h e n ein, sie hat nichts zu tun mit der „großen Zahl" der Teilchen. Erst wenn man zur kanonischen Verteilung übergehen will, muß man kompliziertere Systeme mit Energie-Austausch berücksichtigen.

Dasselbe Modell kann nun auch quantenmechanisch behandelt werden. Ein Anfangszustand mit der Unsicherheit Δx_0 der Anfangslage wird dann durch ein Wellenpaket beschrieben; die Unsicherheit Δv_0 der Anfangsgeschwindigkeit kann nicht beliebig klein angenommen werden, sondern ist mit Δx_0 durch *Heisenbergs* Unschärfe-Relation $\Delta x_0 \cdot \Delta v_0 > h/2m$ verknüpft, die für alle Zeiten bestehen bleibt, wobei die Faktoren Δx und Δv sich mit der Zeit ändern. Wenn sowohl Δx_0 als auch Δv_0 klein gemacht werden können (für große Massen), sind die Quantenformeln mit den klassischen in großer Annäherung identisch, und wieder gibt es einen kritischen Zeitpunkt t_c, wo die Individual-Bewegung aufhört und ein nur statistisch beschreibbarer

[1]) Siehe den Anhang zu diesem Kapitel.

[2]) Kgl. Dän. Akad. d. Wiss. Math.-phys. Abt. 30 (1955) Abh. 2.

Zustand eintritt. Dieser entspricht genau dem in der Quantenstatistik üblichen Beschreibung der Bewegung mit Hilfe von stehenden Wellen, welche demnach das Analogon der klassischen mikrokanonischen Verteilung ist.

Zusammenfassend kann man sagen: Es ist nicht die Einführung der indeterministischen, statistischen Beschreibung, was die Quantenmechanik von der klassischen Mechanik abhebt, sondern andere Züge, vor allem die Auffassung der Wahrscheinlichkeitsdichte als Quadrat einer Wahrscheinlichkeitsamplitude, $P = |\psi|^2$; dadurch entsteht das Phänomen der Interferenz der Wahrscheinlichkeiten; dieses macht die Anwendung der naiven Ding-Vorstellung auf die Massenteilchen der Physik unmöglich und erzwingt eine Revision des Begriffs der physikalischen Realität. Dies aber liegt außerhalb des Rahmens dieser elementaren Betrachtungen.

Anhang

Der *Liouville*sche Satz drückt die Erhaltung der Wahrscheinlichkeitsdichte im Laufe der Bewegung aus und führt auf die Differentialgleichung

$$\frac{\partial P}{\partial t} = \frac{\partial H}{\partial x}\frac{\partial P}{\partial p} - \frac{\partial H}{\partial p}\frac{\partial P}{\partial x}, \tag{1}$$

wo H die *Hamilton*sche Funktion ist. (Der Ausdruck rechter Hand ist die sogenannte *Poisson*sche Klammer). Die Lösung, die einem Anfangszustand $P(x,p,0) = F(x,p)$ entspricht, ist

$$P(x,p,t) = F[f(x,p,t),\ g(x,p,t)], \tag{2}$$

wo $f(x,p,t) = \text{konst.}$, $g(x,p,t) = \text{konst.}$ zwei Integrale der kanonischen Bewegungsgleichungen sind, so normiert, daß

$$f(x,p,0) = x, \quad g(x,p,0) = p. \tag{3}$$

Die Lösung der Wahrscheinlichkeits-Gleichung (1) und der kanonischen Gleichungen sind also völlig äquivalente Probleme. Trotzdem liefert die Lösung von (1) neue, interessante Aussagen.

Im Falle des im Text gegebenen Beispiels hat man $H = p^2/2m$; also wird (1)

$$\frac{\partial P}{\partial t} = -v\frac{\partial P}{\partial x}, \quad \left(v = \frac{p}{m}\right). \tag{4}$$

Zwei normierte Integrale sind $f = x - vt$, $g = v$, also ist die Lösung (2)

$$P = F(x - vt,\ v). \tag{5}$$

Die Randbedingungen laufen heraus auf die Forderung der Periodizität in x (Periode $2l$) und der Antisymmetrie in x und v:

$$F(x + 2l, v) = F(x,v), \quad F(-x, -v) = F(x,v). \tag{6}$$

Man kann ihnen mit Hilfe einer willkürlichen Funktion $f(x,v)$ genügen durch

$$F(x,v) = \sum_{k=-\infty}^{\infty} [f(2kl + x, v) + f(2kl - x, -v)] . \tag{7}$$

Ersetzt man hier nach (5) x durch $x - vt$, so hat man $P(x,v,t)$. Wenn die Lage und die Geschwindigkeit zu Anfang fast scharf sind, hat man für $f(x,v)$ eine Funktion zu wählen, die bei x_0, v_0 ein scharfes Maximum hat und sonst überall verschwindend klein ist. Ist f eine *Gauß*funktion sowohl in x (Breite σ_0) als auch in v (Breite τ_0), so wird die resultierende x-Verteilung

$$P(x,t) = \int P(x,v,t)\, dv \tag{8}$$

wieder eine Summe von *Gauß*funktionen in x mit der Breite

$$\sigma(t) = \sqrt{\sigma_0^2 + \tau_0^2 t^2}, \tag{9}$$

die für große t proportional zu t wächst.

Dieser Übergang $t \to \infty$ läßt sich auch anschaulich beschreiben, indem man im Phasenraum x, p (oder der x, v-Ebene) einen kleinen Kreis um den Punkt x_0, v_0 zeichnet und verfolgt, wie sich dieser in zwei flächengleiche Ellipsen mit den Zentren $x_0 \pm v_0 t$ spaltet, deren lange Achsen immer mehr parallel der x-Achse werden und schließlich länger als das Intervall l.

13 Astronomische Erinnerungen*)

Ich bin kein Astronom und habe auch in der Physik keine Arbeit gemacht, die sich auf Astronomie anwenden ließe. Gleichwohl kann ich nicht dem Wunsche widerstehen, mich denen anzuschließen, die Professor *Stratton* ihre Glückwünsche mit einem Aufsatz in diesem Bande ausdrücken. Früher einmal war ich nahe daran, mich der Astronomie zu widmen, aber es mißlang. So möchte ich als Ersatz für einen ernsthaften Beitrag erzählen, wie ich mich um die Astronomie bemühte, und einige Erinnerungen an bedeutende Astronomen, die meine Lehrer waren, zum besten geben.

Ich fange mit Professor *Franz* an, der Direktor der Sternwarte meiner Heimatstadt Breslau war. Mein Vater, der kurz vor Beendigung meiner Schulzeit starb, hatte mir den Rat gegeben, Vorlesungen über verschiedene Gebiete zu hören, bevor ich mich für das Studium eines bestimmten Berufes entschlösse. In Deutschland war das zu jener Zeit möglich auf Grund der vollkommenen akademischen Freiheit an den Universitäten.

Für die meisten Gebiete gab es keinen bestimmten Lehrplan, keine Kontrolle über Vorlesungsbesuch, keine Examina außer den Schlußprüfungen. Jeder Student konnte die Vorlesungen wählen, die ihm am besten gefielen; er war selbst dafür verantwortlich, sich genügende Kenntnisse für die Abschlußprüfung anzueignen, die dazu berechtigte, einen bestimmten Beruf auszuüben oder den Doktortitel zu führen. So stellte ich mir ein ziemlich gemischtes Programm für mein erstes Jahr zusammen, nämlich Physik, Chemie, Zoologie, Philosophie und Logik, Mathematik und Astronomie. Auf der Schule hatte ich mich niemals sehr für Mathematik interessiert, aber auf der Universität waren die einzigen Vorlesungen, die mir wirklich Freude machten, die mathematischen und astronomischen. Die philosophischen Kollegs waren die größte Enttäuschung; wir hörten dort allerlei über die Regeln des vernünftigen Denkens, über die Paradoxa von Raum, Zeit, Substanz und Kausalität, über den Aufbau der Welt und über das Unendliche. All das schien mir recht verworren. Dieselben Begriffe traten jedoch auch in den mathematischen und astronomischen Vorlesungen auf; sie

---

*) Aus „Vistas in Astronomy", Bd. 1, herausgegeben von *A. Beer* (Pergamon Press, London und New York, 1955) anläßlich des 70. Geburtstages von Professor *F. J. M. Stratton*.

waren dort aber nicht in einen Nebel des Paradoxen gehüllt, sondern klar formuliert, je nach den gegebenen Umständen. Die wichtigste Entdeckung, die ich damals machte, war nämlich: daß all die tönenden Worte, die mit dem Begriffe der Unendlichkeit zu tun haben, nichts bedeuten, wenn sie sich nicht auf einen bestimmten Bereich von Gedanken und ein bestimmtes Problem beziehen.

Die Astronomie zog mich in anderer Weise an. Zwar sind die kosmologischen Probleme abhängig von den Gedanken über das Wesen der unendlichen physischen Welt. Aber wenig von diesen großen Fragen erschien in den elementaren Vorlesungen unseres Professors *Franz*. Was er uns beibrachte, waren Dinge wie sorgfältige Handhabung von Instrumenten, genaue Ablesung, Elimination von Beobachtungsfehlern und saubere numerische Rechnung — eben das Handwerkszeug des messenden Naturforschers. Es war eine harte Schule der Genauigkeit, und das gefiel mir. Sie gab einem das Gefühl, auf festem Grunde zu stehen; aber eigentlich war es bezüglich der astronomischen Praxis mit dem festen Grunde nicht weit her. Die Breslauer Sternwarte befand sich auf dem First eines hohen und steilen Daches des schönen, alten Universitätsgebäudes in einer Art von Dachtürmchen, das mit phantastischen, barocken Ornamenten und Statuen von Heiligen und Engeln geschmückt war. Das beste Instrument war ein Meridiankreis, den der große *Bessel* vor 100 Jahren benutzt hatte; wenn es auch auf einem festen Pfeiler stand, der sich von den Grundmauern des Gebäudes bis hinauf zum Dach erstreckte, so war es doch nicht ganz frei von Schwankungen, verursacht von den Stürmen, die aus der polnischen Ebene heranbrausten. Die ganze Einrichtung der Sternwarte war altmodisch und mehr romantisch als praktisch brauchbar. Es gab ein paar alte Fernrohre aus *Wallensteins* Zeit, wie sie *Kepler* gebraucht haben mag. Wir hatten keinen elektrischen Chronographen, sondern mußten lernen, wie man den Durchgang von Sternen durch die im Gesichtsfeld gespannten Fäden messen kann durch Mitzählen der Sekundenschläge einer großen Uhr, wobei die Zehntelsekunden geschätzt werden mußten. Das war eine vorzügliche Schule der Beobachtungskunde und hatte dabei noch den Reiz eines alten und ehrwürdigen Handwerks.

Manche eiskalte Winternacht, die ich da oben in dem kleinen Dachtürmchen verbrachte, ist mir in Erinnerung geblieben. Wir waren nur drei Astronomiestudenten, und wir wechselten uns in der Beobachtung ab. Wenn ich mein Teil erledigt hatte, lehnte ich an der Brüstung und genoß den Blick hinunter auf die weite Fläche schneebedeckter Giebel und Dächer der alten Stadt, auf die sich vom sternfunkelnden Himmel abhebenden Silhouetten der massigen Türme der Kirchen rings um den Ring und des Domes in größerer Entfernung jenseits des Flusses. Dort auf dem engen Balkon zwischen den Stuckheiligen und uralten Teleskopen konnte man sich nicht des Gefühls erwehren, so etwas wie der Famulus des Dr. Faust zu sein, und man hätte sich nicht weiter gewundert, wenn Mephistopheles hinter dem nächsten Pfeiler aufgetaucht wäre. Indessen war es nur der gute alte Professor *Franz*, der die Treppen heraufkam, um nach seinen drei Studenten zu sehen — so viele hatte er seit langem nicht gehabt — und mit der Nüchternheit des exakten Forschers unsere Ergebnisse sorgfältig und freundlich ironisch zu prüfen und zu kritisieren.

Diese unsere Ergebnisse waren leider nicht sehr zuverlässig; das war nicht so sehr unsere Schuld als die der erhabenen, aber exponierten Lage der Sternwarte. Aus diesem Grunde verzichtete Professor *Franz* selber auf Untersuchungen, die genaue Messungen erforderten, und beschränkte sich auf beschreibende Arbeiten, nämlich auf ein eingehendes Studium der Oberfläche des Mondes, die er viel besser kannte als die irdische Geographie. Daneben allerdings machte er große Anstrengungen, eine moderne Sternwarte zu bekommen, aber immer ohne Erfolg. Während meiner Studentenzeit stieg die Hoffnung hoch. Die Firma *Carl Zeiss*, Jena, hatte eine Anzahl moderner Instrumente auf die Weltausstellung in Chikago geschickt. Als die Ausstellung schloß, wurden diese vom preußischen Staat für seine Universitätssternwarten erworben. Breslau erhielt ein ausgezeichnetes Meridianinstrument und ein großes parallaktisches Fernrohr, aber kein entsprechendes modernes Gebäude wurde bewilligt. Der Meridiankreis wurde in einer Holzhütte auf einer kleinen Insel im Oderfluß aufgestellt, gerade gegenüber dem Universitätsgebäude. Tatsächlich war diese kleine Insel ein künstlicher Damm zwischen dem Fluß und einer Schleuse, durch die viele Oderkähne hindurchgingen. Der Zeitdienst für die Provinz Schlesien, der seit Jahrzehnten mit Hilfe des alten *Bessel*-Kreises durchgeführt worden war, wurde nun auf das neue *Zeiss*-Instrument übertragen, aber die Resultate blieben höchst unbefriedigend. Nach beträchtlicher Zeit entdeckten wir eine Korrelation zwischen den merkwürdigen Unregelmäßigkeiten der Zeitbeobachtung und dem wechselnden Wasserstand in der Schleuse; die kleine Insel wurde durch den Wasserdruck ein wenig verschoben. Wieder waren Professor *Franz'* Hoffnungen auf einen brauchbaren Beobachtungsort vernichtet.

Für uns junges Volk war diese Enttäuschung bloß ein komischer Zwischenfall. Jedenfalls wurde die Anziehung, welche die Astronomie auf mich ausübte, dadurch nicht geschmälert. Erst als die Schrecken des astronomischen Rechnens kamen, verringerte sich diese Anziehung und verschwand schließlich. *Franz* hielt eine Vorlesung über die Bestimmung von Planetenbahnen und dazu praktische Übungen, wo wir die Technik des Rechnens erlernen sollten. Wir hatten endlose Spalten mit siebenstelligen Logarithmen trigonometrischer Funktionen nach traditionellen Beispielen auszufüllen. Ich wußte von meiner Schulzeit her, daß ich ein schlechter Rechner war, aber ich gab mir große Mühe, mich zu verbessern, ohne Erfolg. Immer war irgendwo ein Fehler in meinen Zahlen, und meine Ergebnisse wichen von denen meiner Kameraden ab. Sie neckten mich, aber das machte es noch schlimmer. Ich kann mich nicht erinnern, daß ich jemals eine Bahn oder eine Ephemeride zu Ende geführt hätte, und dann gab ich einfach auf, und zwar nicht nur das Rechengeschäft, sondern die ganze Idee, Astronom zu werden. Wenn ich damals gewußt hätte, daß es eine andere Art von Astronomie gab, die als letztes Ziel nicht die Vorausberechnung von Planetenorten ansah, sondern den physikalischen Aufbau des Universums mit Hilfe der machtvollen Hilfsmittel der modernen Physik studierte, hätte ich mich vielleicht anders entschlossen. Ich kam jedoch erst nach einigen Jahren in Berührung mit der Astrophysik, als es schon zu spät war, meine Pläne zu ändern.

Zu jener Zeit war es üblich, daß deutsche Studenten von einer Universität zur anderen wechselten, aus verschiedenen Gründen. Manchmal war es die Anziehung eines berühmten Professors oder eines gut ausgestatteten Laboratoriums; in anderen Fällen die Annehmlichkeiten oder die Schönheit einer Stadt, ihre Museen, Konzerte, Theater oder der Wintersport, Karneval und lustiges Leben und Treiben überhaupt. Auf diese Weise verbrachte ich zwei Sommersemester in Heidelberg und Zürich, wobei ich immer im Winter zu meiner heimatlichen Universität zurückkehrte. Die Heidelberger Sternwarte war auf dem Königsstuhl, wo die Astronomen auf ihrem bewaldeten Berge abgeschlossen und fern vom „gemeinen Volke" lebten. Damals war ich bereits endgültig zur Physik übergegangen, und nicht einmal der berühmte Name von Professor *Wolf*, der mehr Planetoiden als irgend jemand anders entdeckt hatte, konnte mich von meinem Wege ablenken.

Die Züricher Sternwarte war zugänglicher, und der Name des Professors war *Wolfer*, also eine Art Komparativ zu dem Heidelberger. Aber selbst das lockte mich nicht.

Im nächsten Sommer ging ich nach Göttingen und blieb da bis zur Beendigung meines Studiums. *Karl Schwarzschild* war dort Direktor der berühmten Sternwarte, wo viele Jahre der große *Gauß* gewirkt hatte. *Schwarzschild* war der jüngste Professor der Universität, etwa 30 Jahre alt, klein an Wuchs, mit dunklem Haar und dunklem Schnurrbart, leuchtenden Augen und einem unvergeßlichen, freundlichen Lächeln. Ich ging in sein astrophysikalisches Seminar und lernte dort zum erstenmal die moderne physikalische Auffassung der Astronomie kennen. Wir diskutierten u. a. die Atmosphären der Planeten, und ich mußte einen Bericht über den Gasverlust durch Diffusion in den Raum gegen die Schwereanziehung erstatten. Auf diese Weise wurde ich gezwungen, die kinetische Theorie der Gase eingehend zu studieren, die damals im Jahre 1904 noch kein normaler Lehrgegenstand in den physikalischen Vorlesungen war. Aber das ist nicht das einzige Gebiet, das ich durch *Schwarzschild* kennenlernte. Er hatte einen beweglichen, wendigen Verstand, und die Astronomie im eigentlichen Sinne war nur ein spezielles Gebiet von vielen anderen, die ihn anzogen. Um diese Zeit veröffentlichte er tiefe Untersuchungen über Elektrodynamik, insbesondere über das Variationsprinzip, aus dem die *Lorentz*-Gleichungen für das Feld eines Elektrons und seine Bewegung abgeleitet werden konnten. Im nächsten Jahr (1905) erschienen die ersten seiner großen Arbeiten über geometrische Optik und Fehler optischer Instrumente; diese sind meiner Meinung nach klassische Untersuchungen, die keine spätere Arbeit an Klarheit und Strenge übertroffen hat. Ich habe *Schwarzschilds* Methode in meinem Buch über Optik (Springer 1932) dargestellt, und sie wird auch die Grundlage einer modernisierten Fassung sein, die bald in englischer Sprache (unter Mitarbeit von Dr. *E. Wolf*) bei der Pergamon Press, London herauskommen wird. *Schwarzschild* wandte seine Fehlertheorie auf die tatsächliche Konstruktion neuer Typen von optischen Systemen an; jedoch fühle ich mich nicht sachverständig genug, über diese Seite seiner Tätigkeit etwas zu sagen. Ebenso wenig kann ich seine astronomischen (experimentellen und theoretischen) Untersuchungen diskutieren. Was seine Person betrifft, so war er ein sehr liebenswürdiger Mensch, immer guter Laune, amüsant, leicht sarkastisch, aber gütig und hilfsbereit. Einmal hat er mich aus einer schwierigen Situation gerettet. Ich hatte die Absicht, zur Erlangung des Doktorgrades Geometrie als eines der Nebenfächer für das mündliche Examen zu wählen. Die geometrischen Vorlesungen von *Felix Klein*, dem „großen Felix", wie wir ihn nannten, waren aber nicht nach meinem Geschmack, und ich besuchte sie nicht sehr regelmäßig. Bemerkenswerterweise entging mein Schwänzen dem scharfen Auge *Kleins* keineswegs, und er drückte mir seine Mißbilligung deutlich aus. Mein Reinfall im mündlichen Examen, das in nur sechs Monaten bevorstand, schien unvermeidlich. In dieser Not wandte ich mich an *Schwarzschild* um Rat, und er sagte, ein halbes Jahr wäre reichlich Zeit, die ganze Astronomie zu lernen. Er gab mir ein paar Bücher, die ich durchlesen sollte, und half auch mit persönlichen Unterweisungen nach, wofür ich ihn im Tennisspiel trainierte. So kam ich zu ihm ins Examen, und seine erste Frage war: „Was machen Sie, wenn Sie eine Sternschnuppe sehen?" Worauf ich sofort antwortete: „Ich wünsche mir was", nach dem alten deutschen Aberglauben, daß solch ein Wunsch immer in Erfüllung geht. *Schwarzschild* blieb ganz ernst und fuhr ruhig fort: „Ganz richtig, und was machen Sie dann?" Worauf ich die erwartete Antwort gab: „Ich sehe nach der Uhr, merke mir die Zeit, das Sternbild des Auftauchens, die Richtung der Bewegung, die Länge der leuchtenden Bahn usw.; dann gehe ich nach Hause und arbeite eine angenäherte Bahn aus." Das brachte uns auf Himmelsmechanik, und das Ende war ein gutes Bestanden.

Schwarzschild unterschied sich von dem Durchschnittstypus des würdigen, bärtigen, deutschen Gelehrten jener Zeit, und zwar nicht nur in seiner Erscheinung — er trug nur einen Schnurrbart —, sondern auch in seiner geistigen Struktur, die durch und durch modern war, aktiv, aufgeschlossen für alle Probleme des Tages. Immerhin hatte er seine Stunden professoraler Zerstreutheit. Wir hatten einen Stammtisch in einer bestimmten Ecke eines Restaurants, wo eine Gruppe junger Professoren und Privatdozenten sich beim Mittagessen trafen. *Schwarzschild* gehörte dazu bis zu seiner Heirat. Ein paar Wochen nach der Hochzeit saß er wieder einmal an seinem gewohnten Platz an der Mittagstafel und verstrickte sich in gewohnter Weise in eine lebhafte Diskussion wissenschaftlicher Probleme, bis einer der anderen ihn fragte: „Na, Schwarzschild, wie gefällt Ihnen das Eheleben?" Das Blut schoß ihm zu Kopf, er sprang auf und sagte: „Eheleben, ach, ich hab' ganz vergessen", griff nach seinem Hut und rannte fort. Aber es scheint mir, daß ein solches Benehmen nicht typisch für ihn war. Im allgemeinen wußte er genau, was er tat. Sein Leben war kurz, seine Leistungen erstaunlich, sein Erfolg groß und sein Ende tragisch. Nach dem Ausbruch des großen Krieges von 1914—18 wurden seine mathematischen Fähigkeiten verwendet, indem man ihn dem Stabe einer der Armeen der Ostfront zuteilte, um ballistische Probleme zu lösen. Dort in Rußland erkrankte er an einer seltenen Infektionskrankheit. Man sagt, daß er sich weigerte, nach Haus gesandt zu werden, bis es zu spät war. Auf seinem Heimweg nach Göttingen besuchte er mich in meinem Büro bei einer Militärbehörde in Berlin. Er war noch immer heiter, aber sah sehr, sehr krank aus. Bald darauf ist er gestorben. Heute setzt sein Sohn Martin die astronomische Tradition des Vaters fort und mag so das zweite Glied einer jener astronomischen Dynastien werden, von denen die *Herschels* und die *Struves* berühmte Beispiele sind.

Ich bin vielen anderen hervorragenden Astronomen begegnet und mit manchen gut bekannt gewesen. Aber da sie noch auf dieser Erde wandeln, unterlasse ich es wohl besser, Geschichten über sie zu erzählen.

14 Die statistische Deutung der Quantenmechanik*)

Die Arbeiten, für die mir die Ehre des Nobelpreises für das Jahr 1954 zuteil geworden ist, enthalten keine Entdeckung einer neuen Naturerscheinung, sondern die Begründung einer neuen Art, über Naturerscheinungen zu denken. Diese Denkweise hat sich in der experimentellen und theoretischen Physik in solcher Weise durchgesetzt, daß es kaum möglich scheint, darüber noch etwas zu sagen, was nicht schon oft gesagt worden ist. Und doch gibt es einige besondere Gesichtspunkte, die ich bei dieser, für mich so festlichen Gelegenheit, erörtern möchte. Der erste Punkt ist dieser: Die Arbeiten der Göttinger Schule, der ich damals in den Jahren 1926 und 1927 vorstand, trugen bei zur Lösung einer intellektuellen Krise, in die unsere Wissenschaft durch *Plancks* Entdeckung des Wirkungsquantums im Jahre 1900 geraten war. Heute ist die Physik in einer ähnlichen Krise — ich meine hier nicht ihre Verwicklung in Politik und Wirtschaft durch die Beherrschung einer neuen furchtbaren Naturkraft, sondern ich denke an die durch die Kernphysik gestellten logisch-erkenntnistheoretischen Probleme. Vielleicht ist es gut, in solcher Zeit sich zu erinnern, was früher in ähnlicher Lage geschah, zumal dies Geschehen nicht eines gewissen dramatischen Effekts entbehrt. — Zum zweiten, wenn ich sagte, die Physiker hätten die damals von uns entwickelte Denkweise angenommen, so war ich nicht ganz korrekt: es gibt ein paar sehr bemerkenswerte Ausnahmen, und zwar gerade unter den Männern, die am meisten zum Aufbau der Quantentheorie beigetragen haben. *Planck* selbst gehörte zu den Skeptikern bis zu seinem Tode. *Einstein, de Broglie* und *Schrödinger* haben nicht aufgehört, das Unbefriedigende der statistischen Interpretation der Quantenmechanik zu betonen und die Rückkehr zu den Vorstellungen der klassischen, *Newton*schen Physik zu fordern und Wege vorzuschlagen, wie dies ohne Widerspruch gegen die experimentellen Tatsachen gemacht werden könnte. Man kann so gewichtige Stimmen nicht ungehört lassen. *Niels Bohr* hat sich viel Mühe gegeben, die Einwände zu widerlegen. Auch ich habe über sie nachgedacht und glaube, einiges zur Klärung der Sachlage beitragen zu können. Es handelt sich hier um das Grenzgebiet zwischen Physik und Philosophie,

*) Nobelvortrag, gehalten am 11. Dezember 1954. Veröffentlicht in „Les Prix Nobel en 1954", Stockholm 1955, S. 79.

und so wird mein physikalischer Vortrag zum Teil historisch, zum Teil philosophisch gefärbt sein, wofür ich Ihre Nachsicht erbitte.

Zunächst will ich erzählen, wie die Quantenmechanik und ihre statistische Interpretation entstanden. Im Anfang der zwanziger Jahre war wohl jeder Physiker überzeugt, daß *Plancks* Quantenhypothese richtig sei, wonach in Schwingungsvorgängen bestimmter Frequenz ν (wie z. B. in Lichtwellen) die Energie in endlichen Quanten der Größe $h\nu$ auftrete. Unzählige Experimente ließen sich so erklären und lieferten stets denselben Wert der *Planck*schen Konstanten h. Darüber hinaus war auch *Einsteins* Behauptung, daß den Lichtquanten ein Impuls der Größe $h\nu/c$ (wo c die Lichtgeschwindigkeit ist) zukäme, experimentell wohl belegt (z. B. durch den *Compton*-Effekt). Das bedeutete die Wiederbelebung der korpuskularen Theorie des Lichts für einen gewissen Komplex von Erscheinungen. Für andere Vorgänge war die Wellentheorie zuständig. Die Physiker gewöhnten sich an diese Dualität und lernten, sie einigermaßen zu handhaben.

Im Jahre 1913 hatte *Niels Bohr* das Rätsel der Linienspektren durch Anwendung der Quantentheorie gelöst und zugleich damit die wunderbare Stabilität der Atome, die Struktur ihrer Elektronenhüllen und das periodische System der Elemente in großen Zügen erklärt. Die für das Folgende wichtigste Annahme seiner Lehre war dies: Ein atomares System kann nicht in allen, mechanisch möglichen Zuständen, die ein Kontinuum bilden, existieren, sondern nur in einer Reihe diskreter, „stationärer" Zustände; beim Übergang von einem zum andern wird der Energieunterschied $E_m - E_n$ als Lichtquant $h\nu_{mn}$ emittiert oder absorbiert (je nachdem E_m größer oder kleiner ist als E_n). Das ist eine energetische Interpretation des von *W. Ritz* einige Jahre zuvor entdeckten spektroskopischen Fundamentalgesetzes. Man kann die Sachlage veranschaulichen, indem man die Energiestufen der stationären Zustände zweimal anschreibt, horizontal und vertikal; dann entsteht ein quadratisches Schema

	E_1	E_2	E_3	....
E_1	11	12	13	—
E_2	21	22	23	—
E_3	31	32	33	—
:	—	—	—	—
:				

in dem die Diagonalstellen den Zuständen und die nicht-diagonalen Stellen den Übergängen entsprechen.

Bohr war sich völlig klar, daß die hierdurch formulierte Gesetzmäßigkeit mit der Mechanik in Widerspruch steht, daß daher eigentlich selbst die Anwendung des Energiebegriffs in diesem Zusammenhange problematisch sei. Er begründete die kühne Verschmelzung des Alten mit dem Neuen durch sein Korrespondenzprinzip. Dies ist die einleuchtende Forderung, daß im

Grenzfall, wo die Nummern der stationären Zustände, die sogenannten Quantenzahlen, sehr groß sind (d. h. weit rechts und unten in obigem Schema) und die Energie sich relativ geringfügig von Stelle zu Stelle ändert, also praktisch kontinuierlich, daß dann die gewöhnliche klassische Mechanik mit großer Annäherung gelten muß.

Von dieser Idee hat die theoretische Physik die nächsten zehn Jahre gelebt. Das Problem war dies: Eine harmonische Schwingung hat nicht nur eine Frequenz, sondern eine Intensität. Zu jedem Übergang des Schemas muß eine solche gehören; wie ist sie durch Korrespondenzbetrachtungen zu finden? Es handelte sich um das Erraten des Unbekannten aus der Kenntnis eines bekannten Grenzfalls. Beträchtliche Erfolge wurden erzielt von *Bohr* selbst, von *Kramers, Sommerfeld, Epstein* und vielen anderen. Der entscheidende Schritt aber kam wieder von *Einstein*, der durch eine neue Ableitung der *Planck*schen Strahlungsformel klar vor Augen führte, daß man den klassischen Begriff der Intensität der Ausstrahlung durch den statistischen Begriff der Übergangswahrscheinlichkeit ersetzen muß: Zu jedem Platz in unserm Schema gehört [neben der Frequenz $\nu_{nm} = (E_n - E_m)/h$] eine bestimmte Wahrscheinlichkeit für den Übergang unter Ausstrahlung oder Einstrahlung.

Auch wir in Göttingen beteiligten uns an den Versuchen, die unbekannte Atommechanik aus den Versuchsergebnissen heraus zu destillieren. Die logische Schwierigkeit spitzte sich immer mehr zu. Untersuchungen über die Streuung und Dispersion des Lichts zeigten, daß man mit *Einsteins* Begriff der Übergangswahrscheinlichkeit als Maß der Stärke einer Schwingung nicht auskam, sondern die Vorstellung einer mit jedem Übergang verbundenen Amplitude der Schwingung nicht entbehren konnte. Arbeiten von *Ladenburg* [1], *Kramers* [2], *Heisenberg* [3], *Jordan* und mir selbst [4] sind hier zu erwähnen. Die Kunst des Erratens richtiger Formeln, die von den klassischen abweichen, aber korrespondenzmäßig in sie übergehen, wurde zu beträchtlicher Vollkommenheit gebracht. Eine Arbeit von mir, die in ihrem Titel den Ausdruck Quantenmechanik wohl zum ersten Male einführt, enthält eine recht verwickelte, auch heute noch richtige Formel für die gegenseitige Störung atomarer Systeme.

Diese Periode fand ein plötzliches Ende durch *Heisenberg* [5], der damals mein Assistent war. Er durchschnitt den gordischen Knoten durch ein philosophisches Prinzip, und er ersetzte das Raten durch eine mathematische Regel. Das Prinzip besagt, daß Begriffe und Vorstellungen, die keinem physikalisch beobachtbaren Tatbestande entsprechen, in der theoretischen Beschreibung nicht gebraucht werden sollten. Als *Einstein* in der Begründung seiner Relativitätstheorie die Begriffe der absoluten Geschwindigkeit eines Körpers und der absoluten Gleichzeitigkeit zweier Ereignisse an verschiedenen Raumstellen eliminierte, hat er dasselbe Prinzip angewandt.

Heisenberg verbannte die Vorstellungen von Elektronenbahnen mit bestimmten Radien und Umlaufsperioden, weil diese Größen nicht beobachtbar seien, und forderte, die Theorie mit Hilfe von quadratischen Schemata der oben angedeuteten Art aufzubauen. Statt die Bewegung dadurch zu beschreiben, daß man eine Koordinate als Zeitfunktion $x(t)$ angibt, soll man ein Schema von Übergangsamplituden x_{mn} bestimmen. Mir erscheint als der entscheidende Satz aus seiner Arbeit die Forderung (S. 881), daß man eine Regel finden muß, um aus einem gegebenen Schema

$$\begin{pmatrix} x_{11} \; x_{12} \ldots\ldots \\ x_{21} \; x_{22} \ldots\ldots \\ - \; - \; - \; - \; - \end{pmatrix} \quad \text{das Schema des Quadrats} \quad \begin{pmatrix} (x^2)_{11} \; (x^2)_{12} \ldots \\ (x^2)_{21} \; (x^2)_{22} \; \ldots \\ - \; - \; - \; - \; - \end{pmatrix}$$

zu finden (oder allgemeiner: die Multiplikationsregel für solche Schemata). Durch Betrachtung der bekannten, durch Raten gefundenen Beispiele fand er diese Regel und wandte sie an einfachen Beispielen, wie den harmonischen und anharmonischen Oszillator, erfolgreich an.

Dies war im Sommer 1925. *Heisenberg*, sehr von Heuschnupfen geplagt, nahm Urlaub zu einer Kur an der See und übergab mir seine Arbeit zur Veröffentlichung, falls ich mit der Sache etwas anzufangen wüßte.

Mir war die Bedeutung der Idee sofort klar, und ich schickte das Manuskript an die Zeitschrift für Physik. *Heisenbergs* Multiplikationsregel ließ mir keine Ruhe, und nach 8 Tagen intensiven Denkens und Probierens erinnerte ich mich plötzlich an eine algebraische Theorie, die ich von meinem Lehrer Professor *Rosanes* in Breslau gelernt hatte. Den Mathematikern sind solche quadratischen Schemata wohl bekannt und werden in Verbindung mit einer bestimmten Multiplikationsregel Matrizen genannt. Ich wandte diese Regel auf *Heisenbergs* Quantenbedingung an und fand, daß diese mit den in der Diagonale stehenden Größen übereinstimmte. Es war leicht zu erraten, was die übrigen Größen sein müßten, nämlich Null, und sogleich stand vor mir die sonderbare Formel

$$p\,q - p\,q = h/2\pi i.$$

Das bedeutete: Koordinaten q und Impulse p sind nicht durch Zahlenwerte darzustellen, sondern durch Symbole, deren Produkt von der Reihenfolge abhängt — die nicht kommutieren, wie man sagt.

Dies Resultat bewegte mich etwa wie einen Seefahrer, der nach langer Irrfahrt von fern das ersehnte Land sieht, und ich bedauerte nur, daß *Heisenberg* nicht da war. Ich war vom ersten Augenblick an überzeugt, daß wir auf das Richtige gestoßen waren. Und doch war wieder ein großer Teil nur erraten, nämlich das Verschwinden der nicht-diagonalen Glieder in obigem Ausdruck. Hierfür gewann ich die Mitarbeit meines Schülers *Pascual Jordan*, und in wenigen Tagen gelang es uns zu zeigen, daß ich richtig geraten hatte. Die gemeinsame Arbeit von *Jordan* und mir [6] enthält die wichtigsten Prinzipien der Quantenmechanik einschließlich ihrer Ausdehnung auf die Elektrodynamik. Es folgte eine hektische Zeit der Zusammenarbeit von uns dreien, erschwert durch *Heisenbergs* Abwesenheit. Es gab einen lebhaften Briefwechsel, von dem leider mein Anteil in den politischen Wirren verloren gegangen ist. Das Resultat war eine Drei-Männer-Arbeit [7], die die formale Seite der Untersuchung zu einem gewissen Abschluß brachte. Bevor noch diese Abhandlung erschienen war, geschah die erste dramatische Überraschung: *Paul Diracs* Arbeit [8] über denselben Gegenstand. Er hatte durch einen Vortrag *Heisenbergs* in Cambridge die Anregung erhalten, die ihn zu ähnlichen Ergebnissen wie uns Göttinger führte, mit dem Unterschied, daß er sich nicht auf die bekannte Matrixtheorie der Mathematiker berief, sondern sich die Lehre von solchen nicht-kommutierenden Symbolen selbst erfand und ausarbeitete.

Die erste nicht trivale und physikalisch wichtige Anwendung der Quantenmechanik wurde bald darauf von *W. Pauli* [9] gemacht, der die stationären Energiewerte des Wasserstoffatoms mit der Matrixmethode berechnete und vollständige Übereinstimmung mit *Bohrs* Formeln fand. Von diesem Augenblick an war an der Richtigkeit der Theorie nicht mehr zu zweifeln.

Was aber dieser Formalismus eigentlich bedeutete, war keineswegs klar. Die Mathematik war, wie es öfters vorkommt, klüger als das sinngebende Denken. Während wir noch darüber diskutierten, kam die zweite dramatische Überraschung, das Erscheinen von *Schrödingers* berühmten Arbeiten [10]. Er knüpfte an ganz andere Gedanken an, die von *Louis de Broglie* [11] herrührten. Dieser hatte einige Jahre vorher die kühne Behauptung aufgestellt und durch glänzende theoretische Überlegungen gestützt, daß die Dualität Welle—Korpuskel, die im Falle des Lichts den Physikern geläufig war, auch für Elektronen gelten müsse: zu jedem frei beweglichen Elektron gehöre eine ebene Welle von ganz bestimmter Wellenlänge, die durch die *Planck*sche Konstante und die Masse bestimmt ist. Uns Göttingern war diese aufregende Abhandlung von *de Broglie* wohl bekannt. Eines Tages (1925) erhielt ich von *Davisson* einen Brief mit sonderbaren Ergebnissen über die Reflexion von Elektronen an Metalloberflächen. Mein experimenteller Kollege *James Franck* und ich vermuteten gleich, daß diese Kurven *Davissons* Kristallgitterspektren von *de Broglie*schen Elektronenwellen seien, und wir veranlaßten einen unserer Schüler, *Elsasser* [12], die Sache zu untersuchen. Sein Resultat lieferte die erste vorläufige Bestätigung der *de Broglie*schen Idee, die dann später unabhängig von *Davisson* und *Germer* [13] und von *G. P. Thomson* [14] durch systematische Experimente endgültig bestätigt wurde. Aber diese Bekanntschaft mit *de Broglies* Gedankengängen führte uns nicht weiter zu einer Anwendung auf die Elektronenstrukturen in Atomen. Dies blieb *Schrödinger* vorbehalten. Er erweiterte *de Broglies* Wellengleichung, die sich auf kräftefreie Bewegungen bezog, auf den Fall der Wirkung von Kräften und gab eine exakte Formulierung der schon von *de Broglie* angedeuteten Zusatzforderungen, denen man die Wellenfunktion ψ unterwerfen muß, nämlich Eindeutigkeit und Endlichkeit in Raum und Zeit. Und es gelang ihm, die stationären Zustände des Wasserstoffatoms abzuleiten als monochromatische Lösungen seiner Wellengleichung, die sich nicht ins Unendliche erstrecken.

Eine kurze Zeit, Anfang 1926, sah es so aus, als ob plötzlich zwei in sich geschlossene, aber ganz verschiedene Erklärungssysteme da wären, die Matrixmechanik und die Wellenmechanik. Aber *Schrödinger* selbst zeigte bald ihre völlige Äquivalenz.

Die Wellenmechanik hat sich einer weit größeren Beliebtheit erfreut als die Göttinger und die Cambridger Form der Quantenmechanik. Sie operiert mit einer Wellenfunktion ψ, die wenigstens im Falle e i n e s Teilchens im Raume anschaulich vorgestellt werden kann, und sie verwendet die mathematischen Methoden der partiellen Differentialgleichungen, die jedem Physiker geläufig sind. Auch glaubte *Schrödinger*, daß seine Wellentheorie eine Rückkehr zur deterministischen klassischen Physik ermögliche; er schlug vor (und hat diesen Vorschlag jüngst [15] mit Nachdruck erneuert), die Partikel-Vorstellung ganz aufzugeben und an Stelle von Elektronen als Teilchen von einer kontinuierlichen Dichteverteilung $|\psi|^2$ (oder elektrischen Dichte $e|\psi|^2$) zu sprechen.

Uns Göttingern schien diese Deutung angesichts der experimentellen Tatsachen unannehmbar. Zu der Zeit war es schon möglich, Teilchen zu zählen durch Szintillationen oder mit dem Geiger-Zählrohr und ihre Spuren zu photographieren mit Hilfe der *Wilson*schen Nebelkammer.

Es schien mir, daß man durch Betrachtung von gebundenen Elektronen nicht zu einer klaren Deutung der ψ-Funktion kommen könne. Darum hatte ich mich schon Ende 1925 bemüht, die Matrixmethode, die offenbar nur oszillierende Vorgänge erfaßte, so zu erweitern, daß sie auf aperiodische Prozesse anwendbar wurde. Ich war damals als Gast am Massachusetts Institute of Technology in den Vereinigten Staaten und fand dort in *Norbert Wiener* einen ausgezeichneten Mitarbeiter. In unserer gemeinsamen Arbeit [16] haben wir die Matrix durch den allgemeinen Begriff eines Operators ersetzt und auf diese Weise die Beschreibung aperiodischer Prozesse ermöglicht. Doch den richtigen Weg haben wir verfehlt. Das blieb *Schrödinger* vorbehalten, und ich griff seine Methode sogleich auf, weil sie versprach, zu einer Deutung der ψ-Funktion zu führen. Wieder war eine Idee von *Einstein* leitend. Er hatte die Dualität von Teilchen — den Lichtquanten oder Photonen — und von Wellen dadurch begreiflich zu machen gesucht, daß er das Quadrat der optischen Wellen-Amplitude als Wahrscheinlichkeitsdichte für das Auftreten von Photonen auslegte. Diese Idee ließ sich ohne weiteres auf die ψ-Funktion übertragen: $|\psi|^2$ mußte die Dichte der Wahrscheinlichkeit für Elektronen (oder andere Teilchen) bedeuten. Dies zu behaupten war leicht. Aber wie es beweisen?

Dazu boten sich die atomaren Stoßprozesse dar. Ein aus dem Unendlichen kommender Elektronenregen, dargestellt durch eine einfallende Welle bekannter Intensität (d. h. $|\psi|^2$) trifft auf ein Hindernis, sagen wir ein schweres Atom. Genau wie die von einem Dampfer erregte Wasserwelle an einem Pfahl kreisförmige sekundäre Wellenzüge erregt, wird die einfallende Elektronenwelle durch das Atom zum Teil in eine sekundäre Kugelwelle verwandelt, deren Schwingungsamplitude ψ in verschiedenen Richtungen verschieden ist. Das Quadrat der Amplitude dieser Kugelwelle in großer Entfernung von dem Streuzentrum bestimmt dann die relative Wahrscheinlichkeit der Streuung in Abhängigkeit von der Richtung. Wenn überdies das streuende Atom selber verschiedener stationärer Zustände fähig ist, so erhält man aus *Schrödingers* Wellengleichung ganz von selbst auch die Wahrscheinlichkeiten der Anregung dieser Zustände, wobei das Elektron mit Energieverlust, unelastisch, wie man sagt, gestreut wird. Auf diese Weise konnten die von *Franck* und *Hertz* zuerst experimentell gefundenen Stoßgesetze, die dann die Grundlage der *Bohr*schen Theorie bildeten, theoretisch streng begründet werden [17]. Bald gelang es auch *Wentzel* [18], *Rutherfords* berühmte Streuformel für α-Strahlen aus meiner Theorie abzuleiten.

Mehr als diese Erfolge trug zur schnellen Annahme der statistischen Deutung der ψ-Funktion eine Arbeit von *Heisenberg* [19] bei, die seine berühmten Ungenauigkeits-Relationen enthält. Erst dadurch wurde der umwälzende Charakter der neuen Auffassung klar. Es zeigte sich, daß nicht nur der Determinismus der klassischen Physik aufgegeben werden mußte, sondern auch der naive Realitätsbegriff, der die Partikel der Atomphysik so auffaßte, als seien sie äußerst kleine Sandkörnchen. Ein Sandkörnchen hat in jedem Augenblick eine bestimmte Lage und Geschwindigkeit. Für ein Elektron ist das nicht der Fall; wenn man die Bestimmung der Lage immer genauer macht, wird die Bestimmbarkeit der Geschwindigkeit immer schlechter, und umgekehrt. Ich werde auf diese Fragen in allgemeinerem Zusammenhange kurz zurückkommen, möchte aber vorher noch ein paar Worte über die Stoßtheorie sagen.

Die von mir benutzten mathematischen Näherungsverfahren waren recht primitiv und wurden bald verbessert. Von der unübersehbar gewachsenen Literatur möchte ich nur einige der ersten Autoren nennen, denen die Theorie große Fortschritte verdankt: *Faxén* in Schweden und *Holtsmark* in Norwegen [20], *Bethe* in Deutschland [21], *Mott* und *Massey* in England [22].

Heute ist die Stoßtheorie eine besondere Wissenschaft mit eigenen dicken Lehrbüchern, die mir ganz über den Kopf gewachsen ist. Letzten Endes gehören ja auch all die modernen Zweige der Physik, die Quantenelektrodynamik, die Theorie der Mesonen, der Kerne, der kosmischen Strahlen, der Elementarteilchen und ihrer Umwandlungen in diesen Gedankenkreis, und ein Eingehen darauf würde ins Uferlose führen.

Ich möchte noch anführen, daß ich in den Jahren 1926/27 noch einen anderen Weg beschritt, die statistische Auffassung der Quantenmechanik zu stützen, zum Teil in Zusammenarbeit mit dem russischen Physiker *Fock* [23]. Es gibt in der oben erwähnten Drei-Männer-Arbeit ein Kapitel, in dem die *Schrödinger*-Funktion eigentlich schon vorweggenommen ist; nur ist sie nicht als Raumfunktion $\psi(x)$ aufgefaßt, sondern als Funktion ψ_n des diskreten Index $n = 1, 2, \ldots$, der die stationären Zustände abzählt. Wenn das betrachtete System einer zeitlich veränderlichen Kraft unterliegt, so wird auch ψ_n zeitabhängig, und $|\psi_n(t)|^2$ bedeutet die Wahrscheinlichkeit für das Vorhandensein des Zustandes n zur Zeit t. Ausgehend von einer Anfangsverteilung, wo nur ein Zustand da ist, erhält man so Übergangswahrscheinlichkeiten und kann ihre Eigenschaften untersuchen. Insbesondere hat mich damals interessiert, was im sogenannten adiabatischen Grenzfalle, d. h. bei sehr langsam veränderlicher Einwirkung, passiert; es ließ sich zeigen, daß, wie zu erwarten, die Wahrscheinlichkeit von Übergängen immer geringer wird. Die Theorie der Übergangswahrscheinlichkeiten ist unabhängig von *Dirac* entwickelt und fruchtbar gemacht worden. Man kann sagen, daß die ganze Atom- und Kernphysik mit diesem Begriffssystem, besonders in der ihm von *Dirac* [24] gegebenen äußerst eleganten Form, arbeitet; fast alle Experimente führen zu Aussagen über relative Häufigkeiten von Ereignissen, mögen diese auch unter dem Decknamen Wirkungsquerschnitt oder dergleichen auftreten.

Wie kommt es nun, daß trotzdem große Forscher wie *Einstein, Schrödinger, de Broglie* mit der Sachlage nicht zufrieden sind? Tatsächlich sind alle diese Einwände nicht gegen die Richtigkeit der Formeln gerichtet, sondern gegen die Interpretation. Es sind da zwei eng miteinander verstrickte Gesichtspunkte auseinander zu halten: die Frage des Determinismus und die Frage der Realität.

Die *Newton*sche Mechanik ist deterministisch in folgendem Sinne:

Wenn der Anfangszustand (Lagen und Geschwindigkeiten aller Teilchen) eines Systems genau gegeben ist, so läßt sich aus den mechanischen Gesetzen der Zustand zu jeder andern Zeit (früher oder später) berechnen. Nach diesem Vorbild sind dann alle andern Zweige der klassischen Physik aufgebaut worden. Allmählich wurde der mechanische Determinismus zu einer Art Glaubensartikel: die Welt als Maschine, als Automat. Es gibt, so weit ich sehe, dafür keine Vorläufer in der antiken und mittelalterlichen

Philosophie; der Gedanke ist ein Produkt der ungeheuren Erfolge der *Newton*schen Mechanik, besonders in der Astronomie. Im 19. Jahrhundert wurde er zu einem philosophischen Grundprinzip der ganzen exakten Naturwissenschaft. Ich habe mir die Frage vorgelegt, ob dies eigentlich berechtigt ist. Kann man wirklich auf Grund der klassischen Bewegungsgleichungen absolute Vorhersagen für alle Zeiten machen? Man sieht leicht an einfachen Beispielen, daß das nur der Fall ist, wenn man die Möglichkeit absolut exakter Messung (des Ortes, der Geschwindigkeit oder anderer Größen) annimmt. Denken wir uns ein Partikel, das auf einer graden Linie reibungslos läuft zwischen zwei Endpunkten (Wänden), wo es vollkommen elastisch abprallt. Es bewegt sich mit konstanter Anfangsgeschwindigkeit v_0 hin und her, und man kann genau sagen, wo es zu einer bestimmten Zeit sein wird, vorausgesetzt, daß v_0 genau bekannt ist. Ist aber eine kleine Ungenauigkeit Δv_0 zugelassen, so ist die Ungenauigkeit der Vorhersage des Ortes zur Zeit t gleich $t\Delta v_0$, wächst also mit t. Wartet man lange genug, bis zur Zeit $t_c = l/\Delta v_0$, wo l der Abstand der elastischen Wände ist, so ist die Ungenauigkeit Δx gleich dem ganzen Intervall l geworden. Man kann also überhaupt nichts mehr über die Lage in einem Zeitpunkt vorhersagen, der später ist als t_c. Der Determinismus schlägt also in völligen Indeterminismus um, wenn man auch nur die kleinste Ungenauigkeit der Geschwindigkeitsangabe zuläßt. Hat es aber einen Sinn, ich meine: einen physikalischen, nicht metaphysischen Sinn, von absoluten Angaben zu sprechen? Ist man berechtigt zu sagen, die Koordinate $x = \pi$ cm, wo $\pi = 3{,}1415\ldots\ldots$ die bekannte transzendente Zahl ist, die das Verhältnis des Umfangs des Kreises zu seinem Durchmesser bestimmt? Als mathematisches Instrument ist der Begriff einer reellen Zahl, dargestellt durch einen unendlichen Dezimalbruch, äußerst wichtig und fruchtbar. Als Maß einer physikalischen Größe ist er ein Unsinn. Wenn man den Dezimalbruch für π an der 20. Stelle oder an der 25. Stelle abbricht, so erhält man zwei Zahlen, die voneinander und von dem wahren π durch keine Messung unterschieden werden können. Nach dem von *Einstein* in der Relativitätstheorie, von *Heisenberg* in der Quantentheorie gebrauchten heuristischen Prinzip sind solche Begriffe, die keiner denkbaren Beobachtung entsprechen, aus der Physik zu eliminieren. Das ist auch hier ohne Schwierigkeiten möglich; man hat nur Aussagen wie $x = \pi$ cm zu ersetzen durch: die Wahrscheinlichkeit der Werteverteilung von x hat bei $x = \pi$ cm ein scharfes Maximum und (wenn man genauer sein will) hinzufügen: von der und der Breite. Kurz und gut, man muß auch die gewöhnliche Mechanik statistisch formulieren. Ich habe mich mit dieser Frage in letzter Zeit ein wenig beschäftigt und gesehen, daß es ohne Schwierigkeiten möglich ist. Darauf näher einzugehen, ist hier nicht der Ort. Ich möchte nur dies betonen: der Determinismus der klassischen Physik erweist sich als Trugbild, erzeugt durch eine Überschätzung mathematisch-logischer Begriffsbildungen. Er ist ein Idol, kein Ideal der Naturforschung und kann daher nicht als Einwand gegen die prinzipiell indeterministische, statistische Interpretation der Quantenmechanik gebraucht werden.

Weit schwieriger liegt es mit dem Realitäts-Einwand. Der Begriff eines Teilchens, z. B. eines Sandkorns enthält implizite die Vorstellung, daß es an einem bestimmten Orte ist und eine bestimmte Bewegung hat. Nach der Quantenmechanik aber soll es unmöglich sein, für ein Elektron Ort und Bewegung (genauer: Impuls, d. h. Masse mal Geschwindigkeit) gleichzeitig mit beliebiger Genauigkeit festzulegen. So erheben sich zwei Fragen: Erstens, was verhindert uns, trotz der theoretischen Behauptung beide Größen durch raffinierte Experimente beliebig genau zu messen? Und zweitens, wenn es sich wirklich herausstellt, daß dies nicht geht, haben wir dann noch das Recht, den Begriff Teilchen und die damit assoziierten Vorstellungen auf das Elektron anzuwenden?

Was die erste Frage betrifft, so ist klar, daß, wenn die Theorie richtig ist — und wir haben hinreichende Gründe, dies zu glauben — das Hindernis der gleichzeitigen Meßbarkeit von Ort und Bewegung (und anderer solcher Paare sogenannter konjugierter Größen) in den Gesetzen der Quantenmechanik selbst liegen muß. Das ist in der Tat der Fall. Aber es liegt gar nicht auf der Hand. *Niels Bohr* [25] selbst hat große Mühe und Scharfsinn darauf gewandt, eine Theorie der Messungen zu entwickeln, die diese Sachlage aufklärt und auch den raffiniertesten Anschlägen *Einsteins* standhält, der immer wieder versuchte, Meßanordnungen auszudenken, durch die Ort und Bewegung gleichzeitig genau gemessen werden. Es läuft auf folgendes heraus: Zur Messung von Raum-Koordinaten und Zeitpunkten braucht man starre Maßstäbe und Uhren. Hingegen zur Messung von Impulsen und Energien braucht man Anordnungen mit beweglichen Teilen, die den Stoß des zu messenden Objekts aufnehmen und anzeigen. Wenn man berücksichtigt, daß für die Wechselwirkung von Objekt und Apparat die Quantenmechanik zuständig ist, sieht man ein, daß es keine Anordnung geben kann, die beiden Forderungen zugleich genügt. Es gibt daher sich gegenseitig ausschließende, aber zu einander komplementäre Experimente, die erst in ihrer Gesamtheit alles enthüllen, was man über ein Objekt erfahren kann. Diese Idee der Komplementarität wird allgemein in der Physik als der Schlüssel zum anschaulichen Verständnis der Quanten-Vorgänge angesehen. *Bohr* hat sie auch in geistreicher Weise auf ganz andere Gebiete übertragen, z. B. auf die Beziehung von Bewußtsein und Gehirn, auf das Problem der Willensfreiheit und andere philosophische Grundfragen. Um nun zum letzten Punkt zu kommen: Kann man ein Etwas, mit dem sich die Begriffe Ort und Bewegung nicht in gewohnter Weise verbinden lassen, noch ein Ding, ein Teilchen nennen? Und wenn nicht, was ist das Reale, das zu beschreiben wir unsere Theorien erfunden haben?

Die Antwort hierauf ist nicht mehr Physik, sondern Philosophie, und ihre ausführliche Behandlung würde den Rahmen dieser Vorlesung weit überschreiten. Ich habe meine Meinung darüber an anderer Stelle [26] ausführlich dargelegt [1]). Hier will ich nur sagen, daß ich mit allem Nachdruck für die Beibehaltung der Teilchen-Vorstellung eintrete. Natürlich muß man dann neu definieren, was man meint. Hierzu gibt es wohlentwickelte Begriffe, die in der Mathematik unter dem Namen Invarianten bei Transformationen geläufig sind. Jeder Gegenstand, den wir wahrnehmen, erscheint unter unzähligen Aspekten; der Begriff des Gegenstandes ist die Invariante aller dieser Aspekte. Von diesem Standpunkt läßt sich das jetzt durchgehends gebrauchte Begriffssystem, in dem Partikel und Wellen zugleich auftreten, vollständig rechtfertigen.

Die neueste Forschung über Kerne und Elementarteilchen hat uns aber an Grenzen geführt, jenseits derer auch dieses Begriffssystem nicht auszureichen scheint. Was wir aus der von mir erzählten Geschichte des Ursprungs der Quantenmechanik lernen können, ist, daß vermutlich Verfeinerung der mathematischen Methoden nicht ausreichen wird, um eine befriedigende Theorie zu gewinnen, sondern daß irgendwo in unserer Lehre ein durch keine Erfahrung gerechtfertigter Begriff steckt, den wir eliminieren müssen, um freie Bahn zu gewinnen.

Literatur

[1] *R. Ladenburg:* Z. f. Phys. 4 (1921) S. 451; *R. Ladenburg* und *F. Reiche:* Naturw. 11 (1923) S. 584.

[2] *H. A. Kramers:* Nature 113 (1924) S. 673.

[3] *H. A. Kramers* und *W. Heisenberg:* Z. f. Phys. 31 (1925) S. 681.

[4] M. *Born:* Z. f. Phys. 26 (1924) S. 379; M. *Born* und *P. Jordan:* Z. f. Phys. 33 (1925) S. 479.

[5] *W. Heisenberg:* Z. f. Phys. 33 (1925) S. 879.

[6] M. *Born* und *P. Jordan:* Z. f. Phys. 34 (1925) S. 858.

[7] M. *Born, W. Heisenberg* und *P. Jordan:* Z. f. Phys. 35 (1926) S. 557.

[8] *P. A. M. Dirac:* Proc. Roy. Soc. A, 109 (1925) S. 642.

[9] *W. Pauli:* Z. f. Phys. 36 (1926) S. 336.

[10] *E. Schrödinger:* Ann. d. Phys. (4), 79 (1926) S. 361, 489, 734; 80 (1926) S. 437; 81 (1926) S. 109.

[11] *Louis de Broglie:* Thèses, Paris 1924; Ann. d. Phys. (10), 3 (1925) S. 22.

[12] *W. Elsasser:* Naturwissenschaften 13 (1925) S. 711.

[13] *C. J. Davisson* und *L. H. Germer:* Phys. Rev. 30 (1927) S. 707.

---

1) Siehe den Aufsatz „Physikalische Wirklichkeit“ auf Seite 145 dieses Buches.

[14] *G. P. Thomson* und *A. Reid:* Nature 119 (1927) S. 890; *G. P. Thomson:* Proc. Roy. Soc. A, 117 (1928) S. 600.

[15] *E. Schrödinger:* Brit. Journ. Phil. Sci. 3 (1952) S. 109, 233.

[16] *M. Born* und *N. Wiener:* Z. f. Phys. 36 (1926) S. 174.

[17] *M. Born:* Z. f. Phys. 37 (1926) S. 863; 38 (1926) S. 803; Gött. Nachr. Math.-Phys. Kl. (1926) S. 146.

[18] *G. Wentzel:* Z. f. Phys. 40 (1926) S. 590.

[19] *W. Heisenberg:* Z. f. Phys. 43 (1927) S. 172.

[20] *H. Faxén* und *J. Holtsmark:* Z. f. Phys. 45 (1927) S. 307.

[21] *H. Bethe:* Ann. d. Phys. 5 (1930) S. 325.

[22] *N. F. Mott:* Proc. Roy. Soc. A, 124 (1929) S. 422, 425; Cambr. Phil. Soc. 25 (1929) S. 304.

[23] *M. Born:* Z. f. Phys. 40 (1926) S. 167; *M. Born:* und *V. Fock:* Z. f. Phys. 51 (1928) S. 165.

[24] *P. A. M. Dirac:* Proc. Roy. Soc. A, 109 (1925) S. 642; 110 (1926) S. 561; 111 (1926) S. 281; 112 (1926) S. 674.

[25] *Niels Bohr:* Naturwissenschaften 16 (1928) S. 245; 17 (1929) S. 483; 21 (1933) S. 13; Kausalität und Komplementarität 6 (1936) S. 293.

[26] M. *Born:* Phil. Quart. 3 (1953) S. 134; Phys. Blätter 10 (1954) S. 49.

15 Physik und Relativität*)

Mir ist der ehrenvolle Auftrag zuteil geworden, über Physik und Relativität zu sprechen anstelle von *Niels Bohr*, der verhindert ist, nach Bern zu kommen. Ich weiß natürlich nicht, was *Bohr* sich bei der Wahl dieses Themas gedacht hat. Es ist mir nicht erinnerlich, daß wir jemals über Relativität gesprochen haben; es gab da nichts zu diskutieren, da wir in allen wesentlichen Punkten einer Meinung sind.

Man kann, scheint mir, den Titel Physik und Relativität auf zwei Weisen interpretieren: entweder als eine Erörterung der empirischen Tatsachen, auf denen das Relativitätsprinzip aufgebaut wurde, oder als eine Übersicht aller physikalischen Auswirkungen des Prinzips. Nun war solch eine Übersicht doch gerade der Zweck dieser Konferenz, und es wäre anmaßend und ginge gänzlich über meine Kräfte, eine Zusammenfassung aller dargebotenen Vorträge zu unternehmen. Statt dessen will ich versuchen, Ihnen einen Eindruck zu geben von der Situation in der Physik vor 50 Jahren, als *Einsteins* erste Arbeiten erschienen; sodann will ich den Inhalt dieser Arbeiten ein wenig analysieren und mit den Leistungen der Vorgänger *Einsteins* vergleichen; endlich will ich die Wirkung der *Einstein*schen Arbeiten auf die damalige physikalische Welt beschreiben. Für die Mehrzahl von Ihnen ist das Geschichte, denn die Relativitätstheorie war ein normales Lehrfach zur Zeit Ihres Studiums. Für meine Altersgenossen war *Einsteins* Theorie neu und revolutionär; es bedurfte einer beträchtlichen Anstrengung, sie aufzufassen. Nicht jeder konnte oder wollte sich dem unterziehen. So kam es, daß die Zeit nach *Einsteins* Entdeckung erfüllt war von wissenschaftlichen Streitereien, die manchmal in bittere Feindseligkeiten ausarteten. Ich werde versuchen, diese aufregenden Tage, in denen die Grundlage der modernen Physik gelegt wurde, vor Ihnen aufleben zu lassen, indem ich die Sache so berichte, wie sie von meinem Sehwinkel aussah.

Als ich mein Universitätsstudium im Jahre 1901 begann, war die *Maxwell*sche Theorie wohl überall anerkannt, wurde aber keineswegs überall gelehrt. Eine Vorlesung von *Clemens Schäfer*, die ich in Breslau hörte, war

*) Vortrag gehalten in englischer Sprache auf dem internationalen Kongreß in Bern „Fünfzig Jahre Relativitätstheorie", am 16. Juli 1955. Deutsche Übersetzung in Naturwiss. Rundschau 1956, S. 417.

dort die erste Einführung in das Gebiet und schien uns äußerst schwierig zu sein. Als ich 1904 nach Göttingen kam, hörte ich *Waldemar Voigts* Optik, die von der *Maxwell*schen Theorie ausging. Aber das war eine Neuerung, denn noch wenige Jahre zuvor hatte er die elastische Lichttheorie benutzt. Der Hauptvertreter der neueren Richtung in der theoretischen Physik war zu jener Zeit in Göttingen *Max Abraham,* dessen Buch, später als *Abraham-Föppl* bekannt, heute als *Abraham-Becker,* unsere wichtigste Wissensquelle war.

Dies zur Beleuchtung der wissenschaftlichen Atmosphäre, in der wir aufwuchsen. *Newtons* Mechanik herrschte noch unbeschränkt, trotz der revolutionären Entdeckungen des voraufgehenden Jahrzehnts: Röntgenstrahlen, Radioaktivität, das Elektron, die Strahlungsformel und das Energiequantum usw. Der Physikstudent lernte noch immer – und ich denke, nicht nur in Deutschland –, daß das letzte Ziel der Physik darin bestehe, alle Erscheinungen auf die Bewegung von Teilchen gemäß den *Newton*schen Gesetzen zurückzuführen. Zweifel an diesen Gesetzen war Ketzerei, und niemand dachte daran.

Meine erste Begegnung mit den Schwierigkeiten, mit denen diese Rechtgläubigkeit zu kämpfen hatte, geschah 1905 in einem Seminar über Elektronentheorie, das nicht von einem Physiker, sondern von einem Mathematiker geleitet wurde, nämlich von *Hermann Minkowski.* Meine Erinnerung an diese alten Zeiten ist natürlich etwas verschwommen. Doch ich bin ganz sicher, daß wir in diesem Seminar alles durchsprachen, was zu der Zeit über die Elektrodynamik und Optik bewegter Systeme bekannt war. Wir studierten die Arbeiten von *Hertz, Fitz Gerald, Larmor, Lorentz, Poincaré* und anderen. Darüber hinaus aber erhielten wir einen Einblick in *Minkowskis* eigene Gedanken, die erst zwei Jahre später veröffentlicht wurden.

H. A. Lorentz' wichtige Abhandlungen über die Elektrodynamik bewegter Körper aus den Jahren 1892 und 1895 enthalten einen beträchtlichen Teil des Formalismus der Relativitätstheorie. Jedoch waren seine Grundannahmen ganz und gar unrelativistisch. Er nahm an, daß es einen absolut ruhenden Äther gebe, eine Art „Materialisierung" von *Newtons* absolutem Raum, und er übernahm auch *Newtons* absolute Zeit. Als er bemerkte, daß seine Feldgleichungen für den leeren Raum gegen gewisse lineare Transformationen invariant sind, durch welche die Koordinaten x, y, z und die Zeit t simultan in neue Parameter x', y', z', t' transformiert werden, nannte er diese „Ortskoordinaten" und „Ortszeit". – Übrigens sind diese Transformationen, die *Poincaré* später *Lorentz*-Transformationen nannte, tatsächlich älter; *W. Voigt* hatte schon im Jahre 1887 bemerkt, daß die Gleichungen der elastischen Lichttheorie gegen diese Transformationen invariant sind. – *Lorentz* zeigte sodann, daß, wenn die Wechselwirkung von Materie und Licht zurückgeführt wird auf das Vorhandensein von

Elektronen in der materiellen Substanz, alle Beobachtungen über Effekte erster Ordnung in $v/c = \beta$ (v = Geschwindigkeit der Materie, c = Lichtgeschwindigkeit) erklärt werden konnten, insbesondere die Tatsache, daß kein Einfluß der Bewegung auf die Erscheinungen in erster Ordnung gefunden werden konnte von einem Beobachter, der an der Bewegung teilnahm. Aber es gab einige sehr genaue Messungen wie das Experiment, das *Michelson* zuerst im Jahre 1881 in Potsdam ausführte und dann mit größerer Genauigkeit, in Gemeinschaft mit *Morley*, 1887 in Amerika wiederholte, die zeigten, daß kein Einfluß der Erdbewegung selbst bis zu Größen zweiter Ordnung in β beobachtbar war. Um dies zu erklären, ersann *Fitz Gerald* im Jahre 1892 seine bekannte Kontraktionshypothese, die *Lorentz* sogleich übernahm und in seine Theorie einverleibte. So erhielt *Lorentz* ein System von Feldgleichungen für bewegte Körper, die mit allen bekannten Tatsachen im Einklang waren. Sie waren relativistisch invariant für Vorgänge im leeren Raum und angenähert invariant (bis zu Gliedern erster Ordnung in β) für materielle Körper. Bei alledem hielt *Lorentz* fest an seinem absolut ruhenden Aether und dem überkommenen Begriff einer absoluten Zeit.

Als *Henri Poincaré* diese Untersuchungen aufnahm, ging er einen Schritt weiter. Hinsichtlich seiner Arbeiten stütze ich mich wesentlich auf das ausgezeichnete Buch von *Edmund Whittaker*, „A History of the Theories of Aether and Electricity", das mir schon in meiner Studentenzeit ein wertvoller Führer war. Der alte Herr hat es jetzt ganz neu geschrieben. Der zweite Band der neuen Auflage handelt von den „Modernen Theorien, 1900—1926"; man findet da wörtliche Zitate aus *Poincarés* Arbeiten, und ich habe auch davon einige im Original eingesehen. Sie zeigen, daß *Poincaré* es schon im Jahre 1899 für sehr wahrscheinlich hielt, daß absolute Bewegung im Prinzip unbeobachtbar ist und daß kein Aether existiert. Er formulierte diese Gedanken etwas genauer, allerdings ohne mathematische Formeln, in einem Vortrag, den er im Jahre 1904 vor einem Kongreß in St. Louis (USA) hielt. Dort sagte er das Kommen einer neuen Mechanik voraus, die dadurch ausgezeichnet ist, daß keine Geschwindigkeit die des Lichts übertreffen kann.

Diese Betrachtungen haben auf *Whittaker* solchen Eindruck gemacht, daß er das entsprechende Kapitel seines Buches „Die Relativitätstheorie von *Poincaré* und *Lorentz*" betitelte. *Einsteins* Leistung erscheint darin von geringerem Gewicht.

Ich habe versucht, mir über diese Frage ein eigenes Urteil zu bilden auf Grund meiner persönlichen Erinnerungen und einiger mir verfügbaren Publikationen.

In den unbeschwerten Jahren vor dem ersten Weltkrieg stand der Göttinger Akademie eine beträchtliche Geldsumme aus der sogenannten *Wolfskehl*-Stiftung zur Verfügung, wonach 100 000 Mark demjenigen als Preis gegeben werden sollten, dem es gelang, den bekannten Großen *Fermat*schen Satz der Zahlentheorie zu beweisen. Hunderte von Briefen und sogar Postkarten kamen jährlich an, die behaupteten, die Lösung zu enthalten, und die Göttinger Mathematiker waren voll beschäftigt, die Fehler zu finden. Das wurde schließlich so lästig, daß man beschloß, das Geld in nutzbringenderer Weise zu verwenden, indem man hervorragende Gelehrte zu Vorlesungen über aktuelle wissenschaftliche Probleme einlud. Einer dieser Vortragskurse wurde vom 22. bis 28. April 1909 von *Henri Poincaré* gehalten und erschien 1910 als Buch im Verlag Teubner. Ich habe an diesen „*Poincaré*-Festspielen", wie wir sie nannten, teilgenommen und mit Hilfe des Buches jetzt meine Erinnerungen wieder aufgefrischt. Die ersten fünf Vorträge behandelten rein mathematische Fragen; der sechste Vortrag hat den Titel „La Mécanique nouvelle". Es ist eine populäre Darstellung der Relativitätstheorie, enthält keine mathematischen Formeln und wenige Hinweise auf andere Autoren. *Einstein* und *Minkowski* werden gar nicht erwähnt; die Namen von *Michelson*, *Abraham* und *Lorentz* erscheinen im Text. Aber die Überlegung *Poincarés* ist genau die, welche *Einstein* in seiner Arbeit von 1905 benutzt hat. Bedeutet das, daß *Poincaré* diese Betrachtungen vor *Einstein* angestellt hatte? Möglich ist das; aber das Merkwürdige ist, daß diese Vorlesung dem Leser den Eindruck gibt, als ob über Arbeiten von *Lorentz* berichtet würde.

Lorentz aber hat seinerseits niemals den Anspruch erhoben, daß er der Entdecker des Relativitätsprinzips sei. In dem auf *Poincarés* Vorträgen folgenden Jahr hatten wir die „*Lorentz*-Festspiele". Ich war damals junger Privatdozent und wurde zum zeitweiligen Assistenten von *Lorentz* ernannt, mit dem Auftrag, die Vorlesungen auszuarbeiten und für die Publikation fertigzumachen. So hatte ich den Vorzug, täglich mit *Lorentz* zu diskutieren. Die Vorträge sind in der Physikalischen Zeitschrift (Bd. 2, 1910, S. 1234) erschienen. Der zweite beginnt mit den Worten: „Das *Einstein*sche Relativitätsprinzip hier in Göttingen zu besprechen, wo *Minkowski* gewirkt hat, erscheint mir eine besonders willkommene Aufgabe." Das genügt wohl zu zeigen, daß *Lorentz* selbst *Einstein* als den Entdecker des Relativitätsprinzips betrachtete. Auf derselben Seite — und auch in den folgenden Abschnitten — finden sich weitere Sätze, die zeigen, wie wenig *Lorentz* geneigt war, die Idee des absoluten Raums und der absoluten Zeit aufzugeben. Als ich *Lorentz* einige Jahre vor seinem Tod besuchte, war seine Skepsis bezüglich der Relativität noch dieselbe.

Ich habe diese alten Geschichten etwas eingehend erzählt, um die Szene der wissenschaftlichen Forschung vor 50 Jahren zu beleuchten, nicht aber, weil ich die Prioritätsfrage für besonders wichtig halte.

Lassen Sie mich nun zu meinem eigenen Ringen mit dem Relativitätsproblem zurückkehren! Nachdem ich meinen Dr. phil. in Göttingen erworben hatte, ging ich 1909 nach Cambridge, um etwas über das Elektron an der Quelle zu lernen. Die Vorlesungen von *J. J. Thomson* waren in der Tat sehr anregend; er zeigte frappante Experimente. Aber *Larmors* theoretische Vorlesung war mir nicht von Nutzen; ich fand seinen irischen Dialekt recht unverständlich, und das, was ich verstand, schien mir nicht auf gleicher Höhe wie *Minkowskis* Gedanken. Ich kehrte dann nach meiner Heimatstadt Breslau zurück, und dort hörte ich endlich den Namen *Einstein* und las seine Abhandlungen. Ich arbeitete damals an einem relativistischen Problem, das durch *Minkowskis* Seminar angeregt war, und erzählte meinen Freunden davon. Einer von diesen, *Stanislas Loria*, ein junger Pole, machte mich auf *Einsteins* Arbeiten aufmerksam, und so studierte ich sie endlich. Obschon ich mit dem Gedanken der Relativität und den *Lorentz*-Transformationen ganz vertraut war, empfand ich *Einsteins* Gedankengang doch als eine Offenbarung.

Viele von Ihnen werden seine Arbeit „Zur Elektrodynamik bewegter Körper" in den Annalen der Physik [(4), Bd. 17, 1905, S. 811] durchgeblättert haben, und einige Besonderheiten werden Ihnen aufgefallen sein. Der erste ins Auge fallende Zug ist, daß die Arbeit keinen einzigen Hinweis auf die Literatur enthält. Man gewinnt dadurch den Eindruck, als ob es sich um etwas völlig Neues handle. Aber das ist, wie ich zu erläutern versucht habe, nicht der Fall. Wir besitzen *Einsteins* eigene Aussage über diesen Punkt. *Carl Seelig*, der ein sehr reizvolles Buch „*Einstein* und die Schweiz" veröffentlicht hat, schrieb an *Einstein* die Frage, welche wissenschaftliche Literatur zu seinen Gedanken über Relativität während seiner Berner Periode beigetragen habe, und erhielt am 19. Februar 1955 eine Antwort, die er in der Technischen Rundschau (Nr. 20, 47. Jahrgang, Bern 6. Mai 1955) abgedruckt hat. *Einstein* schrieb:

„Es ist zweifellos, daß die spezielle Relativitätstheorie, wenn wir ihre Entwicklung rückschauend betrachten, im Jahre 1905 reif zur Entdeckung war. *Lorentz* hatte schon erkannt, daß für die Analyse der *Maxwell*schen Gleichungen, die später nach ihm benannte Transformation wesentlich sei, und *Poincaré* hat diese Erkenntnis noch vertieft. Was mich betrifft, so kannte ich nur *Lorentz'* bedeutendes Werk von 1895 — ‚La théorie électromagnétique de *Maxwell*' und ‚Versuch einer Theorie der elektrischen und optischen Erscheinungen in bewegten Körpern' — aber nicht *Lorentz'* spätere Arbeiten und auch nicht die daran anschließende Untersuchung von *Poincaré*. In diesem Sinne war meine Arbeit von 1905 selbständig.

Was dabei neu war, war die Erkenntnis, daß die Bedeutung der *Lorentz*-Transformation über den Zusammenhang mit den *Maxwell*schen Gleichungen hinausging und das Wesen von Raum und Zeit im allgemeinen betraf. Auch war die Einsicht neu, daß die ‚*Lorentz*-Invarianz' eine allgemeine Bedingung sei für jede Theorie. Das war für mich von besonderer Wichtigkeit, weil ich schon früher erkannt hatte, daß die *Maxwell*sche Theorie die Mikrostruktur der Strahlung nicht darstelle und deshalb nicht allgemein haltbar sei."

Durch diese Briefstelle wird die Lage völlig geklärt. Der letzte Satz derselben ist besonders wichtig. Denn er zeigt, daß die beiden Arbeiten *Einsteins* vom Jahre 1905, die eine über das Relativitätsprinzip, die andere über die Lichtquanten, nicht ohne Zusammenhang sind. Er glaubte schon damals, daß *Maxwells* Gleichungen nur angenähert gelten, daß das tatsächliche Verhalten des Lichts komplizierter ist und mit Hilfe von Lichtquanten (Photonen, wie wir heute sagen) beschrieben werden sollte; daß andererseits das Relativitätsprinzip von allgemeiner Bedeutung sei und auf Überlegungen gegründet werden sollte, die auch dann noch gelten, wenn *Maxwells* Gleichungen aufgegeben und durch eine neue Theorie der Feinstruktur des Lichtes (unsere heutige Quanten-Elektrodynamik) ersetzt werden müßten.

Der zweite eigentümliche Zug dieser ersten Relativitätsarbeit *Einsteins* ist der von ihm gewählte Ausgangspunkt, die empirischen Tatsachen, auf die er die Theorie aufbaut. Diese sind überraschend einfach. Er sagt, daß die übliche Formulierung des Induktionsgesetzes eine Asymmetrie enthält, die künstlich hereingebracht ist und keinen Tatsachen entspricht. Die Beobachtung zeigt, daß der induzierte Strom nur von der Relativbewegung des Leitungsdrahtes und des Magneten abhängt, wogegen die übliche Theorie den Effekt in ganz verschiedener Weise erklärt, je nachdem der Draht ruht und der Magnet sich bewegt oder umgekehrt. *Einstein* schließt daran eine kurze Bemerkung, daß alle Versuche, die Bewegung der Erde durch irdische Experimente festzustellen, fehlgeschlagen sind. Man erhält den Eindruck, daß im Grunde *Michelsons* Experiment gar nicht so wichtig war, und daß *Einstein* sein Relativitätsprinzip unter allen Umständen aufgestellt hätte.

Dieses Prinzip und die Forderung, daß die Lichtgeschwindigkeit konstant, unabhängig vom Bezugssystem ist, sind die einzigen Annahmen, aus denen auf wenigen Seiten die ganze Theorie abgeleitet wird. Der erste Schritt besteht im Nachweis, daß absolute Gleichzeitigkeit zweier Ereignisse an verschiedenen Orten keinen physikalischen Sinn hat. Dann wird relative Gleichzeitigkeit definiert durch die Festsetzung, daß Uhren an verschiedenen Stellen eines bestimmten Bezugssystems so gestellt werden sollen, daß ein Lichtsignal zwischen ihnen die gleiche Zeit zum Hin- und Rückweg braucht. Diese Definition führt sofort zu den *Lorentz*-Transformationen und allem, was aus ihnen folgt: die *Lorentz-FitzGerald*-Kontraktion, die Zeitdilatation, das Additionstheorem der Geschwindigkeiten, das Transformationsgesetz für die Komponenten des elektromagnetischen Feldes im leeren Raum, das *Doppler*sche Prinzip, die Aberration, das Transformationsgesetz der Energie, die Bewegungsgleichungen des Elektrons und die Formeln für die longitudinale und transversale Masse als Funktionen der Geschwindigkeit.

Aber für mich — und viele andere — lag das Aufregende dieser Arbeit nicht so sehr in ihrer Einfachheit und Vollständigkeit, sondern in der Kühnheit, die allgemein angenommene Philosophie *Isaac Newtons*, die traditionellen Begriffe von Raum und Zeit anzugreifen. Das unterscheidet *Einsteins* Leistung von denen seiner Vorläufer und berechtigt uns, von *Einsteins* Relativitätstheorie zu sprechen, trotz *Whittakers* abweichender Meinung.

Einsteins zweite Arbeit über Relativität: „Ist die Trägheit eines Körpers von seinem Energieinhalt abhängig?" [Ann. d. Phys. (4), 18 (1905) S. 639] enthält auf drei Seiten einen Beweis der berühmten Formel $E = mc^2$, welche die Äquivalenz von Energie E und Masse m ausdrückt und von so fundamentaler Bedeutung geworden ist für die Kernphysik, für das Verständnis des Aufbaus der Materie und des Ursprungs der Sternenergie und für die technische Nutzbarmachung der Kernenergie — zum Guten wie zum Bösen. Auch diese Arbeit ist der Gegenstand von Prioritätsstreitereien geworden. Tatsächlich war die Formel in speziellen Fällen schon vorher bekannt; z. B. hatte der österreichische Physiker *F. Hasenöhrl* schon 1904 gezeigt, daß elektromagnetische Strahlung innerhalb eines geschlossenen Gefäßes den Widerstand desselben gegen Beschleunigung, d. h. seine Masse, vergrößert. *Hasenöhrl* fiel im ersten Weltkrieg und konnte sich nicht dagegen wehren, daß sein Name später mißbraucht wurde, um *Einsteins* Leistung herabzusetzen. Doch will ich auf diese anrüchigen Geschichten nicht eingehen. Ich habe die Angelegenheit nur erwähnt, um zu betonen, daß das spezielle Relativitätsprinzip keine Ein-Mann-Entdeckung war. *Einstein* setzte den Schlußstein in ein Gewölbe, das *Lorentz, Poincaré* und andere gemauert hatten und auf das gestützt dann *Minkowski* sein Gebäude errichten konnte. Ich finde es unrecht, diese anderen Männer zu vergessen, wie es in so manchen Büchern geschieht. Selbst *Philipp Franks* vorzügliche Biographie „*Einstein,* sein Leben und seine Zeit", kann von diesem Vergehen nicht freigesprochen werden, z. B. wenn er sagt (in Kap. 3, Nr. 6 der deutschen Ausgabe), daß niemand vor *Einstein* je an eine neue Gestalt der mechanischen Gesetze gedacht habe, in der die Lichtgeschwindigkeit eine bevorzugte Rolle spielt. Sowohl *Lorentz* als auch *Poincaré* hatten diesen Gedanken, und der relativistische Ausdruck für die Masse (der c enthält) wird mit Recht als *Lorentz*sche Formel bezeichnet.

Heute wird diese Formel für so selbstverständlich genommen, daß man sich kaum noch die Bösartigkeit der Streitereien vorstellen kann, die um sie ausgetragen wurden. Im Jahr 1901 hatte *W. Kaufmann* in Göttingen durch eine Untersuchung der magnetischen Ablenkung von schnellen Kathodenstrahlen entdeckt, daß die Masse der Elektronen von ihrer Geschwindigkeit abhängt. *Max Abraham,* dessen Namen ich schon genannt habe, nahm die Herausforderung der Theoretiker an und zeigte, daß die von *J. J. Thomson* eingeführte elektromagnetische Masse, d. h. die Selbstenergie des Eigenfeldes des Elektrons, bei genauerer Rechnung tatsächlich eine Funktion der Geschwindigkeit ist. Dabei setzte er voraus, daß das Elektron eine starre Kugel sei. Doch modifizierte er seine Theorie später in solcher Weise, daß die *Lorentz-FitzGerald*-Kontraktion berücksichtigt wurde, und erhielt dann genau dieselbe Formel, die *Lorentz* schon auf einfachere Weise abgeleitet hatte. Tatsächlich hat die Frage, wie Energie und Masse von der Geschwindigkeit abhängen, gar nichts zu tun mit der Struktur des betrachteten Körpers, sondern beruht auf einer allgemein relativistischen Überlegung. Ehe dies sich klärte, schrieben viele Theoretiker umfangreiche, man möchte fast sagen monströse Arbeiten über die elektromagnetische Selbstenergie des starren Elektrons, so *G. Herglotz, P. Hertz, A. Sommerfeld* u. a. Auch meine erste eigene Untersuchung lag in dieser Richtung; allerdings betrachtete ich das Elektron nicht als starr im klassischen Sinne, sondern gab eine Definition der relativistischen Starrheit durch Verallgemeinerung des *Lorentz*schen Elektrons für beschleunigte Bewegungen. Dabei benutzte ich die Methoden, die ich von *Minkowski* gelernt hatte.

Heute erscheinen alle diese Bemühungen als vergeudet. Durch die Quantentheorie hat die Frage ein ganz anderes Aussehen bekommen, und die Bemühungen sind zur Zeit mehr darauf gerichtet, das Problem der Selbstenergie zu umgehen, als es zu lösen. Aber der Tag wird kommen, wo es wieder im Mittelpunkt der Bühne stehen wird.

Minkowski veröffentlichte seine Arbeit „Die Grundlagen für die elektromagnetischen Vorgänge in bewegten Körpern" im Jahre 1907. Sie enthält eine systematische Darstellung seiner formalen Verschmelzung von Raum und Zeit zu einer vierdimensionalen „Welt" mit einer pseudo-euklidischen Geometrie, für die er eine Vektor- und Tensor-Rechnung entwickelte. Dieser Kalkül wurde mit gewissen Abänderungen bald die allgemein gebrauchte Methode aller relativistischen Untersuchungen. Darüber hinaus enthält *Minkowskis* Arbeit wichtige neue Ergebnisse: ein System von elektromagnetischen Feldgleichungen in bewegter Materie, das gegenüber *Lorentz*-Transformationen exakt invariant ist, nicht nur in erster Näherung, wie *Lorentz'* eigene, ein wenig abweichende Gleichungen; ferner einen neuen Weg zur Ableitung der mechanischen Bewegungsgleichungen.

Anfang 1908 entschloß ich mich, mein Manuskript über das Elektron an *Minkowski* zu senden, und erhielt eine freundliche Antwort. Am 21. September desselben Jahres war ich in Köln unter den Hörern seines berühmten Vortrages „Raum und Zeit", in dem er seine Ideen in populärer Weise den Mitgliedern der Naturforscher-Versammlung auseinandersetzte. Er lud mich ein, nach Göttingen zu kommen und ihm bei weiterer Arbeit zu helfen. Dies geschah; aber nach wenigen Wochen endete unsere Zusammenarbeit durch *Minkowskis* plötzlichen Tod. Mir fiel die Aufgabe zu, seine nachgelassenen Papiere zu sichten, und es gelang mir, eine Arbeit zu rekonstruieren und zu publizieren.

Meine erste Begegnung mit *Einstein* fand im folgenden Jahre, 1909, statt bei der Naturforscher-Versammlung in Salzburg. *Einstein* hielt dort einen Vortrag mit dem Titel „Über die neueren Umwandlungen, welche unsere Anschauungen über die Natur des Lichtes erfahren haben", was offensichtlich die Einführung der Lichtquanten bedeutet. Ich hielt auch einen Vortrag, über „Die Dynamik des Elektrons im System des Relativitätsprinzips". Dies scheint mir amüsant: *Einstein* war bereits über die spezielle Relativitätstheorie hinaus vorgedrungen, die er kleineren Propheten überließ, während er selbst über neue Rätsel grübelte, die mit der Quantentheorie des Lichts zusammenhingen, und natürlich auch über Gravitation und allgemeine Relativität, welche damals allerdings für allgemeine Diskussionen noch nicht reif waren.

Von der Zeit an sah ich *Einstein* gelegentlich bei Kongressen und wechselte einige Briefe mit ihm. Er wurde Professor an der Universität Zürich im Jahr 1909, ging 1910 nach Prag und kehrte 1912 nach Zürich zurück als Professor am Polytechnikum. Schon im nächsten Jahr ging er nach Berlin, wo ihm von der Preußischen Akademie eine besondere Stelle angeboten wurde, die durch *van't Hoffs* Tod frei geworden war und keine spezielle Lehrverpflichtung noch andere Bürden in sich schloß. Diese Einladung war hauptsächlich von *Max Planck* betrieben worden, der sich für die Relativitätstheorie von Anfang an eingesetzt und bedeutende Arbeiten über relativistische Mechanik und Thermodynamik geschrieben hatte. Zwei Jahre später, 1915, wurde auch ich nach Berlin berufen, ebenfalls auf *Plancks* Betreiben, der eine Erleichterung von seinen Lehrverpflichtungen brauchte. Die nächsten vier Jahre gehören zu den denkwürdigsten meines Lebens, nicht etwa weil der erste Weltkrieg tobte mit seinem Gefolge von Sorgen, Aufregungen, Entbehrungen und Demütigungen, sondern weil ich *Planck* und *Einstein* nahe war.

Es war die einzige Zeitspanne, da ich *Einstein* sehr häufig, manchmal fast täglich sah, da ich seine Geistesarbeit beobachten, seine Gedanken über Physik und viele andere Dinge wissenschaftlicher, künstlerischer und menschlicher Art erfahren durfte.

In dieser Zeit gelang ihm die endgültige Formulierung des allgemeinen Relativitätsprinzips. Dies war, anders als die spezielle Theorie, wahrhaft eine Ein-Mann-Leistung. Sie begann mit einer Arbeit, die schon im Dezember 1907 erschien; diese enthält das Prinzip der Äquivalenz von Masse und Energie, den einzigen empirischen Stützpunkt, auf dem dann das ganze gewaltige Gebäude der allgemeinen Relativitätstheorie errichtet wurde.

Als ich vorhin über die empirischen Tatsachen sprach, die *Einstein* 1905 für den Aufbau der speziellen Relativitätstheorie heranzog, sagte ich, daß das Gesetz der elektromagnetischen Induktion *Einstein* offensichtlich mehr den Weg gewiesen hat als *Michelsons* Experiment. Zu der Zeit aber war das Induktionsgesetz etwa 70 Jahre alt – *Faraday* entdeckte es im Jahre 1834 – jedermann wußte, daß der Effekt nur von der Relativbewegung abhängt, aber niemand hatte daran Anstoß genommen, daß die Theorie diesem Umstand nicht Rechnung trug.

Im Falle des Äquivalenzprinzips liegt es ähnlich, nur war die wesentliche empirische Tatsache viel länger bekannt, nämlich etwa 250 Jahre. *Galilei* hatte schon gefunden, daß alle Körper unter der Wirkung der irdischen Schwerkraft sich mit der gleichen Beschleunigung bewegen, und *Newton* hatte das sinngemäß für die gegenseitige Gravitationsanziehung der Himmelskörper verallgemeinert. Diese, durch genaue Pendelmessungen bestätigte Tatsache, daß träge und schwere Masse gleich sind, wurde als besondere Eigenschaft der *Newton*schen Schwerkraft angesehen, und niemand scheint sich darüber den Kopf zerbrochen zu haben.

Das spezielle Relativitätsprinzip hatte die Vorzugsstellung der Inertialsysteme der *Newton*schen Mechanik auf alle physikalischen Erscheinungen erweitert; absolute Bewegung war nicht feststellbar, soweit keine Beschleunigungen vorkommen. Aber die Trägheitswirkungen wie Zentrifugalkräfte und analoge elektromagnetische Effekte, die in beschleunigten, z. B. rotierenden Systemen auftreten, konnten nur mit Hilfe des absoluten Raums beschrieben werden. Das schien *Einstein* unerträglich. Beim Grübeln darüber bemerkte er, daß wegen der Gleichheit von träger und schwerer Masse ein Beobachter in einem geschlossenen Kasten nicht entscheiden kann, ob eine nicht gleichförmige Bewegung eines Körpers in dem Kasten herrührt von einer Beschleunigung des ganzen Kastens oder von einem äußeren Schwerefelde. Das gab ihm den Schlüssel zur allgemeinen Relativität. *Einstein* postulierte, daß diese Äquivalenz als allgemeines Prinzip für alle Naturvorgänge gelten solle, nicht nur für mechanische Bewegungen. So kam er 1911 zu der Folgerung, daß ein Lichtstrahl im Schwerefeld gekrümmt sein müsse; und sogleich regte er an, daß seine einfache Ablenkungsformel experimentell geprüft werden sollte durch die Beobachtung der Örter von Fixsternen nahe dem Sonnenrande während einer totalen Sonnenfinsternis.

Die tatsächliche Durchführung der Theorie war eine gewaltige Aufgabe, denn er benötigte einen Zweig der Mathematik, der den Physikern gar nicht geläufig war. Einige Physiker der konservativen Richtung, *Abraham, Mie, Nordström* und andere, versuchten auf Grund des *Einstein*schen Äquivalenzprinzips eine skalare Theorie des Gravitationsfeldes zu entwickeln, ohne rechten Erfolg. *Einstein* war es allein, der das richtige mathematische

Handwerkszeug in der *Riemann*schen Geometrie und ihrer Weiterentwicklung durch *Ricci* und *Levi-Cività* entdeckte, und er fand in seinem alten Freunde *Marcel Grossmann* einen fähigen Mitarbeiter. Aber die Arbeit erforderte mehrere Jahre und fand erst 1915 einen gewissen Abschluß.

Ich erinnere mich, daß auf meiner Hochzeitsreise im Jahre 1913 ein paar Sonderabdrucke von *Einsteins* Arbeiten in meinem Gepäck lagen, die mich oft stundenlang beschäftigten, recht zum Ärger meiner jungen Frau. Ich fand diese Arbeiten fesselnd und aufregend, aber schwierig, fast zum Fürchten. Als ich dann *Einstein* 1915 in Berlin begegnete, war die Theorie weit fortgeschritten bis zu ihrem Höhepunkte, der Erklärung der Anomalie der Perihelbewegung des Merkur, die *Leverrier* entdeckt hatte. Ich lernte sie nicht nur aus den Veröffentlichungen, sondern aus vielen Gesprächen mit *Einstein* — mit der Wirkung, daß ich den Entschluß faßte, niemals zu versuchen, auf diesem Gebiete zu arbeiten. Die Aufstellung der allgemeinen Relativitätstheorie erschien mir damals und erscheint mir auch heute noch als die größte Leistung menschlichen Denkens über die Natur, die erstaunlichste Vereinigung von philosophischer Tiefe, physikalischer Intuition und mathematischer Kunst. Aber sie hatte damals wenig Zusammenhang mit empirischen Tatsachen. Sie zog mich an wie ein Kunstwerk, an dem man sich ergötzt und das man bewundert — aus gehöriger Entfernung.

Gemäß der Auslegung, die ich dem Titel dieses Vortrages gegeben habe, werde ich mich nicht einlassen in eine ausführliche Diskussion der experimentellen Bestätigungen der speziellen und allgemeinen Theorie; mir fehlt die Sachkenntnis, mit der andere während dieses Kongresses diese Fragen erörtert haben. Ich will nur gerade die wichtigsten Ereignisse erwähnen.

An erster Stelle nenne ich *Sommerfelds* relativistische Theorie der Feinstruktur der *Balmer*-Linien des Wasserstoffspektrums von 1915. Sie beruht auf der mathematischen Tatsache, daß die Veränderlichkeit der Masse mit der Geschwindigkeit eine Präzession des Perihels der *Kepler*ellipsen erzeugt. Es ist ganz interessant, daß schon *Poincaré* diesen Effekt ins Auge gefaßt hat. Er stellte die Frage, ob man damit *Leverriers* Anomalie der Merkurbewegung erklären könnte; eine Bemerkung darüber findet sich in dem Göttinger Vortrag von *Poincaré,* den ich vorhin erwähnt habe. Das Ergebnis war natürlich negativ, da die Geschwindigkeit des Merkur viel zu klein ist im Verhältnis zur Lichtgeschwindigkeit. Für die Bewegung des Elektrons um das Proton liegt es anders, und die Kombination der Perihelbewegung mit den Quantenbedingungen von *Bohr* und *Sommerfeld* führte zur Erklärung der Aufspaltung der *Balmer*-Linien.

Die moderne Form der Theorie des Wasserstoffspektrums nahm ihren Ausgang von *Diracs* relativistischer Wellengleichung und ist heute ein Glanzstück der raffinierten Quantenelektrodynamik.

Ich erwähne weiter die elementare Theorie des *Compton*-Effekts, die auf einer eigenartigen Verbindung von *Einsteins* Ideen der Lichtquanten und der Relativität beruht.

Die Zeitdilation wurde direkt bestätigt durch die Beobachtung des transversalen *Doppler*effekts an Wasserstoff-Kanalstrahlen (zuerst 1938 durch *Ives* und *Stievell* und dann mit größerer Genauigkeit 1939 durch *Rüchardt* und *Otting*). Sie spielt auch eine wichtige Rolle in der modernen Erforschung der kosmischen Strahlung, wo die beobachteten Lebenszeiten von Mesonen infolge der hohen Geschwindigkeiten 100mal länger sein können als im Ruhsystem der Teilchen.

Heute ist die Anwendung der speziellen Relativitätstheorie eine Selbstverständlichkeit; die gesamte Atomphysik ist damit so durchtränkt, daß es ganz sinnlos wäre, besondere Erscheinungen als Bestätigung der *Einstein*schen Lehre herauszugreifen.

In der allgemeinen Relativitätstheorie liegt es anders; alle drei Haupteffekte, die *Einstein* vorhergesagt hat, existieren, aber die Frage der quantitativen Übereinstimmung zwischen Theorie und Beobachtung wird immer noch diskutiert. Die eigentliche Bedeutung der allgemeinen Relativitätstheorie beruht jedoch auf der Umwälzung, die sie in der Kosmologie hervorgerufen hat. Das begann im Jahre 1917 mit einer Arbeit von *Einstein,* in der er seine Feldgleichungen durch Hinzufügung des sogenannten kosmologischen Gliedes verallgemeinerte und zeigte, daß dann eine Lösung existiert, die eine geschlossene Welt darstellt. Dieser Vorschlag, daß der Raum endlich und doch ohne Grenzen sein mag, ist einer der kühnsten Gedanken über die Natur des Kosmos, der je ausgesprochen worden ist. Er löste das Rätsel, warum das Sternensystem sich nicht im Laufe der Zeit zerstreut und verdünnt, was geschehen müßte, wenn der Raum unendlich wäre; es brachte einen physikalischen Sinn in das *Mach*sche Prinzip, wonach das Trägheitsgesetz nicht als Wirkung des leeren Raums, sondern des Systems der Sterne gedeutet werden sollte, und es eröffnete den Weg zum Verständnis der Tatsache, daß das Sternsystem sich ausdehnt. Hier kommt die allgemeine Relativitätstheorie wieder in unmittelbare Berührung mit der Beobachtung, den von *Shapley, Hubble* und anderen gefundenen empirischen Tatsachen. Heute ist die Kosmologie eine umfangreiche Wissenschaft mit zahllosen Abhandlungen und Büchern, von denen ich nur sehr wenig weiß. Darum muß ich gerade *die* Auswirkungen von *Einsteins* Gedanken unberücksichtigt lassen, die man wohl als seine größte Leistung betrachten muß.

Statt dessen möchte ich Ihnen noch ein wenig von meinen persönlichen Beziehungen zu *Einstein* in jenen vergangenen Tagen erzählen und von der Meinungsverschiedenheit über die letzten Prinzipien der Physik, die sich schließlich zwischen uns herausbildete.

Unsere Diskussionen in Berlin erstreckten sich weit hinaus in Gebiete jenseits des Relativitätsproblems, ja jenseits der Physik. Da der erste Weltkrieg draußen tobte, spielte Politik natürlich eine beträchtliche Rolle. Aber so gern ich auch über diese Unterhaltungen etwas erzählte, so muß ich mich doch auf Physik beschränken.

Einstein arbeitete zu der Zeit mit *de Haas* an Experimenten über den sogenannten gyromagnetischen Effekt; sie bewiesen die Existenz der *Ampère*schen Molekularströme. Er war auch sehr interessiert an der Quantentheorie und beunruhigt über die darin zutage tretenden Paradoxien.

Im Jahre 1919 wurde ich *von Laues* Nachfolger in Frankfurt, und der nahe Umgang mit *Einstein* war zu Ende. Aber wir besuchten uns oft und führten einen lebhaften Briefwechsel, von dem ich Ihnen ein paar Beispiele geben werde. Es war die Zeit, da *Einstein* plötzlich eine Weltberühmtheit wurde und seine Theorie wie seine Persönlichkeit der Gegenstand fanatischen Parteistreites.

Kurz vor Kriegsausbruch war eine deutsche Expedition nach Rußland aufgebrochen, um *Einsteins* Vorhersage der Lichtablenkung durch die Sonne bei einer totalen Finsternis zu prüfen; der Ausbruch der Feindseligkeiten machte dem Unternehmen ein Ende, und die deutschen Astronomen gerieten in russische Gefangenschaft. Dann nach dem Ende des Krieges wurden zwei britische Expeditionen unter der Leitung Sir *Arthur Eddingtons* ausgesandt, und diese hatten Erfolg. Es ist ganz unmöglich, den Aufruhr zu beschreiben, den dies Ereignis in der ganzen Welt hervorrief. *Einstein* wurde mit einem Schlage die berühmteste und populärste Figur, der Mann, der die Mauer des Hasses durchbrochen und die Naturforscher zu einem gemeinsamen Unternehmen verbunden hatte, der Mann, der *Isaac Newtons* Weltsystem durch ein neues, besseres ersetzt hatte. Aber zu gleicher Zeit wuchs eine Gegenbewegung, die sich schon während meiner Berliner Zeit gezeigt hatte, unter der Führung von *Philipp Lenard* und *Johannes Stark*. Sie stützte sich auf eine höchst absurde Mischung von wissenschaftlichem Konservatismus und Vorurteilen mit rassischen und politischen Gefühlsmomenten, die sich gegen *Einsteins* jüdische Abstammung und seine pazifistische, antimilitaristische Gesinnung richteten. Hier gebe ich Ihnen ein paar Beispiele aus Briefen *Einsteins;* einer, datiert 4. Juni 1919, beginnt mit Physik: „... Die Quantentheorie löst bei mir ganz ähnliche Empfindungen aus wie bei Ihnen. Man müßte sich eigentlich der Erfolge schämen, weil sie nach dem jesuitischen Grundsatz gewonnen sind: Die eine Hand darf nicht wissen, was die andere tut ..."

und fährt dann fort über Politik zu sprechen:

„... Darf ein hartgesottener X-Bruder und Determinist mit tränenfeuchtem Auge sagen, daß er den Glauben an die Menschen verloren hat? Gerade das triebhafte Verhalten der Menschen von heute in politischen Dingen ist geeignet, den Glauben an den Determinismus recht lebendig zu machen ..."

Man sieht, daß seine deterministische Philosophie, die später eine Scheidung zwischen ihm und der Mehrzahl der Physiker hervorbrachte, sich nicht auf wissenschaftliche Dinge beschränkte, sondern auch auf menschliche Fragen angewandt wurde.

Zu der Zeit begann die Inflation in Deutschland eine ernsthafte Gefahr zu werden. In meinem Institut waren *Stern* und *Gerlach* mit den Vorbereitungen ihrer bekannten Experimente beschäftigt, aber sehr behindert durch Geldmangel. Ich beschloß, eine Reihe populärer Vorlesungen über Relativitätstheorie zu halten und Eintrittsgeld zu erheben, um so das allgemeine Verlangen nach Aufklärung über diesen Gegenstand zur Finanzierung unserer Forschungen auszunutzen. Es wurde ein großer Erfolg, die Vorträge waren ausverkauft, und als ich sie später als Buch herausgab, wurden drei Auflagen rasch verkauft. *Einstein* war von meinen Bemühungen so angetan, daß er mir in einem Briefe vom 9. November 1919 das „Du" anbot; derselbe Brief enthält auch Vorschläge, wie die Juden auf die antisemitische Hetze reagieren sollten:

„Also von jetzt ab soll Du gesagt werden unter uns, wenn Du es erlaubst ... Ich würde es für vernünftig halten, wenn die Juden selbst Geld sammelten, um jüdischen Forschern außerhalb der Universitäten Unterstützung und Lehrgelegenheit zu bieten ..."

In der Frankfurter Zeitung erschienen Angriffe wohlbekannter Naturforscher und Philosophen gegen *Einstein*, die mich ärgerten und in Kampfstimmung versetzten. Ich antwortete in ein paar recht saftigen Artikeln. *Einstein* scheint sich über meine journalistischen Taten amüsiert zu haben. Am 9. Dezember 1919 schrieb er: „Dein ausgezeichneter Artikel in der Frankfurter Zeitung hat mich sehr gefreut. Nun aber wirst Du, gerade wie ich, wenn auch in schwächerem Maßstab, von Presse und sonstigem Gelichter verfolgt. Bei mir ist es so arg, daß ich kaum mehr schnaufen, geschweige zu vernünftiger Arbeit kommen kann..."

Und etwa ein Jahr später, am 9. September 1920:

„... Wie dem Mann im Märchen alles zu Gold wurde, was er berührt, so wird bei mir alles zum Zeitungsgeschrei. Suum cuique..."

Wer sich für diese Zeit interessiert, da die ganze Welt außer Rand und Band geriet über eine physikalische Theorie, die keiner verstand, und die Leute in allen Ländern für und gegen *Einstein* Partei nahmen, sei auf den ausgezeichneten Bericht in dem schon zitierten Buche von *Philipp Frank* verwiesen.

Allmählich gewannen aber wieder wissenschaftliche Fragen den ihm zukommenden Platz in unserem Briefwechsel. Ich möchte eine Stelle aus einem Briefe desselben Jahres (3. März 1920) anführen:

„Ich brüte in meiner freien Zeit immer über dem Quantenproblem vom Standpunkte der Relativität. Ich glaube nicht, daß die Theorie das Kontinuum wird entbehren können. Es will mir aber nicht gelingen, meiner Lieblingsidee, die Quantentheorie aus einer Überbestimmung durch Differentialgleichungen zu verstehen, greifbare Gestalt zu geben..."

Bereits zu dieser Zeit erörterten wir die Frage, ob die Quantentheorie mit der Kausalität vereinbar sei. Ich zitiere einen Satz aus einem Briefe von *Einstein* vom 27. Januar 1920:

„... Das mit der Kausalität plagt mich auch viel. Ist die quantenhafte Licht-Absorption und -Emission wohl jemals im Sinne der vollständigen Kausalitätsforderung erfaßbar oder bleibt ein statistischer Rest? Ich muß gestehen, daß mir der Mut einer Überzeugung fehlt. Ich verzichte aber sehr, sehr ungern auf vollständige Kausalität..."

Von der Zeit an begannen sich unsere wissenschaftlichen Wege immer mehr zu trennen. Ich kam nach Göttingen und in Berührung mit *Niels Bohr, Pauli* und *Heisenberg*. Als im Jahre 1926 die Quantenmechanik entstand, hoffte ich natürlich auf *Einsteins* Zustimmung, wurde aber enttäuscht. Hier eine Stelle aus einem seiner Briefe vom 12. Dezember 1926:

„... Die Quantenmechanik ist sehr achtunggebietend. Aber eine innere Stimme sagt mir, daß das noch nicht der wahre Jakob ist. Die Theorie liefert viel, aber dem Geheimnis des Alten bringt sie uns kaum näher. Jedenfalls bin ich überzeugt, daß der nicht würfelt ... Ich plage mich damit herum, die Bewegungsgleichungen von als Singularitäten aufgefaßten materiellen Punkten aus den Differentialgleichungen der allgemeinen Relativität abzuleiten."

Der letzte Satz bezieht sich auf eine Untersuchung, die erst viel später in Princeton vollendet wurde, und zwar in Zusammenarbeit mit *Benesh Hoffmann* und *Leopold Infeld*. Es ist wohl *Einsteins* letzter großer Beitrag zur allgemeinen Relativitätstheorie. Die in der ursprünglichen Theorie gemachte Annahme, daß ein freies Masseteilchen (z. B. ein Himmelskörper) sich längs einer geodätischen Linie bewegt, stellt sich als unnötig heraus; sie kann aus den Feldgleichungen durch ein subtiles Verfahren sukzessiver Annäherungen abgeleitet werden. Diese tiefen und schwierigen Untersuchungen sind dann von *Fock* und *Infeld* weiter vervollkommnet worden.

Der erste Teil des eben zitierten Briefes bezieht sich auf *Einsteins* Weigerung, statistische Gesetze in der Physik als endgültig anzusehen. Er gebraucht hier das Bild vom „würfelnden Gott", das er später immer wieder in Diskussionen und Briefen verwendet hat.

Während seiner letzten Lebensperiode in Princeton konzentrierte *Einstein* all seinen Scharfsinn und seine Kräfte auf eine neue Grundlegung der Physik, die im Einklang sein sollte mit seinen philosophischen Grundüberzeugungen, nämlich daß es möglich sein muß, die Welt als eine vom beobachtenden Subjekt unabhängige Realität vorzustellen, und daß die Gesetze in dieser objektiven Welt streng kausal (im Sinne von deterministisch) sind. Das war das Ziel, das er mit seinen vereinheitlichten Feldtheorien verfolgte, von denen er verschiedene Versionen veröffentlichte, immer in der Hoffnung, daß die Quantenerscheinungen sich am Ende als Folgerungen seiner Feldgleichungen herausstellen würden.

Ich kann nichts über diese Versuche sagen, weil ich von Anfang an am Erfolg zweifelte und mich daher nie entschließen konnte, die schwierigen Überlegungen sorgfältig zu studieren. Ich denke, daß die Quantenmechanik die ursprünglichen *Einstein*schen Lehren, die ihn zu großem Erfolg geführt haben, genauer befolgt als er selbst in seinem letzten Lebensabschnitt.

Was sind diese Lehren? Er selbst hat wiederholt gesagt, daß er viel davon *Ernst Mach* verdanke, und darum haben die Positivisten ihn als einen der Ihren beansprucht. Ich glaube nicht, daß dies berechtigt ist, wenn Positivismus die Lehre bedeutet, nach der der Zweck der Wissenschaft die Beschreibung von Abhängigkeiten zwischen Sinneswahrnehmungen ist. *Einsteins* leitende Idee war einfach diese: daß etwas, was man zwar denken und wovon man einen Begriff formen, aber das nach seinem eigenen Wesen keiner experimentellen Prüfung unterzogen werden kann (wie Gleichzeitigkeit von Ereignissen an verschiedenen Orten), keinen physikalischen Sinn hat.

Die Quanteneffekte zeigen, daß dies für viele Begriffe der Atomphysik zutrifft, aber *Einstein* weigerte sich, sein Kriterium auf diese Fälle anzuwenden. So verwarf er die übliche Interpretation der Quantenmechanik, obwohl diese seiner allgemeinen Lehre durchaus entspricht, und ging einen ganz anderen, von jeder Erfahrung gelösten Weg. Er hatte seinen größten Erfolg erzielt, indem er sich auf *eine* empirische Tatsache stützte, die jeder Schuljunge lernt. Nun versuchte er sein Heil in reinem Denken ohne alle Tatsachen. Er hatte Vertrauen in die Kraft der Vernunft, die Gesetze zu erraten, nach denen Gott die Welt geschaffen hat. In dieser Überzeugung war er nicht allein. Einer ihrer hervorragendsten Vertreter war *Eddington*, hauptsächlich in seinen späteren Arbeiten und Büchern. Im Jahre 1943 veröffentlichte ich ein Büchlein mit dem Titel „Experiment and Theory in Physics" (Cambridge University Press), in dem ich versuchte die Lage zu analysieren und *Eddingtons* Behauptungen zurückzuweisen. Ich schickte ein Exemplar an *Einstein* und erhielt eine sehr interessante Antwort, welche mir aber leider verlorengegangen ist; doch erinnere ich mich an einen Satz, der etwa so lautete: „Deine Kapuzinerpredigt gegen die Hegelei ist ganz amüsant, aber ich lasse mich nicht von meinen Bemühungen abbringen, Gottes Wege zu erraten." Ein Mann von *Einsteins* Größe, der so Gewaltiges durch Denken erreicht hat, hat das Recht, die Methode des a priori bis zum Äußersten zu treiben. Die physikalische Forschung ist ihm aber nicht gefolgt; sie hat weiter empirisches Material aufgehäuft und es in einer Weise gedeutet, die *Einstein* durchaus zuwider war. Für ihn war ein Potential oder eine Feldkomponente ein wirkliches Objekt der Natur, das sich nach bestimmten deterministischen Gesetzen ändert. Die heutige Physik operiert mit Funktionen, die zwar in ihrem mathematischen Verhalten klassischen Potentialen ähnlich sind, aber keine reellen Dinge darstellen, sondern dazu dienen, die Wahrscheinlichkeit für das Auftreten reeller Dinge zu bestimmen, seien diese nun Teilchen oder elektromagnetische Potentiale oder andere physikalische Objekte. *Einstein* bemühte sich sehr, innere Widersprüche in dieser Theorie mit Hilfe von raffinierten Beispielen und Modellen aufzudecken. *Niels Bohr* hat sich große Mühe gegeben, diese Angriffe abzuschlagen; er hat über seine Unterhaltungen mit *Einstein* einen fesselnden Bericht veröffentlicht in dem Buche „*Einstein,* Philosopher – Scientist" (siehe den Aufsatz „Einsteins statistische Theorien", S. 85 dieses Buches).

Ich habe *Einstein* zum letzten Male etwa im Jahre 1930 gesehen, und obwohl unser Briefwechsel nicht abbrach, fühle ich mich nicht zuständig, über die letzte Phase von *Einsteins* Leben und Arbeit zu sprechen. Ich hoffe, daß Professor *Pauli* uns etwas davon erzählen wird. Ich beschließe meinen Vortrag mit der Bitte, seine Länge zu entschuldigen. Aber meine Freundschaft mit *Einstein* war eines meiner größten Erlebnisse und „Ex abundantia enim cordis os loquitur", oder nach *Martin Luther:* „Wes das Herz voll ist, des läuft der Mund über."

16 Entwicklung und Wesen des Atomzeitalters*)

Der Herr Landesbischof D. *Lilje* hat mir die große Ehre erwiesen, mich einzuladen, zu Ihnen über das Atomzeitalter zu sprechen, seine Entwicklung und sein Wesen. Damit ist, wie ich glaube, nicht gemeint, daß ich Ihnen einen Vortrag über die physikalischen Entdeckungen und deren technische Anwendungen halten soll, sondern daß ich den Versuch machen soll, die Entwicklung und Auswirkung dieser Entdeckungen im Rahmen der menschlichen Geschichte darzustellen. Ein Naturforscher aber hat wenig Zeit für geschichtliche Studien. Andererseits habe ich in meinem Leben von über 70 Jahren einen Ausschnitt der modernen Geschichte mitgemacht und über sie nachgedacht. Auch habe ich allerlei Bücher gelesen oder wenigstens durchflogen, die mir bei diesem Unternehmen helfen können. So erinnere ich mich aus meiner Jugend an *Spenglers* „Untergang des Abendlandes". Ich habe auch etwas in *Arnold Toynbees* Riesenwerk gestöbert und einige Punkte mit ihm selbst diskutiert, als wir einmal in Edinburgh zusammentrafen. Ich nenne diese beiden Namen zusammen, weil sie den Standpunkt vertreten, daß es in der menschlichen Geschichte Regelmäßigkeiten, Gesetzmäßigkeiten gibt, die man durch vergleichendes Studium verschiedener Völkergruppen und Zivilisationen herausfinden kann. Auf der andern Seite beruht das, was ich von der europäischen Geschichte weiß, im wesentlichen auf der Lektüre von *H. A. L. Fishers* „European History", einem Buch von wunderbarer Knappheit und Eindringlichkeit. *Fisher* aber sagt in seiner Einleitung: „E i n e intellektuelle Befriedigung ist mir versagt. Männer, die klüger und gelehrter sind als ich, haben in der Geschichte ein Thema, einen Rhythmus, eine vorbestimmte Ordnung entdeckt. Diese Harmonien haben sich mir nicht enthüllt. Ich sehe nur, daß eine Bedrängnis der andern folgt, wie Welle auf Welle heranrollt; ich sehe nur einen gewaltigen Tatbestand, auf den man keine allgemeinen Schlüsse gründen kann, weil er einmalig ist. Ich finde nur e i n e verläßliche Regel für den Geschichtsschreiber: Daß er im Ablauf der menschlichen Geschichte das Spiel des Zufalls und des Unvorhersehbaren sehen soll. Das ist keine zynische Lehre, kein Ausdruck der Verzweiflung. Die Tatsache des Fortschritts ist klar und groß eingeschrieben auf die Seiten der Geschichte; aber Fortschritt ist kein Natur-

---

*) Vortrag gehalten bei einer Journalistentagung in der Evangelischen Akademie Loccum am 21. Juni 1955. Veröffentlicht in „Merkur", 1955, S. 3.

gesetz. Der Boden, den eine Generation gewonnen hat, mag von der nächsten verloren werden; die Gedanken der Menschen mögen sich in Bahnen bewegen, die zu Unheil und Barbarei führen."

Es gibt also zwei historische Schulen, von denen die eine an einen gesetzmäßigen, sinnvollen Ablauf glaubt, die andere ihn leugnet.

Als Naturforscher bin ich daran gewöhnt, in den Vorgängen Gesetze zu suchen und zu finden. Ich bitte daher um Ihre Nachsicht, wenn ich auch das mir gestellte Problem von diesem Standpunkt aus betrachte, allerdings in ganz anderer Weise, als es die zitierten Historiker tun.

Der Anbruch eines neuen Zeitalters in der Geschichte, z. B. der Übergang vom Altertum zum Mittelalter, wird offensichtlich von denen, die ihn erleben, keineswegs als solcher anerkannt und gefühlt. Alles geht kontinuierlich weiter, das Leben des Sohnes ist nicht gar verschieden von dem des Vaters. Erst die Geschichtsschreiber haben Einteilungen und Abschnitte erfunden, um sich in dem Wirrsal der Ereignisse besser zurechtzufinden. Selbst der Anbruch des naturwissenschaftlich-industriellen Zeitalters, in dem wir aufgewachsen sind, war ein langsamer Prozeß, der sich über 100 Jahre erstreckte und den Menschen dieser Zeit kaum bewußt war. Heute scheint das anders zu sein. Innerhalb weniger Jahre ist etwas Neues gekommen, das unser Dasein umgestaltet. Dies Neue schließt zugleich eine fürchterliche Drohung und eine strahlende Hoffnung in sich ein: die Drohung der Selbstvernichtung der Menschheit, die Hoffnung auf ein „Paradies auf Erden". Und dies ist keine Verkündung religiöser Propheten oder philosophischer Seher, sondern wir stehen hier vor den beiden Möglichkeiten, die von der nüchternsten Naturforschung den Menschen zur Wahl gestellt werden. Die Drohung der Vernichtung insbesondere ist mit grausigen Beispielen belegt — Hiroshima und Nagasaki —, die eigentlich genügen sollten. Ich will aber gleich von Anfang an sagen, daß die dabei benützten Atombomben Kinderspiel waren im Vergleich mit den inzwischen entwickelten sogenannten thermo-nuklearen Waffen. Ich selbst habe mich an der Entwicklung dieses Kapitels der Physik, der Kernphysik, in keiner Weise beteiligt, aber ich weiß genug davon, um zu sagen, daß es sich nicht um eine einfache Multiplikation der Zerstörungskraft handelt, wobei eine große Anzahl Unglücklicher getroffen wird, aber viel mehr Glücklichere verschont bleiben, sondern um etwas Durchgreifenderes. Schon jetzt ist wahrscheinlich der Vorrat von A- und H-Bomben in den Vereinigten Staaten und Rußland ausreichend, um sämtliche größeren Städte beider Länder gegenseitig zu vernichten und vermutlich dazu alle übrigen Kulturzentren, da ja fast alle Länder einem der beiden Machtblöcke angegliedert sind. Aber weit Schlimmeres ist in Vorbereitung — vermutlich sogar schon fertig zur Anwendung; wie z. B. die Kobaltbombe, bei der ein radioaktiver Staub entsteht, der sich über weite Gebiete verbreitet und auf Jahre hinaus alles

Leben in diesen Gebieten tötet. *Otto Hahn,* dessen Entdeckung der Uranspaltung — ohne sein Zutun und sehr gegen seinen Willen — der Ausgangspunkt dieser Entwicklung wurde, hat kürzlich in einem Radiovortrag die Lage ohne Beschönigung geschildert, und ich brauche dem nichts hinzuzufügen. Er hat dann auch die nützlichen Anwendungen der Kernphysik erwähnt, die Erzeugung von Energie, die Herstellung radioaktiver Isotope für den Gebrauch in Medizin und Technik usw. Diese können in der Tat einmal in der Zukunft ein Segen werden, aber eben nur, wenn diese Zukunft existiert. Wir stehen vor einem Scheidewege, wie ihn die Menschheit auf ihrer Wanderung noch niemals angetroffen hat.

Dieses „Sein oder Nichtsein" ist aber nur das Symptom eines Stadiums der geistigen Entwicklung. Wir müssen fragen: Was ist die tiefere Ursache des Dilemmas, in das die Menschheit geraten ist?

Die fundamentale Tatsache ist die Entdeckung, daß die Materie, aus der wir und alle Dinge bestehen, nicht fest und unzerstörbar ist, sondern instabil, ein Explosivstoff. Wir sitzen alle im wahren Sinne des Wortes auf einem Pulverfaß; das hat allerdings ziemlich dicke Wände, und wir brauchten ein paar Jahrtausende, um ein Loch hineinzubohren. Jetzt aber sind wir gerade durch und können uns ohne Beschwer mit einem Streichholz in die Luft sprengen.

Diese bedrohliche Situation ist einfach eine Tatsache. Ich werde auf den Tatbestand nachher zurückkommen und ihn mit etwas gelehrteren Ausdrücken beschreiben. Zunächst aber liegt mir die Frage am Herzen: Konnten wir nicht das Faß in Ruhe lassen und friedlich auf ihm sitzen, ohne von seinem Inhalt etwas zu ahnen? Oder, unter Verzicht auf die Parabel: Konnte die Menschheit nicht dahinleben, ohne das Wesen der Materie zu ergründen und dadurch die Gefahr der Selbstzerstörung heraufzubeschwören? Das ist ein geschichtsphilosophisches Problem, aber lassen Sie es mich, wie ich eingangs sagte, mit der Denkweise des Naturforschers anfassen.

Dann stellt sich die Sache so dar: Der Mensch wird oft definiert als das denkende Tier. Sein Aufstieg beruht auf der Fähigkeit, Erfahrung zu sammeln und danach zu handeln. Einzelne Individuen oder Gruppen von solchen zeigen den Weg, die andern folgen und lernen. Durch Jahrtausende vollzog sich dieser Prozeß anonym; wir wissen nichts von den Männern der Urzeit, die die ersten Waffen und Werkzeuge erfanden, Viehzucht und Ackerbau erlernten, die Sprachen entwickelten. Aber wir können wohl sicher sein, daß es ein ewiger Kampf zwischen den wenigen Neuerern und der konservativen Menge war, wie wir ihn beobachten, seit es eine schriftliche Überlieferung gibt. Die gesamte Zahl der Menschen ist groß, und sie wächst mit jeder Verbesserung der Lebensbedingungen. Wenn der Prozentsatz der Begabten ungefähr der gleiche bleibt, so wächst ihre Zahl im selben Verhältnis wie die Gesamtzahl der Menschen; zugleich wächst auch mit jeder technischen Erfindung die Möglichkeit neuer Kombinationen. Man hat also eine Lage wie bei der Zinseszins-Rechnung: Wenn die Zinsen zum Kapital geschlagen werden, wächst dieses an, also auch die nächsten Zinsen und somit wieder das Kapital ad infinitum. Man hat, was die Mathematiker einen exponentiellen Anstieg nennen. Dies ist natürlich nur richtig im groben Mittel; es ist ein statistisches Gesetz. Ich bin überzeugt, daß die Gesetze der Statistik in der Geschichte genau so gelten wie beim Roulette, in der Atomphysik, der Stellar-Astronomie, der Vererbungslehre usw., nämlich immer dann, wenn es sich um große Zahlen handelt. Das ist wohl, was *Fisher* vorschwebte, als er den zitierten Satz schrieb: „Die Tatsache des Fortschritts ist klar und groß eingeschrieben auf die Seiten der Geschichte." Sein Zusatz: „Aber Fortschritt ist kein Naturgesetz" scheint mir jedoch auf einer veralteten Vorstellung vom Wesen der Naturgesetze zu bestehen, nämlich — daß diese streng kausal-deterministisch und ausnahmslos gültig sind. Wir wissen heute, daß die meisten Naturgesetze statistischen Charakter haben und wohl Ausnahmen zulassen; wir Physiker sprechen von Schwankungen. Auch die Größe der Schwankungsabweichungen folgt wieder bestimmten statistischen Regeln. Mir scheint, daß die gewöhnliche Geschichte es in der Hauptsache mit diesen Schwankungen zu tun hat, die chaotisch und sinnlos scheinen. (Vielleicht sind aber *Toynbees* Betrachtungen ein Versuch, Regelmäßigkeiten in den Schwankungen zu erkennen.) Wie dem auch sein mag, ein Schluß aus dieser Überlegung scheint mir unabweislich: Der Prozeß des Erkennens und der Anwendung des Erforschten ist völlig unaufhaltsam.

Betrachtet man allerdings nur einen beschränkten Raum in einer beschränkten Zeit, etwa eine Nation oder eine Gruppe von Völkern in einer Periode von ein paar hundert Jahren, so mag nichts davon sichtbar sein, oft sogar der Verlust des Erreichten und Rückgang; aber dafür wird sich das Wesen des Menschengeistes dann irgendwo anders in der Welt früher oder später positiv manifestieren. Lassen Sie mich dies mit ein paar historischen Erinnerungen belegen. Der entscheidendste Schritt auf dem Wege zur Atomphysik liegt wohl etwa 2500 Jahre zurück; ich meine die Grübeleien der griechischen Naturphilosophen, *Thales, Anaximander, Anaximenes* und der Atomisten *Leukippos* und *Demokritos*. Sie waren die ersten, die begannen, über die Natur nachzudenken, ohne einen unmittelbaren, materiellen Vorteil davon zu erwarten, aus reinem Wissensdurst. Sie postulierten die Existenz von Naturgesetzen und versuchten, die Mannigfaltigkeit der Materie auf das Spiel der Bewegung und Anordnung von unsichtbaren und unveränderlichen Bausteinen zurückzuführen. Es ist schwer, sich klarzumachen, wie ungeheuerlich diese Gedanken von allem abwichen, was zu jener Zeit in der ganzen übrigen Welt geläufig war. Zusammen mit der großartigen Mathematik der Griechen hätten diese Ideen schon damals zu einem wissenschaftlich-technischen Aufschwung führen können, wenn die sozialen Bedingungen günstig gewesen wären. Aber die griechischen Herren lebten in einer Welt, der es auf Harmonie und Schönheit des Körpers und des Geistes ankam; sie verachteten Handarbeit, die war Sache der Sklaven, und sie vernachlässigten daher das Experiment, bei dem man sich die Hände beschmutzt. So unterblieb die empirische Sicherung des Erdachten und seine technische Verwertung, die vielleicht die antike Welt gerettet hätte vor dem Ansturm der Barbaren. Nach der Völkerwanderung errichtete die christliche Kirche ein totalitäres System, allen Neuerungen abgeneigt. Und doch glimmte das von den Griechen gezündete Feuer fort. Es lag verborgen in den Büchern, die in den Bibliotheken von Byzanz gehütet wurden, und es flackerte auf zur hellen Flamme bei den arabischen Gelehrten, die in der Mathematik und Astronomie wesentlich Neues schufen und die griechische Tradition bewahrten, bis die Zeit reif war. Die vor den Türken nach Italien flüchtenden Byzantiner brachten mit ihren Büchern nicht nur die Kunde vom klassischen Altertum, sondern auch die Idee der Forschung. Und so kam die Zeit der Entdeckungen und Erfindungen, die Europas Vorherrschaft auf ein paar Jahrhunderte sicherte. — Eine parallele Entwicklung, vielleicht noch älteren Ursprungs, fand in China statt; ich weiß wenig davon, doch gibt es ein neues großes Werk des Cambridger Biologen *Needham*, das darüber ausführlich berichtet. Während und nach der europäischen Renaissance war aber China gerade in einem Zustande der Ruhe oder Stagnation, und so kam es, daß Europa für ein paar Jahrhunderte den Vorrang hatte. Ich habe genug chinesische, auch japanische und indische Schüler gehabt, um zu wissen, daß diese in wissenschaftlicher Begabung uns in nichts nachstehen.

Zwei Folgerungen sind aus diesen Überlegungen zu ziehen. Erstens ist es ganz unsinnig zu glauben, die Krise im Dasein der Menschheit, das Anbrechen des Atomzeitalters, wie man sagt, hätte vermieden werden können, oder die weitere Entwicklung gefährlichen Wissens könne verhindert werden. Die katholische Kirche hat *Giordano Bruno* verbrannt und *Galilei* den Prozeß gemacht, mit dem Ergebnis, daß die junge italienische Naturwissenschaft von der französischen, niederländischen und englischen überholt wurde. *Hitler* hat die „jüdische Physik" zu drosseln versucht, ohne jeden Erfolg, zum eigenen Schaden. Und es gibt andere Beispiele aus jüngster Zeit.

Zweitens beruht die Plötzlichkeit des Erscheinens der kritischen Situation auf einer perspektivischen Täuschung. Die Naturerkenntnis und die daraus entspringende Macht wachsen ständig, wenn auch mit Schwankungen und Rückschlägen, aber im Mittel mit der einem sich selbst nährenden Prozesse innewohnenden, immer wachsenden Beschleunigung. So mußte es einmal geschehen, daß die dadurch hervorgerufenen Änderungen der Lebensbedingungen sich innerhalb einer Generation abspielen und daher als Katastrophe erscheinen. Dazu kommen die Komplikationen, die darauf beruhen, daß es Völker gibt, die an der technischen Entwicklung nicht teilgenommen haben und sich ihr unvorbereitet anpassen müssen.

Unsere Generation ist es, die erntet, was die griechischen Atomisten gesät haben. Das Endresultat ist eine Bestätigung ihrer Grundidee, daß die materielle Welt im wesentlichen aus gleichen Urteilchen besteht, deren Anordnung und Wechselwirkung die Mannigfaltigkeit der Erscheinungen erzeugen. Aber dies einfache Bild reicht natürlich nicht aus und wird durch eine Fülle von Entdeckungen am Ende sehr verwickelt.

Die Urteilchen heißen Nukleonen; sie ballen sich zu winzig kleinen Gebilden, den Atomkernen (nucleus = Kern) zusammen. Die Atome der Chemiker sind erstens gar nicht, wie der Name sagt, unteilbar, und zweitens nicht, wie man glaubte, alle identisch für ein bestimmtes chemisches Element. Das beruht darauf, daß die Nukleonen entweder elektrisch positiv geladen auftreten, dann heißen sie Protonen, oder ungeladen, dann heißen sie Neutronen. Die chemischen Atome bestehen aus einem Kern, der eine dichte Zusammenballung von Neutronen und Protonen ist, also positiv elektrisch geladen, und einer im Verhältnis zum Kern sehr ausgedehnten Wolke negativer Elektrizitätsteilchen, der Elektronen. Das Elektron hat eine sehr kleine Masse, aber dieselbe Ladung wie das Proton mit umgekehrtem Vorzeichen. Die Elektronenwolke sorgt dafür, daß das ganze Atom elektrisch neutral ist, und sie ist es, die das chemische Verhalten und die meisten gröberen physikalischen Eigenschaften des Atoms bestimmt. Atome, die dieselbe Zahl von Protonen und daher von Elektronen haben, sind chemisch und grob-physikalisch nicht unterscheidbar, obwohl die Zahl der Neutronen im Kern verschieden sein mag; solche beinah identischen Atome von verschiedenem Gewicht heißen Isotope.

Die Elemente der gewöhnlichen Chemie und Physik sind Gemische von Isotopen. Die Gesetze, die die Struktur der Elektronenhülle bestimmen, sind im Prinzip bekannt; die heutige Forschung richtet sich auf die Beherrschung immer verwickelterer Fälle. Dagegen sind in der Physik und Chemie der Kerne die Strukturen und ihre Gesetze keineswegs im gleichen Maß erforscht. Aber man kann mit völliger Sicherheit damit rechnen, daß auch dort einige der allgemeinsten physikalischen Gesetze gelten, aus denen man weitgehende Schlüsse ziehen kann. Das wichtigste dieser Gesetze ist das, welches die Äquivalenz von Masse (M) und Energie (E) ausspricht in der oft zitierten Formel $E = Mc^2$, wo c die Geschwindigkeit des Lichtes ist. Es wurde genau vor 50 Jahren in voller Allgemeinheit von *Einstein* aus relativistischen Überlegungen abgeleitet, lange bevor irgendeine Möglichkeit der Prüfung bestand. Die Zahl c ist nämlich, in gewöhnlichen Einheiten, Zentimeter pro Sekunde, sehr groß, eine 3 mit 10 Nullen dahinter; also ist

$c^2 = c \cdot c$ ungeheuerlich groß, eine 9 mit 20 Nullen. Bei allen gewöhnlichen Energieumsetzungen ist daher die entsprechende Massenänderung ($M = E/c^2$) außerordentlich klein. Im Prinzip wird eine Uhr ein wenig schwerer, wenn man sie aufzieht, aber das ist völlig unmeßbar. Anders liegt die Sache bei Kernumwandlungen, wo es sich um riesige Energien handelt.

Ein Mauerstück aus 100 gleichen Ziegeln ohne Mörtel zusammengesetzt, wiegt genau 100mal soviel wie der einzelne Ziegel, mit Mörtel entsprechend mehr. Ganz grob gilt dasselbe für Nukleonen: ein Kern aus 100 Nukleonen wiegt ungefähr 100mal soviel wie ein einzelnes Nukleon. Aber eben nur ungefähr: es gibt Abweichungen, also muß eine Art Mörtel vorhanden sein. Allerdings hat dieser sozusagen ein negatives Gewicht: Der Kern ist leichter als die Summe der Bestandteile. Der Mörtel ist nämlich nach *Einstein* die Bindungsenergie, die beim Zusammenbau verlorengeht. Diese Massendefekte sind beträchtlich; daher sind die entsprechenden Energien ganz ungeheuerlich groß.

Das leichteste Element Wasserstoff besteht hauptsächlich aus einem Isotop, dem einzelnen Proton. (Daneben gibt es auch Wasserstoffisotope mit einem oder zwei zusätzlichen Neutronen.) Das nächste Element Helium besteht überwiegend aus einem Isotop von zwei Protonen und zwei Neutronen. Bei der Zusammenballung dieser wird Energie frei, sehr viel Energie. Der Prozeß tritt nur darum nicht von selbst ein, weil zunächst einmal ein Hindernis überwunden, etwas Energie aufgewandt werden muß, um die vier Teilchen zusammenzubringen. Es ist wie bei einem Staudamm, der erst geöffnet oder überspült werden muß, ehe das Wasser eines Reservoirs herausströmen und Arbeit leisten kann. So ist es bei jedem folgenden Element; sie sind alle instabil und würden sich vereinigen, wenn nicht Staudämme, glücklicherweise recht kräftige Staudämme, sich dem widersetzten. Das geht so bis in die Mitte des Systems der Elemente, bis etwa zum Eisen; von da an kehrt sich die Lage um; jeder Kern hat die Tendenz zu zerfallen und wird nur durch einen Staudamm daran gehindert. Das letzte der natürlich vorkommenden Elemente, Uran, hat den schwächsten Staudamm, und dieser war es, den zu bersten es zuerst gelang in den Experimenten *Hahns* und seines Mitarbeiters *Straßmann* von 1938. Der Weg von diesen delikaten Laboratoriums-Versuchen bis zum ersten Uran-Reaktor, den *Fermi* 1942 in Chicago errichtete, erforderte einen ungeheuren Aufwand von Scharfsinn, Kühnheit, Geschick, Organisation und Geld. Es war gar nicht vorauszusehen, daß die Spaltung eines Urankerns durch ein Neutron von der Aussendung neuer Neutronen begleitet sein würde, die eine Lawine von Spaltungen, eine Kettenreaktion hervorbringen, die sich selbst erhält.

Aber die Natur hat es so eingerichtet, also wurde es vom Menschen entdeckt, sobald die Mittel bereitstanden. Und daß sie bereitstanden, war eine Folge des Krieges. Die technische Durchführung bis zur ersten Atomexplosion am 16. Juli 1945 dauerte drei Jahre und kostete eine halbe Milliarde Dollar.

Der umgekehrte Prozeß des Aufbaues höherer Kerne aus niederen (Helium aus Wasserstoff) ist die Quelle der Energie der Sonne und aller Sterne. In deren Zentren herrschen Zustände so hoher Temperatur und so hohen Druckes, daß die Vereinigung von vier Nukleonen zum Heliumkern in Schritten, über Zwischenreaktionen, möglich ist. Dasselbe ist nun auch hier auf der Erde dadurch gelungen, daß man eine Uranbombe als Zünder verwendet. So haben wir nun die H-Bombe.

Es ist also nichts anderes, als wie ich anfangs sagte: Alle Materie ist instabil. Wäre sie es nicht, würden die Sterne nicht strahlen, es gäbe keine Sonnenwärme, kein Leben auf der Erde. Stabilität und Leben sind unvereinbar. Leben ist darum immer ein Abenteuer, das gut oder schlecht ausgehen kann. Die Frage ist heute, wie das größte Abenteuer der Menschheit zum Guten gelenkt werden kann.

Zunächst ein paar Worte über das Gute, das bei vernünftigem Gebahren erreichbar ist. Da ist zunächst die Frage der Energie-Erzeugung. Als ich jung war, schätzte man die Zeit bis zur Erschöpfung der Kohle auf einige hundert Jahre; damals wurde Erdöl noch nicht in großem Maße gebraucht.

Inzwischen ist ungeheuer viel Kohle verbrannt, Erdöl entdeckt und verbraucht worden; die Schätzung der Dauer des Vorrats aber steht immer noch auf etwa 400 Jahre. Es scheint also nicht allzu dringend zu sein, neue Energiequellen zu schaffen. Dieser Schluß ist aber wohl nicht richtig. Kohle und Erdöl sind nicht nur Quellen der Energie, sondern die wichtigsten Rohstoffe für unzählige chemische Produkte. Denken Sie an die plastischen Kunststoffe. Das Wachstum der Menschenzahl wird einmal die Ernährung durch landwirtschaftliche Produkte fraglich machen; dann wird man darauf angewiesen sein, durch die Chemie Ersatz zu schaffen, wozu natürlich Kohle der Rohstoff ist. Es ist also eine Barbarei, Kohle und Erdöl zu verbrennen. Ferner sollte man die soziale Seite der Sache nicht übersehen. Der Tag ist wohl nicht mehr fern, wo in zivilisierten Ländern sich keine Arbeiter mehr finden werden, die bereit sind, den dunklen und gefährlichen Beruf des Kumpels zu ergreifen, wenigstens nicht für den Lohn, der wirtschaftlich tragbar ist. England scheint sich diesem Zustand schon zu nähern. Für Länder, die keine Kohle und kein Öl haben, wird der leicht transportable Kernbrennstoff ein Segen sein.

Dann sind die Anwendungen der radioaktiven Nebenprodukte der Atom-Reaktoren zu nennen. Es entstehen instabile, d. h. radioaktive Isotope aller möglichen Elemente, die als Strahlungsquellen an Stelle des teuren

Radiums in der Medizin, der Technik, der Landwirtschaft Verwendung finden, z. B. zur Krebsbehandlung, zur Prüfung von Materialien, zur Erzeugung von neuen Pflanzenarten durch Mutation usw. Durch Beimengung winziger Mengen radioaktiver Isotope kann man das Vorhandensein von Elementen im lebenden Organismus mit Hilfe der ausgesandten Strahlung nachweisen und lokalisieren.

Das alles und was daraus in Zukunft werden mag, sind große Dinge. Im August 1955 wird eine von der UNO einberufene internationale Konferenz sich zum ersten Male mit der Frage der gemeinsamen Ausbeutung aller dieser Möglichkeiten befassen. Ich bin kein Kernphysiker und werde nicht teilnehmen. Ich hoffe auf eine reiche Ausbeute. Aber ich frage mich: Ist selbst ein technisches Paradies ein Gegengewicht gegen das Übel der Atombombe? Als ich das Wort „Paradies“ oben (S. 203) gebrauchte, habe ich allerdings etwas anderes gemeint als technischen Fortschritt: die Erfüllung der ewigen Sehnsucht der Menschen nach „Frieden auf Erden“.

Für das, was ich jetzt sagen möchte, kann ich mich nicht auf meine Kenntnisse als Physiker berufen, noch auf mein sporadisches Studium der Geschichte; sondern nur auf den gesunden Menschenverstand und auf die Übereinstimmung mit einigen Freunden, führenden Fachgenossen aus verschiedenen Ländern. Wir glauben nämlich, daß ein Krieg zwischen Großmächten — es gibt ja nur noch zwei oder drei — eine Unmöglichkeit geworden ist oder wenigstens in naher Zukunft werden wird. Denn er bedeutet, wie ich schon am Beginn sagte, die Wahrscheinlichkeit allgemeiner Vernichtung, nicht nur der Kämpfenden, sondern auch der Neutralen. Er ist nicht mehr, wie *Clausewitz* sagt, die Fortsetzung der Politik mit anderen Mitteln, sondern Wahnsinn, und wenn die Menschheit nicht fähig ist, auf diese Mittel zu verzichten, so sollte sie ihre zoologische Bezeichnung nicht von Sapientia, sondern Dementia entlehnen.

Es scheint, daß diese Lage den führenden Staatsmännern durchaus bewußt ist. Die Abschwächung des kalten Krieges, die wir gerade erleben, ist wohl ein Zeichen davon. Man sucht überall Annäherungen und Verhandlungen aus Furcht vor dem Ungeheuerlichen, das ein bewaffneter Konflikt auslösen könnte. Aber Furcht ist eine schlechte Grundlage für Verständigung und Lösung von Konflikten. Ist es denkbar, daß der Angstfrieden, dem wir vielleicht zunächst zusteuern, durch etwas Besseres, Zuverlässigeres ersetzt werden kann?

Ich nehme es auf mich, daß Sie mich belächeln als einen *Palmström*, der etwas Peinliches ablehnt,

> Weil, so schließt er messerscharf,
> nicht sein kann, was nicht sein darf,

wie es in *Morgensterns* Galgenliedern heißt.

Aber ich bin ja nicht allein mit diesen Gedanken. *Einstein* teilte sie; noch kurz vor seinem Tode hat er sich klar darüber ausgesprochen. Sodann *Bertrand Russell*, der große englische Philosoph, der seine unvergleichliche Sprachgewalt in den Dienst dieser Sache stellt; und viele andere. Mögen sie heute als Träumer erscheinen; sie sind es doch, die die Welt umgestalten. Nur ist heute nicht viel Zeit verfügbar; es kommt darauf an, daß diese unsere Generation es fertigbringt, umzudenken. Wenn sie es nicht kann, so sind die Tage der zivilisierten Menschheit gezählt. Auch wenn alles am Ende gut geht, wird der Weg sehr, sehr nahe am Abgrund vorbeiführen.

Denn die Welt ist voller Konflikte, die unlösbar scheinen: verschobene Landesgrenzen, vertriebene Bevölkerungen, Gegensätze der Rassen, Sprachen, Religionen, Bankrott des Kolonialsystems und schließlich der unversöhnliche Gegensatz der wirtschaftsphilosophischen Ideologien, Kapitalismus und Kommunismus. Kann man hoffen, daß alle diese Spannungen ohne Gewaltanwendung gelöst werden?

Sollte man etwa anstelle der radikalen Forderung, auf Krieg zu verzichten, lieber versuchen, die Anwendung der neuen Vernichtungswaffen durch internationale Abmachungen zu unterbinden?

Mir und meinen Freunden scheint diese Idee unausführbar, und zwar aus folgender Betrachtung: Die Erzeugung von Energie durch Kernreaktionen für friedliche Zwecke wird bereits überall aufgenommen und vervollkommnet. Ein System der Überwachung, das die Herstellung von Zerstörungsmitteln verhindert, kann nur funktionieren, solange Frieden herrscht. Bricht aber ein Krieg zwischen größeren Mächten aus, der zunächst mit „konventionellen" Waffen geführt wird, so hört die Überwachung auf. Wird ein Volk, das in Bedrängnis gerät, jedoch glaubt, sich durch Atombomben retten zu können, auf das letzte Mittel verzichten, selbst auf die Gefahr hin, daß es selber dabei aufs schwerste leidet?

Was nun diese „konventionellen" Waffen anbetrifft, so ist es mir schwer verständlich, warum diesen nicht dasselbe Grauen, dieselbe Ablehnung begegnet, die sich heute gegen die Atomwaffen richtet. Sie sind ja schon lange nicht mehr „ehrliche" Kampfmittel zwischen Soldaten, sondern wahllose Zerstörungsmittel. Sie richten sich nicht allein gegen militärische Objekte, sondern gegen die gesamte Organisation und Produktionskraft des Feindstaates, gegen Fabriken, Bahnanlagen, Wohnungen, sie töten wahllos die Wehrlosen, Alte, Frauen und Kinder, sie zerstören edelstes Kulturgut, Kirchen, Schulen, Denkmäler, Museen, Bibliotheken, ungeachtet des Alters und der Unersetzlichkeit. Vom moralischen Standpunkt gesehen liegt die entscheidende Wendung der Kriegführung zur modernen Barbarei im Begriff des totalen Krieges. Auch ohne Atomwaffen ist die Aussicht auf gewöhnliche Bomben, auf chemische und bakteriologische Gifte grauenhaft genug. Verbote der Atomwaffen allein sind weder sachlich noch moralisch gerechtfertigt. Nur durch den Verzicht auf kriegerische Gewaltanwendung überhaupt ist die Menschheit zu retten. Heute hat die Angst einen solchen prekären Friedenszustand tatsächlich erzeugt. Es kommt darauf an, ihn zu stabilisieren durch Besinnung auf die sittlichen Grundsätze, die das Zusammenleben der Menschen ermöglichen. Christus hat gelehrt, wie Mensch zu Mensch sich verhalten soll. Die Völker haben bisher gehandelt (und die Kirchen haben nicht widersprochen), als gelten diese Gebote nur innerhalb ihrer Gebiete, aber nicht für ihre gegenseitigen Beziehungen. Das ist die Wurzel des Übels. Wir können nur überleben, wenn im internationalen Bereich Mißtrauen ersetzt wird durch Verstehen, Eifersucht durch Hilfsbereitschaft, Haß durch Liebe. In unserer Zeit, vor unseren Augen, ist die Lehre von der Gewaltlosigkeit von einem Nichtchristen zum Siege geführt worden, von *Mahatma Ghandi,* der sein Land ohne Blutvergießen befreit hat. Warum soll es nicht möglich sein, diesem Beispiel überall zu folgen?

Ich kann keine Vorschläge zur Lösung der eigentlich politischen Konflikte machen. Nur ein paar allgemeine Gesichtspunkte möchte ich vorbringen.

Der erste ist, daß eine ungeheure Menge von Menschen in allen Ländern an der Vorbereitung und gegebenenfalls Durchführung von Kriegen persönlich interessiert ist. Da sind große Industrien, die daran verdienen; zahllose Männer, die das Soldatenleben mit seiner überlieferten Romantik lieben und froh sind, gehorchen zu dürfen, ohne selbst verantwortlich entscheiden zu müssen; da sind Offiziere, Generale, Admirale, Luftmarschälle, deren Lebensberuf der Krieg ist. Sie sind es, von denen sich die Politiker heute beraten lassen. Endlich sind da die Physiker, Chemiker und Ingenieure, die neue Waffen erdenken und machen. Es wäre eine Illusion, den heutigen prekären Frieden stabilisieren zu wollen, ohne diese Leute zu berücksichtigen, ohne ihnen etwas zu geben, was ihnen den Verlust ersetzt. Wie das zu machen ist, kann ich nicht sagen, außer für eine Klasse, die Physiker, die ich gut kenne. Hier scheint mir keine große Schwierigkeit vorzuliegen. Man hört oft genug harte Worte über die Atomphysiker: alles Unheil kommt von diesen unverantwortlichen Gehirn-Athleten, nicht nur die Atombombe, sondern auch das schlechte Wetter. Ich habe mich bemüht zu zeigen, daß die Entwicklung des menschlichen Geistes mit Notwendigkeit einmal zur Enthüllung und Ausnutzung der in den Atomkernen aufgespeicherten Energien führen mußte. Daß es so schnell und gründlich geschah, daß es zu einer kritischen Situation führte, ist die Folge eines tragischen, historischen Zufalls: die Entdeckung der Uranspaltung geschah, gerade als *Hitler* zur Macht kam und gerade in dem Lande, wo er zur Macht kam. Ich mußte damals mit vielen andern Deutschland verlassen und habe erlebt, welches Entsetzen die übrige Welt ergriff, als *Hitlers* Anfangserfolge es möglich erscheinen ließen, daß er alle Völker der Erde unterjochen könnte. Die vertriebenen Physiker wußten, daß es keine Rettung gäbe, wenn es den Deutschen zuerst gelänge, eine Atombombe herzustellen. Selbst *Einstein*, der sein Leben lang Pazifist gewesen war, teilte diese Furcht und ließ sich von einigen jungen ungarischen Physikern überreden, Präsident *Roosevelt* zu warnen. Diese und andere aus Mitteleuropa ausgewanderten Gelehrten, vor allem *Enrico Fermi*, einer der größten Physiker unserer Zeit, gleich hervorragend in Experiment und Theorie, haben einen großen Anteil an der Durchführung des Uran-Projekts, dessen Leitung allerdings in amerikanischen Händen blieb. Es scheint mir, daß die Männer, die die Atombombe konstruierten, kein Tadel trifft, außer vom Standpunkt des extremsten Pazifismus, der lehrt, niemals, auch nicht gegen das größte Übel, Gewalt anzuwenden. Etwas anderes ist es mit dem Einsatz der Bomben in Japan. Ich halte das für eine Barbarei und zugleich für eine Torheit. Und es sind dafür nicht nur Staatsmänner und Militärs verantwortlich, sondern auch eine kleine Gruppe von vier Physikern, die das von Präsident *Truman* eingesetzte entscheidende Komitee berieten. Einer von diesen, *Fermi*, ist inzwischen gestorben. Ein anderer, *Compton*, hat aus Gewissensgründen aller physikalischen Tätigkeit entsagt, ist Präsident einer großen Erziehungsanstalt geworden und widmet sich dem Kampfe gegen den Mißbrauch von Atomwaffen. Die beiden übrigen haben ihre Lebensweise und Tätigkeit nicht wesentlich geändert, vermutlich auch nicht ihre Ansicht von der Notwendigkeit der Anwendung der Bomben in Japan. Wollen Sie einen Einblick in die Psychologie der Atomphysiker haben, so lesen Sie das kluge und amüsante Buch von *Laura Fermi*, der Witwe des Physikers, „Atoms in the Family". Das letzte Kapitel heißt „A New Toy, the Giant Cylotron". Dies Wort Toy, Spielzeug, ist bezeichnend, wenn auch vielleicht übertrieben. Diese Männer versinken in ihre Probleme, triumphieren über ihre Lösung, aber grübeln wenig über die Tragweite der Resultate. Und wenn sie das tun, dann mit dem Gefühl: darauf haben wir ja doch keinen Einfluß. Die Idee, die Forschung aufzugeben, weil sie gefährliche Folgen haben könnte, scheint ihnen absurd; denn wenn sie aufhörten, wären genug andere da, sie fortzuführen, und insbesondere, wenn die Amerikaner nicht an der Spitze wären, so wären es die Russen. Und alle, bis auf wenige Ausnahmen, sind nach dem Kriege zu friedlicher Tätigkeit, zur Forschung und Lehre zurückgekehrt und wollen gar nichts Besseres. Es haben sich auch unter ihnen Gesellschaften gebildet mit dem Zwecke, die soziale Verantwortung der Naturforscher zu diskutieren und gegen den Mißbrauch der Wissenschaft aufzutreten.

Natürlich gibt es einige wenige Physiker, die Blut geleckt haben; sie haben Macht gekostet, sind ehrgeizig und wollen ihren im Kriege erworbenen Einfluß behalten. Aber im ganzen glaube ich, daß der Gedanke der gewaltlosen Politik bei den Naturforschern weniger Widerstand finden wird als in anderen sozialen Gruppen.

Auf Sie, die Journalisten, kommt es jedenfalls viel mehr an. Sie vertreten die öffentliche Meinung. Sie lenken sie auch. Daß mir Gelegenheit gegeben ist, an Sie zu appellieren, ist mir eine große Genugtuung. Fast mehr als die Staatsmänner haben Sie es in der Hand, den Geist der Duldsamkeit, des Verstehens, der Hilfsbereitschaft zu verbreiten, — Vorbedingungen für die Fortdauer der zivilisierten Menschheit. Das bedeutet, praktisch ausgedrückt: Vermeidung aller herabsetzenden Schlagworte und Beiworte, die von Mißtrauen diktiert sind, wie des abscheulichen Wortes Friedensoffensive. Es gibt in der westlichen Welt heutzutage leider wenig Zeitungen, die ihren Lesern rein sachliche Nachrichten vermitteln; es ist Brauch, diese durch Artikel zu beleuchten von Leuten, die sich als Experten aufspielen, indem sie hinter jedem Wort der Gegenseite eine verborgene Bedeutung wittern. Daß das in der östlichen Welt ebenso geschieht, ist keine Entschuldigung. Ich trete dafür ein, das zu ändern. Denn wie *Bertrand Russell* nicht müde wird, zu wiederholen: Wir haben nur die Wahl zwischen Koexistenz und Nichtexistenz. Lassen Sie mich schließen mit seinen Worten, die ich so übersetze: „Im Makrokosmos der Gestirne, im Mikrokosmos der Atome hat der Mensch Geheimnisse enthüllt, die wohl als jenseits des Erkennbaren gelten mochten. In Kunst und Literatur und Religion haben erwählte Menschen eine Tiefe des Gefühls offenbart, die dem Menschengeschlecht ein Anrecht auf Erhaltung gibt. Soll das alles in Grausen enden, weil so wenige fähig sind, sich des Menschen bewußt zu sein, anstatt dieser oder jener Gruppe von Menschen? Ist unser Geschlecht so arm an Weisheit, so unfähig der Liebe, so verblendet selbst gegenüber den einfachsten Forderungen der Selbsterhaltung, daß der letzte Beweis seiner albernen Klugheit die Austilgung allen Lebens auf unserm Planeten sein soll? — Denn nicht nur die Menschen werden zugrunde gehen, sondern auch Tiere und Pflanzen, die niemand beschuldigen kann, Kommunisten oder Antikommunisten zu sein. Ich kann nicht glauben, daß dies das Ende sein soll."

Wenn wir alle uns weigern, dies zu glauben, und demgemäß handeln, so wird es nicht das Ende sein.

17 Zum Jahresbeginn 1955*)

In den zwei Dezennien, die ich im Auslande verbracht habe, hat sich viel verändert in der Physik. Sie ist nicht mehr die stille, reine Wissenschaft von dazumal, sondern ein entscheidender Faktor in der Machtpolitik der Staaten. Ich habe den Umschwung, der durch *Hahns* Entdeckung der Uranspaltung ausgelöst wurde, nur als Zuschauer mitgemacht. Es scheint mir, daß diese ganz veränderte Lage den Physikern in Deutschland weniger bewußt ist als in den angelsächsischen Ländern. Dort kann keiner der Gewissensfrage ausweichen, wie weit er mitwirken will an der Entwicklung von Kräften, die den Bestand der zivilisierten Menschheit gefährden. Ich habe mich oft gefragt, wie *Lord Rutherford*, der eigentliche Begründer der Kernphysik, sich verhalten würde. Er war gewiß ein Patriot und hat im ersten Weltkrieg an der Verteidigung seines Landes mitgearbeitet. Aber er zog Grenzen. Als ich 1933 nach Cambridge kam, war dort auch *Fritz Haber*, krank und seelisch gebrochen durch die Vertreibung aus seinem Vaterlande. Ich versuchte, ihn mit *Rutherford* zusammenzubringen; aber dieser lehnte ab, dem Urheber der chemischen Kriegsführung die Hand zu schütteln. Wie würde er sich heute verhalten? Der Macht seiner Persönlichkeit wäre es vielleicht gelungen, die bedingungslose Auslieferung der neuen Zerstörungsmittel an die Politiker und Militärs zu verhindern. Die führenden Physiker in Amerika haben dies versucht, aber ohne Erfolg. Das Dokument, in dem sie die amerikanische Regierung vor der Anwendung der Atombombe gegen volkreiche Städte warnten und die politischen und moralischen Folgen richtig vorhersagten, ist bekannt unter dem Namen *Franck*-Report nach dem Vorsitzenden, meinem alten Freunde *James Franck*.

Es haben sich in Amerika und England Gesellschaften gebildet, welche die Klärung der Frage nach der sozialen Verantwortlichkeit der Naturwissenschaftler zum Ziel haben. Ich erwähne die amerikanische „Society for Social Responsibility in Science" (SSRS), deren Mitglied ich bin. Diese Vereinigung unterrichtet ihre Mitglieder durch monatliche Newsletters; ihr Inhalt berichtet über Diskussionen, Reden, Publikationen und Bücher, gibt Auszüge aus diesen, ferner Erklärungen bekannter Männer und Frauen,

*) Physik. Blätter 11 (1955) S. 1.

endlich Zuschriften aus dem Leserkreise. In der letzten Nummer finden sich ein Auszug aus einem Briefe *Albert Schweitzers* an den London Daily Herald über die Wasserstoffbombe und die wichtigsten Sätze aus einem Vortrag (*Alex Wood* Memorial Lecture 1954) von Professor *Kathleen Lonsdale*, der bekannten Kristallographin, die eine der ersten weiblichen Mitglieder der Royal Society wurde. Sie ist Quäkerin und Vorkämpferin gegen den Mißbrauch wissenschaftlicher Entdeckungen zu inhumanen und machtpolitischen Zwecken. Sie ist führend in den englischen Vereinigungen, die ähnliche Ziele verfolgen, und wirbt in aller Welt für ihre Ideale.

Soweit ich in Erfahrung bringen konnte, gibt es in Deutschland noch keine solche Organisation, und das ist nur natürlich angesichts der Beschränkungen, die das Besatzungsstatut den deutschen Gelehrten auferlegte. Die Zeit ist aber gekommen, wo mit dem Aufhören dieses Zwanges eine neue Verantwortung entsteht und damit das Bedürfnis nach Klärung der Probleme. Es scheint mir, daß die deutschen Physikalischen Gesellschaften ein Forum für solche Aussprachen bilden könnten [1]). Es handelt sich dabei durchaus nicht allein um die fundamentalsten Fragen, wie Einstellung zum Kriege überhaupt und zur Anwendung von Zerstörungsmitteln, die die Existenz ganzer Bevölkerungen oder gar der zivilisierten Menschheit gefährden, sondern um geringere und doch wichtige Probleme, die das Verhältnis des Wissenschaftlers zur Gesellschaft betreffen. Um einige Punkte herauszugreifen:

Die Gefährdung der Freiheit der Wissenschaft durch militärische Überwachung der Forschung und Einschränkung der Publikation; die Spionen-Schnüffelei, wie sie jetzt in Amerika umgeht, die Gründung von zahlreichen, wohlausgerüsteten Staatslaboratorien, durch die eine wachsende Zahl von Gelehrten in Abhängigkeit gerät, schließlich die große Frage, ob der erfolgreiche Forscher immer nur sachverständiger Handlanger bleiben, oder an wichtigen Entscheidungen verantwortungsvoll teilnehmen soll.

Die deutsche Physik hat in den wenigen Jahren seit dem Zusammenbruch eine gewaltige Aufbauarbeit ihrer Forschungs- und Unterrichtsmittel geleistet. Möge sie die vielleicht nur kurze Zeit, die ihr bis zu völliger Bewegungsfreiheit gegeben ist, ebenso zielbewußt nützen zur Klärung der moralischen und sozialen Fragen, die dem Physiker als Mensch und Staatsbürger durch die Folgen seiner eigenen Forschung aufgedrängt worden sind. Wird dies versäumt, so ist die Freiheit der Wissenschaft ebenso gefährdet wie die bürgerliche Freiheit des einzelnen Wissenschaftlers. Und dies Problem der Verantwortlichkeit ist ebenso international wie die Wissenschaft selbst. Ein Zusammenschluß der Gruppen, die es in verschiedenen Ländern diskutieren, wäre daher sehr zu wünschen.

---

[1]) Dies ist inzwischen auf dem Physikertag 1955 in Wiesbaden sehr deutlich geschehen.

18 Albert Einstein und das Lichtquantum*)

Die Einladung zur 50. Wiederkehr des Tages, da *Einsteins* erste Arbeit über das Lichtquant („Über einen die Erzeugung und Verwandlung des Lichtes betreffenden heuristischen Gesichtspunkt") erschien, an dieser Stelle zu sprechen, war mir eine große Auszeichnung, und ich sah es als eine Ehrenpflicht an, sie anzunehmen. Denn einmal ist meine Freundschaft mit *Einstein* auch fast ein halbes Jahrhundert alt, und zum andern war Berlin die erste Universität, wo ich eine Professur innehatte, und der einzige Ort, wo ich einige Jahre neben *Einstein* wirkte und in stetem Umgang mit ihm lebte. — Aber dann kamen mir auch Bedenken. Als ich vor 1½ Jahren von meinem Lehrstuhl in Edinburgh wegen Erreichung der Altersgrenze zurücktrat, habe ich beschlossen, keinen aktiven Anteil mehr an der physikalischen Wissenschaft zu nehmen (abgesehen von der Fertigstellung von zwei Büchern, die lange vorher begonnen waren und von denen eines inzwischen erschienen ist); ich habe mich an einen stillen Ort ohne Universität und ohne Bibliothek zurückgezogen und den größten Teil meiner eigenen Bücher und Zeitschriften verkauft. So fehlt mir alles literarische Handwerkszeug, um mein Gedächtnis wieder aufzufrischen. Und doch wollte ich mich dem Rufe nicht entziehen. Sind doch nur wenige theoretische Physiker noch am Leben, die das aufregende, großartige Schauspiel der Entstehung der modernen Physik von Anfang an miterlebt haben. Wenn Sie daher in Kauf nehmen wollen, daß meine Erzählung im wesentlichen auf Erinnerung beruht und vielleicht in einigen Punkten nicht ganz richtig sein mag, so will ich versuchen, die ersten Jahre dieses Jahrhunderts in der Physik und *Einsteins* Anteil an ihrer Entwicklung, insbesondere der Lichtquanten-Vorstellung, zu schildern.

Im selben Jahre 1905 und im selben Bande der Annalen der Physik erschienen auch zwei andere fundamentale Abhandlungen *Einsteins*, eine über Relativitätstheorie, die andere über *Brown*sche Bewegung. So verschieden diese Themen erscheinen, so bestehen doch Beziehungen zwischen ihnen. Insbesondere beruht *Einsteins* Theorie der Schwankungen und der

*) Vortrag gehalten am 18. März 1955 bei der Festsitzung der Physikalischen Gesellschaft in Berlin zur Erinnerung des Erscheinens von Einsteins fundamentalen Arbeiten vor 50 Jahren. Erschienen in „Die Naturwissenschaften" 42 (1955) S. 425.

*Brown*schen Bewegung auf ganz ähnlichen Überlegungen wie seine Begründung der Lichtquanten-Vorstellung. Dies werde ich versuchen klarzumachen, als ein Beispiel des Strebens nach einer einheitlichen, allumfassenden Naturauffassung, die *Einsteins* Gedanken bis zum heutigen Tage geleitet hat.

Lassen Sie mich beginnen mit einigen Worten über *Einsteins* persönliche Vorgeschichte und sein plötzliches Erscheinen als neuer Stern am Himmel der Physik. Er wurde am 14. März 1879 in Ulm geboren. Seine Eltern zogen bald nach München und später nach Pavia in Italien; er selbst blieb am Luitpoldgymnasium in München, fand den Unterricht aber so geisttötend, daß er eigenmächtig 1894 die Schule ohne Abschlußexamen verließ und zu seinen Eltern nach Mailand fuhr. Derselbe Drang nach Unabhängigkeit bewog ihn bald darauf zum Austritt aus der jüdischen Religionsgemeinschaft und zur Aufgabe seiner deutschen Staatsbürgerschaft. 1895 ging er in die Schweiz und wurde in die aargauische Kantonsschule aufgenommen, wo ein freier Wind wehte und wo er gleichgesinnte Freunde fand.

Nach dem Abschlußexamen bezog er 1896 die Eidgenössische Technische Hochschule in Zürich, um Mathematik und Physik zu studieren. Unter seinen Lehrern war *Hermann Minkowski,* der am Ausbau der Relativitätstheorie später entscheidenden Anteil nahm. *Minkowski* war auch mein Lehrer (in Göttingen) und hat mir nach dem Erscheinen von *Einsteins* Relativitätsarbeit einmal gesagt: „Das hätte ich dem *Einstein* eigentlich nicht zugetraut." Im Jahre 1900 legte *Einstein* die Diplomprüfung für Fachlehrer ab, hatte aber Schwierigkeiten, eine Stellung zu finden. Er war einige Zeit Hilfslehrer in Winterthur und in Schaffhausen, bis er 1902 als „Experte III. Klasse" am „Eidgenössischen Amt für geistiges Eigentum" in Bern, dem Schweizer Patentamt, angestellt wurde. Nach den Entbehrungen seiner Schüler- und Studentenzeit schien ihm das kleine, feste Einkommen eine Erlösung, und die 8 Stunden, die er mit trockenen Patentschriften an seinem Pult im Amt verbringen mußte, hinderten ihn nicht, seine philosophisch-physikalischen Gedanken zu verfolgen. In dieser Umgebung, fern von den Anregungen einer Hochschule, sind alle jene großen Arbeiten entstanden. Wenn ich viele Jahre später seine Hilfe anrief, um eine Stellung für einen begabten Schüler zu finden, bekam ich gewöhnlich eine Antwort etwa des Inhalts: „Laß ihn Schuster oder Schlosser werden; wenn ihm die Wissenschaft im Blut liegt und er was taugt, wird er seinen Weg schon machen". Geholfen hat er dann doch, wenn er konnte. Aber die Idee, daß das Suchen nach Erkenntnis nichts zu tun haben sollte mit dem Broterwerb, hat ihn nie verlassen und ist heute lebendiger denn je aus anderen Gründen, auf die ich zurückkommen werde.

Im selben Jahre 1900, als *Einstein* in Zürich sein Diplomexamen ablegte, verkündete *Max Planck* in der Deutschen Physikalischen Gesellschaft seine

Strahlungsformel (am 19. Oktober) [1] und ihre theoretische Deutung durch die Quantenhypothese (am 14. Dezember) [2]. Von der Wirkung dieser Mitteilung kann ich Ihnen keinen Bericht aus persönlicher Erfahrung geben. Denn damals war ich noch selber auf der Schule und in den Nöten des Abiturientenexamens. Ostern 1901 begann ich mein Studium, konzentrierte mich aber keineswegs sogleich auf Mathematik und Physik, sondern studierte so heterogene Dinge wie Zoologie, Nationalökonomie, Astronomie und Philosophie. Aber auch in den folgenden Jahren, als ich in Breslau, Heidelberg, Zürich und Göttingen die Vorlesungen bedeutender Mathematiker besuchte und auch etwas Physik trieb, erfuhr ich zwar, hauptsächlich durch *Minkowski*, von den Schwierigkeiten in der Elektrodynamik bewegter Körper, die dann zur Relativitätstheorie führten, aber so gut wie nichts von den Quanten. Diese waren noch eine Angelegenheit der Spezialisten für Wärmestrahlung und galten trotz der experimentellen Bestätigung von *Plancks* Strahlungsformel für eine sonderliche ad hoc-Hypothese, die man nicht ganz ernst nahm.

Einstein aber nahm sie ernst. Er war an Lebensalter mir nur etwa 4 Jahre voraus, an intellektuellem Alter (wie die Psychologen sagen) aber gewiß 8 Jahre oder mehr. Er hat sich schon zwischen seinem 12. und 16. Lebensjahr die Differential- und Integralrechnung aus Büchern angeeignet und andere Zweige der Mathematik mit Begeisterung studiert, während ich diese Dinge als Student in normalen Vorlesungen lernte — allerdings auch mit latenter Begeisterung. Und wenn er auf der Züricher Hochschule seinen Lehrern durch unregelmäßigen Besuch der Vorlesungen und eine gewisse Teilnahmslosigkeit auffiel, so lag es daran, daß er wohl das meiste schon wußte und mit tieferen Problemen beschäftigt war.

In den Jahren 1900 bis 1905 scheint die Quantenlehre keine Fortschritte gemacht zu haben. Sir *Edmund Whittakers* zuverlässiges und umfassendes Buch „A History of the Theories of Aether and Electricity", dessen neu aufgelegter 2. Band die Jahre von 1900 bis 1926 behandelt (Edinburgh: Th. Nelson & Sons, Ltd. 1953), berichtet nichts über diese Periode.

Das wurde anders, als heute vor 50 Jahren *Einsteins* Abhandlung erschien [3]. Die ersten 6 Abschnitte enthalten theoretische Überlegungen, die außer von einigen Spezialisten wenig beachtet wurden; die letzten 3 Paragraphen aber handeln von ganz neuen Anwendungen der Quanten, nämlich auf die *Stokes*sche Regel bei der Lumineszenz, auf den lichtelektrischen Effekt und auf die Ionisierung von Gasen. Der gemeinsame Gesichtspunkt ist, daß es sich in allen diesen Fällen um die Umwandlung von kinetischer Energie E eines Elektrons in ein Lichtquant $h\nu$ handelt oder umgekehrt, so daß eine lineare Beziehung von der Form

$$E = h\nu + const$$

gelten muß, dargestellt in einem (E, ν)-Diagramm als eine gerade Linie mit der Neigung h, wo h die *Planck*sche universelle Konstante ist, deren Wert von *Planck* aus Strahlungsmessungen bestimmt worden war. Hier hat man also experimentell prüfbare Behauptungen, und es ist kein Wunder, daß die Experimentalphysiker sich darauf stürzten.

Es kann nicht meine Aufgabe sein, die Geschichte der experimentellen Forschungen in dieser Richtung näher zu schildern. Es genügt zu sagen, daß *Einsteins* Arbeit zu einer Fülle von Experimenten anregte und in das Gebiet der mannigfaltigen Erscheinungen, die mit der Erzeugung und Vernichtung von Strahlung zusammenhängen, zum ersten Male Ordnung brachte. Ich möchte aber nun auf jene ersten sechs theoretischen Paragraphen von *Einsteins* Arbeit eingehen, da sie eigentlich die Tiefe und Überzeugungskraft von *Einsteins* Gedanken enthüllen.

Es führt, wie *Einstein* selbst nicht müde wird zu betonen, kein eindeutiger, logischer Weg von den Erfahrungstatsachen zu den theoretischen Systemen der Physik; diese sind Kinder der frei schaltenden Phantasie, der Spekulation. Und doch ist ohne Zweifel der Wert einer Theorie um so höher, unser Vertrauen in sie um so größer, je geringer die freie Wahl, je größer der logische Zwang ist. Mir scheint die vereinigte Leistung von *Max Planck* und *Albert Einstein* diesem Ideal nahezukommen. Lassen Sie mich versuchen, diese Behauptung zu erläutern, und zwar unter Benutzung der heute üblichen Ausdrucksweise und Bezeichnungen.

Planck hatte in langjähriger Vorarbeit den statistischen Charakter der schwarzen Strahlung erkannt und die Methoden zu seiner Beherrschung entwickelt. Dabei kam er zu der Überzeugung, daß die Entropie wegen ihrer von *Boltzmann* entdeckten Beziehung zur Wahrscheinlichkeit eines Zustandes die entscheidende Größe für ein thermo-statistisches System ist. Von der Strahlungsdichte ϱ war bekannt, daß sie die vom *Wien*schen Verschiebungsgesetz bedingte Form $\varrho = \nu^3 f(\nu/T)$ haben müsse (woraus das *Stefan-Boltzmann*sche Gesetz für die totale Strahlung folgt) und darüber hinaus zwei Grenzfälle: Für hohe Temperaturen gilt das *Rayleigh*sche Gesetz (Proportionalität mit der Temperatur T), für tiefe das *Wien*sche Gesetz [Proportionalität mit $\exp(-a/T)$].

Plancks erster Schritt bestand darin, die Untersuchung der Strahlung zu ersetzen durch die eines Systems gleicher harmonischer Oszillatoren der Frequenz ν, die mit der Strahlung im statistischen Gleichgewicht sind. Eine rein elektrodynamische Rechnung ergibt für das Verhältnis von Strahlungsdichte ϱ zur mittleren Energie u eines Oszillators den Wert $8\pi\nu^2/c^3$. Sodann berechnet *Planck* die zweite Ableitung der Entropie S nach der Energie U; ich will hier für diese Größe die Abkürzung

$$\frac{d^2 S}{d U^2} = -k\gamma \tag{1}$$

gebrauchen, wo k die Gaskonstante pro Teilchen eines idealen Gases ist;

ferner will ich statt der Temperatur T die Größe $\beta = 1/kT$ benützen. Dann ergibt eine einfache thermodynamische Betrachtung (siehe Anhang A, S. 230)

$$\gamma = -\left(\frac{dU}{d\beta}\right)^{-1}. \tag{2}$$

Der Vorteil dieser Schreibweise ist, daß in den beiden erwähnten Grenzfällen die auf einen Oszillator bezogene Energie u eine besonders einfache Funktion von β ist, so daß man den Ausdruck (2) sofort hinschreiben kann. Man hat für

$$\begin{matrix} T \text{ groß } (\textit{Rayleigh}) \\ T \text{ klein } (\textit{Wien}) \end{matrix} \quad u = \begin{cases} \beta^{-1} \\ u_0\, e^{-\varepsilon_0 \beta} \end{cases} \quad \frac{du}{d\beta} = \begin{Bmatrix} -u^2 \\ -\varepsilon_0 u \end{Bmatrix}. \tag{3}$$

Planck macht nun den kühnen Schritt [1], zwischen diesen beiden Fällen zu interpolieren durch Bildung der Summe $-u^2 - \varepsilon_0 u$, die in den Grenzfällen großer bzw. kleiner Strahlungsdichte in die richtigen Werte übergeht. Dann erhält man durch Integration und Berücksichtigung des *Wien*schen Verschiebungsgesetzes für die mittlere Oszillatorenenergie (Anhang B, S. 230, 231).

$$u = \frac{\varepsilon_0}{e^{\beta\varepsilon_0} - 1}, \qquad \varepsilon_0 = h\nu, \tag{4}$$

wo h eine Konstante ist. Das führt mit Hilfe des angegebenen Umrechnungsfaktors auf die *Planck*sche Formel für die Strahlungsdichte ϱ.

Natürlich kann man das kaum als eine Ableitung bezeichnen wegen der willkürlichen Wahl der Größe γ^{-1} zur Interpolation.

In einer zweiten Arbeit [2] deutet *Planck* die Oszillatorenenergie (4) als Mittelwert über eine *Boltzmann*sche Verteilung mit endlichen Energiequanten, $\varepsilon_n = \varepsilon_0 n = h\nu n$, $(n = 0, 1, 2, \ldots)$,

$$u = \frac{\sum_{n=0}^{\infty} \varepsilon_n e^{-\beta\varepsilon_n}}{\sum_{n=0}^{\infty} e^{-\beta\varepsilon_n}} = -\frac{d}{d\beta} \ln \sum_{n=0}^{\infty} e^{-\beta\varepsilon_0 n} = \frac{\varepsilon_0}{e^{\beta\varepsilon_0} - 1}.$$

Nur wer wie ich in der klassischen Tradition aufgewachsen ist, kann die Kühnheit dieser Idee ganz würdigen. *Planck* selbst neigte dazu, die Aufteilung der Energie in endliche Quanten nicht als Eigenschaft der Strahlung selbst, sondern ihrer Wechselwirkung mit den Oszillatoren anzusehen. Hier griff *Einstein* [3] ein. Er entdeckte eine einfache physikalische Bedeutung der von *Planck* zur Interpolation benutzten Größe γ^{-1}, die unmittelbar zur Vorstellung unabhängiger Lichtquanten führt, überdies auch das Interpolationsverfahren selbst rechtfertigt. *Einstein* stützt seine Überlegungen auf *Boltzmanns* Beziehung zwischen Entropie S und Wahrscheinlichkeit P,

$$S = k \ln P. \tag{5}$$

Da diese zu jener Zeit noch keineswegs allgemein angenommen wurde, gibt er eine einfache Ableitung (die mir auch heute noch die beste scheint). Die folgenden Betrachtungen hängen aufs engste mit seiner Theorie der Schwankungen und der *Brown*schen Bewegung zusammen.

Der Hauptgedanke ist, die Formel (5) umzukehren, die Wahrscheinlichkeit als Funktion der Entropie anzusehen,

$$P = e^{S/k}, \tag{6}$$

und die thermodynamischen Eigenschaften von S gehörig auszunutzen.

Man denke sich ein im thermischen Gleichgewicht befindliches System in kleine, gleiche Teile zerlegt; dann wird die Energie E in einem Teil wegen der statistischen Natur der Wärme nicht gleich der jedem der Teile im Mittel zukommenden Energie $\bar{E} = U$ sein, sondern es werden Schwankungen $\Delta E = E - \bar{E}$ vorkommen. Die Entropie des betrachteten Teils kann man (bei festem Volumen) als Funktion von E ansehen und nach Potenzen von ΔE entwickeln; die Gesamtentropie hat dann kein lineares Glied, da für ein adiabatisch isoliertes System die Summe über alle Teile $\Sigma \Delta E = 0$ ist. Man hat mit der Abkürzung (1)

$$\Sigma S = const - \tfrac{1}{2}\, k\gamma\, \Sigma\, (\Delta E)^2 + \cdots.$$

Nunmehr folgt aus (6) angenähert

$$P = e^{\Sigma S/k} = P_0\, e^{-\frac{1}{2}\gamma\, \Sigma (\Delta E)^2}\,; \tag{7}$$

daraus liest man nach (2) unmittelbar ab (Anhang C, S. 231), daß

$$\overline{(\Delta E)^2} = \frac{1}{\gamma} = -\frac{dU}{d\beta}. \tag{8}$$

Das ist die Fundamentalformel für die Energieschwankungen, wie sie in *Einsteins* Theorie der *Brown*schen Bewegung benutzt wird. Betrachtet man z. B. ein materielles System bei konstantem Volumen, so erhält man *Einsteins* bekanntes Gesetz

$$\overline{(\Delta E)^2} = kT^2 c_v,$$

wo $c_v = dU/dT$ die spezifische Wärme ist.

Im Falle der Strahlung ist E die gesamte in einem kleinen, als Einheit gewählten Volumen befindliche Strahlungsenergie der Frequenz ν, also im Mittel gleich ϱ; es ist bequem, statt dessen die Größe $u = \varrho c^3/8\pi\nu^2$ zu betrachten, ohne daran zu denken, daß u als mittlere Energie eines mit der Strahlung im Gleichgewicht befindlichen Oszillators definiert wurde. Übrigens hat sich später herausgestellt, daß u eine Bedeutung für die Strahlung selbst hat; man kann nämlich das Feld der Strahlung nach *Fourier* zerlegen, dann entspricht jeder *Fourier*-Komponente ein Oszillator, und es zeigt sich, daß $8\pi\nu^2/c^3$ die Anzahl der Strahlungsoszillatoren im Einheitsvolumen für das Frequenzintervall 1 ist und u die Energie eines dieser Oszillatoren.

Einstein betrachtet nun den (*Wien*schen) Fall niederer Temperatur, wo die Strahlungsenergie in diesem Maße u durch

$$u = u_0 e^{-\varepsilon_0 \beta}$$

gegeben ist; dann folgt aus (8)

$$\overline{(\Delta E)^2} = \varepsilon_0 u, \qquad (T \text{ klein}). \tag{9}$$

Sieht man E als ein Vielfaches n des kleinen „Energiequants" ε_0 an,

$$E = n\varepsilon_0,$$

so hat man $u = \varepsilon_0 \bar{n}$ wo $\bar{n}$, die mittlere Anzahl der Quanten ist, und man erhält für das mittlere Schwankungsquadrat von n

$$\overline{(\Delta n)^2} = \bar{n}, \qquad (T \text{ klein}). \tag{11}$$

Die Formel aber besagt auf Grund bekannter statistischer Gesetze, daß die Strahlungsenergie sich verhält, als ob sie aus unabhängigen Teilchen (der Größe $\varepsilon_0 = h\nu$) bestünde.

Dies ist der wesentliche Inhalt des theoretischen Teils der *Einstein*schen Arbeit. Lassen Sie mich aber die Sache ein wenig weiterführen.

Dieselbe Überlegung führt im (*Rayleigh*schen) Grenzfall hoher Temperaturen, wo $u = \beta^{-1}$ ist, auf

$$\overline{(\Delta E)^2} = u^2, \qquad (T \text{ groß}) \tag{12}$$

oder

$$\overline{(\Delta n)^2} = \bar{n}^2 \qquad (T \text{ groß}). \tag{13}$$

Plancks Interpolation durch Addition der in den beiden Grenzfällen gültigen Werte rechtfertigt sich jetzt durch die einfache Bemerkung, daß mittlere Schwankungsquadrate additiv sind, wenn sie von unabhängigen Einflüssen herrühren.

Was sind nun diese beiden Prozesse? Den einen hat *Einstein* gedeutet: für tiefe Temperaturen, also kleine Strahlungsdichte, verhält sich die Strahlung wie ein ideales Gas. Was ist aber der andere Prozeß, der bei hohen Temperaturen rein erscheint? *H. A. Lorentz* hat gezeigt, daß ein statistisches Gemenge von ebenen Wellen mit willkürlichen Amplituden und Phasen gerade auf den Ausdruck (13) für die Energieschwankung führt.

Man sieht also, daß implizite in *Einsteins* Arbeit schon die Dualität Welle—Teilchen vollständig enthalten ist. Für geringe Energiedichten treten die Teilchen in Erscheinung, ihre Zahl schwankt gemäß (11); für große Dichten aber gilt (13), und für mittlere Dichten hat man

$$\overline{(\Delta n)^2} = \bar{n} + \bar{n}^2 = \bar{n}(\bar{n} + 1). \tag{14}$$

Hier erscheint also schon jene Eigentümlichkeit der Quanteneffekte, die darin besteht, daß man aus klassischen Formeln richtige Quantenformeln erhält, wenn man n^2 durch $n(n+1)$ ersetzt.

Wie wurde nun diese Idee aufgenommen? Lassen Sie mich von meinen eigenen Erfahrungen sprechen. In Göttingen hatte ich, soweit ich mich erinnere, kaum etwas von Quanten erfahren; auch nicht in Cambridge, wo ich im Frühjahr und Sommer 1906 einige Monate bei *J. J. Thomson* und *Larmor* Vorlesungen hörte und einen experimentellen Kurs im Cavendish-Laboratorium mitnahm. Erst als ich im Herbst 1906 nach Breslau zu *Lummer* und *Pringsheim* ging, kam ich in die rechte Quanten-Atmosphäre. Denn diese beiden hatten ja wesentlich zur experimentellen Erforschung der schwarzen Strahlung beigetragen. Aber obwohl die *Planck*sche Formel im Zentrum der Diskussion stand, war man doch geneigt, *Plancks* Vorschlag der quantenhaften Oszillatorenergie nur als eine vorläufige Arbeitshypothese anzusehen, und *Einsteins* Lichtquanten wurden nicht ernst genommen. *Lummer* war ja auch ein großer Fachmann im Gebiet der Wellenoptik – denken Sie an die *Lummer*-Platte –, und es war damals viel verlangt, daß jemand, der jeden Tag Interferenzen beobachtete, an die Erneuerung der Korpuskulartheorie glauben sollte. Man machte Versuche, das Gesetz $E = h\nu$ klassisch zu verstehen. Auch ich habe mich eines solchen Verbrechens schuldig gemacht, und ich will es Ihnen spaßeshalber vorführen. Denken Sie sich einen Apfelbaum, bei dem die Länge l der Stiele der Äpfel umgekehrt proportional mit dem Quadrat der Höhe H über dem Boden abnimmt; dann ist $\nu \sim 1/\sqrt{l} \sim H$; wenn nun der Baum mit einer bestimmten Frequenz geschüttelt wird, geraten die Äpfel einer bestimmten Höhe in Resonanz, fallen herunter und kommen am Boden mit einer kinetischen Energie an, die der Fallhöhe und daher der Schüttelfrequenz proportional ist: *Voilà*. Heute scheint uns das etwas kindlich, um nicht zu sagen kindisch. Aber zu meiner Entschuldigung muß ich anführen, daß *Max Planck* selber in irgendeinem Vortrag dieses Modell erwähnt hat – wie es ihm bekannt geworden ist, weiß ich nicht.

Anfang 1907 erschien *Einsteins* zweiter fundamentaler Beitrag zur Quantentheorie, seine Theorie der spezifischen Wärme [4]. Diese zeigt klar, daß es sich nicht, wie *Planck* glaubte, um etwas handle, das den Austausch der Energie zwischen Teilchen und Strahlung betreffe, sondern um ein ganz allgemeines, neues Prinzip, das Mechanik und Elektrodynamik umfaßt. Wie diese Einsicht sich in meinem Kopfe allmählich formte, ist mir nicht im einzelnen erinnerlich. Ich hatte inzwischen *Einstein* kennengelernt und in Gesprächen mehr von ihm gelernt als aus seinen Schriften. Äußerlich kam meine Bekehrung zu *Einsteins* Standpunkt zum Ausdruck in der mit meinem Freund *Theodor v. Kármán* gemeinsam verfaßten Arbeit über die spezifische Wärme von Kristallgittern, in der wir *Einsteins* Überlegungen durch Berücksichtigung des Schwingungsspektrums verschärften, wobei uns übrigens *Debye* ein paar Wochen zuvorkam. Das war aber erst im Jahre 1912. Im folgenden Jahre reifte der Plan der Berliner Akademie,

Einstein, der damals Professor an der Eidgenössischen Technischen Hochschule in Zürich war, nach Berlin zu berufen. Um diesen Plan zu unterstützen, machten vier der bedeutendsten deutschen Physiker, *Planck, Nernst, Rubens* und *Warburg,* eine Eingabe an das Preußische Unterrichtsministerium, worin sie *Einsteins* Leistungen aufzählten und würdigten. Darin findet sich ein erstaunlicher Passus, den ich Ihnen ohne Indiskretion mitteilen kann, da er in dem schönen Buche „*Albert Einstein* und die Schweiz" von *Carl Seelig* abgedruckt ist. Es heißt da: „Zusammenfassend kann man sagen, daß es unter den großen Problemen, an denen die moderne Physik so reich ist, kaum eines gibt, zu dem nicht *Einstein* in bemerkenswerter Weise Stellung genommen hätte. Daß er in seinen Spekulationen auch einmal über das Ziel hinausgeschossen haben mag, wie z. B. in seiner Hypothese der Lichtquanten, wird man ihm nicht allzu sehr anrechnen dürfen. Denn ohne einmal ein Risiko zu wagen, läßt sich auch in der exaktesten Naturwissenschaft keine wirkliche Neuerung einführen."

Das zeigt Ihnen die damals noch ganz allgemeine Skepsis gegenüber der Lichtquantenvorstellung. Es kann nicht meine Aufgabe sein, den allmählichen Umschwung der Stimmung darzustellen. Nur ein paar wichtige Ereignisse möchte ich betonen. Da ist zunächst *J. J. Thomsons* Bemerkung vom Jahre 1907, daß die Zahl der von Röntgenstrahlen ionisierten Atome mit der Entfernung von der Strahlenquelle abnimmt, wobei doch zu jedem Ionisationsakt dieselbe Energie zugeführt werden muß; woraus er schloß, daß die Strahlung nicht aus gleichförmigen Kugelwellen bestehen kann, sondern daß sie sich mehr wie ein Regen von Teilchen verhält. Später (1916) hat *Einstein* diese Idee der „*Nadelstrahlung*" statistisch begründet [5], indem er den Impuls berechnet, den ein im Strahlungsfeld schwebendes Teilchen bei Absorption und Emission erhält und abgibt; die Forderung, daß die normale *Brown*sche Bewegung dadurch nicht gestört wird, ist nur erfüllbar, wenn die Strahlung sich verhält wie ein Gas von Teilchen mit der Energie $h\nu$ und dem Impuls $h\nu/c$.

Inzwischen waren von 1913 an *Bohrs* Arbeiten über die Quantentheorie der Elektronenbahnen in Atomen und den Ursprung der Spektren erschienen. Von da an stand es fest, daß die Physik der Zukunft von der Quantenidee beherrscht sein würde. Über der Diskussion von Quantenbedingungen und Auswahlregeln, die man zur Beschreibung der Elektronenbewegung erfand, wurde die Quantenstruktur des Lichtes fast vergessen, bis sie im Jahre 1922 wieder aktuell wurde durch die Entdeckung des *Compton*-Effekts und seine Erklärung als Stoß von Photonen und Elektronen. Diese Deutung beruht auf der Anwendung der Erhaltungssätze für Energie und Impuls, wobei die beiden Entdeckungen *Einsteins,* die wir in diesen Tagen feiern, zugleich benutzt werden:

die relativistischen Formeln

$$E = mc^2, \qquad p = mc, \qquad m = \frac{m_0}{\sqrt{1 - v^2/c^2}}$$

für das Elektron, die Quantenformeln

$$E = h\nu, \qquad p = h\nu/c$$

für das Photon.

In denselben Gedankenkreis gehört die Arbeit von *Smekal,* der im folgenden Jahre 1923 darauf aufmerksam machte, daß nach dem Erhaltungssatz der Energie für ein System, bestehend aus einem Atom (oder einer Molekel) und einem Photon, eine neue Art von Lichtstreuung mit Frequenzänderung zu erwarten sei. Dies gab Anlaß zu einer Revision der Dispersionstheorie vom Standpunkt der Quantenvorstellung, durch *Ladenburg, Kramers* und *Heisenberg,* ein wichtiger Schritt in der langsamen Entwicklung, die schließlich zur Quantenmechanik führte. Die von *Smekal* vorhergesagte Erscheinung, jetzt *Raman*-Effekt genannt, wurde aber erst 1928 von *Raman* an Molekeln, von *Landsberg* und *Mandelstam* an Kristallen gefunden.

Was die Strahlungsformel betrifft, so war es *Einstein* selbst, der sie im Jahre 1916 aus den *Bohr*schen Annahmen über stationäre Zustände ableitete [6], indem er die Emission und Absorption eines Lichtquants in Analogie zum radioaktiven Zerfall behandelte. Die Symmetrie der Übergangswahrscheinlichkeit A_{nm} zwischen zwei Zuständen n und m, $A_{nm} = A_{mn}$, die dabei zum Vorschein kam, war wieder ein wichtiger Wegweiser beim Vordringen zur Quantenmechanik. Diese Ableitung der Strahlungsformel aus Übergangswahrscheinlichkeiten entspricht in der Gastheorie der Benutzung der *Boltzmann*schen Stoßformel. Man kann aber die Gleichgewichtsgesetze eines Gases auch gewinnen, ohne Stoßprozesse zu betrachten, durch Bestimmung des wahrscheinlichsten Zustandes. Sollte es nicht möglich sein, auch die Strahlungsformel als energetische Zustandsgleichung eines Photonengases zu erhalten? *Einsteins* ursprüngliche Schwankungsbetrachtung liegt in dieser Richtung, führt aber nur für geringe Strahlungsdichten zur Formel (11), die für ein Gas charakteristisch ist, während im allgemeinen die kompliziertere Formel (14) gilt. Diese Frage hat *Einstein* lange beschäftigt und beunruhigt, und als im Jahre 1924 der Inder *Bose* die Lösung fand, indem er die prinzipielle Nichtunterscheidbarkeit der Photonen statistisch in Rechnung setzte, griff *Einstein* diesen Gedanken sofort auf und dehnte ihn auf materielle Teilchen aus [7]. Er hatte wohl damals schon Kunde von *de Broglies* kühnem Gedanken der Wellenmechanik (veröffentlicht in kleinen Mitteilungen seit 1923, zusammengefaßt in seiner berühmten Dissertation 1924). Die *Bose-Einstein*-Statistik ist der letzte positive Beitrag *Einsteins* zur Quantentheorie. Hier kann ich meine historische Übersicht abbrechen. Von nun an wurde *Einsteins* Haltung zur Weiterentwicklung der von ihm selbst geschaffenen Grundlagen der Quantentheorie immer kritischer und skeptischer.

Er hatte selbst die paradoxe Dualität Welle—Korpuskel geschaffen. Es war die Hauptaufgabe der theoretischen Physik, diesen scheinbaren Widerspruch zu beheben. Sie wurde von beiden Seiten angefaßt: Aus der *Bohr*schen Behandlung der Elektronenbahnen entsprang die *Matrizenmechanik*, die von *Heisenberg* begründet und von ihm im Verein mit *Jordan* und mir ausgearbeitet, unabhängig auch von *Dirac*, entwickelt wurde, und aus *de Broglies* Ansätzen entsprang *Schrödingers Wellenmechanik*. Beide Methoden wurden bald als verschiedene Darstellungen derselben Theorie erkannt.

Der Formalismus war schon weit fortgeschritten und gesichert, ehe es gelang, eine vernünftige Interpretation zu finden. Diese unterscheidet sich von der klassischen Theorie durch den Verzicht auf exakte Vorausberechnung von physikalischen Situationen; sie erlaubt nur, Wahrscheinlichkeiten zu bestimmen. Die große Majorität der Physiker hat diese statistische Auffassung akzeptiert, besonders die Experimentatoren, da sie der empirischen Lage in der Atomforschung genau entspricht.

Aber *Einstein* hält die statistische Interpretation für unbefriedigend und hat immer wieder versucht, sie zu widerlegen. Dabei geht die Deutung des Quadrats der Wellenfunktion als Wahrscheinlichkeit auf *Einstein* selbst zurück. Er hat ausgesprochen, daß die mittlere Dichte der Photonen in einem Lichtstrahl übereinstimmen muß mit der Energiedichte der elektromagnetischen Wellen, die diesen Strahl beschreiben. Es ist dieser selbe Gedanke, den ich 1927 zur Deutung der *Schrödinger*schen Wellenfunktion vorschlug und der heute, gebührend verallgemeinert, überall angewandt wird. Der scheinbare Widerspruch, der in der gleichzeitigen Anwendung von Wellen- und Teilchenvorstellung besteht, wurde durch *Heisenbergs Unbestimmtheitsrelationen* aufgeklärt. *Niels Bohrs* Begriff der *Komplementarität* hat schließlich dem ganzen Gebäude der Quantenmechanik die erkenntnistheoretische Grundlage gegeben.

Das Photon selbst ist allerdings ein singuläres Teilchen, das keine Masse hat und sich stets mit gleicher Geschwindigkeit bewegt. Es gehört nicht in die eigentliche Quantenmechanik, sondern in die Quanten-Elektrodynamik. Schon in den ersten Arbeiten von *Heisenberg, Jordan* und mir findet sich die Quantisierung des elektromagnetischen Feldes durch Aufstellung von Vertauschungsrelationen zwischen den Feldkomponenten und als dringendste Anwendung die Ableitung der Schwankungsformel (14) für die schwarze Strahlung durch Interferenz quantisierter Wellen, wobei die beiden Glieder $n+n^2$ automatisch erscheinen. Dies ist der bescheidene Anfang, aus dem die heutige raffinierte Quanten-Elektrodynamik von *Tomojeda, Schwinger, Feynman* u. a. entstanden ist.

Aber weder *Bohrs* Philosophie noch die zahllosen Erfolge der gewöhnlichen Quantenmechanik und die erstaunliche Genauigkeit der mit Hilfe der Quanten-Elektrodynamik erzielten Resultate haben *Einstein* dazu bekehrt, diese Theorien anzuerkennen. Er leugnet nicht ihre Brauchbarkeit, sieht sie aber als unvollständige, vorläufige Aushilfsmittel an, die einmal durch etwas Besseres ersetzt werden müssen.

Einsteins Haltung beruht auf seinen philosophischen Überzeugungen. Ich zitiere zwei Stellen aus seinen Briefen an mich, die ich übrigens mit seiner Einwilligung in einem Buche (Natural Philosophy of Cause and Chance, Clarendon Press, Oxford 1949) veröffentlicht habe. Am 7. November 1944 schreibt er:

„In unserer wissenschaftlichen Erwartung haben wir uns zu Antipoden entwickelt. Du glaubst an den würfelnden Gott und ich an volle Gesetzlichkeit in einer Welt von etwas objektiv Seiendem, das ich auf wild spekulative Weise zu erhaschen suche. Ich hoffe, daß einer einen mehr realistischen Weg bzw. eine mehr greifbare Unterlage für eine solche Auffassung finden wird, als es mir gegeben ist. Der große anfängliche Erfolg der Quantentheorie kann mich doch nicht zum Glauben an das fundamentale Würfelspiel bringen."

Und am 3. Dezember 1947:

„Meine physikalische Haltung kann ich Dir nicht so begründen, daß Du sie irgendwie vernünftig finden würdest. Ich sehe natürlich ein, daß die prinzipiell statistische Behandlungsweise, deren Notwendigkeit im Rahmen des bestehenden Formalismus ja zuerst von Dir klar erkannt wurde, einen bedeutenden Wahrheitsgehalt hat. Ich kann aber deshalb nicht ernsthaft daran glauben, weil die Theorie mit dem Grundsatz unvereinbar ist, daß die Physik eine Wirklichkeit in Zeit und Raum darstellen soll ohne spukhafte Fernwirkungen. ... Davon bin ich fest überzeugt, daß man schließlich bei einer Theorie landen wird, deren gesetzmäßig verbundene Dinge nicht Wahrscheinlichkeiten, sondern gedachte Tatbestände sind, wie man es bis vor kurzem als selbstverständlich betrachtet hat. Zur Begründung dieser Überzeugung kann ich aber nicht logische Gründe, sondern nur meinen kleinen Finger als Zeugen beibringen, also keine Autorität, die außerhalb meiner Haut irgendwelchen Respekt einflößen kann."

Vor etwas über einem Jahr hatte ich wieder einen Briefwechsel mit *Einstein* anläßlich einer kleinen Abhandlung, in der er denselben Gedanken – die Ablehnung der Wahrscheinlichkeit als eigentlichen Gegenstand physikalischer Theorie – an einem Beispiel entwickelte. Beim Durchdenken dieses Modells kam mir der Zweifel, ob denn die klassische Mechanik wirklich imstande sei, deterministische Aussagen zu machen. Ich habe mich inzwischen überzeugt, daß der mechanische Determinismus auf einer Annahme beruht, die der ganzen, von *Einstein* selbst begründeten Denkweise der heutigen Physik widerspricht, nämlich dem Postulat, daß Aussagen keinen Sinn haben, die einer Prüfung durch das Experiment prinzipiell unzugänglich sind. Eine kleine Mitteilung darüber habe ich jüngst in den Physikalischen Blättern veröffentlicht [1]). Auch die klassische Mechanik kann nicht mehr als Wahrscheinlichkeitsaussagen machen.

Dieser Einwand *Einsteins* gegen die statistische Auffassung der Quantenmechanik scheint mir daher gegenstandslos. Aber aus den zitierten Briefstellen und dem erwähnten späteren Briefwechsel geht hervor, daß es nicht so sehr die Frage des Determinismus ist, die *Einsteins* Ablehnung der heutigen Quantenphysik bedingt, sondern sein Glaube an die objektive Realität des physikalischen Geschehens, unabhängig vom Beobachter. Dies ist ein viel tieferes Problem, auf das ich hier nicht eingehen kann. Ich habe an anderer Stelle [2]) gezeigt, daß man *Einsteins* Einwänden wohl begegnen kann, indem man den Sinn der Aussagen über die Realität von physikalischen Objekten analysiert und dabei den mathematischen Begriff der Invarianz gegen Transformationen gehörig heranzieht.

Einstein hat sich nicht begnügt, die statistische Interpretation der Quantenmechanik zu kritisieren, sondern unablässig versucht, eine andere Grundlage der Physik zu schaffen. Sein Ausgangspunkt war dabei die allgemeine Relativitätstheorie, die er zu verallgemeinern suchte in der Hoffnung, am Ende auf eine Erklärung der Quantenphänomene und der Elementarteilchen zu stoßen. Positive Ergebnisse hat er nicht erzielt, und die Physiker haben wenig Notiz genommen von seinen großen und schwierigen Arbeiten.

Dadurch ist *Einstein* in eine Isolierung geraten, die tragisch wäre, wenn nicht sein heiteres, optimistisches Temperament ihn vor Bitterkeit bewahrte. Er war ja immer ein Einzelgänger. Er suchte Erkenntnis zu seiner eigenen Befriedigung, nicht für materielle Vorteile oder Ruhm. Die Tragik seines Lebens ist die Tragik unserer Wissenschaft als Ganzes, der Mißbrauch der Erkenntnis im politischen Machtkampf der Völker. Was er darüber denkt, mag ein kurzer Brief an den Herausgeber der amerikanischen Zeitschrift „The Reporter" beleuchten:

„Sie haben mich gefragt, was ich über Ihre Aufsätze betreffs der Lage der Naturforscher in Amerika denke. Anstatt zu versuchen, das Problem zu analysieren, darf ich mein Gefühl in einer kurzen Bemerkung ausdrücken: Wäre ich wieder ein junger Mann und hätte einen Lebensberuf zu wählen, so würde ich nicht versuchen, ein Wissenschaftler, ein Gelehrter oder ein Lehrer zu werden. Ich würde vorziehen, ein Klempner oder Hausierer zu

---

[1]) Siehe den Aufsatz „Ist die klassichse Mechanik tatsächlich deterministisch?", S. 160 dieses Buches.

[2]) Siehe den Aufsatz „Physikalische Wirklichkeit", S. 145 dieses Buches.

sein in der Hoffnung, so das geringe Maß von Unabhängigkeit zu finden, das unter den heutigen Umständen noch erreichbar ist."

Das ist derselbe Gedanke, den er mir schon in der verhältnismäßig harmlosen Zeit vor 40 Jahren als Rat an junge Physiker empfahl. Es gibt wohl kaum eine bescheidenere und zugleich schärfere Form der Absage an den heutigen Wissenschaftsbetrieb, welcher nicht mehr dem Geiste dient, sondern den Mächten dieser Welt. Doch das gehört nicht zu unserem Thema.

Eine Würdigung von *Einstein* als Forscher und Denker wäre jedoch unvollständig, ohne wenigstens ein Streiflicht zu werfen auf *Einstein*, den Menschen. Lassen Sie mich schließen mit ein paar Sätzen aus einem Briefe an mich:

„Das Gefühl für das, was sein soll und was nicht sein soll, wächst und stirbt wie ein Baum, und keine Art Dünger wird sehr viel dabei ausrichten. Was der einzelne tun kann, ist nur ein sauberes Beispiel zu geben und den Mut zu haben, ethische Überzeugungen in der Gesellschaft von Zynikern ernsthaft zu vertreten. Seit langem habe ich danach gestrebt, mich demgemäß zu verhalten — mit wechselndem Erfolg."

Das sind Worte der Resignation von einem, der auch im Menschlichen an Vorherbestimmung glaubt, aber die Wirkung der ethischen Persönlichkeit mit einrechnet. Es ist eine merkwürdige Art, die moralische Freiheit zu retten, philosophisch vielleicht sehr anfechtbar. Aber auch *Einsteins* Philosophie der Physik scheint mir anfechtbar. Das hat unserer Freundschaft keinen Abbruch getan, denn nicht auf Doktrinen kommt es an, sondern auf Sauberkeit und Ehrlichkeit im Denken und Fühlen. Und in beiden verehren wir ihn als Vorbild und Meister.

Anhang

A. Für jedes thermodynamische System gilt bei konstantem Volumen

$$dS = \frac{dU}{T} = k\beta\, dU; \tag{1}$$

daher

$$-k\gamma = \frac{d^2 S}{dU^2} = \frac{d}{dU}(k\beta) = k\frac{d\beta}{dU}, \qquad \gamma = -\left(\frac{dU}{d\beta}\right)^{-1}. \tag{2}$$

B. Setzt man nun mit *Planck*

$$\frac{du}{d\beta} = -u^2 - \varepsilon_0 u, \tag{3}$$

so folgt durch elementare Integration mit der Grenzbedingung, daß für

$\beta = 0$ das *Rayleighsche* Gesetz $u = \beta^{-1}$ herauskommt,

$$u = \frac{\varepsilon_0}{e^{\beta \varepsilon_0} - 1}. \tag{4}$$

Aus dem *Wienschen* Verschiebungsgesetz $\varrho = \nu^3 f(\nu/T)$ folgt für $u = \varrho c^3/8\pi\nu^2$ (s. S. 220)

$$u = \nu F(\nu\beta); \tag{5}$$

also muß

$$\varepsilon_0 = h\nu \tag{6}$$

sein.

C. (7) ist eine *Gauß*-Verteilung in der Variabeln $\Delta E = x$. Wenn man die Gesamtwahrscheinlichkeit auf 1 normiert,

$$\int_{-\infty}^{+\infty} P\,dx = P_0 \int_{-\infty}^{+\infty} e^{-\frac{1}{2}\gamma x^2}\,dx = P_0 \sqrt{\frac{2\pi}{\gamma}} = 1, \tag{7}$$

so muß $P_0 = \sqrt{\frac{\gamma}{2\pi}}$ sein, so daß

$$P(x) = \sqrt{\frac{\gamma}{2\pi}}\, e^{-\frac{1}{2}\gamma x^2} \tag{8}$$

ist. Daraus erhält man die Mittelwerte

$$\overline{\Delta E} = \bar{x} = \int_{-\infty}^{+\infty} x\,P(x)\,dx = 0,$$

$$\overline{(\Delta E)^2} = \overline{x^2} = \int_{-\infty}^{+\infty} x^2 P(x)\,dx = \sqrt{\frac{\gamma}{2\pi}} \int_{-\infty}^{+\infty} x^2\, e^{-\frac{1}{2}\gamma x^2}\,dx = \frac{1}{\gamma}. \tag{9}$$

Literatur

[1] *M. Planck:* Verh. dtsch. phys. Ges. 2 (1900) S. 202.

[2] *M. Planck:* Verh. dtsch. phys. Ges. 2 (1900) S. 237.

[3] *A. Einstein:* Ann. Phys. 17 (1905) S. 132, 20 (1906) S. 199. Phys. Z. 10 (1909) S. 185, 817.

[4] *A. Einstein:* Ann. Phys. 22 (1907) S. 180.

[5] *A. Einstein:* Mitt. phys. Ges. Zürich 1916, Nr. 18; Phys. Z. 18 (1917) S. 121.

[6] *A. Einstein:* Ber. dtsch. phys. Ges. 18 (1916) S. 318.

[7] *A. Einstein:* Sitzgsber. preuß. Akad. Berlin 1924, S. 261; 1925, S. 3, 18.

19 Erinnerungen an Einstein*)

Ihre freundliche Einladung, über *Einstein* zu sprechen, habe ich gern angenommen, weil es mir Freude macht, die Erinnerung an die Begegnung mit ihm aufleben zu lassen und von dem großen Erlebnis zu erzählen.

Ich habe *Einstein* bei der Salzburger Naturforscher-Versammlung von 1909 kennengelernt, vier Jahre nach dem Erscheinen seiner drei großen Arbeiten (im Bande 17 der Annalen der Physik, 1905), die ihn mit einem Schlage in die Reihe der führenden Physiker stellten und von denen die bekannteste von der Relativitätstheorie handelt, während die beiden anderen die *Brown*sche Bewegung und die Idee des Lichtquants betreffen. Zunächst aber blieb unsere Beziehung locker; sie beschränkte sich auf gelegentliche Briefe über wissenschaftliche Probleme. Diese bezogen sich auf die spezielle Relativitätstheorie — davon werde ich nachher einiges berichten — und dann auch auf die Quantentheorie. Die Bedeutung seiner Lichtquantenarbeit von 1905 begriff ich erst viel später. Es war erst *Einsteins* Theorie der spezifischen Wärme von 1907, die mir die Augen öffnete. Ich hatte, wie wohl die meisten Physiker jener Zeit, geglaubt, daß *Plancks* Idee der Quanten eine Arbeitshypothese sei, die nützliche Dienste leiste, aber bald eliminiert oder auf die üblichen Begriffe der theoretischen Physik zurückgeführt werden würde. Als nun mein Freund *Theodor von Kármán* und ich versuchten, die einfache Formel *Einsteins* für den Energieinhalt eines Kristalls durch Berücksichtigung der Koppelung der Atome zu verfeinern, wurde uns klar, daß die Träger der monochromatischen Schwingungen in Molekülen und Kristallen nicht dinghafte Atome seien, sondern die abstrakten Normalkoordinaten des ganzen Systems. Rückschauend sieht man, daß dies ein einwandfreier Indizienbeweis gegen die Gültigkeit der klassischen *Newton*schen Mechanik war. Aber soweit ich mich erinnere, verspürten wir keine große intellektuelle Erschütterung, sondern nur die Freude, etwas Neues gefunden zu haben — eine Freude, die allerdings ein wenig dadurch gedämpft wurde, daß *Peter Debye* dieselben Resultate zu gleicher Zeit veröffentlichte. Erst briefliche Diskussionen mit *Einstein* machten mir die Tragweite der Sache

---

*) Vortrag gehalten bei der Jahreshauptversammlung des Deutschen Vereins zur Förderung des mathematischen und naturwissenschaftlichen Unterrichts in Hannover am 4. April 1956. Veröffentlicht in „Der Mathematische und Naturwissenschaftliche Unterricht" IX (1956) S. 97.

klar; leider ist von diesem Briefwechsel nichts erhalten. Vom persönlichen Standpunkt war die Beschäftigung mit den Schwingungen in Kristallgittern für mich von großer praktischer Bedeutung: sie öffnete mir ein eigenes, neues Arbeitsgebiet, die kinetische Theorie der festen Körper, die zwar nicht in die Tiefen der letzten Prinzipien dringt, aber großen, auch heute noch nicht ausgeschöpften Stoff für Einzeluntersuchungen lieferte. Mein erstes und mein letztes Buch (1915 bzw. 1955) sind Darstellungen dieses Gebietes.

In enge persönliche Beziehung mit *Einstein* kam ich im Jahre 1915, als ich zur Unterstützung von *Max Planck* als außerordentlicher Professor nach Berlin berufen wurde. *Einstein* war schon seit 1913 in Berlin als Nachfolger von *van't Hoff* an der Preußischen Akademie. Ich besuchte ihn sehr bald. Aber es war Krieg, ich mußte Soldat werden und verschwand. So kam es zu keinem näheren Verkehr, bis ich etwa ein Jahr später an die Artillerie-Prüfungskommission, kurz APK, versetzt wurde. Das Dienstgebäude in der Spichernstraße war ganz nahe bei *Einsteins* Wohnung, und nun sahen wir uns häufig, zu Zeiten fast täglich. Nachdem ich in der Militärbehörde Fuß gefaßt hatte, fand ich Zeit, meine wissenschaftliche Arbeit wieder aufzunehmen. Ich hatte in meinem Schreibtisch zwei Schubladen, eine voll von Papieren über das Schallmeßwesen, an dem ich mit einem Dutzend anderer uniformierter Physiker arbeitete, die andere mit meinen eigenen Untersuchungen: zuerst Korrekturen meines ersten Buches, Dynamik der Kristallgitter, dann neue Untersuchungen über Gegenstände der Optik und Kristallphysik. An andern Tischen im selben Zimmer saßen *Erwin Madelung*, später mein Nachfolger in Frankfurt, und *Alfred Landé*, jetzt Professor in Columbus, Ohio. Diese richteten sich ebenfalls zweifache Schubladen ein; wir waren ganz sicher, daß unser Major den Unterschied zwischen den akustischen Formeln des Schallmeßverfahrens und unsern andern Hieroglyphen nicht merken würde. Dort erfolgte die erste Berechnung der *Madelung*schen Konstante, die *Landé* und ich für unser Problem der Energie der Ionengitter brauchten, und die Anwendung dieser Ergebnisse auf die Bestimmung physikalischer Konstanten und chemischer Bindungswärmen. *Einstein* nahm unsere Arbeit zur Veröffentlichung in der Berliner Akademie an. Als ich einige Tage später unser Arbeitszimmer in der APK betrat, fand ich *Landé* in Verzweiflung: Wir hatten bei der Energieformel den berüchtigten Faktor $\frac{1}{2}$ vergessen, ein Bock, vor dem jeder Anfänger im theoretischen Seminar gewarnt wird. Unser Resultat schien hoffnungslos falsch. Was blieb mir übrig, als in der Mittagspause zu *Einstein* zu trotten und ihn zu bitten, die Arbeit zurückzuziehen. Ich habe damals sein herrliches Lachen zum erstenmal gehört; es hat mich ein wenig beschämt, aber nicht vernichtet. Denn er sagte: „Euer Resultat ist vielleicht numerisch falsch, aber innerlich in Ordnung — denkt ein wenig nach, so wird Euch schon einfallen, was der vergessene Faktor $\frac{1}{2}$ bedeutet." Und so kam es auch. Gerade der mathematische Fehler leitete uns zur richtigen Physik, und die Arbeit war gerettet. Es handelte sich wiederum um das Versagen eines klassisch-mechanischen Modells (es liefert nur die Hälfte des beobachteten Wertes der Gitterenergie), und das war ein neuer Wegweiser zum Ausbau der Quantentheorie. Nicht zu verzagen, wenn eine vernünftige Idee nicht gleich stimmt, diese Lehre aus *Einsteins* Munde hat mir immer wieder geholfen.

Aber Sie wollen ja nicht von meinen kleinen Arbeiten hören, sondern von *Einsteins* großen Gedanken. Diese drehten sich damals um die allgemeine Relativitätstheorie, und obwohl ich seit Jahren damit gerungen hatte, ist mir doch ihr Sinn erst aus Diskussionen mit *Einstein* aufgegangen.

In der speziellen Relativitätstheorie war ich seit meiner Studentenzeit zu Hause. Sie wurde ja nicht, wie in populären Darstellungen oft behauptet wird, von *Einstein* allein aus dem Nichts geschaffen. Das Problem der Relativität hatte sich langsam aus den beobachteten Tatsachen herauskristallisiert und durch *Fitz Gerald, Larmor, Poincaré* und *Lorentz* eine formale mathematische Lösung gefunden. In demselben Jahre 1905, in dem *Einsteins* erste Relativitätsarbeit erschien, habe ich in Göttingen an einem von *Hilbert* und *Minkowski* geleiteten Seminar teilgenommen, in dem dieser ganze Fragenkomplex gründlich behandelt wurde; *Minkowskis* Beitrag war eine Skizze der Gedanken, die er durch seine große Abhandlung in den Göttinger Nachrichten von 1907 und in populärer Form durch seinen Vortrag „Raum und Zeit" auf der Kölner Naturforscherversammlung von 1908 bekannt gemacht hat. Ich war inzwischen von Göttingen nach meiner Heimat Breslau zurückgekehrt und arbeitete an einem relativistischen Problem, die Bewegungsgleichungen des Elektrons betreffend, über das ich mit meinen Freunden sprach. Einer dieser, der Pole *Stanislas Loria,* der später selbst der erste polnische Professor in Wrozlaw wurde, machte mich auf *Einsteins* Arbeiten aufmerksam. Mir war die Idee der Relativität ganz geläufig. Ich benutzte die von *Minkowski* ersonnene Methode, bei der Raum und Zeit zu einer vierdimensionalen quasi-euklidischen Mannigfaltigkeit, der „Welt" der Ereignisse, zusammengefaßt werden, und die sich bald als die dem Problem angemessene allgemein durchgesetzt hat. Und doch waren mir, wie vielen andern, *Einsteins* Arbeiten eine Offenbarung. Denn durch sie erst wurde der eigentliche tiefere Sinn der *Lorentz*schen Transformationen enthüllt, eine neue philosophische Betrachtungsweise in die Physik eingeführt. Diese Philosophie lehrt, daß Aussagen, die prinzipiell dem Experimentieren unzugänglich sind, als verdächtig gelten und möglichst aus der Physik entfernt werden müssen. Im Falle der Relativität handelt es sich um Aussagen wie die, daß ein Körper eine bestimmte Lage und Geschwindigkeit im Raume habe, oder daß zwei Ereignisse an verschiedenen Orten gleichzeitig sind. Über absoluten Ort und absolute Geschwindigkeit ist seit *Newtons* Zeiten viel diskutiert worden. Das eigentlich Neue in *Einsteins* Gedanken war die Ausdehnung der relativistischen Kritik auf die Zeit. Die Endlichkeit der Lichtgeschwindigkeit hat zur Folge, daß die Aussage, zwei Ereignisse an verschiedenen Orten seien gleichzeitig, keinen empirisch prüfbaren Inhalt hat. Heute lernt das jeder Student in elementaren Vorlesungen und findet keine Schwierigkeit, die *Einstein*sche Definition der relativen Gleichzeitigkeit zu verstehen. Ja, ich glaube auch, daß Schüler der Oberschule es begreifen und sich daran freuen können. Aber damals, vor 50 Jahren, war es neu und fand Widerspruch nicht nur bei ungelehrten Laien, sondern auch bei Physikern und Philosophen, die sich nicht von traditionellen Vorstellungen freimachen konnten. Selbst *Lorentz* fand sich bis zu seinem Ende nicht ganz damit ab, daß es keinen ruhenden Äther als Träger der elektromagnetischen Felder und Wellen geben solle. Und doch war er es, der die mathematische Grundlage der Theorie, die nach ihm benannten Transformationen, gefunden hatte. Was *Einstein* von *Lorentz* und *Poincaré* abhebt, ist der Umstand, daß diese die Theorie aus den *Maxwell*schen Gleichungen des elektromagnetischen Feldes entwickelten, während *Einstein* zeigte, daß sie auf viel allgemeinere erkenntnistheoretische Prinzipien gegründet werden kann. Und das ist wichtig, da ja *Einstein* zu der Zeit schon wußte, daß die *Maxwell*sche Lichttheorie nur eine Annäherung an die Wirklichkeit sein kann: das zeigt seine im gleichen Jahre 1905 wie die Relativitätstheorie erschienene Arbeit über die Lichtquanten.

Auch diese spielten in unseren Gesprächen eine Rolle. *Einstein* war tief beunruhigt über die Dualität von Wellen und Teilchen, die hier zum erstenmal hervortrat. Die naheliegende statistische Deutung, die heute nicht nur für das Licht, sondern für Elektronen und andere Teilchen allgemein angenommen ist, daß die Quadrate der Wellenamplituden die Wahrscheinlichkeitsdichte für das Auftreten von Teilchen bestimmen, hat er schon damals ausgesprochen, aber sogleich verworfen, weil er an der streng kausaldeterministischen Beschreibungsweise der klassischen Physik festhielt. Davon noch einiges später.

Die allgemeine Relativitätstheorie beruht auf einer Anwendung desselben philosophischen Prinzips, das zur speziellen Theorie geführt hatte. Es handelt sich um die Verallgemeinerung des Relativitätsgedankens auf beschleunigte Bezugssysteme. *Einstein* entdeckte den Schlüssel hierzu in der seit *Newtons* Zeit bekannten Tatsache, daß alle Körper im Schwerefelde dieselbe Beschleunigung erfahren, oder daß, wie man sagt, schwere und träge Masse gleich sind. Daraus folgt, daß ein in einem geschlossenen Kasten befindlicher Beobachter auf keine Weise feststellen kann, ob die beschleunigte Bewegung eines Körpers in dem Kasten durch ein äußeres Schwerefeld bei ruhendem Kasten erzeugt ist oder durch eine Beschleunigung des ganzen Kastens ohne Schwerefeld. Schon im Jahre 1907 kam

Einstein so zur Formulierung seines Äquivalenzprinzips, wonach Schwere und Beschleunigung für alle Naturvorgänge nicht unterscheidbar oder äquivalent, d. h. verschiedene Auffassungen desselben Tatbestandes sein sollen. Aber es brauchte die Anstrengungen vieler Jahre, bis etwa 1915, diesen Gedanken in eine in sich geschlossene Theorie zu verwandeln. Unter Mitwirkung seines alten Studienfreundes *Marcel Grossmann* fand er das richtige mathematische Handwerkszeug in der *Riemann*schen Geometrie und ihrer Weiterentwicklung durch *Ricci* und *Levi-Cività*. Die *Einstein*sche relativistische Gravitationstheorie ist wohl die größte Leistung menschlichen Denkens über die Natur, eine erstaunliche Verbindung philosophischer Tiefe, physikalischer Intuition und mathematischen Könnens.

Für uns, die wir im dogmatischen Glauben des 19. Jahrhunderts an die *Newton*sche Mechanik aufgewachsen waren, war die Aufnahme der *Einstein*schen Gedanken nicht leicht, und nicht jeder hatte wie ich das Glück, von ihm selbst belehrt zu werden. Trotz dieses Vorzugs habe ich mich selbst niemals auf das Gebiet der allgemeinen Relativität gewagt. Es schien mir zu großartig und erhaben für meine Kräfte, aber auch zu weit entfernt von der gewöhnlichen Physik und zu wenig verankert in Beobachtungen.

Die Erklärung der Perihelbewegung des Merkur ist die einzige ganz unangefochtene empirische Bestätigung; die beiden prüfbaren optischen Effekte (Lichtablenkung von Sternenlicht durch die Sonne, Rotverschiebung von Spektrallinien) sind zweifellos vorhanden, aber über die quantitative Übereinstimmung von Theorie und Beobachtung wird immer noch diskutiert. Die eigentliche Bedeutung der allgemeinen Relativitätstheorie liegt in der Kosmologie, der Lehre vom Sein und Werden des Weltalls. *Einstein* selbst hat den Anstoß dazu gegeben durch eine Arbeit von 1917, deren Entstehen ich noch in Berlin miterlebte; darin wurde eine Verallgemeinerung der Feldgleichungen des Gravitationsfeldes (durch das sogenannte kosmologische Glied) vorgeschlagen, für die es endliche geschlossene Räume als Lösungen gibt, eine Idee von außerordentlicher Kühnheit und Tragweite. Durch sie bekam die Forderung von *Ernst Mach*, daß das Trägheitsgesetz nicht als Eigenschaft des leeren Raumes, sondern als Folge der Wechselwirkung aller Körper der Welt angesehen werden müsse, einen physikalischen Sinn; sie löste das Rätsel, warum das Sternsystem sich nicht schon längst ins Unendliche zerstreut habe, und sie führte schließlich zur Deutung ganz neuer astronomischer Beobachtungstatsachen. Der amerikanische Astronom *E. P. Hubble* hatte entdeckt, daß die schwachen Nebelflecke, welche in Wahrheit Sternsysteme von der Größe unserer Milchstraße sind, eine Rotverschiebung der Spektrallinien zeigen, die um so größer ist, je weiter sie entfernt sind. Deutet man diese Verschiebung als *Doppler*effekt, so kommt man zur Auffassung, daß sich das gesamte Sternsystem gleichmäßig in der Zeit ausdehnt. Nun gibt es tatsächlich Lösungen der

*Einstein*schen Feldgleichungen, die einem solchen Vorgang entsprechen[1]). Hier hat die Relativitätstheorie ihre größten Triumphe gefeiert und den Anschluß an die Erfahrung gefunden.

Doch damals in Berlin ahnten wir noch nichts von diesen wunderbaren Bestätigungen der *Einstein*schen Gedanken. Es waren reine Spekulationen, die ihn, und in seinem Gefolge auch mich, von den Nöten und Sorgen des Tages ablenkten. Denn draußen tobte der Krieg, wir waren umgeben von Leid, Hunger und Gefahr, und unser Gespräch glitt oft genug ab in die Politik und das Weltgeschehen.

Hierüber zu sprechen ist schwer. Denn *Einsteins* Ansichten waren keineswegs im Einklang mit dem, was der normale deutsche Bürger dachte. Auch im Menschlichen, Sozialen, Politischen ging er seine eigenen Wege, wie in der Wissenschaft. Lassen Sie mich hier einen Blick auf seinen Lebensgang werfen.

Einstein ist am 14. März 1879 in Ulm geboren. Seine Eltern übersiedelten aber schon 1880 nach München. Sie waren jüdisch, aber ganz irreligiös, und ließen den Sohn eine katholische Elementarschule besuchen. Schon früh zeigte sich ein unbändiger Wille zur Unabhängigkeit. Er haßte das Soldatenspielen, weil es Zwang bedeutete. Nach seinen eigenen Mitteilungen war ihm schon in jungen Jahren die Nichtigkeit des Hoffens und Strebens der Menschen bewußt, die, wie er sich ausdrückte, rastlos durchs Leben gejagt werden, um ihren Magen zu befriedigen, während das Denken und Fühlen zu kurz kommt. „Da gab es als ersten Ausweg die Religion, die ja jedem Kinde durch die traditionelle Erziehungsmaschine eingepflanzt wird." So kam er als Kind zu einer tiefen Religiosität, die aber im Alter von 12 Jahren bereits ein jähes Ende fand. Ich zitiere eine Stelle einer kurzen Selbstbiographie (*Albert Einstein*, Philosopher and Scientist; Library of Living Philosophers, Vol. 7; deutsch im Verlag W. Kohlhammer), er nennt es einen selbstgeschriebenen Nekrolog: „Durch Lesen populärwissenschaftlicher Bücher kam ich bald zu der Überzeugung, daß vieles in den Erzählungen der Bibel nicht wahr sein konnte. Die Folge war eine geradezu fanatische Freigeisterei, verbunden mit dem Eindruck, daß die Jugend vom Staate mit Vorbehalt belogen wird: es war ein niederschmetternder Eindruck. Das Mißtrauen gegen jede Art von Autorität wuchs aus diesem Erlebnis, eine skeptische Einstellung gegen die Überzeugungen, die in der jeweiligen sozialen Umwelt lebendig waren — eine Einstellung, die mich nie wieder verlassen hat, wenn ich auch später bessere Einsicht in die kausalen Zusammenhänge gewann." Das so verlorene religiöse Paradies

---

[1]) An der Entdeckung dieser Lösungen sind, neben *Einstein*, *W. de Sitter* (1917), *H. Weyl* (1923), *A. Friedmann* (1922), *G. Lemaître* (1927), *H. P. Robertson* (1929), beteiligt.

war sein erster Versuch, sich aus den Fesseln des „Nur-Persönlichen" zu befreien. Nun schwebte ihm das gedankliche Erfassen der außerpersönlichen Welt im Rahmen der uns gebotenen Möglichkeiten, halb bewußt, halb unbewußt, als höchstes Ziel vor. Er hat schöpferisches Denken definiert als die Fähigkeit, sich zu wundern, das Wunder im Alltäglichen zu sehen. Ein Wunder solcher Art erlebte er als Kind von vier oder fünf Jahren, als sein Vater ihm einen Kompaß zeigte. Daß diese Nadel ohne sichtbare äußere Einwirkung ihre Richtung beibehielt, zeigte, daß etwas tief Verborgenes hinter den Dingen sein mußte. Ein Wunder etwas anderer Art begegnete ihm im Alter von zwölf Jahren in Gestalt eines Büchleins über Euklidische Geometrie der Ebene, aus dem er erkannte, daß Dinge, die gar nicht evident sind (wie z. B. das Sichschneiden der drei Höhen eines Dreiecks in einem Punkt), mit solcher Sicherheit bewiesen werden können, daß ein Zweifel ausgeschlossen zu sein scheint.

Hier haben wir die Wurzeln seines intellektuellen Wesens: Völlige Unabhängigkeit von Autorität, Gleichgültigkeit gegen materiellen Vorteil, Fähigkeit des Wunderns über einfache Naturerscheinungen und Glaube an die Macht des analysierenden Denkens. Dazu kommen aber noch die Züge seines Gefühlslebens: Anteilnahme an den Schicksalen der Menschen und Hilfsbereitschaft, aber tiefe Abneigung gegen Bindung an eine Gemeinschaft; Liebe zu aller Schönheit in Kunst und Natur, besonders zur Musik.

Zum Glauben an einen persönlichen Gott ist er nicht zurückgekehrt. Er hat sich später zum Gotte *Spinozas* bekannt, der sich in der Gesetzlichkeit der natürlichen Welt offenbart. In einem Aufsatz „Wissenschaft und Religion" vom Jahre 1940 sagt er: „Zur Religion gehört der Glaube, daß die Welt der Erscheinungen nach Gesetzen der Vernunft gelenkt wird und daß diese Welt mit dem Verstande zu erfassen ist. Einen echten Wissenschaftler kann ich mir ohne diesen festen Glauben nicht denken. Ein Bild mag dieses Verhältnis veranschaulichen: Die Naturwissenschaft ohne Religion ist lahm, die Religion ohne Naturwissenschaft aber ist blind."

In der erwähnten Selbstbiographie spricht *Einstein* viel von seiner geistigen Entwicklung, aber kein Wort von seinem äußeren Lebenslauf. So will auch ich hier nur solche Dinge aus seinem Leben erwähnen, die uns dem Verständnis seines Wesens näher bringen. Hierzu gehört, daß er bei seinem Fortgang die deutsche Staatsangehörigkeit aufgab und zugleich aus der jüdischen Religionsgemeinschaft austrat. In der Schweiz fühlte er sich wohl und wurde später Schweizer Bürger. Nachdem er sich durch die Aargauer Kantonsschule und das Züricher Polytechnikum hindurchgehungert hatte, bekam er 1902 eine kleine Stelle am Schweizer Patentamt in Bern, die ihn zum ersten Male der groben Not enthob. Dort entstanden jene großen, eingangs erwähnten Arbeiten. Dann folgte ein schneller Aufstieg, Professuren an der Züricher und Prager Universität und am Züricher Polytechnikum und schließlich die Berufung an die Berliner Akademie.

Er kehrte nicht leichten Herzens nach Deutschland zurück. *Max Planck* und *Walter Nernst* fuhren selbst nach Zürich, um ihn zu überreden. Der Glanz der Preußischen Akademie, die Aussicht, ohne Lehrverpflichtungen wissenschaftlich arbeiten und seine Ideen mit den Besten seines Faches austauschen zu können, schließlich auch persönliche Gründe — eine früh geschlossene Ehe war nicht glücklich geworden — überwogen seine Bedenken.

In der Akademie und der Universität fand er alles, was er erwartet hatte. Man kann wohl auch nicht sagen, daß er sich fremd oder einsam fühlte; wo immer er war, lebte er auf seine eigene, spartanische Weise, freundlich gegen jedermann, aber bedacht auf Wahrung seiner Unabhängigkeit. Als ein Jahr nach seiner Übersiedlung der Krieg ausbrach, sah er der wilden Begeisterung der Massen mit schmerzlichem Lächeln zu und weigerte sich, das bekannte „Manifest der zweiundneunzig deutschen Intellektuellen" zu unterschreiben, in dem diese sich mit dem deutschen Militarismus solidarisch erklärten. Nur daß er Schweizer Staatsbürger war, bewahrte ihn davor, als Verräter gebrandmarkt zu werden.

Schon damals begannen sich Parteien zu bilden, für und gegen ihn. Er hielt zwar nie mit seiner Meinung zurück, drängte sie aber auch niemandem auf. Aber man wußte, daß er Pazifist war, militärische Entscheidungen für sinnlos hielt und an einen deutschen Sieg nicht glaubte. Gegen Ende des Krieges veranstaltete eine Gruppe von bedeutenden Männern, darunter der Historiker *Delbrück*, der Nationalökonom *Brentano*, *Einstein* und andere, abendliche Zusammenkünfte, zu denen hohe Beamte des Auswärtigen Amts gebeten wurden. Zur Diskussion stand hauptsächlich der vom großen Hauptquartier geforderte unbeschränkte U-Bootkrieg, der unfehlbar zum Eintritt Amerikas in den Krieg führen mußte. *Einstein* überredete mich, an diesen Sitzungen teilzunehmen, was ich eigentlich als Offizier nicht durfte. Ich war einer der jüngsten des Kreises und habe nie den Mund aufgemacht. Aber Einstein hat öfters gesprochen, ruhig und klar, als ob es sich um theoretische Physik handle. Genützt haben diese Versuche, auf die Kriegsleitung einzuwirken, gar nichts, und das Verhängnis nahm seinen Lauf.

Gleich bei seinem ersten Besuch in unserm Hause brachte *Einstein* seine Geige mit, um mit mir Violinsonaten zu spielen. Meine Frau, die er nicht kannte, begrüßte er mit den Worten: „Ich höre, Sie haben gerade ein Junges gekriegt." Dann zog er seine Röllchen ab, warf sie in eine Ecke und begann zu fiedeln. *Haydn* war damals sein Lieblingskomponist. Einmal im Kohlrübenwinter lud meine Frau *Einstein* zu einem guten Essen ein mit den folgenden Versen:

Herr Newton sagte einst voll Schwung:
Erfährt einStein Beschleunigung,
Wird er im Raum, wenn dieser leer,
Auf grader Bahn getrieben
Und fleucht auf Nimmerwiederkehr,
Bis nichts von ihm geblieben.

Viel froher macht mich Ihre Lehr':
Der Raum er krümmt sich hin und her,
EinStein, der fortzurasen denkt,
Wird durch Materie abgelenkt,
Er schnuppert rings um sie herum,
Denn dorten ist der Raum sehr krumm.

Einstein passiert auf seiner Bahn
Haus Born, er muß sich wieder nahn
(So sehr er mich auch dauert),
Weil hier Materie lauert:

Ein ros'ger Schinken träumet feist
Und harret der da kommen,
Bis man ihn dermaleinst verspeist
Zum Heile aller Frommen.

Drum laßt kein Marsjahr erst vergehn,
Bis wir Euch dürfen wiedersehn!
Erscheint als Haydn-Missionar
In einem kurzen *Einstein*jahr!

Diese poetische Darlegung der allgemeinen Relativitätstheorie gibt den harmlos-lustigen Ton unseres Verkehrs gut wieder. Auch *Einstein* erging sich gelegentlich in komischen Versen. Der Umgang mit ihm war beglückend, weil man fühlte, wie völlig unabhängig er war vom eigenen Ich. Einmal wurde er schwer krank. Als meine Frau ihn fragte, ob er keine Todesangst habe, sagte er: „Ich fühle mich so solidarisch mit allen Lebenden, daß es mir einerlei ist, wo der einzelne anfängt und aufhört." Er genas durch die aufopfernde Pflege seiner Kusine Elsa, die dann seine zweite Frau wurde. Durch sie kam er zu einem mehr bürgerlichen Leben. Aber auch in Frau Elsas wohlgepflegter Häuslichkeit bewahrte er seine spartanische Lebensweise. In seinem kleinen Zimmer war keine Decke, kein Teppich, kein Bild; nur Bett, Tisch, Stuhl, Bücherbrett mit einigen Büchern und ein paar Bündeln von Sonderdrucken. Jeder Besitz war ihm eine Bürde, und im Streben nach Besitz sah er den tiefsten Grund für Zwist und Krieg unter den Menschen. Die Anbetung der Staatsgewalt und der technischen Leistung waren ihm ebenso zuwider wie Militarismus und Faschismus. Kurz vor seinem Tode hat er mich in einem Briefe an ein kleines Abenteuer erinnert, daß sich am Ende des Krieges, im November 1918, ereignete.

Ein Teil der Stadt Berlin war in den Händen der Arbeiter- und Soldatenräte. Auch die Studenten hatten einen solchen Rat gebildet, die Universität und viele Institute besetzt, den Rektor und einige Professoren eingesperrt. *Einstein*, dem man Einfluß bei den Studenten zutraute, wurde gebeten zu vermitteln. Er rief mich an und bat mich, ihn zu begleiten. Ich war gerade von einer Grippe, erschwert durch unzureichende Ernährung, genesen und nicht gerade kräftig. Es liefen damals keine Trambahnen und Omnibusse. Aber ich sagte zu und machte mich zur verabredeten Zeit auf den langen Weg von der entfernten Vorstadt, wo ich wohnte, nach *Einsteins* Wohnung im Bayerischen Viertel. Dort gesellte sich ein dritter Mann zu uns, *Max Wertheimer*, einer der Begründer der Gestalt-Psychologie. Nun wanderten wir durch verlassene Straßen den weiten Weg zum Reichstagsgebäude, wo die Räte tagten. Es war umlagert von riesigen, aufgeregten Menschenmassen, die schwer zu durchdringen waren. Noch schwieriger war das Passieren der Wachtposten mit roten Armbinden. Schließlich kamen wir durch mit Hilfe der Ausweiskarte eines Journalisten, der *Einstein* erkannte. Durch lange Korridore gelangten wir zu einem kleinen Sitzungssaal, wo der Studentenrat tagte. Nach kurzer Begrüßung bat uns der Vorsitzende, Platz zu nehmen und etwas zu warten, da sie gerade mit einer wichtigen Sache, der Neuregelung der studentischen Angelegenheiten, beschäftigt seien. So setzten wir uns denn und hörten zu — eine beträchtliche Zeit. Schließlich verlor *Einstein* die Geduld und bat höflich, ob nicht unser einfaches Anliegen erledigt werden könne. Dies wurde uns gewährt, aber der Vorsitzende fragte, ob sich *Einstein* nicht zu den neuen Bestimmungen äußern wolle. *Einstein* sagte mit freundlichem Lächeln etwa dies: „Die deutschen Studenten schienen mir immer beneidenswert im Besitz ihrer akademischen Freiheit. Es täte mir leid, wenn diese durch Vorschriften und Einschränkungen ersetzt würde." Betretenes Schweigen der jungen Gesetzgeber. In unserer Sache erklärten sie sich unzuständig und verwiesen uns an die neue Regierung. Es würde zu weit führen zu schildern, wie wir zur Wilhelmstraße und ins Reichskanzlerpalais gelangten, wo aufgeregte Scharen von Abgeordneten und Beamten die innere Lage und die eben bekanntgegebenen Bedingungen des Waffenstillstandes diskutierten. Sobald *Einstein* erkannt wurde, öffneten sich die Türen; wir konnten bis zu *Ebert* vordringen und ihm unser Anliegen unterbreiten. Und dann kam der endlose Heimweg. Aber das Erlebnis war die Strapazen wert.

Bald darauf verließ ich Berlin, um nach Frankfurt zu gehen, und damit endete die enge Gemeinschaft mit *Einstein*. Aber wir blieben in ständigem Briefwechsel und sahen uns häufig. Es war die Zeit, als *Einstein* plötzlich Weltruhm gewann und der Mittelpunkt aufgeregter wissenschaftlicher und politischer Auseinandersetzungen wurde.

Bis dahin war die Relativitätstheorie eine Sache der Physiker und einiger physikalisch interessierter Philosophen gewesen. Jetzt wurde sie plötzlich ein Gegenstand allgemeinen Interesses mit sensationellen Schlagzeilen in den Zeitungen. Die Engländer hatten gleich nach dem Kriege auf Betreiben von Sir *Arthur Eddington* mehrere Sonnenfinsternis-Expeditionen organisiert, um *Einsteins* Behauptung der Lichtablenkung im Gravitationsfeld der Sonne zu prüfen. Am 6. November 1919 wurde in einer feierlichen Sitzung der Royal Society das Ergebnis verkündet: Eine vollständige Bestätigung von *Einsteins* Vorhersage. Der Eindruck dieses Ereignisses war gewaltig. Die Lehre *Isaac Newtons,* den die Royal Society mit Recht als ihren größten Präsidenten verehrte, hatte nach zweihundert Jahren unbeschränkter Gültigkeit einer tieferen Theorie zu weichen. Die Briten waren großzügig genug, durch eigene Anstrengung und Kosten das Beweismaterial dafür zu schaffen. Die Internationalität der Wissenschaft hatte sich bewährt und die politischen Schranken überwunden. Die Menschen, die in Jahren der Not, des mörderischen Kampfes, der Lüge und Verleumdung allen Glauben an höhere Werte verloren hatten, fanden neue Hoffnung in dem Erscheinen eines einfachen, bescheidenen Mannes, der mitten in dieser Hölle ruhig über das Wesen von Raum, Zeit und Materie gegrübelt und den Schleier des Geheimnisses der Schöpfung ein wenig gelüftet hatte. Jeder wollte wissen, was es mit dieser Relativität eigentlich auf sich habe. Aber das war gar nicht so einfach. Zahllose Schriften und Bücher über *Einsteins* Theorie erschienen. Auch ich verfaßte ein damals viel gelesenes Buch, das übrigens jetzt nach etwa 35 Jahren in einer modernisierten englischen Auflage in Amerika wieder erscheinen wird. Aber auch der Gegner waren viele. Darunter waren ehrliche Leute, die aus innerer Überzeugung an überkommenen Vorstellungen festhielten, aber auch andere, denen *Einsteins* menschliche und politische Haltung zuwider war, seine jüdische Abstammung, sein Freiheitssinn, sein Antimilitarismus und Pazifismus. Leider waren unter diesen Widersachern, die Wissenschaft und Politik vermengten, auch einige führende deutsche Physiker, vor allem *Philipp Lenard* und *Johannes Stark.* Auf der Naturforscherversammlung in Bad Nauheim von 1921 kam es zu einer großen, recht unerfreulichen Auseinandersetzung. *Einstein* wohnte damals in meinem Hause in Frankfurt, und es war wohl das einzige Mal, daß ich ihn grimmig ärgerlich gesehen habe. Sonst bewahrte er immer seinen Gleichmut und seine Heiterkeit. Wußte er doch, daß alle seine besten Fachgenossen auf seiner Seite standen. Die deutsche theoretische Physik war damals in hoher Blüte. In Berlin waren zu gleicher Zeit *Albert Einstein, Max Planck* und *Max v. Laue,* und als *Planck* 1928 von seinem Lehrstuhl zurücktrat, kam noch *Schrödinger* hinzu. Welch ein Kranz großer Namen! Zwischen *Einstein* und den andern erwuchs eine Freundschaft, die alle Wechselfälle des privaten und politischen Lebens überdauert hat. Wo es not tat, haben die Freunde geholfen, Angriffe gegen *Einstein* abzuwehren. Allmählich flauten diese ab, wenigstens äußerlich; die Physik wurde ganz und gar relativistisch — ich erwähne nur *Sommer-*

felds relativistische Verallgemeinerung der *Bohrschen* Theorie des Wasserstoffatoms — und manche Philosophen, die sich damit nicht abfinden konnten, zogen sich auf den Standpunkt zurück, daß die Metaphysik sich um die trivialen Vorstellungen der Naturforscher nicht zu kümmern brauche. So war *Einsteins* Leben und Wirken in Berlin ruhig und im ganzen erfreulich. Unter der Asche aber glimmte die Feinschaft gegen ihn fort, bis sie dann 1933 offen emporschlug.

In dieser Periode begann *Einstein* seine Arbeiten zur einheitlichen Feldtheorie. Hiervon will ich aber nichts sagen, da ich nie recht an sein Programm, die Felder der Gravitation und des Elektromagnetismus in einem Formalismus zu vereinen, geglaubt und darum die Abhandlungen nicht genau studiert habe. Erwähnen möchte ich aber *Einsteins* fundamentale Beiträge zur Quantentheorie. Im Jahre 1913 war *Bohrs* quantentheoretische Deutung der Atomstrukturen und ihrer Spektren erschienen. Danach konnte man nicht mehr zweifeln, daß die Grundgedanken der Quantentheorie richtig waren. Die klassische Mechanik war im Atomaren als ungültig erwiesen, eine neue Mechanik mußte gesucht werden. *Einstein* sagte hierzu in dem schon erwähnten „selbstgeschriebenen Nekrolog": „Alle meine Versuche, das theoretische Fundament der Physik diesen Erkenntnissen anzupassen, scheiterten aber völlig. Es war, als wenn einem der Boden unter den Füßen weggezogen wäre, ohne daß sich irgendwo fester Grund zeigte, auf dem man hätte bauen können. Daß diese schwankende und widerspruchsvolle Grundlage hinreichte, um einen Mann mit dem einzigartigen Instinkt und Feingefühl *Bohrs* in den Stand zu setzen, die hauptsächlichsten Gesetze der Spektrallinien und der Elektronenhüllen der Atome nebst deren Bedeutung für die Chemie aufzufinden, erschien mir wie ein Wunder — und erscheint mir auch heute noch als ein Wunder. Dies ist die höchste Musikalität auf dem Gebiete des Gedankens."

In *Bohrs* Theorie wird die klassische Kausalität für die Prozesse der Emission und Absorption von Licht aufgegeben. Die Quantensprünge zwischen stationären Zuständen sind nur statistisch beschreibbar in einer Weise, die der bekannten Theorie des radioaktiven Zerfalls analog ist.

Obwohl *Einstein* keinen Augenblick daran glaubte, daß damit das letzte Wort gesprochen sei, förderte er doch diese Auffassung, indem er 1916 zeigte, wie das *Planck*sche Strahlungsgesetz aus der Statistik der Übergänge zwischen stationären Zuständen abgeleitet werden kann. Diese Betrachtungen lagen ganz in der Richtung, die schließlich zur *Heisenberg*schen Qantenmechanik führte.

Eine andere Arbeit *Einsteins* aus dem Jahre 1924 kann als ein Vorläufer der Wellenmechanik von *Schrödinger* betrachtet werden. Dem Inder *Bose* war es gelungen zu zeigen, daß durch eine Abänderung der als gleichwahrscheinlich betrachteten Zustände in einem Photongas die *Planck*sche Strahlungsformel als thermische Zustandsgleichung dieses Gases aufgefaßt werden kann. *Einstein* übertrug diese *Bose*-Statistik auf gewöhnliche Gase und kam so zu der Idee der Gasentartung. Betrachtung der Energieschwankungen in einem entarteten Gase führte ihn zur Erkenntnis, daß hier genau wie bei der Strahlung ein Vorgang vorliege, der zugleich den Charakter von Teilchen und Wellen habe, wie es *de Broglie* auf Grund ganz anderer Überlegungen vorhergesagt hatte. So ist *Einsteins* Forschung aufs tiefste verbunden mit den beiden Gedankenreihen, die zur heutigen Quantenmechanik führten.

Als aber diese im Jahre 1926 in Göttingen entstand, lehnte *Einstein* sie recht kühl ab. Er schrieb mir am 12. Dezember 1926: „Die Quantenmechanik ist sehr achtunggebietend. Aber eine innere Stimme sagt mir, daß das noch nicht der wahre Jakob ist. Die Theorie liefert viel, aber dem Geheimnis des Alten bringt sie uns kaum näher. Jedenfalls bin ich überzeugt, daß der nicht würfelt."

Diese ablehnende Haltung hat er bis zuletzt bewahrt trotz aller Triumphe der Quantenmechanik und ihrer Weiterentwicklung, der Quantenelektrodynamik. Der Glaube an eine objektive, vom beobachtenden Subjekt unabhängige Welt war die Grundlage seiner wissenschaftlichen Entwicklung. Er meinte damit nicht nur die Gültigkeit bestimmter strenger Gesetze (die ja keine naturwissenschaftliche Philosophie je leugnen wird), sondern die Forderung, daß in der Welt in jedem Augenblick ein ganz bestimmter Zustand bestehe und jeder folgende Zustand vollständig durch die vorhergehenden bedingt sei. Er forderte, daß die theoretische Beschreibung von der Idee einer solchen objektiven Welt ausgehen und die Forschung in einer immer genauer werdenden Feststellung des tatsächlichen Ablaufs der Welt bestehen müsse. Merkwürdig ist, daß er mit diesem Glauben die Überzeugung zu vereinigen wußte, daß die Naturgesetze nicht logisch aus den Beobachtungen gefolgert werden können, sondern freie Schöpfungen oder Konventionen der Forschung sind. Er glaubte eben, daß der Menschengeist die Kraft habe, durch Deutung der Erscheinungen dies Geheimnis der Schöpfung Schritt für Schritt zu erraten.

Von dieser Philosophie hat sich die Quantenphysik abgekehrt, nicht aus revolutionärem Drange, sondern unter dem Druck der Erfahrung. Die Idee der Objektivität und Determiniertheit der Welt hat einer statistischen Auffassung Platz gemacht, bei der eine eindeutige Trennung von Objekt und Subjekt nicht mehr möglich ist. An dieser Entwicklung habe ich teilgenommen, und so ist es gekommen, daß *Einstein* mir eines Tages schreiben konnte, in unsern wissenschaftlichen Ansichten hätten wir uns zu Antipoden entwickelt. Bis kurz vor seinem Tode haben wir über diese Fragen korrespondiert. Aber nie hat unsere Freundschaft darunter gelitten.

Obwohl die überwältigende Mehrheit der Physiker die statistische Interpretation der Physik angenommen hat, obwohl *Niels Bohr, Pauli, Heisenberg* und andere in eingehenden Gesprächen *Einsteins* Einwände zu widerlegen versuchten, hielt er an seiner Auffassung fest, daß es sich nur um ein Provisorium handeln könne. In seinem schon mehrfach erwähnten Selbstnekrolog sagt er an einer Stelle über die Skeptiker, welche wie *Mach* und *Ostwald* die Atomvorstellung ablehnten: „Es ist dies ein interessantes Beispiel dafür, daß selbst Forscher von kühnem Geist und von feinem Instinkt durch philosophische Vorurteile für die Interpretation von Tatsachen gehemmt werden können." Dies scheint mir in der Quantenmechanik für ihn selbst zuzutreffen. Ich habe mich in letzter Zeit etwas mit der Frage beschäftigt, ob denn die klassische Mechanik das *Einstein*sche Ideal der objektiven Determiniertheit wirklich darstellt. Wenn man das von *Einstein* selbst so erfolgreich benutzte heuristische Prinzip annimmt, daß prinzipiell unbeobachtbare Behauptungen in der Physik nichts zu suchen haben, so kommt man zu dem Schlusse, daß die Determiniertheit auch in der klassischen Mechanik nur scheinbar, durch einen mathematisch anfechtbaren Schluß vorgetäuscht ist.

Ich habe *Einstein* seit 1932 nie wieder gesehen. Als *Hitler* zur Regierung kam, war er in Amerika. Er kam nach Europa zurück, betrat aber Deutschland nicht mehr, sondern hielt sich in Belgien auf. Von dort sandte er einen Brief an die Preußische Akademie, in dem er seinen Austritt erklärte. Er wußte, daß seine Gegner die Oberhand hatten und seinen Ausschluß betrieben. Er wollte *Planck* und *Nernst,* die ihn nach Berlin geholt und immer zu ihm gehalten hatten, die Beschämung ersparen.

Über das, was weiter in diesen trüben Tagen geschah, die Verbrennung seiner Bücher, den Ausschluß aus anderen Akademien und gelehrten Gesellschaften usw. will ich hinweggehen.

Einstein fand in Amerika eine neue Heimat. Er erhielt eine glänzende Stellung an dem neugegründeten Forschungsinstitut (Institute for Advanced Study) in Princeton. Dort konnte er in Ruhe leben und arbeiten. Da ich während dieser Jahre nie in Amerika war, kann ich aus eigener Anschauung nichts davon erzählen. Seine Briefe bezogen sich niemals auf persönliche Dinge, immer auf Fragen der Wissenschaft und Erkenntnis. Selbst die großen politischen Ereignisse, in die er verwickelt war, wurden kaum erwähnt. Den Rückfall in vorgeschichtliche Barbarei, der sich im Zentrum Europas ereignete, hatte er kommen sehen. Der Untergang der mitteleuropäischen Juden, zu denen er nach seiner Abstammung gehörte, hat ihn tief erschüttert. Er ist für die zionistische Bewegung eingetreten, aber wohl nicht aus Gründen der Rasse, Nation oder Religion, sondern der reinen Menschlichkeit, weil es keinen anderen Zufluchtsort für die Verfolgten gab. Für den in Palästina geleisteten Aufbau hat er große Bewunderung gezeigt.

Aber als ihm nach *Waizmanns* Tode das Amt des Präsidenten des neuen Staates Israel angeboten wurde, hat er abgelehnt.

Die Tragik seiner letzten Jahre gipfelte in seinem Eingreifen in Sachen der Atombombe. Fast 40 Jahre zuvor hatte er die Formel $E = Mc^2$ für die Äquivalenz und Umwandelbarkeit von Masse (M) und Energie (E) (c die Lichtgeschwindigkeit) aus der Relativitätstheorie abgeleitet und ihre Bedeutung klar erkannt, lange bevor an irgendeine experimentelle Prüfung, geschweige denn an eine technische Anwendung gedacht werden konnte. Jetzt war diese Möglichkeit gegeben und damit auch die Gefahr, daß *Hitler* das furchtbarste Zerstörungsmittel zur Unterwerfung der Welt in die Hand bekommen könne. Dies bewog ihn, jenen bekannten Brief an Präsident *Roosevelt* zu unterschreiben, der den Anstoß zur Entwicklung der Atombombe gab und damit zu der gegenwärtigen grauenhaft-grotesken Lage, wo die Menschheit, obwohl noch nicht reif für dauernden Frieden, nur die Wahl hat zwischen Frieden und Selbstvernichtung. Ich weiß aber nicht mehr von *Einsteins* Gedanken hierüber, als was aus Veröffentlichungen in Zeitschriften und Büchern allgemein bekannt geworden ist. Lassen Sie mich schließen mit ein paar Zeilen aus einem Briefe seiner Stieftochter Margot an meine Frau, in dem sein Ende (er starb am 18. April 1955) geschildert wird: „Weißt Du, daß ich im gleichen Hospital lag, in dem Albert war? Noch zweimal durfte ich ihn für einige Minuten sehen und sprechen. Ich wurde im Rollstuhl zu ihm hineingefahren. Zuerst hatte ich ihn nicht erkannt — so verändert war er durch die Schmerzen und die Blutleere im Gesicht. Aber sein Wesen war das gleiche. Er freute sich, daß ich etwas besser aussah, scherzte mit mir und war vollkommen überlegen dem Zustand gegenüber; er sprach mit tiefer Ruhe — sogar mit einem leichten Humor über die Ärzte und wartete auf sein Ende wie auf ein bevorstehendes ‚Naturereignis'. So furchtlos wie er im Leben war — so still und bescheiden war er dem Tod gegenüber. Ohne jede Sentimentalität und ohne Bedauern ist er von dieser Welt gegangen."

20 Aus der Nachschrift des Buches "The Restless Universe" (1951)

Wir haben das Ende unserer Forschungsreise in die Tiefe der Materie erreicht.

Wir suchten nach einem ruhenden Punkt und fanden keinen. Je tiefer wir vordringen, desto ruheloser wird das Weltall, um so unbestimmter und nebliger. *Archimedes* wird der stolze Ausruf zugeschrieben: „Gebt mir einen festen Punkt, und ich will die Welt aus den Angeln heben." Aber es gibt keinen solchen Punkt. Alles ist in Bewegung und schwirrt in wildem Tanze. Doch nicht aus diesem Grunde allein überschreitet der Anspruch des *Archimedes* die dem Menschen gesetzten Grenzen. Die Welt aus den Angeln zu heben, wäre entgegen ihren Gesetzen. Diese aber sind streng und unwandelbar.

Der Drang des Forschers nach Erkenntnis ist, wie der Glaube des Heiligen oder die Inspiration des Künstlers, ein Ausdruck für die Sehnsucht des Menschen nach etwas Bleibendem, nach einem ruhenden Punkt in dem Wirbel des Geschehens: Gott, Schönheit, Wahrheit.

Erkenntnis der Wahrheit ist das Ziel des Forschers. Aber nirgendwo findet er etwas Ruhendes, Dauerndes. Nicht alles läßt sich erforschen, noch weniger vorhersagen. Aber die Menschheit ist befähigt, wenigstens einen Teil der Schöpfung zu erfassen und zu verstehen. Inmitten der Flucht der Erscheinungen stehen die Naturgesetze unwandelbar und unerschütterlich.

> So schaff' ich am sausenden Webstuhl der Zeit
> Und wirke der Gottheit lebendiges Kleid.
>
> Goethe, Faust

Nachschrift

Seit ich vor 15 Jahren diese letzten Zeilen schrieb, haben sich große und furchterregende Ereignisse abgespielt. Der Tanz der Atome, der Elektronen und Kerne, der in all seiner Wildheit doch Gottes ewigen Gesetzen unterliegt, wurde verstrickt in die Geschehnisse einer anderen ruhelosen Welt, die wohl des Teufels sein mag: in den Kampf der Menschen um Macht und Herrschaft, aus dem Geschichte wird. Mein optimistischer Glaube an ein Forschen nach Wahrheit um ihrer selbst willen ist schwer erschüttert worden, und ich kann nur über meine Einfalt den Kopf schütteln, wenn ich die Zeilen wiederlese, die ich über die moderne Erfüllung des Traums der Alchimisten schrieb:

„Heute aber ist das treibende Motiv nicht die Gier nach Gold, gehüllt in das geheimnisvolle Gewand der magischen Kunst, sondern der reine Wissensdrang des Forschers. Denn von Anfang an ist es klar, daß wir auf diesem Wege keine Reichtümer erwerben können."

Gold bedeutet Macht, Macht zu herrschen und teilzuhaben an den Reichtümern dieser Welt. Aber die moderne Alchemie bedeutet sogar einen noch schnelleren Weg zu diesem Ziel, sie verleiht unmittelbare Macht: Macht zu beherrschen, zu bedrohen und zu vernichten in einem bisher unerhörten Ausmaße. Und wir sind wirklich Zeugen geworden der Ausübung dieser Macht in hemmungsloser Kriegsführung, in der Zerstörung ganzer Städte, in der Ausrottung ihrer Bevölkerung. Wohl sind solche Taten auch mit Hilfe anderer Mittel erzielt worden, und in dem gleichen Kriege wurden auch andere Städte als Hiroshima zugleich mit einem großen Teil ihrer Einwohner vernichtet, wenn auch die gewöhnlichen Explosivstoffe dieses Werk der Zerstörung etwas langsamer vollbringen. Jeder neue Krieg hat einen „Fortschritt" an Mitteln zur Zerstörung gebracht, vom Steinzeitalter an, als die Steinäxte und steinernen Pfeilspitzen durch Bronzewaffen verdrängt wurden. Und doch ist da ein Unterschied. Zwar wurden auch früher ganze Staaten, Völkerschaften und Kulturen durch überlegene Streitmacht vernichtet, aber immer blieben weite Gebiete völlig unberührt, und es war reichlich Platz für neues Wachstum. Heute aber ist die Erde zusammengeschrumpft, und die menschliche Rasse sieht sich der Gefahr der Selbstvernichtung gegenüber.

Als sich die Frage nach einer Neuausgabe dieses Buches erhob, wußte ich nicht recht, was ich tun sollte. Um es auf den heutigen Stand der Forschung zu bringen, hätte ich einen Bericht über die Entwicklung der Physik seit dem Jahre 1935 schreiben müssen. Aber wenn auch dieser Zeitabschnitt voll der wunderbarsten Entdeckungen, Ideen und Theorien ist, so konnte ich darüber doch nicht in demselben Tone berichten, in dem der Anfang des Buches geschrieben ist, nämlich in dem Glauben, daß eine tiefere Einsicht in die Werkstatt der Natur der erste Schritt sei zu einer vernunftgemäßen Weltanschauung und Weisheit der Lebensführung. Mir scheint, daß die Forscher, deren Arbeit schließlich zur Erfindung der Atombombe führte, zwar außerordentlich geschickte, ja geniale Wissenschaftler waren, aber nicht weise Menschen. Sie lieferten die Früchte ihrer Entdeckungen bedingungslos an Politiker und Militärpersonen aus und verloren damit ihre moralische Integrität und ihre geistige Freiheit.

Am 16. Juli 1945 wurde die erste Atombombe in der Nähe von Los Alamos in New Mexiko versuchsweise zur Explosion gebracht. Zweifellos war dies einer der größten Triumphe der Physik und Technik, nicht nur gemessen an dem Aufwand an Scharfsinn und Einfällen, sondern auch an dem Aufwand an Geld, wissenschaftlicher Zusammenarbeit und industrieller Organisation. Keine Vorversuche waren möglich, man ging das ungeheure Risiko ein in der Zuversicht, daß die an Hand von Laboratoriumsexperimenten gemachten theoretischen Berechnungen zuverlässig seien. So ist es kein Wunder, daß die Physiker, die Zeugen dieses Schrecken erregenden Schauspiels der ersten Kernexplosion waren, Stolz fühlten und eine große Erleichterung, von einer schweren Verantwortung befreit zu sein. Sie hatten ihrem Vaterlande und den alliierten Nationen einen großen Dienst geleistet.

Aber, als wenige Wochen später zwei „Atombomben" über Japan abgeworfen und die dicht bevölkerten Städte Hiroshima und Nagasaki zerstört wurden, mußten sie entdecken, daß eine viel größere, tiefere Verantwortung auf ihren Schultern lag.

Die Welt war abgehärtet gegen die Schrecken des Krieges. Was *Hitler* gesät hatte, hatte Früchte getragen. Er war der Vollstrecker des „totalen Krieges", seine Bomben hatten Rotterdam und Coventry „ausradiert". Aber er fand gelehrige Schüler. Den Bombern auf beiden Seiten gelang eine systematische Zerstörung von ganz Zentraleuropa. Ein großer Teil seiner historischen Denkmäler und Kunstschätze, das Erbe von Jahrtausenden, ging in Flammen auf. Ein Juwel der Baukunst wie Dresden wurde noch während der letzten Tage des europäischen Krieges zerstört. Hunderttausend Menschenleben, alles Zivilpersonen, Männer, Frauen und Kinder, sollen dabei ums Leben gekommen sein. Zweifellos können die verantwortlichen Stellen taktische und strategische Gründe zu ihrer Rechtfertigung anführen. Und die Welt als Ganzes fand genügend Entschuldigungsgründe vom blinden Haß und dem Wunsch nach Vergeltung bis zu der quasi humanen Ausrede, daß alle Mittel gerechtfertigt seien, die den Krieg schneller zu seinem Ende brächten. Wie war unser ethisches Niveau gesunken!

Und trotzdem, die beiden über Japan abgeworfenen Atombomben ließen die Welt aufhorchen, und als Einzelheiten über die menschliche Tragödie bekannt wurden, die sich dort abgespielt hatte, konnte man in vielen Teilen der Welt so etwas wie das Erwachen eines Gewissens beobachten.

Dies ist nicht der Ort, mein persönliches Urteil über die Staatsmänner auszusprechen, die die Entscheidung trafen, ein derartig brutales Machtmittel anzuwenden. Es gibt viele Präzedenzfälle, und es besteht kein wesentlicher Unterschied darin, ob 20 000 Menschen in einer Nacht oder 50 000 in einer Minute getötet werden. Da ich aber Physiker bin, beunruhigt mich die Frage: In wie weit ist die Physik, sind die Physiker für dieses Geschehen mit verantwortlich?

Sicher waren die Beweggründe derer, die an der Entwicklung atomarer Explosivstoffe teilnahmen, über jeden Vorwurf erhaben. Viele hatten diese Arbeit einfach als Teil ihres Kriegsdienstes zu leisten, andere beteiligten sich von der Furcht getrieben, daß die Deutschen einen Vorsprung in der Erzeugung der Atombombe erringen könnten. Auch gab es noch keine Organisation von Naturwissenschaftlern, mit deren Hilfe sich eine gemeinsame Stellungnahme hätte herausbilden können. Der Einzelne war nur ein Rädchen in der ungeheuren Maschine, die von Politikern und Militärs geleitet wurde. Die führenden Physiker wurden wissenschaftliche Ratgeber dieser Staatsmänner und kosteten plötzlich das neue Gefühl von Macht und Einfluß. Sie liebten ihre Arbeit, und, indem sie deren enormen Erfolg genossen, vergaßen sie zunächst, über die Folgen nachzudenken. Allerdings warnte eine Gruppe von Physikern die amerikanische Regierung davor, die Bombe über einer Stadt abzuwerfen. Man könne ihre Existenz und Zerstörungskraft auch auf weniger mörderische Weise vor Augen führen, wie z. B. durch eine Explosion auf dem Gipfel des Fudschijama. Sie sagten aufs Genaueste die verheerenden politischen Folgen einer solchen Tat voraus, aber man hörte nicht auf ihren Rat.

Die Verschiedenheit zwischen der amerikanischen öffentlichen Meinung und der Haltung der Physiker tritt am deutlichsten in der Frage der Geheimhaltung zutage. Die Physiker sind überzeugt, daß es in der Physik kein Geheimnis gibt. Man kann gewisse technische Kunstgriffe für eine beschränkte Zeit geheimhalten, aber die Naturgesetze sind jedem zugänglich, der mit den Methoden wissenschaftlicher Forschung vertraut ist.

Die Nutzbarmachung der Kernenergie ist ein Ereignis, dem ersten Feuer vergleichbar, daß der vorgeschichtliche Mensch entfacht hat. Aber es gibt keinen modernen Prometheus, der das Feuer vom Himmel holte, sondern Gruppen kluger, nicht besonders heroischer Männer, die nicht zu epischen Helden taugen. Viele sind der Ansicht, daß die neuen Entdeckungen entweder zu gewaltigem Fortschritt oder zu einer gewaltigen Katastrophe führen werden, zum Paradies oder zur Hölle auf Erden. Ich selber glaube, daß die Erde bleiben wird, was sie von jeher war, eine Mischung von Himmel und Hölle, ein Kampfplatz für Engel und Teufel.

Für die Kernspaltung gibt es mannigfaltige Anwendungsmöglichkeiten friedlicher Art. Da die Reaktionsgeschwindigkeit kontrollierbar ist, kann sie als Energiequelle benutzt werden. Urankraftwerke laufen schon in mehreren Ländern, viele andere sind geplant. Auch gibt es die Möglichkeit, den Wirkungsgrad des Spaltprozesses durch „Ausbrüten" zu steigern, indem man den Prozeß im Reaktor so steuert, daß ein hoher Prozentsatz der vorhandenen Kerne in spaltfähige Isotopen umgewandelt wird. Dieses Verfahren würde das Rohmaterial gewissermaßen „strecken".

Es wird auch in Ost und West eifrig daran gearbeitet, den Wasserstoff-Fusionsprozeß zu zähmen und für friedliche Zwecke nutzbar zu machen. Wenn dies gelänge, so hätte man eine ideale, unerschöpfliche Energiequelle, für die der Rohstoff in unbeschränkter Menge vorhanden ist.

Außer Energie liefern die Reaktoren noch andere nützliche Produkte, die bereits zu beträchtlichem Fortschritt geführt haben und recht vielversprechend aussehen. Zuerst wäre die Erzeugung neuer Isotopen im Uranreaktor zu nennen. Dadurch ist unsere Kenntnis der Stabilität der Kerne und ihrer Wechselwirkung sehr gefördert worden. Einige dieser radioaktiven Produkte werden in der Medizin für diagnostische und therapeutische Zwecke verwendet, z. B. als Ersatz für Radium im Kampf gegen Krebs. Von großer Wichtigkeit ist auch die Methode der sogenannten Leitisotope, die auf Chemie und Biologie wahrhaft revolutionierend wirkt. *Von Hevesy* kam auf den Gedanken, dem Schicksal der Atome in chemischen und biologischen Prozessen durch Zusatz geringer Mengen eines radioaktiven Isotops nachzuspüren. Letzteres verrät sein Vorhandensein durch Strahlung, und da die Nachweismethoden für radioaktive Strahlung außerordentlich empfindlich sind, lassen sich auf diese Weise ungleich kleinere Spuren eines Elementes nachweisen als z. B. durch Wägung. Ja, es wird sogar möglich, die Verteilung der Atome im lebenden Gewebe zu untersuchen. Früher war die Ausführung dieses Gedankens auf die geringe Zahl der Atomarten beschränkt, für die natürliche radioaktive Isotope bekannt waren. Heute aber stehen solche Isotope fast für jedes Element des periodischen Systems zur Verfügung; die Arbeit in dieser Richtung hat bereits in kurzer Zeit zu wichtigen Resultaten geführt, und weitere sind zu erhoffen.

Aber was bedeuten diese wichtigen Errungenschaften im Vergleich zu dem Schreckgespenst, das im Hintergrund lauert, der Möglichkeit eines Atomkrieges großen Ausmaßes?

In Verbindung mit andern teuflischen Erfindungen, wie Raketengeschosse zum Abwurf von Bomben auf große Entfernungen, chemische, biologische und radioaktive Vergiftungsmittel, muß ein solcher Krieg einen Grad an menschlichem Leid und menschlicher Erniedrigung hervorrufen, der unvorstellbar ist. Kein Land wäre dagegen immun, aber die Länder mit hochentwickelter Industrie würden am meisten leiden. Es ist äußerst zweifelhaft, ob unsere technisierte Zivilisation eine derartige Katastrophe überleben würde. Man wäre fast geneigt, dies nicht als großen Verlust anzusehen, sondern als gerechte Strafe für ihr Versagen und ihre Sünden: Unfruchtbarkeit in Kunst und Literatur, Vernachlässigung der ethischen Lehren von Religion und Philosophie, Mangel an gutem Willen im Aufgeben veralteter politischer Begriffe, wie z. B. nationaler Souveränität. Und doch sind wir alle in diese Tragödie verstrickt, und der Selbsterhaltungstrieb, die Liebe zu unseren Kindern läßt uns nach einem Rettungsweg suchen.

Die Physik selbst ist oft in Situationen geraten, aus denen kein logisch einwandfreier Ausweg möglich schien. Man denke an den Konflikt der korpuskularen Lichttheorie *Newtons* mit der Wellentheorie *Huyghens'*. Und doch wurden die Widersprüche immer aufgelöst.

Die Welt, die so gern bereit ist, die Gaben der Physik als Mittel zur Massenvernichtung zu benutzen, täte besser daran, die Denkmethoden der Physik zu studieren, die zum Ausgleich von scheinbar unauflösbaren Widersprüchen und zur Versöhnung geführt haben.

Bei Fragen zur Produktsicherheit wenden Sie sich bitte an:
If you have any questions regarding product safety,
please contact:

Walter de Gruyter GmbH
Genthiner Straße 13
10785 Berlin
productsafety@degruyterbrill.com